高等学校水利学科教学指导委员会组织编审

高等学校水利学科专业规范核心课程教材·农业水利工程

地下水利用（第4版）

主　编　新疆农业大学　虎胆·吐马尔白
副主编　河北农业大学　杨路华
　　　　内蒙古农业大学　史海滨
主　审　武汉大学　张瑜芳
　　　　新疆农业大学　郭西万

中国水利水电出版社
www.waterpub.com.cn

内 容 提 要

本书为高等学校水利学科专业规范核心课程教材。本书除绪论外，共分8章。内容依次为地下水的赋存与运动规律，供水管井的出水量计算，含水层水文地质参数及水文参数的确定，地下水资源的计算和评价，地下水资源计算的数值法，集水建筑物的设计与施工，地下水开发利用规划设计，地下水资源管理与保护。与前3版相比，本书在地下水资源评价基本概念、地表水地下水资源平衡分析、地下水资源评价数值法在工程设计中的应用及地下水资源保护等方面，加强了理论分析与实际应用的内容。

本书为高等院校农业水利工程本科核心课程教材，也可供水资源、给排水、水文地质等有关专业的师生和工程技术人员使用。

图书在版编目（CIP）数据

地下水利用/虎胆·吐马尔白主编．—4版．—北京：中国水利水电出版社，2008（2024.7重印）．
高等学校水利学科专业规范核心课程教材．农业水利工程
ISBN 978-7-5084-5822-9

Ⅰ．地…　Ⅱ．虎…　Ⅲ．地下水资源—资源利用—高等学校—教材　Ⅳ．P641.8

中国版本图书馆CIP数据核字（2008）第119455号

书　名	高等学校水利学科专业规范核心课程教材·农业水利工程 **地下水利用（第4版）**
作　者	主　编　新疆农业大学　虎胆·吐马尔白 副主编　河北农业大学　杨路华　内蒙古农业大学　史海滨 主　审　武汉大学　张瑜芳　新疆农业大学　郭西万
出版发行	中国水利水电出版社 （北京市海淀区玉渊潭南路1号D座　100038） 网址：www.waterpub.com.cn E-mail：sales@mwr.gov.cn 电话：（010）68545888（营销中心）
经　售	北京科水图书销售有限公司 电话：（010）68545874、63202643 全国各地新华书店和相关出版物销售网点
排　版	中国水利水电出版社微机排版中心
印　刷	清淞永业（天津）印刷有限公司
规　格	175mm×245mm　16开本　16.25印张　375千字
版　次	1981年2月第1版　1988年11月第2版　1996年10月第3版 2008年8月第4版　2024年7月第16次印刷
印　数	49011—51010册
定　价	**46.00**元

凡购买我社图书，如有缺页、倒页、脱页的，本社营销中心负责调换

版权所有·侵权必究

高等学校水利学科专业规范核心课程教材

编 审 委 员 会

主　任　姜弘道（河海大学）

副主任　王国仪（中国水利水电出版社）　谈广鸣（武汉大学）
　　　　　李玉柱（清华大学）　吴胜兴（河海大学）

委　员

周孝德（西安理工大学）
刘　超（扬州大学）
任立良（河海大学）
杨金忠（武汉大学）
梅亚东（武汉大学）
姜　峰（大连理工大学）
王元战（天津大学）
张展羽（河海大学）
陈建康（四川大学）
孙明权（华北水利水电学院）
陈　楚（水利部人才资源开发中心）
李建林（三峡大学）
朝伦巴根（内蒙古农业大学）
余锡平（清华大学）
袁　鹏（四川大学）
胡　明（河海大学）
郑金海（河海大学）
康海贵（大连理工大学）
黄介生（武汉大学）
冯　平（天津大学）
侍克斌（新疆农业大学）
孙春亮（中国水利水电出版社）

秘　书　周立新（河海大学）

丛书总策划　王国仪

农业水利工程专业教材编审分委员会

主　任　杨金忠（武汉大学）

副主任　张展羽（河海大学）　　刘　超（扬州大学）

委　员

黄介生（武汉大学）　　杨培岭（中国农业大学）

马孝义（西北农林科技大学）　　史海滨（内蒙古农业大学）

张忠学（东北农业大学）　　迟道才（沈阳农业大学）

文　俊（云南农业大学）　　田军仓（宁夏大学）

魏新平（四川大学）　　孙西欢（太原理工大学）

虎胆·吐马尔白（新疆农业大学）

杨路华（河北农业大学）

总前言

随着我国水利事业与高等教育事业的快速发展以及教育教学改革的不断深入，水利高等教育也得到很大的发展与提高。与1999年相比，水利学科专业的办学点增加了将近一倍，每年的招生人数增加了将近两倍。通过专业目录调整与面向新世纪的教育教学改革，在水利学科专业的适应面有很大拓宽的同时，水利学科专业的建设也面临着新形势与新任务。

在教育部高教司的领导与组织下，从2003年到2005年，各学科教学指导委员会开展了本学科专业发展战略研究与制定专业规范的工作。在水利部人教司的支持下，水利学科教学指导委员会也组织课题组于2005年底完成了相关的研究工作，制定了水文与水资源工程，水利水电工程，港口、航道与海岸工程以及农业水利工程四个专业规范。这些专业规范较好地总结与体现了近些年来水利学科专业教育教学改革的成果，并能较好地适用不同地区、不同类型高校举办水利学科专业的共性需求与个性特色。为了便于各水利学科专业点参照专业规范组织教学，经高等学校水利学科教学指导委员会与中国水利水电出版社共同策划，决定组织编写出版“高等学校水利学科专业规范核心课程教材”。

核心课程是指该课程所包括的专业教育知识单元和知识点，是本专业的每个学生都必须学习、掌握的，或在一组课程中必须选择几门课程学习、掌握的，因而，核心课程教材质量对于保证水利学科各专业的教学质量具有重要的意义。为此，我们不仅提出了坚持“质量第一”的原则，还通过专业教学组讨论、提出，专家咨询组审议、遴选，相关院、系认定等步骤，对核心课程教材选题及其主编、主审和教材编写大纲进行了严格把

关。为了把本套教材组织好、编著好、出版好、使用好，我们还成立了高等学校水利学科专业规范核心课程教材编审委员会以及各专业教材编审分委员会，对教材编纂与使用的全过程进行组织、把关和监督。充分依靠各学科专家发挥咨询、评审、决策等作用。

本套教材第一批共规划52种，其中水文与水资源工程专业17种，水利水电工程专业17种，农业水利工程专业18种，计划在2009年年底之前全部出齐。尽管已有许多人为本套教材作出了许多努力，付出了许多心血，但是，由于专业规范还在修订完善之中，参照专业规范组织教学还需要通过实践不断总结提高，加之，在新形势下如何组织好教材建设还缺乏经验，因此，这套教材一定会有各种不足与缺点，恳请使用这套教材的师生提出宝贵意见。本套教材还将出版配套的立体化教材，以利于教、便于学，更希望师生们对此提出建议。

高等学校水利学科教学指导委员会

中国水利水电出版社

2008年4月

第4版

前　言

本教材是根据高等学校水利学科教学指导委员会关于《水利学科专业规范核心课程教材建设若干意见》文件精神和2007年高等学校水利学科教学指导委员会全体（扩大）会议指南，结合全国高校农业水利工程、水利水电工程、水文与水资源工程专业的本科教育大纲和教学基本要求进行编写和修订的。

本教材自第1版（1981年）、第2版（1988年）与第3版（1996年）出版以来，深受广大师生、读者的欢迎和好评。为了全面反映地下水利用学科近年来发展所取得的新技术、新经验，使本教材能更好地适应培养本专业人才的需要，这次我们对全书的内容又作了进一步的修订。

在这次修订中，广泛征求了全国高校任课教师的意见，并于2007年8月在乌鲁木齐市召开了《地下水利用》教材编写会议，对原教材编写大纲进行了修订。在学习和借鉴前几版教材的内容体系的基础上，结合专业的需要，对原有版本的内容进行了改进，包括对原有章节进行了增删、修改和调整，如：把地下水赋存与运动规律单独列出作为第1章，重点讲解地下水的赋存与基本类型、地下水的循环及其运动；另外，针对目前地下水资源开发中遇到的环境和效益的问题，充实了地下水开发利用规划设计和地下水资源管理保护方面的内容。本书在地下水资源评价基本概念、地表水地下水资源平衡分析、地下水资源评价数值法在工程设计中的应用以及地下水资源保护等方面，加强了理论分析与实际应用的内容。

本书由新疆农业大学虎胆·吐马尔白教授任主编，负责全书的统稿和定稿。河北农业大学杨路华教授和内蒙古农业大学史海滨教授任副主编。

全书由武汉大学张瑜芳教授和新疆农业大学郭西万教授担任主审。具体编写分工为：新疆农业大学虎胆·吐马尔白负责绪论、第2章、第3章的第3.3、3.4、3.5节、第4章的编写，河北农业大学杨路华负责第1章、第6章的编写；内蒙古农业大学史海滨和杨树青负责第5章的编写，董新光和杨鹏年负责第3章第3.1、3.2节的编写，董新光负责第7章的编写，马英杰负责第8章的编写；武汉大学 、中国农业大学、东北农业大学、沈阳农业大学、云南农业大学、西北农林科技大学等单位的教授及专家们参加了本书大纲的讨论，对编写此书提出了许多宝贵的意见和建议。此外还有新疆农业大学研究生孟杰、王薇、吴争光、买合木提等协助主编、副主编对书稿的编写、插图、绘制和校对等方面做了辅助工作，在此一并致谢。

本教材1981年出版的第1版由西北农学院赵尔慧、李佩成，华北水利电力学院霍崇仁、王禹良合编。由武汉水电学院张蔚榛和张瑜芳主审。

1988年出版的第2版由新疆八一农学院张席儒、郭西万，陕西机械学院赵尔慧，华北水利电力学院霍崇仁合编。由许志方教授主审。

1996年出版的第3版由宁夏农学院全达人，新疆八一农学院郭西万，西北农业大学王纪科，内蒙古农牧学院史海滨合编。由我国著名的地下水利用专家、西安理工大学赵尔慧教授主审。

本教材的编写和修订，受到了各高校任课老师和出版单位的热情帮助和大力支持，对提高本书的质量大有裨益。对此，我们真诚地向他们表示感谢。

由于编者水平有限，书中的缺点错误在所难免，恳请广大师生和各界读者提出宝贵意见。

编　者

2008年5月

目　录

绪 论

0.0.1 地下水利用在农田水利事业中的地位

全世界干旱及半干旱地区的面积约占全球陆地面积的1/3，遍及50多个国家和地区，主要分布在亚洲、非洲、大洋洲、美洲等。我国干旱及半干旱地区的面积约占全国总面积的一半，主要分布在我国西北、华北、内蒙古等地区。地下水资源是一种宝贵的自然资源，是干旱半干旱地区水资源的重要组成部分和天然植被赖以生存的重要水源。因此只有合理地利用和有效地保护地下水资源，才能保证社会和经济的可持续发展。由于地下水系统的复杂性，地表水与地下水的频繁转化，客观地、动态地、科学地认识干旱半干旱地区地下水资源的形成、分布、转化、开发、利用与保护非常重要。

根据我国北方干旱及半干旱地区对地下水资源开发利用的经验分析，合理开发利用地下水在农田水利事业中具有以下重要作用。

1. 地下水是农田灌溉重要的抗旱水源

我国北方地区最显著的气候特征是：西北地区干旱少雨，且时空分布不均，地面水资源极其短缺，夏季雨水较多，春旱重；华北地区春旱秋涝，降水在季节上分布不均，且地面水资源总体上比较缺乏，往往是作物需水时很少降雨，不需要水时降雨较多，经常是旱涝灾害交替出现，极大地制约了农业生产。

据有关部门统计，北方地区约有2亿亩以上农田缺水，7亿多亩农田灌溉水源保证率不高，同时约有10亿亩缺水草场，这些都需要开采利用地下水资源。而地下水与地表水相比，受气候因素影响较小，在时空上具有较稳定的特点，其防旱抗旱能力较强。在天旱需水时，一些河湖常常干涸，而地下水则不致如此。这一点在我国旱象频繁、地表水源不稳的华北和西北地区表现得十分突出。河北省一些地区1965～1968年旱象严重时河水很少，甚至断流，地表水灌溉的保证率很低，而大多数水井则能及时抽水缓解旱情。再者地下水埋藏在地下，分布范围广泛，特别是平原地区厚度较大的潜水层，就像一个天然地下水库一样，具有较强的年内调节和多年调节作用。中国农业科学院、水利部农田灌溉研究所在河南省人民胜利渠、七里营乡的观测发现，该乡每年机井抽水灌溉利用地下水约$1500\times10^4m^3$，与引黄（河水）渠灌的渗

漏补给量 $1420\times10^4\sim1670\times10^4m^3$ 地下水大致相等。这说明地下含水层具有较强的调节功能。根据河北省水文地质队的动态观测资料，河北平原1974～1978年平均年开采量为88亿 m^3。虽然1973～1976年因降水偏少，地下水位连续下降，但1977～1978年降水量较大，地下水位基本恢复到1973年的水平。这说明在枯水年开采地下水量，一般通过丰水年的补给，就可得到恢复。为此，依据地下水这个特征，我们可以充分利用地下水含水层进行调蓄，在丰水季节或丰水年，把多余的水通过多种方法入渗补给与储存在含水层中，而在枯水季节或枯水年，开采利用地下水进行农田灌溉，以满足作物需水要求，促进农业生产。利用地下含水层这个调蓄功能实施"以丰补欠"对防旱抗旱具有重要的作用。近年来，河北、河南和山东诸省已开展了大量的工作，并取得了一些良好的效果。

2. 利用地下水灌溉具有明显增产效果。

由于地下水机井工程相对较小，灌溉面积不是很大，且管理方便，调度灵活，能适时适量地进行灌溉，及时满足作物生长需水要求。实践证明，一般井灌区产量都比较高，增产效果十分显著。目前我国北方地区种植的大棚蔬菜，大多采用地下水灌溉，就是因为地下水灌溉具有能适应蔬菜小水勤浇的特点，保证了各种蔬菜的大丰收。

3. 开发利用地下水具有防涝治碱的作用。

易涝易碱地在我国西北、华北和东北地区均有分布。通过在这些地区发展井灌（井排），有效地遏制了旱、涝、碱灾害。井灌井排的除涝治碱作用主要表现为：开采地下水能起到调节地下水位，实行井灌可冲洗土壤盐分，从而改变土壤盐分垂直分布。井排能降低地下水位排除土壤中的盐分，同时增大土壤中"地下水库"蓄水能力。国内外大量试验表明，井排（垂直排水）和水平排水相比，具有水位降深大，占地小，无需修建大量土建工程，从而可达到灌排结合、治涝治碱的双重目的。在我国各地区由于发展地下水灌溉而使涝碱地得到治理的例子很多，如在河北、河南、山东、苏北、宁夏、新疆等地。

4. 地下水是节水灌溉技术的理想水源

近年来由于灌溉水源不足，国家大力提倡农田节水灌溉。地下水正是发展喷灌、微喷灌、滴灌、渗灌等节水高产灌溉技术的理想水源。因为地下水含沙量极少，比较清澈干净，不会阻塞灌水器，也不会像含泥沙量大的地表水那样，喷洒在植物叶上会阻塞植物的气孔而危害植物。

0.0.2 地下水学科理论研究的发展概况

在人类从事开发利用地下水活动以及进行地下水资源计算和评价的漫长过程中，在水文学、地质学、水力学和流体力学等学科研究基础上，通过长期实践经验和认识的不断积累，逐渐形成和发展了地下水学科理论。现用图0-1所示的一个简单的图来说明地下水学科理论的发展概况。

1856年法国水力学者达西（Darcy）根据在砂柱中水的渗透实验，第一个总结出水在孔隙介质中运动的渗透定律，提出了渗透系数的概念，这为研究地下水运动规律提供了前所未有的理论基础。1863年另一位法国水力学者裘布依（Dupuit）以达西定律为基础，把渗透定律进一步应用到天然含水层中，建立了一系列稳定井流模型，

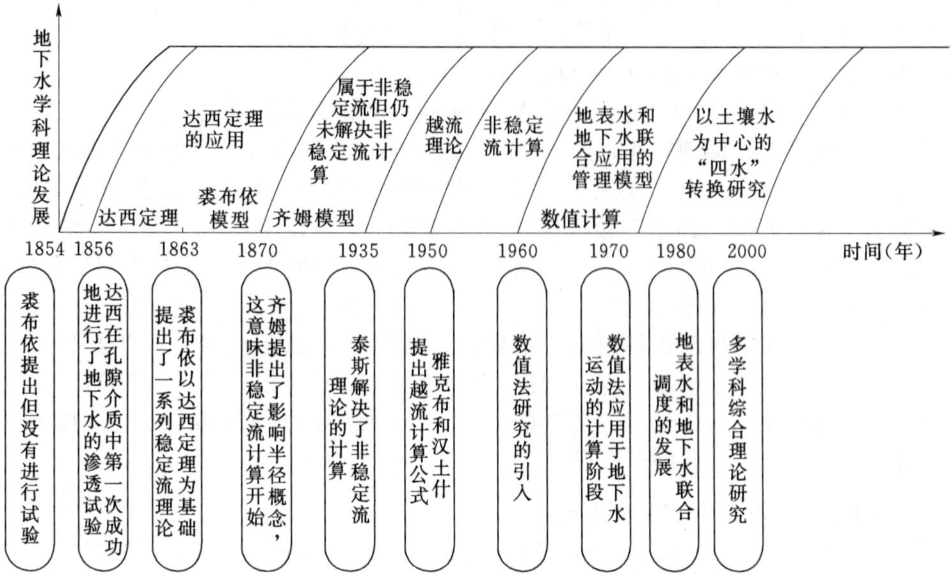

图 0-1　地下水学科理论的发展概括图

得出了著名的裘布依微分方程。在这一时期由于生产实践的深度和广度所限，地下水开发利用的规模比较小，还不足以对地下水动态造成引人注目的变化。人们往往将地下水极其缓慢的非稳定运动近似看作稳定运动来描述。因此，以裘布依公式为基础的稳定流理论发展较快。

1870 年德国土木工程师齐姆（A. Thiem）引出了影响半径 R_0 的概念。许多学者一致认为 R_0 是含水层的特性和抽水时间的函数，因而地下水非稳定流理论的研究应运而生。随着生产发展，地下水开采规模越来越大，不少地区地下水位发生明显的下降，地下水的运动呈现明显的非稳定性，而稳定流理论不能描述地下水从一个状态发展到另一个状态的过程。因此，生产实践中出现的问题再一次推动了地下水运动理论向新的高度发展。

1935 年美国学者泰斯（C. V. Theis）收集并分析了当时温策尔和迈因策尔两位学者进行的抽水试验资料，利用热传导方程第一次提出了非稳定流理论和实用的非稳定井流公式，即著名的泰斯公式。这就为研究地下水非稳定流理论奠定了坚实的基础。

1950 年雅克布（Jacob）、汉土什（Hantush）等学者提出了有越流条件下的非稳定井流公式。稍后，博尔顿（S. N. Boulton）和纽曼（Neumann）考虑了潜水含水层滞后疏干效应，提出了潜水的非稳定流计算公式，使得非稳定井流公式的应用更加广泛。地下水运动非稳定流理论，不仅可研究地下水运动状态随时间的变化过程，而且还可以把以往的稳定井流理论作为非稳定流理论在某些条件下的特例来研究。随着生产实践和科学技术的发展，地下水非稳定流理论将会日趋发展和更符合于生产实际。

1960 年，随着快速大容量电子计算机的出现和广泛使用，推动了地下水学科发展并取得了突破性进展。数值计算法（有限差分法和有限单元法等）在地下水计算中

得到推广，解决了地下水非稳定流解析法计算中难以解决的复杂边界条件下的地下水流计算问题。到了20世纪70年代，数值法已全面应用于地下水非稳定理论研究，解决了许许多多生产实际中的重大疑难问题。

1980年，地下水学科理论发展主要是地表水和地下水的综合研究，即地表水与地下水联合调度统一管理问题。到了20世纪90年代，国内外更多的学者更注重研究大气降水、地表水、土壤水及地下水（一般统称为“四水”）相互转换方面的问题，并编制了一系列有关“四水”转换的管理模型软件。尤其在我国“八五”、“九五”、“十五”国家科技攻关项目中，在“四水”转换关系方面取得了一系列丰硕科研成果，解决了许多生产中的实际问题。

至今，地下水学科理论的研究，不仅包括地下水资源评价和合理开发利用的研究，还包括以土壤水为核心，定量分析“四水转换关系”、灌区与非灌区的水盐运移规律，在治理盐碱，防止化肥、农药等污染方面，加强地下水资源保护，实施地下水系统科学管理等诸多方面的综合研究。

0.0.3 国内外开发利用地下水概况

由于世界人口的持续增长，生产建设的不断发展以及地表水资源不断被污染，促使各国更重视地下水资源的开发利用。美国和印度是地下水开发利用最早、历史最长、规模最大的国家。

美国地下水开发主要集中在美国的西部，地下水在生活饮用、市政公共供水和农业供水中占有重要地位。至20世纪，地下水开发已达到相当高的水平。1985年，美国地下水年开采量达1013亿m^3，占全国淡水资源的21.7%。市政公共供水中地下水占40.1%，农业用水中地下水占34.4%，饮用地下水源的人口占53%，工矿自备水源中地下水占17.3%。尤其是西部17个州的井灌面积占全国井灌总面积的80%以上，其中得克萨斯州的井灌面积占全州总灌溉面积的82%，加利福尼亚州为40%以上。由于年开采量超过年补给量，地下水位持续下降，潜水含水层部分被疏干，含水层厚度减少超过10%的地区，已达平原区含水层分布面积的1/4。

印度地下水开采量中90%以上用于农业灌溉，用于居民生活供水和工业供水的量不足地下水开采量的10%。印度多年平均可恢复地下水资源为$4500\times10^8m^3$。目前年抽水量达$1350\times10^8m^3$，已利用30%左右。20世纪50年代以来，印度的地下水灌溉面积比重随总灌溉面积的增加而增长，1951年、1969年、1984年和1992年井灌面积占全国总灌溉面积的比例分别是29%、30%、38%和45.3%，井灌面积之大居世界第一位。由于地下水开采的地区分布不平衡，有些地区地下水尚有一定扩大开采的潜力，而有些地区已经出现了大面积的超采，据国际水资源研究所的研究成果，由于地下水的过量开采，含水层的疏干，使印度农业收成的1/4受到严重威胁。

近年来，国外对地下水的保护和合理利用已经走在前面。一是普遍建有地下水资源开发保护机构，如美国、沙特阿拉伯、埃及等国；二是加强政府法规的推动作用，如欧盟在1970年就开始制定了保护水源和河川的政策，以色列不仅有水污染控制的严格法律，而且非常重视废水的回收利用，是世界上废水利用率最高的国家，城市的废水回收率在40%以上。

我国是世界上开发利用地下水最早的国家之一，全国地下淡水资源量占国内水资

源总量的1/3，近20年，地下水开采量平均以每年$25\times10^8m^3$的速度增加。全国400多个城市开采利用地下水，在城市用水总量中地下水占30%。由于地下水资源的地区分布及需求不同，北方大多数流域的地下水供水量在总供水量中占有较大比例，其中海河流域占61.9%，黄河中游占57.8%，辽河流域占53.0%，淮河流域占23.7%，河西内陆河占25.2%；南方各流域片地下水供水量占总供水量的比例较小，一般在5%以下。1997年，全国地下水实际开采量达$968.78\times10^8m^3$，占全国总用水的17.4%。其中，农田灌溉用水占54.3%；城镇工业用水占17.5%；农村生活用水占12.8%；农村工业和林牧渔业用水占8.0%；城镇生活用水占7.4%。北方城市以开采地下水为主，其中华北、西北城市利用地下水的比例分别高达72%和66%。地下淡水资源量多年平均为$8837\times10^8m^3$，并呈“南多北少”格局。南方地下淡水资源量占全国地下淡水资源量的69%，可开采资源量达$1991\times10^8m^3$。北方地下淡水资源量仅占全国地下淡水资源量的31%，可开采资源量也只相当于南方的77%。占全国总面积35%的西北地区地下淡水资源量仅占全国总量的13%。然而各省（自治区、直辖市）和各流域片地下水供水量占总供水量的比例相差很大。地下水供水量占总供水量一半以上的有河北、北京、山西、河南等四个省（直辖市），其中，河北省地下水供水量占总供水量的3/4，北京市地下水供水量占总供水量的2/3；山东、辽宁、陕西、内蒙古、黑龙江、天津、吉林等省（自治区、直辖市）地下水供水量占总供水量的比例也较高，约为30%～40%；福建省和上海市地下水供水量占总供水量的比例最小，只有0.79%和1.11%。但在开采地下水的过程中也出现了一些环境问题，超采区总面积已达$181291km^2$，导致部分泉水断流，水质恶化，海水入侵和部分地区的地面沉降等环境问题。对此，我国近年来对地下水保护意识逐步增强，在一些国家立法和地方法规中增加了对地下水的保护条款，对地下水污染方面也逐步采取了一些措施，宏观调控工作逐渐加强等。

0.0.4　地下水利用课程的学习目的和主要内容

1. 学习目的

《地下水利用》是我国北方各省（自治区、直辖市）高等学校农业水利工程专业的必修课程，是水利水电工程、水文与水资源工程专业的一门技术基础课程。学习这门课程的目的有三个方面。

（1）在综合运用已学过的基础课、专业基础课以及有关专业课的基础上，通过本课程理论学习与实践，使学生今后能从事合理开发利用地下水与管理保护地下水的工作。

（2）掌握必要的地下水运动理论与地下水开发利用技术。降水、地表水、土壤水与地下水的联系较密切，在进行水资源评价及合理开发利用时，能用水资源系统方法去分析。若不能正确认识和处理地下水和地表水相互转化的关系，大量引用地面水灌溉，会引起地下水位急剧上升，导致大面积的土壤盐渍化或沼泽化；反之，若盲目过量开采地下水，定会引起地下水位大幅度下降，造成地面下沉、海水入侵等不良后果，使生态环境恶化。因此，根据“四水”转化规律，在最大限度利用水资源的同时，加强保护水资源和改善水环境。

（3）掌握地下水开发利用工程的规划、设计、施工和管理的理论与技术，为从事

地下水开发利用工程的建设与管理奠定基础，提高从事地下水开发利用保护与管理方面的知识和工作以及科研能力。

2. 主要内容

（1）地下水赋存规律：基本类型与特征及其循环运动规律；在天然因素和人为因素影响下的动态变化规律，以及不同条件下的地下水均衡方程。

（2）地下水运动基本方程：地下水向井流运动的稳定流的裘布依方程与非稳定流的泰斯公式，以及群井干扰理论等。

（3）地下水资源计算与评价：重点介绍地下水资源特征；含水层参数测定及地下水补给量和排泄量的计算；地下水质量计算，以及有限差分法和有限单元法在地下水资源计算中的应用。

（4）集水建筑物的设计与施工：即常用的地下水取水建筑物的类型，管井、大口井、辐射井及水平取水工程的设计与施工方法。

（5）地下水开发利用规划设计：即地下水开发利用规划的原则及分区、供需水平衡计算分析、地下水工程规划设计、地表水与地下水联合调度方法及其用水管理。

（6）地下水超采引起的地下水位下降、地面塌陷、土地荒漠化、地下水环境污染、地下水开采与土壤盐碱化关系以及地下水资源合理开发利用和保护的措施。

第1章 地下水的赋存与运动规律

1.1 地下水的赋存与基本类型

1.1.1 地下水的赋存

广义上讲，埋藏在地表以下土层或岩石空隙（孔隙、裂隙和溶隙，见图 1-1）中的各种状态的水统称为地下水，包括结合水（吸着水、薄膜水）、毛细水、重力水、固态水和气态水。岩石孔隙中的水构成自然界地下水的主体。狭义上的地下水仅指赋存于地下水面以下（饱水带）土层或岩土孔隙中的重力水，是人类生产生活的重要水源，也是人类开发利用的主要对象。

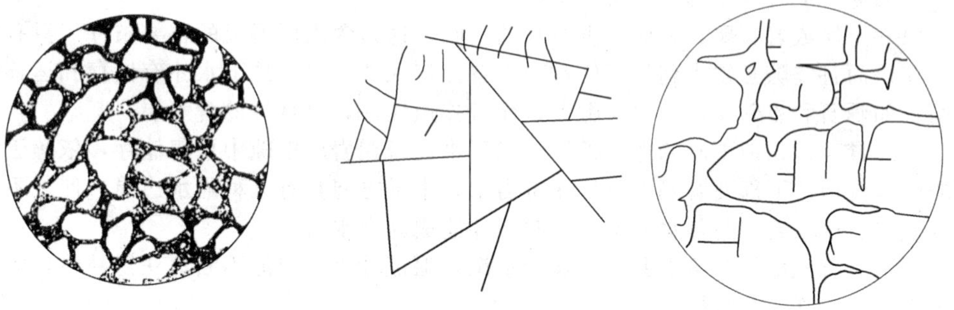

(a)　(b)　(c)

图 1-1　孔隙、裂隙、溶隙分布示意图
(a) 孔隙；(b) 裂隙；(c) 溶隙

1. 地下水的形成

大气降水降落到地表，一部分渗入地下，形成地下水；另一部分沿地面汇集于低处，成为河流、湖泊、海洋的地表水。地表水也可以通过岸边或河床渗入地下，成为地下水的主要补给来源。大气降水的多寡直接影响到一个地区地下水的丰富程度。在湿润地区，降雨量大，地表水丰富，对地下水的补给量也大，一般地下水也较丰富；

在干旱地区，降雨量小，地表水贫乏，对地下水的补给有限，地下水量一般较少。

地下水通过补给、径流、排泄过程参与自然界的水循环，并与大气圈及水圈发生交换，整个交换过程构成地下水循环。地表水与地下水同处于自然界的水循环中，并且互相转化，两者有着密切的联系。地表水对地下水的补给，主要集中在地表水分布区的周边。在河流沿岸、湖泊的周边地区，地下水既可得到大气降水补给，又可得到地表水入渗补给，所以水量比较丰富，水质一般较好。

地下水的形成必须具备两个条件：一是有水分补给来源；二是要有储存水的空间。它们均直接或间接受气象、水文、地质、地貌和人类活动的影响。影响地下水形成的地质条件，主要是岩石性质和地质构造。岩石性质决定了地下水的储存空间，它是地下水形成的先决条件；地质构造决定了具有储水空间的岩石能否将水储存起来以及储存水量的多少等特性。

2. 含水层和隔水层

地下水的运动和汇集，决定于储存地下水的地质构造条件。能够使水通过并给出相当数量重力水的土层或岩层称为含水层。那些不能使水通过或者通过但储存水的数量微不足道的土层或岩层称为隔水层。空隙较大的岩层（如砂砾石、发育溶岩的可溶岩）构成了含水层，隔水层一般由黏性土质或整块岩石构成的岩层。

含水层与隔水层的定义具有相对性，二者划分是相对的，并不存在明确的界限或绝对的定量指标。例如，粗砂层中的泥质粉砂夹层，由于粗砂的透水和给水能力比泥质粉砂强得多，相对说来，后者就可视为隔水层，或称弱透水层。同样的泥质粉砂夹在黏土层中，由于其透水和给水能力均比黏土强，可作为含水层。由此可见，同一岩层在不同条件下可能具有不同的水文地质意义。应根据研究区的水文地质条件和解决的实际问题，科学合理地划分隔水层与含水层。

下面为形成含水层的三个必要条件：

（1）土层或岩石要具有储存重力水的空间，这是含水层形成的首要条件。只有空隙存在，而且空隙必须大到足以使重力水自由流入并给出，地下水才有储存和运移的空间，如砾石和粗砂层，不仅空隙大，而且连通性好，是良好的含水层。

（2）具有蓄积地下水的地质条件。地下水能否在岩层空隙中聚集储存，依赖于适合的储水构造。下部要有隔水层托住重力水，水平方向具有某种隔水边界，使之不致完全流失。透水岩层与隔水岩层组合起来才能成为含水层。

（3）具有充足的补给来源。足够的水源，保证储水空间能不断地获得补给，才能构成地下水丰富的含水层。

上述表明，只有当土层或岩层具有地下水自由出入的空间，有适当的地质构造和充足的补给来源时才能构成含水层。

1.1.2 地下水的基本类型

地下水受诸多因素的影响，在埋藏、分布、物理性质、化学成分、水动力特征等方面都表现出不同特征。为了便于研究和开发利用地下水，将地下水归纳成简明的几类。根据研究目的或出发点的不同，地下水分类标准也不相同。概括起来主要有两种：按含水层的空隙成因和性质不同，地下水可分为孔隙水、裂隙水、喀斯特水（岩溶水）；按地下水的埋藏条件不同，可分为包气带水、潜水、承压水。按含水层空隙

成因和地下水埋藏条件可以组合成若干种不同类型的地下水，见表1-1。

表1-1　　地下水分类表

岩土中的地下水		按含水层空隙成因和性质分类		
		孔隙水	裂隙水	喀斯特水（岩溶水）
按埋藏条件分类	包气带水	土壤水、上层滞水	基岩风化壳中各种季节性存在的水	岩溶体垂直渗入带中的水
	潜水	上部无连续隔水层覆盖的各种松散沉积物中的水	基岩上部裂隙中或层间裂隙中的无压水	裸露型岩溶体中的无压水
	承压水	孔隙岩层组成的向斜或自流盆地、单斜和山前平原自流斜地中的水	构造盆地及向斜、单斜岩层中的裂隙承压水、断层破碎带深部的局部承压水	构造盆地和向斜以及单斜岩溶中的承压水

1.1.2.1 孔隙水、裂隙水、喀斯特水（岩溶水）

1. 孔隙水

孔隙水指赋存于松散沉积物颗粒间孔隙或岩层孔隙中的地下水。孔隙水广泛分布在堆积平原和山间盆地内的第四纪地层中，是工农业和生活用水的重要供水水源。孔隙水的分布、补给、径流和排泄决定于沉积物的类型、地质构造和地貌等。不同成因类型的沉积物中，存在着不同的孔隙水。

在山前地带形成的冲洪积扇内，近山处的卵砾石层中有很厚的孔隙潜水含水层；到了平原或盆地内部，由于砂砾层与黏土层交互成层，形成孔隙承压水含水层。在平原河流的中、下游地区的河床砂砾层中，存在着宽度和厚度不大的带状孔隙水含水层。在湖泊边缘的粗粒沉积物中，多形成厚而稳定的层状孔隙水含水层。在冰川消融水搬运分选而形成的冰水沉积物中，有透水性较好的孔隙水含水层。深层孔隙承压水往往远离补给区。离补给区越远，补给条件越差，补给量越小，故深层孔隙承压水的开采应有所节制。

2. 裂隙水

埋藏在岩石裂隙中的地下水叫裂隙水，是丘陵和山区供水的重要水源，也是矿坑充水的重要来源。裂隙水运动复杂，水量变化较大，这与裂隙发育及成因有密切关系。按岩石裂隙成因，裂隙水分为风化裂隙水、成岩裂隙水和构造裂隙水。

风化裂隙水埋藏在风化壳中密集、均匀、相互连通的风化裂隙中，在一定范围内有统一的水力联系、统一的水面。风化裂隙水主要受大气降水的补给，有明显季节循环交替性，常以泉的形式排泄于河流中。风化裂隙水分布广，埋深不大，一般为10～50m，局部地区超过100m。

具有成岩裂隙的岩层露出地表时，常赋存成岩裂隙潜水。沉积岩和火成岩中均可形成成岩裂隙。喷发岩中的玄武岩层，经常发育柱状节理及层面节理。裂隙均匀密集，张开性好，贯穿连通，常形成贮水丰富、导水畅通的潜水含水层。裂隙网络中往往形成强大的潜水流，当被地形切割时，常呈泉群涌出。当具有成岩裂隙的岩层被隔水层覆盖时，成岩裂隙水就成为承压水。

构造裂隙水赋存在于地质构造运动中因受力而产生的岩石裂隙之中。构造裂隙水

又分层状水和脉状水。当地壳构造应力分布比较均匀且强度足够时，则在岩体中形成比较密集均匀且相互连通的张开性构造裂隙，赋存层状构造裂隙水。当构造应力分布相当不均匀时，岩体中张开性构造裂隙分布不连续，互不沟通，则赋存脉状构造裂隙水。具有同一岩性的岩层，由于构造应力的差异，一些地方可能赋存层状裂隙水，另一些地方则可能赋存脉状裂隙水。不论是层状裂隙水还是脉状裂隙水，其渗透性常常显示各向异性特征。

3. 喀斯特水（岩溶水）

喀斯特水指贮存于可溶性岩石（如石灰岩、白云岩、大理岩、石膏、岩盐等）的溶蚀裂隙和溶洞中的地下水。在可溶性岩层裸露于地表的补给区，入渗补给有两种方式：一种为灌式补给，在低洼处汇集一定量的降水，通过漏斗或落水洞灌入地下；另一种为渗入式补给，通过地面上微小的裂隙，较缓慢地渗入地下，汇入岩溶通道和地下河系之中。

由于岩溶地区含水层常具有较强的导水性，喀斯特水与降水的关系十分密切。水位动态变化幅度大而且快。喀斯特水经常在雨季流量急增，而雨后又骤减。喀斯特水同时存在于由大小悬殊的孔隙、裂隙、洞穴和通道组成的同一含水系统中，无压水流与承压水流并存，层流与紊流并存，在一定的条件下地表径流和地下径流、无压流和有压流可相互转化。

1.1.2.2　包气带水、潜水、承压水

按照土层或岩石空隙中含水的相对比例，地面以下水分在垂直剖面上可划分为两个带：饱和带与包气带。以地下水面为界，地面至地下水面之间的土层或岩层称为包气带，也称非饱和带，其空隙空间一部分被水所占据，还有一部分为空气所占据。地下水面以下的土层或岩石，因其空隙全部充满水，称为饱和带，也称饱水带，见图 1－2 所示。

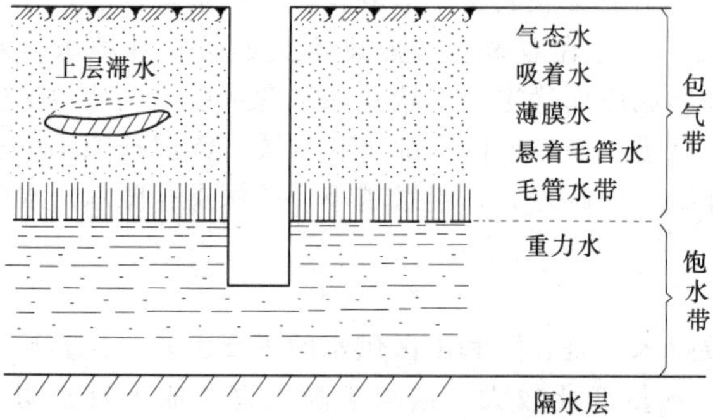

图 1－2　包气带及饱水带示意图

1. 包气带水

包气带水处于地表面以下潜水位以上的包气带土层中的水，包括土壤水、沼泽水、上层滞水以及基岩风化壳（黏土裂隙）中季节性存在的水。包气带水的主要特征是受气候影响，季节性明显，变化大，雨季水量多，旱季水量少，甚至干涸。

（1）土壤水。埋藏于包气带土壤层中的水称为土壤水，主要包括气态水、吸着水、薄膜水和悬着毛管水，如图 1－2 所示。在农业生产上，土壤水主要指从地表向下到植物主根带的土层中所含的水，土层厚度随土壤和植物类型而变化。包气带土壤层中的水没有达到饱和状态，只有从降雨或灌溉获得大量补给时，才出现暂时性饱和。土壤水靠大气降水的渗入、水汽的凝结及潜水由下而上的毛细作用补给。大气降水向下渗入，必须通过土壤层，这时渗入的水一部分保持在土壤层中，称为田间持水量（即土壤层中最大悬着毛管含水量），多余的部分呈重力水下渗补给潜水。

土壤水主要消耗于蒸发和植物蒸腾，受空气温度和湿度、季节性变化和日变化等大气条件影响。当土壤层透水性不好、气候潮湿多雨或地下水位接近地表时，易形成沼泽，称为沼泽水。当地下水面埋藏不深，毛细管可达到地表时，由于地表水分蒸发强烈，盐分不断积累于土壤表层，则形成土壤盐渍化，从而危害农作物生长。所以，研究控制土壤层中的水分的变化，对农业生产和建筑物基础的埋置具有重要的意义。

（2）上层滞水。上层滞水是局部或暂时储存在包气带中的局部隔水层或弱透水层之上的重力水。这种局部隔水层或弱透水层一般指松散沉积土层中由黏土、亚黏土组成的透镜体，基岩中局部地质裂隙不发育或裂隙充填物，以及岩溶地区发育较差或非可溶岩透镜体。

上层滞水接近地表，与气候、水文条件变化密切相关，具有自由水面，接受当地大气降水或地表水的补给，消耗于蒸发和向下渗透补给潜水，补给区与分布区一致。雨季获得补充，积存一定水量，旱季水量逐渐消耗，甚至干涸。根据上层滞水水量不大，季节变化强烈的特点，可以用于农村少量人口的供水及少量灌溉供水。由于上层滞水距地表近，补给水入渗途径短，易受污染，用作水源时，应注意水质问题。

2. 潜水

（1）潜水及其特征。潜水是埋藏于地面以下第一个相对稳定（连续分布）的隔水层以上并且具有自由水面的重力水。潜水一般储存于第四系松散沉积物中，也可以存储在裂隙或可溶性基岩中，形成裂隙潜水和岩溶潜水。潜水的自由水面称潜水面，潜水面相对于基准的高程称潜水位，地面至潜水面间的垂直距离为潜水埋藏深度。潜水面至隔水底板之间的垂直距离为含水层厚度，如图 1-3 和图 1-4 所示。

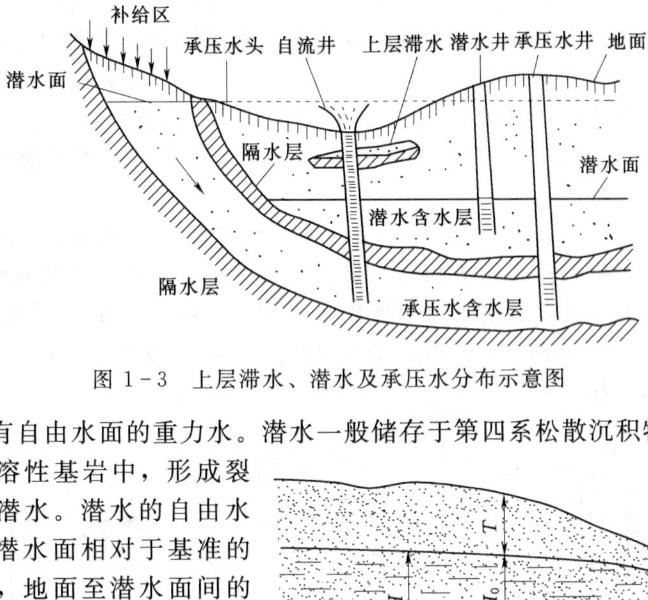

图 1-3　上层滞水、潜水及承压水分布示意图

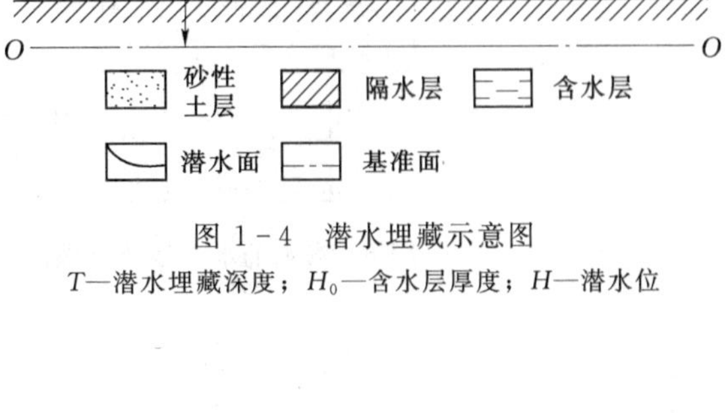

图 1-4　潜水埋藏示意图

T—潜水埋藏深度；H_0—含水层厚度；H—潜水位

根据潜水的埋藏条件不同，潜水具有以下特征：

1）潜水一般是无压的，在重力作用下，沿曲面最大倾斜方向流动，

即由水位高处向水位低处渗流，形成潜水径流，径流速度取决于水力坡度和含水层的透水性。一般情况下，潜水面的坡度在千分之几至百分之几。

2）潜水具有自由水面，通常水面不是水平的，而是一个倾斜的曲面，其起伏状态大体与地形一致。

3）潜水的分布区和补给区基本上是一致的。一般情况下大气降水、地表水都可以通过包气带入渗直接补给潜水。

4）潜水通过包气带与大气相通，潜水的动态变化（如水位、水量、水温、水质等）与气象、水文动态变化周期基本相同。雨季降水多、潜水补给充沛，则使潜水面上升，含水层厚度增大，水量增加，埋藏深度变浅；而在枯水季节则相反。

5）潜水埋藏浅，分布较广，开采方便，常作为主要的地下水开采水源。但在潜水含水层之上因无连续隔水层覆盖，容易受到污染，应注意保护。

（2）潜水面的形状及其表示方法。

1）潜水面的形状。在自然界中，潜水面的形状受地形、地质、气象、水文等各种自然因素和人为因素的影响。一般情况下，潜水面不是水平的，而是向着邻近洼地（如冲沟、河流、湖泊等）倾斜的曲面。只有当盆地或洼地中潜水集聚而潜水面呈水平状态时，则形成潜水湖。

潜水面的形状与地形有一定程度的一致性，一般地面坡度越陡，潜水面坡度也就越大。但潜水面坡度总是小于相应的地面坡度。含水层的透水性和厚度沿渗流方向发生变化时，会引起潜水面形状的变化。在同一含水层中，当岩层透水性随渗流方向增强或含水层厚度增大时，则潜水面形状趋于平缓，反之变陡。

2）潜水面的表示方法。潜水面常用的表示方法有两种：水文地质剖面图和潜水等水位线图。这两种图经常配合使用。

a. 水文地质剖面图。按一定比例尺，在具有代表性的剖面上，先根据地形绘制地形剖面图，再根据钻孔、试坑和井、泉的地层柱状图资料，绘制地质剖面图。然后画出剖面图上各井、孔等的潜水位，连出潜水面，即绘成潜水剖面图，如图1－5所示，也称为水文地质剖面图。从图上可以反映出潜水面与地形、含水层岩性及厚度、隔水层底板等的变化关系。

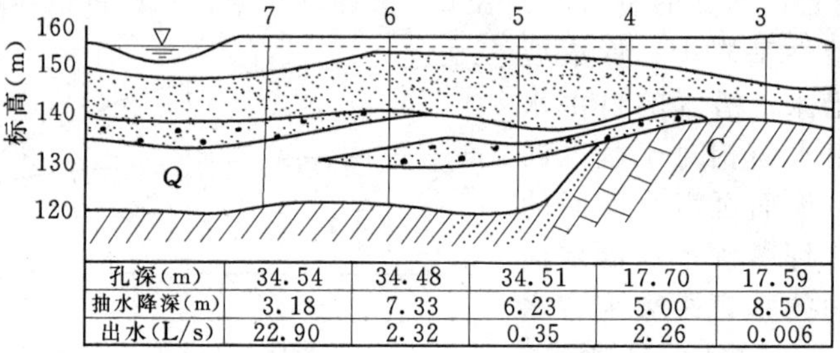

孔深(m)	34.54	34.48	34.51	17.70	17.59
抽水降深(m)	3.18	7.33	6.23	5.00	8.50
出水(L/s)	22.90	2.32	0.35	2.26	0.006

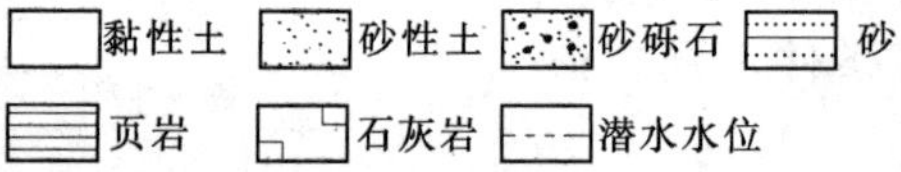

图1－5 潜水的水文地质剖面图（图中数字为钻孔编号）

b. 潜水等水位线图。在平面上，潜水面的形状可以用潜水面等高线图表示，此图称为潜水等水位线图，如图1-6所示。其绘制方法与绘制地形等高线图基本相同，即根据在大致相同的时间内测得的潜水面各点（如井、泉、钻孔、试坑等）的水位资料，将水位标高相同的各点相连绘制而成。

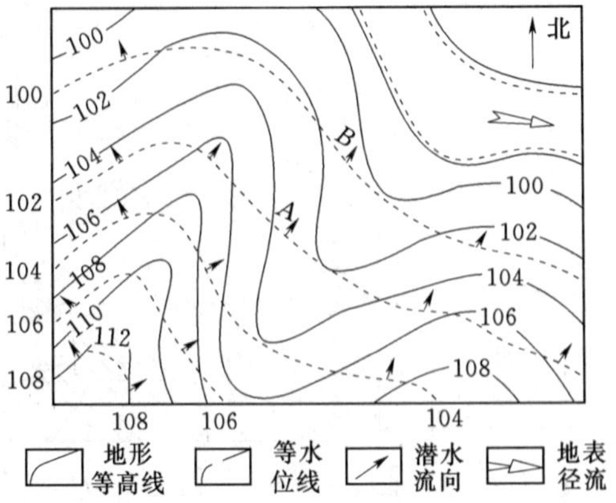

图 1-6　潜水等水位线图及埋藏深度图

潜水等水位线图一般在地形图上绘制。因为潜水面随季节时刻都在变化，所以等水位线图要注明测定水位的日期。通过不同时期内等水位线图的对比，有助于了解潜水的动态。根据潜水等水位线图可以了解潜水的埋藏深度、潜水的流向、潜水面的坡度、含水层的厚度及透水性，合理布置集水或排水建筑物的位置，如图1-7所示。

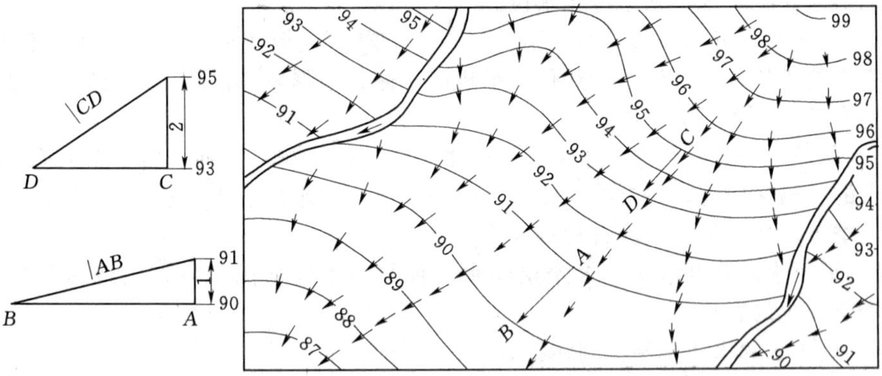
图 1-7　利用等水位线图求潜水流向及水力坡度

图中线条为等水位线，数字为潜水位标高（m），箭头表示地下水流向

3. 承压水

（1）承压水及其特征。承压水是充满于两个相对稳定隔水层（或弱透水层）之间具有静水压力的重力水，如图1-8所示。若两个隔水层之间的含水层未被地下水充满时，其性质与潜水相似，称为层间无压水。

承压水含水层的上、下隔水层分别称为隔水顶板和隔水底板；隔水顶板与隔水底板之间的垂直距离称为承压含水层的厚度。当钻机刚凿穿隔水顶板时，钻孔中出现的水面，此时水面高程称为初见水位；随后水位不断上升，达到一定高度便稳定下来，该水面高程称为承压水的稳定水位或静止水位，即该点处承压含水层的承压水位（测压水位）。自隔水顶板至承压水位之间的垂直距离称为该处的承压水头，它表示该处隔水顶板所承受的水压力值。若承压水头高出地面时，承压水可喷出地面，形成自流水。

承压水具有隔水顶板，因而与潜水性质不同，其主要特征如下：

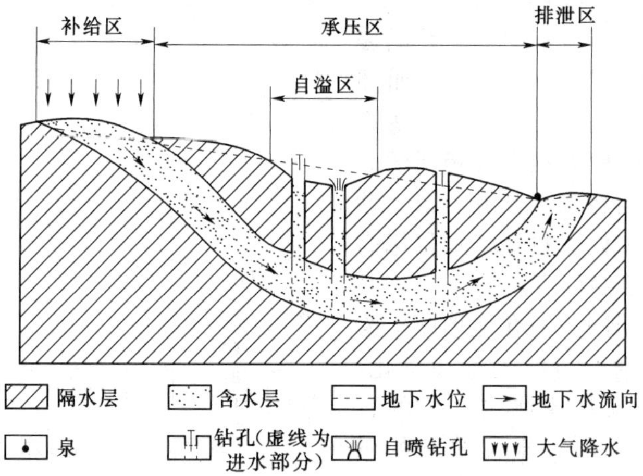

图 1-8 承压水示意图

1）承压水具有承压性能。由于具有连续隔水顶板，没有自由水面，当钻孔揭穿隔水顶板时，初见水位低于静止水位。

2）承压水的分布区与补给区不一致。由于隔水顶板存在，大气降水和地表水不能垂直补给承压水。补给区往往位于承压区一侧、地形较高的含水层出露区；排泄区则在地形较低的另一侧。

3）承压水动态受气象、水文因素的季节性变化影响不显著。由于隔水顶板存在，承压水的补给区较远，渗透路径较长，因而承压水的水质、水量、水温等受气候影响较小，季节性变化不大，具有相对的稳定性。

4）承压水的厚度取决于含水层隔水顶板与隔水底板的位置，由地质条件决定，不受季节变化的影响。

5）承压水的水质不易受到污染。

（2）承压水的埋藏类型。承压水的形成主要决定于地质构造条件。只要有适合的地质构造，无论孔隙水、裂隙水或喀斯特水都可以形成承压水。向斜构造、构造盆地和单斜构造是适合于承压水存在的最有利的地质条件。在水文地质学上，埋藏承压水的向斜构造和构造盆地，称为承压盆地（自流盆地），如法国巴黎自流盆地、中国四川自流盆地。埋藏承压水的单斜构造，称为承压斜地（自流斜地）。

1）承压盆地。一个完整的承压盆地可以分为三部分：补给区、承压区和排泄区，见图1-8。补给区位于含水层出露地表较高处，主要接受大气降水、地表水，甚至潜水的补给。该区的地下水实际上也就是潜水。承压区一般位于盆地中部，分布范围较广，上覆有隔水层，地下水承受静水压力。排泄区位于盆地地形位置较低的一侧，当地下水经过承压区后，有时通过上升泉的形式直接出露地表，也有直接排入地表水体或潜水含水层中。排泄区的地下水也具有潜水的特征。

2）承压斜地。倾斜岩层的下端，由于构造错断或由于岩性变化，形成补给区与排泄区相邻而承压区在另一侧的承压斜地。承压斜地也可分为补给区、承压区与排泄区三部分，但其相对位置则视具体情况而定。可以像自流盆地那样，补给区与排泄区

位于两侧，中间为承压区；亦可能承压区位于一侧，而补给区与排泄区相邻。承压斜地的形成可有下列几种情况。

a. 构造错断所形成的承压斜地。单斜含水层上部出露地表，下部被断层错断。如果断层带导水性能好，这样，单斜含水层上部出露地表部分，成为承压含水层的补给区，地下水经承压水到断层处，沿断层带向上流动，以上升泉的形式排泄于地表，在这种情况下，承压区位于补给区与排泄区之间。倘若断层带阻水，这时承压斜地的排泄区位于补给区位置较低的地段，而承压区位于旁侧另一地段，如图 1-9 所示。

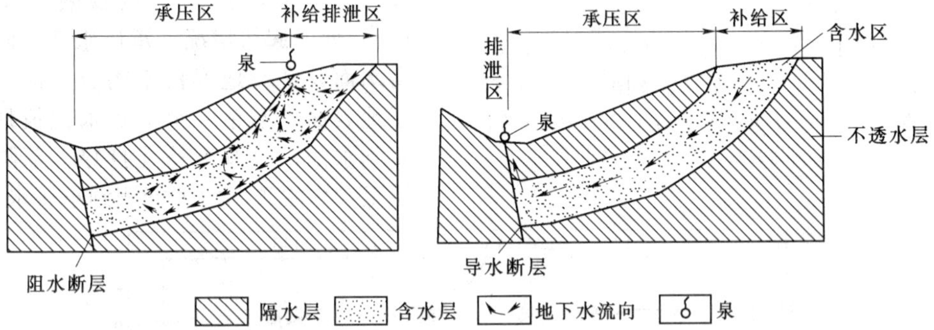

图 1-9 断层形成的承压斜地

b. 岩性发生变化或尖灭形成的自流斜地，如图 1-10 所示。含水层上部出露地表，发生由粗粒到细粒的变化，或到某一深处尖灭。在补给区，含水层接受地表水或大气降水的补给，当补给量超过含水层可能容纳的水量时，由于下部无排泄出路而形成回流，在含水层出露地带的较低地段形成泉水泄出。此时补给区与排泄区是相邻的，承压区位于一侧。水的循环路径并非必须经过整个承压区，这与承压盆地含水层中水的循环路径不同。山前地区洪积扇的岩性由近山的粗砂砾石向平原逐渐过渡到细砂、黏土等，有互层和透镜体，水平方向和垂直方向的不均一沉积，可以形成山前的自流斜地。

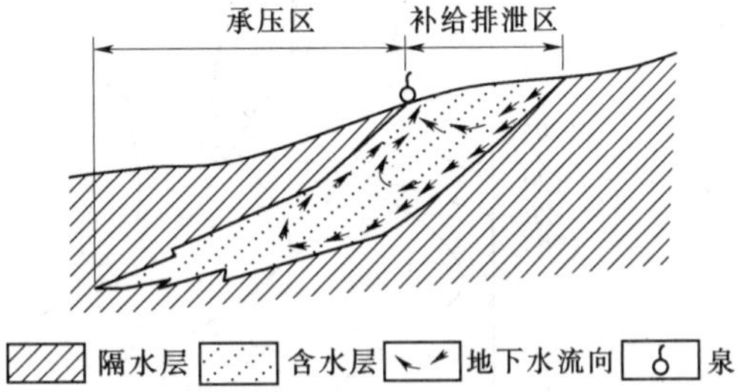

图 1-10 岩性变化形成的承压斜地

c. 含水层倾斜被侵入岩体阻截而形成的自流斜地。各种侵入岩体（如花岗岩、闪长岩等）侵入到含水层下游时，便起到阻水作用而形成承压斜地。如山东济南的承压斜地，济南市南侧为寒武奥陶系构成的山区，地形与岩层产状均向济南方向倾伏。由于市区北侧被闪长岩侵入体所阻截，来自南面千佛山一带石灰岩补给区的地下水流，便在侵入体接触带汇集起来，使水位抬高，形成了承压斜地，如图 1-11 所示。地下水通过近 20m 厚的第四系覆盖层出露地表而成为泉（图 1-11），如趵突泉、珍珠泉等泉群。

承压盆地和承压斜地在我国分布非常广泛。根据其地质年代和岩性的不同，可分为两类：一类是第四系松散沉积物构成的承压盆地和承压斜地，广泛地存在于山间盆

地和山前平原中；另一类是第四系以前坚硬岩层构成的承压盆地和承压斜地。

（3）承压水等水压线图。含水层中承压水位相等的各点的连线，就是承压水等水压线。将这些等水压线绘制在同一图上，可得出承压水等水压线图。等水压线图可以反映承压水（位）面的起伏情况。承压水面不同于潜水面，常与地形极不吻合，甚至高于地表面。不钻穿承压隔水顶板是见不到水的，只有当钻孔打穿上部隔水层至含水层顶面时才能测到承压水头。

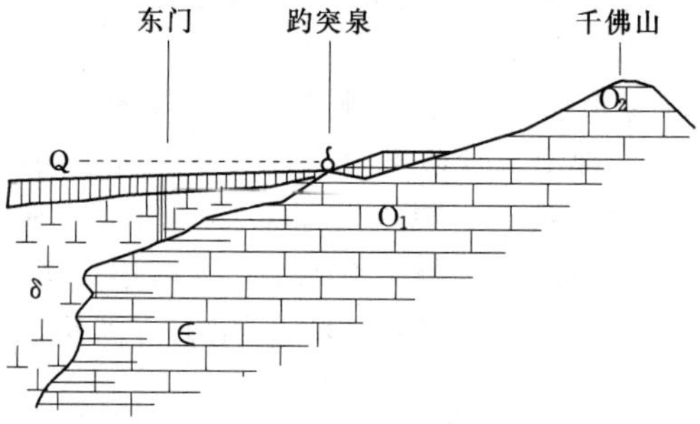

图 1-11　济南市（千佛山—趵突泉）水文地质剖面图

Q—第四系；O_1—下奥陶统白云岩；O_2—中奥陶统石灰岩；∈—寒武系石灰岩；δ—闪长岩

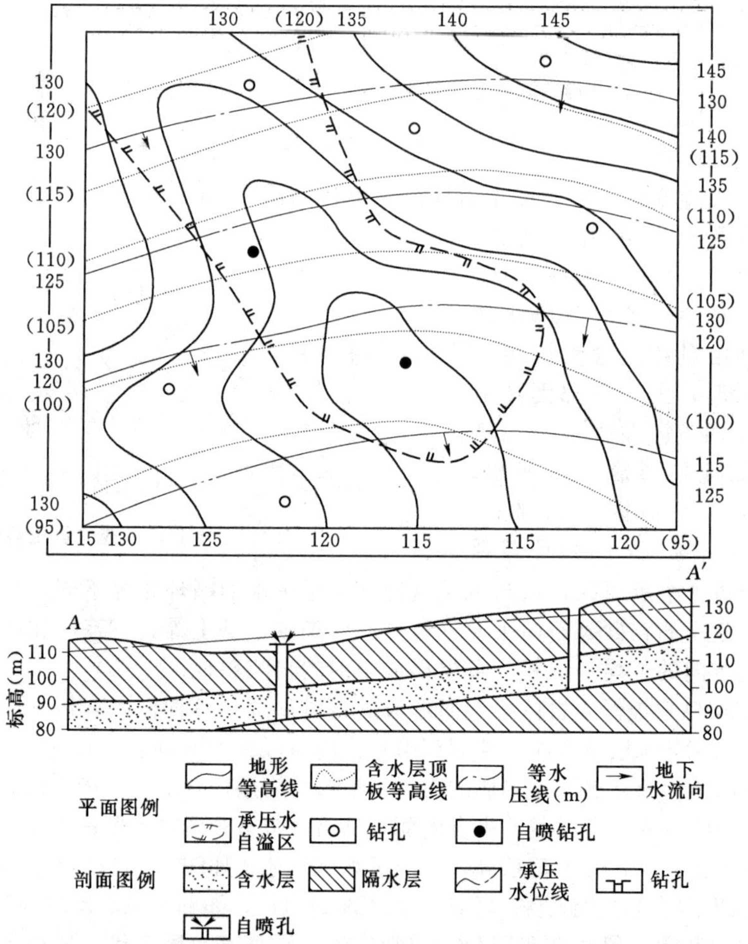

图 1-12　承压水等水压线图

因此，通常在等水压线图上要附以含水层顶板等高线。

承压水等水压线图的绘制方法，与潜水等水位线图相似。在某一承压水层内，将一定数量的钻孔、井、泉（上升泉）等的初见水位（或含水层顶板的高程）和稳定水位（即承压水位）等资料，绘在一定比例尺的地形图上，用内插法将承压水位等高的点相连，即得等水压线图，如图 1-12 所示。等水压线图有许多实际用途，如可以确定承压水流的方向，承压水的埋藏深度、承压水头的大小等，并可用来判定开采条件的优劣以及布设井孔等。

1.2 地下水的循环

1.2.1 水文循环与地下水的时空分布关系

1.2.1.1 自然界中的水循环

在自然因素与人类活动影响下，自然界中各种状态的水处在不断运动与相互转换之中，形成了水文循环。形成水文循环的内因是固态、液态、气态的水随着温度的不同而转移变换，外因主要是太阳辐射、地心引力以及人类活动。太阳辐射促使水分蒸发、空气流动、冰雪融化等，地心引力则是水分下渗和径流回归海洋的动力。大规模人类活动可以促使或抑制各种形态的水相互转换和运动，改变水文循环的进程。根据水循环过程中涉及的地域不同，通常可分为大循环与小循环。海陆之间的水分交换称为大循环，发生在海洋内部或陆地内部的局部水文循环称为小循环。

地下水是自然界水文循环的一个重要环节，地下水周而复始的运动和变化皆源于水文循环，地下水的多寡也受水文循环的控制。地下水循环是指地下水的补给、径流和排泄过程。地下含水层从大气降水、地表水及其他水源获得补给后，在含水层中经过一段距离的径流后，再排出地表，重新变成地表水和大气水，这种补给、径流、排泄无限往复进行，就形成了地下水的循环。

1.2.1.2 水文循环系统与地下水时空分布的关系

大气水、地表水、土壤水和地下水，处在不断的循环转化之中。大气降水、河流、人工渠道水流可以通过入渗作用补给土壤水和地下水，使土壤水分增加，地下水位升高；地下潜水通过蒸发作用变成大气水，使地下水位降低。在天然状态下，河道常常是地下水的排泄出路，即地下水可以变成地表水。地表水在某些时期，某些河段也会补给地下水，例如汛期中河流的中下游就是如此，而在其他时段这种补给关系有可能相反。即使地下水本身也在转化着，如潜水通过越流作用可以转化为承压水，承压水也可能转化为潜水。

降水是水文循环的重要环节，降水入渗是地下水的主要补给来源，因此地下水的时空分布与降水的时空分布关系极为密切。降水多的地区地下水丰富，降水少的地区地下水贫乏。地下水随时间的变化规律很明显，如汛期地下水补给量呈递增趋势，非汛期则呈递减趋势，遇到连续丰水年时，地下水量呈增加趋势，在连续枯水年时，则呈减少趋势。影响地下水的另一个重要因素是地质条件。在同一气候区内，不同地区的地下水数量常常相差悬殊，致使其空间分布极不均匀，造成这种现象的主要原因是各地区地质（构造、岩性）条件、地貌条件、水文地质条件及人为因素的不同。

1.2.2 地下水的补给

地下含水层自外界获得水量的过程称为地下水的补给。地下水的补给来源，主要为大气降水、地表水、大气中水汽和土壤中水汽的凝结水，以及相邻含水层的水，在一定条件下还有人工补给。

1.2.2.1 大气降水的补给

大气降水包括雨、雪、冰雹等。在很多情况下大气降水是地下水的主要补给方式。大气降水降落到地表后，一部分形成地表径流，一部分蒸发重新回到大气层，还有一部分渗入地下补给地下水。

大气降水补给地下水的数量受到很多因素的影响，与降水特征、地表植被、地形地貌、包气带岩性、地下水的埋深等密切相关。一般当降水量大、降水过程长、地形平坦、植被茂盛、上部岩层透水性好、地下水埋藏深度不大时，大气降水才能大量的补给地下水。这些影响因素中起主导作用的常常是包气带的岩性。在太行山、燕山山前平原区，黏性土区域的降水量有25%入渗补给了地下水，而砂土区域的降水入渗补给量接近了降水总量的40%。

1.2.2.2 凝结水的补给

干旱地区降水量小，凝结水往往是地下水补给的重要水源。如我国内蒙古、新疆的一些地区的年降水量不足100mm，在这类地区，昼夜温差大，夜晚空气温度降低至露点温度时，空气湿润达到饱和，温度进一步降低，空气中多余水汽在地表凝结成水，渗入地下补给地下水。如空气在10℃时最大含水量为$9.3g/m^3$，而在5℃是最大含水量为$6.8g/m^3$，多于以上数量的水分就会凝结成为液态从空气中分离出去。由于这类地区昼夜温差很大，白天空气中含水量可能还不足，但夜晚温度很低时，空气中的水汽却出现过饱和现象，多余的水蒸汽就从空气中析离出来，在地表凝结成水渗入地下补给地下水。

1.2.2.3 地表水的补给

地表水体包括江、河、湖泊、水库、池塘、水田等。在这些地表水体附近，地下水有可能获得地表水的补给。

当河流水位高于两岸的地下水位时，就发生河流补给地下水。一般情况下，大江大河的下游和河流中上游的洪水期，河水往往高于岸边的地下水位。在干旱地区，降水量少，河水的渗漏往往是地下水的主要补给源。

地表水对地下水的补给强度主要受岩层透水性的影响，同时也取决于地表水水位与地下水位的高差、洪水的延续时间、河流流量、河流的泥沙含量、地表水体与地下水联系范围的大小等因素。

1.2.2.4 灌溉水的补给

随着灌溉事业的发展，灌溉水入渗补给地下水成为地下水的重要补给水源。如河北省平原地区，灌溉水入渗补给量占地下水总补给量的16.6%。灌溉水入渗补给量分为灌溉渠系渗漏补给和田间灌溉水入渗补给两种形式。一般情况下，将干渠、支渠、斗渠等流量较大的渠道渗漏补给计入渠系渗漏补给。农渠及农渠以下的渠道，因其流量较小，计入田间灌溉水入渗补给。渠系渗漏补给是线状补给地下水，田间灌溉水入渗补给是面状入渗补给地下水。影响渠系渗漏补给的因素有渠道流量、长度、衬

砌类型、工作制度、土壤条件、地下水埋深等。影响田间水入渗补给的因素有土壤条件、灌溉水量、灌水方式、地下水埋深等。灌溉水一般来自地表水或地下水，取自地表水时，增加了灌溉水的补给量，却减少了地表水的补给量。取自地下水时，灌溉入渗补给也称灌溉回归补给。

1.2.2.5 含水层之间的补给

地下水相邻两个含水层之间存在水头差且有透水通道时，承压水头较高的含水层就会补给水头较低的含水层，如图 1-13 所示。

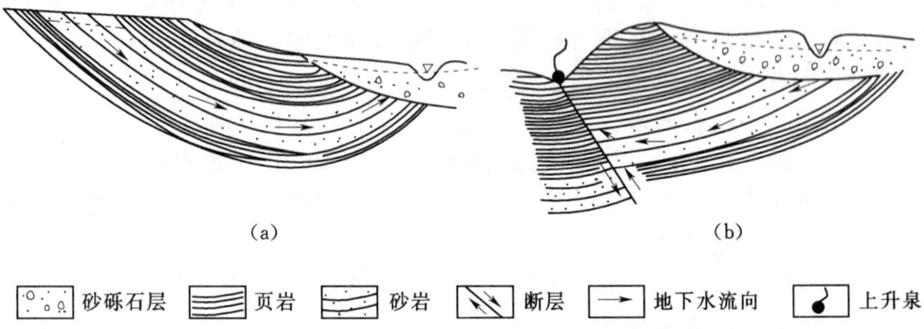

图 1-13 含水层之间的补给
(a) 承压水补给潜水；(b) 潜水补给承压水

松散沉积物含水层之间的黏性土层，并不完全隔水，而具有微透水性。具有一定水头差的相邻含水层，通过弱透水层发生的渗透，称为越流补给。显然，隔水层越薄，隔水性越差，相邻含水层间的水头差越大，则越流补给量越大。尽管单位面积上的越流量通常很小，由于越流在弱透水层分布的整个范围内发生，总的补给量也是相当可观的。

1.2.2.6 人工补给

地下水的人工补给，就是借助某些工程设施，人为地将地表水自流或用压力引入含水层，以增加地下水的补给量。人工补给地下水具有占地少、造价低、易管理、蒸发少等优点，不仅可以增加地下水资源量，还可以改善地下水的水质，调节地下水的温度，防止海水倒灌，减少地面下沉。目前一些国家人工补给地下水占地下水总利用量的 30%左右，我国近些年也开始了这方面的工作。从发展的趋势来看，人工补给地下水势必越来越成为地下水的重要补给源之一，尤其在一些集中开采地下水的地区。

1.2.3 地下水的径流

地下水在土壤或岩层空隙中的流动过程称为地下水的径流。

1.2.3.1 地下水径流的产生及影响因素

自然界中的水在不断地循环，地下水在岩层中的径流是整个地球水循环的一部分。大气降水或地表水通过包气带向下渗漏，补给含水层成为地下水，地下水在重力作用下由水位高处向水位低处流动，最后在地形低洼处排出地表或直接排入地表水体，构成地下水径流。无论天然状态下，还是人工开采条件下，地下水都是流动的。

地下水的补给、径流和排泄是紧密联系在一起的，是形成地下水运动的一个完整的、不可分割的过程。

地下水径流的方向、速度、类型、径流量主要受下列因素的影响。

（1）含水层的空隙。空隙发育且空隙大的含水层透水能力强，地下水流动速度快，如细砂层中的地下水在天然条件下一般流动的很缓慢，在砂砾、卵石层中流动较快，而在溶洞中的地下水流速高达每日数千米，这种流动与地表河水流动差不多，形成地下河。

（2）地下水的埋藏条件。地下水因埋藏条件不同可表现为无压流动和承压流动。无压流动（潜水流动）只能在重力作用下由高水位向低水位流动；深层地下水多为承压水，它们不但有向下的运动，因承受压力，也会产生向上的运动。

（3）补给量。补给量的多少，直接影响到地下径流量的大小。

（4）地形。地下水的净流量和流速与地形关系密切。山区地形陡峻，地下水的水力坡度大，径流速度快，补给条件好，径流量大；平原区多堆积细颗粒物质，地形平缓，水力坡度小，径流速度和流量都小。

（5）地下水的化学成分。地下水的化学成分和含盐量不同，其密度和黏滞性也随之改变，黏滞性愈大，流速愈慢。

（6）人为因素。人类的各种生产活动对地下水的流动也有影响，如修建水库、灌溉农田、人工抽水、矿坑排水等都可以促使地下水的径流条件发生变化。

1.2.3.2 地下水径流量的表示方法

地下水径流量常用地下径流率（M）来表示，其意义为 $1km^2$ 含水层面积上的地下水流量 [$m^3/(s \cdot km^2)$]，也称为地下水径流模数。

年平均地下水径流率可按式（1-1）计算

$$M=\frac{Q}{365\times 86400A} \tag{1-1}$$

式中：A 为地下水径流面积，km^2；Q 为年内在面积 A 上的地下水径流量，m^3。

地下水径流率是反映地下径流量的一种特征值，受到补给、径流条件的控制，其数值大小是随地区和季节而变化的。因此，只要确定某径流面积在不同季节的径流量，就可计算出该地区在不同时期的地下水径流率。

地下径流的特征还与降水量有关，它们的关系可用地下水径流系数（α）来表示，即

$$\alpha=\frac{Q}{P\times A} \tag{1-2}$$

式中：P 为年降水量，mm。

在石灰岩等可溶性岩层地区，地下水径流模数和地下水径流系数的计算，具有特别重要意义。

1.2.4 地下水的排泄

地下含水层失去水量的过程称为地下水的排泄。在排泄的过程中，地下水的水量、水质及水位都会随着时间发生变化。地下水的排泄方式有泉、河流、蒸散发、人工排泄等。

1.2.4.1 泉水排泄

泉是地下水的天然露头，主要是地下水或含水层通道露出地表形成的。地下水只要在地形、地质、水文地质条件适当的地方，都可以泉的方式涌出地表。因此，泉水常常是地下水的重要排泄方式之一。

泉的形成主要是由于地形受到侵蚀，使含水层暴露于地表；其次是由于地下水运动过程中岩石透水性变弱或受到局部隔水层阻挡，使地下水位抬高溢出地表，如果承压含水层被断层切割，且断层由此导水，则地下水也能沿断层上升到地表而形成泉。

一般在山区及山前地区泉出露较多，尤其是在山区的沟谷底部和山坡脚下。由于这些地方受侵蚀强烈，岩石多次受褶皱、断裂、侵入作用，形成了有利于地下水向地表排泄的通道，因而山区常有泉水。平原区一般都堆积了较厚的第四纪松散岩层，地形切割微弱，地下水很少有条件直接排向地表，所以泉水很少见。

按补给来源，泉可分为上层滞水泉、潜水泉、承压泉。根据泉的出露原因，可分为侵蚀泉、接触泉、溢出泉和断层泉。

1.2.4.2 向河流的排泄

当地下水水位高于河流水位时，地下水可直接向河流排泄，特别是切割含水层的山区河流，往往成为排泄中心。地下水向河流排泄的方式有两种：一是散流形式，这种散流排泄是逐渐进行的，其排泄量可通过测定上下游断面的河流流量计算出来；另一种方式是比较集中的排入河中，岩溶区的暗河出口就代表了这种排泄。

1.2.4.3 蒸腾蒸发排泄

地下水可通过土壤蒸发、植物蒸腾而消耗，成为地下水的一种重要排泄形式，这种排泄也称为垂直排泄。潜水没有隔水顶板，通过包气带与大气相连，蒸散发是潜水的主要排泄方式之一。由于隔水顶板的存在，承压水一般不存在蒸散发排泄。

影响地下水蒸发排泄的因素很多，但主要取决于外界气象条件，如温度、湿度、风速等，同时也受地下水的埋深和包气带岩性等因素的控制。在干旱内陆地区，地下水蒸发排泄非常强烈，常常是地下水排泄的主要形式。如在新疆超干旱的气候条件下，亚黏土的潜水蒸发深度可达 6m 以上。

蒸发排泄的强度不同，使各地潜水性质有很大差别。如我国南方地区，蒸发量较小，则潜水矿化度普遍不高；而北方大多是干旱或半干旱地区，埋藏较浅的潜水中总溶解固体一般较高。由于潜水的不断蒸发，水中盐分在土壤中不断积聚起来，这是造成苏北、华北东部、河西走廊、新疆等地大面积土壤盐碱化的主要原因。

1.2.4.4 人工排泄

人工排泄就是人类利用建筑物开采地下水的过程。我国地下水开采有逐年增大的趋势，北方一些地方已产生严重的超采现象。

以河北省为例，河北省山丘区人工开采地下水量由 1980 年占山区地下水排泄量的 25%，上升到 2000 年的 39%。开采净消耗量的增加夺取了部分河川基流量或河床潜流量，使河川基流量减少、泉水干涸等。山区地下水的排泄形式中，开采量占有的比重越来越大，基流量和侧向径流量的比重变小，山区地下水资源量排泄形式发生了较大的变化。

自 20 世纪 70 年代中期开始，河北平原区大量开采利用地下水资源，2000 年地

下水实际开采量达 $92.97\times10^8m^3$，占地下水总排泄量的 92.4%。高强度的开采使得地下水的埋深加大，在很大程度上影响到平原区地下水的补给、径流、排泄条件。地下水埋深的加大使地下水的垂向补给途径变长，入渗补给途中损失增加，从而使地下水补给时间滞后，补给量相对减少。

1.2.4.5 不同类型含水层之间的排泄作用

潜水和承压水虽然是两种不同类型的地下水，但它们之间常有着极为密切的联系，往往相互转化和互相补给。如果潜水分布在承压水排泄区，而承压水面又比潜水面高时，承压水则成为潜水的补给源；反之，潜水成为承压水的一个排泄出路，如图 1－13（a）所示。当承压含水层的补给区位于潜水含水层之下，则潜水可直接向承压水排泄，如图 1－13（b）所示。

如果潜水含水层与下部的承压含水层之间存在导水的断层时，则切断隔水层的断层将成为两个含水层间的过水通道，潜水位高于承压水位时，潜水将向承压水排泄，而承压水相应获得潜水补给；反之，承压水将向潜水排泄。

1.2.5 地下水补给、径流、排泄条件的转化

当一个地区自然条件发生变化，或人工改变地下水位时，地下水的径流方向会随着改变，排泄区也相应迁移，甚至排泄区可变为补给区。研究地下水的循环，还应研究自然条件改变之后，地下水运动状态的转化特点、新的补给源和新的排泄途径。

地下水补给、径流、排泄条件的转化，可归并为以下两类。

1.2.5.1 自然条件改变引起的转化

1. 河道水位的变化

如前所述，河道水与地下水的补给关系并不固定，常因河道水位的涨落而相互转化。当河道水位高于两岸的地下水位时河水向两岸渗透补给，抬高两岸的地下水位；当河道水位低于地下水位时地下水就反过来补给河水。

2. 地下水分水岭的改变

由于地壳的升降运动、自然条件的变化以及岩溶地区地下水的袭夺等因素，均可造成地下水分水岭的迁移。

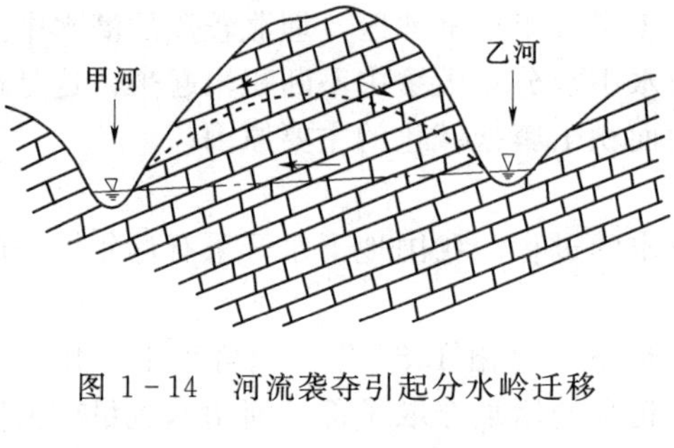

图 1－14 河流袭夺引起分水岭迁移

岩溶地区因地下河改道而常使分水岭发生迁移，如图 1－14 所示。由于河流的袭夺，使甲河的补给面积逐渐扩大，分水岭逐渐向乙河方向移动，最终将移到乙河位置，这时乙河已不能接受地下水的补给，而由地下水的排泄区变成了甲河的补给区。

同一地区因不同季节补给量的变化，也会使地下水分水岭在两地表水体之间发生变化。在降雨季节地下水获得充分的补给，两地表水体均可排泄地下水，如图 1－15（a）所示。干旱季节地下水因排泄而消耗，地下水位不断下降，最后两地表水体间的地下分水岭消失，由于两地表水体之间有高程差，导致高处的地表水体通过含水

层流向低处的地表水体，而使高处水体由排泄区变为补给区，如图 1 - 15（b）所示。

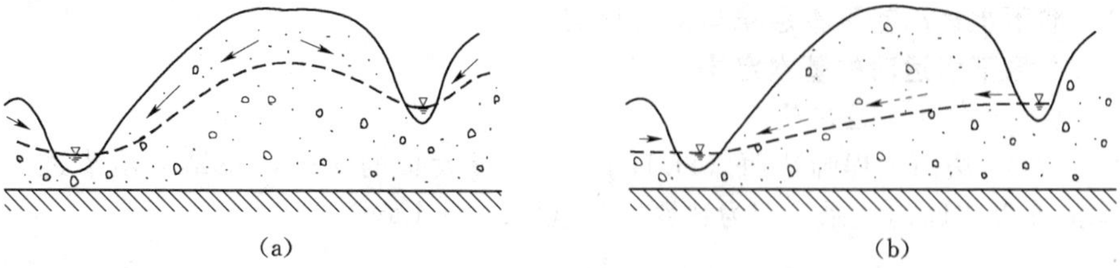

图 1 - 15 两地表水体间地下径流的变化
（a）降雨季节；（b）干旱季节

1.2.5.2 人类活动引起的转化

1. 修建水库

由于大型水库的修建，改变了地表水体的分布格局，促使地下水径流条件发生转化。如湖南龙山县在石灰岩中修建一水库，拦截地下暗河水进行灌溉，石灰岩裂隙十分发育，当水位升到一定高度后，地下水就发生回流，由山脚下流出 $4000m^3/d$ 的水量，这时山脚成为排泄区，而本来接受地下水排泄的水库却变为地下径流的补给区。

2. 人工开采和矿区排水

为各种目的而进行的开采利用地下水和为开发矿产资源而进行的矿山排水，都有大量集中抽取地下水，使地下水位不断下降，从而形成以开采区或矿区为中心的下降漏斗区，这样，必将引起开采区或矿区附近的地下水补给、径流与排泄条件发生较大变化。如广东沙洋矿区，当 13 个井同时排水时，使位于矿区以南 2km 处排泄口的地下水倒灌矿坑，沼泽干涸，泉水断流，泉群总流量按 $1m^3/d$ 的速度减小，同时也引起排泄区的地表溪流沿排泄口倒灌补给地下水。

3. 农田灌溉与人工回灌

季节性的集中引用地表水进行大面积农田灌溉，以及为增大地下水补给量而进行的人工回灌（人工补给），都是直接或间接地向地下注入一定水量，均可使地下水水位逐渐抬高。例如在插秧季节，稻田供（灌）水会使周围水井的水位普遍上升，则地下水的补给、排泄和径流关系也可能有所变化。

1.3 地 下 水 运 动

这里讨论的地下水运动仅指地下重力水在岩石的孔隙、裂隙和溶洞中的运动过程，毛管水的运动属于土壤水运动范畴。地下水运动的基本要素（如水位、流速、流向等）的大小和方向不随时间而变化的地下水运动称为地下水的稳定运动。如果地下水运动的基本要素中的任一或者全部要素随时间而变化，则称为地下水的非稳定运动。我们把地下水的流束（流层）互不混杂的流动称为层流运动，将地下水的流束（流层）互相混杂而无规则的运动称为紊流运动。地下水缓慢运动时，做层流运动。当流速逐渐加大到一定程度时，就转化为紊流运动。

一般情况下，地下水在孔隙和裂隙中流速较慢，常是层流，在特大孔隙、大溶

洞、人工开采的取水建筑物附近，才有可能出现紊流。

1.3.1 地下水运动的基本定律与主要参数

1.3.1.1 地下水运动的基本定律

1. 达西定律及其适用范围

1856 年，法国工程师达西（H. Darcy）通过大量的实验，总结得出渗透水头损失与渗流速度之间的关系，即为达西定律（Darcy's Law）。

$$v=\frac{Q}{A}=K\frac{\Delta h}{\Delta L} \tag{1-3}$$

或

$$Q=KA\frac{\Delta h}{\Delta L} \tag{1-4}$$

式中：Q 为渗流量，m^3/d，l/s；A 为过水断面面积，m^2；$\frac{\Delta h}{\Delta L}$为水力坡降（或水力梯度），记作 $J=\frac{\Delta h}{\Delta L}$；$K$ 为渗透系数或水力传导度，m/d，m/s；v 为渗透速度，它是包括固体颗粒在内的过水断面上的平均流速，m/d，m/s。若含水层平均有效孔隙率为 n，孔隙平均流速为

$$v'=\frac{Q}{nA}=\frac{v}{n} \tag{1-5}$$

达西定律表明，地下水流动速度与水力坡降呈线性关系。达西定律是一维均质和不可压缩流动条件下得到的地下水的宏观流动规律。它可以推广到更为一般的情况。在直角坐标系中，三维流动的达西定律可表示成

$$v_x=-K\frac{\partial h}{\partial x},v_y=-K\frac{\partial h}{\partial y},v_z=-K\frac{\partial h}{\partial z} \tag{1-6}$$

实验研究表明，达西定律并不是对所有的地下水层流都适用，达西定律的适用范围可以通过雷诺数判别。一般情况下，当雷诺数小于 10 时，水流速度低，属于一个黏滞力占优势的层流区域，该区域内的水流状态才适用达西定律。服从达西定律的雷诺数上限值比地下水由层流转变为紊流时的雷诺数要小，表明达西定律的适用范围比层流运动范围要小。随着渗透速度增大，惯性力也逐渐增大，渗透速度与水力梯度不再呈线性关系，达西定律失效。

2. 非线性渗透规律

在紊流运动条件下，地下水的渗透运动适用于谢才（A. Chezy）公式

$$v=K_c\sqrt{J} \tag{1-7}$$

或

$$Q=K_c\sqrt{J}A \tag{1-8}$$

式中：K_c 为紊流运动时的渗透系数，m/d，m/s；其他符号的意义同前。

上式表明，在紊流运动时，地下水的渗透速度与水力坡度的 1/2 次方成正比。只是在少数情况下，如地下水在大孔隙、大裂隙、大溶洞及取水建筑物附近的运动，才服从上述非线性渗透定律。

1.3.1.2 地下水运动主要参数

1. 渗透系数

渗透系数 K 首先是作为达西定律中比例系数引入的，又称水力传导度或导水率。

从式（1－3）可知，渗透系数 K 是当水力坡度为 1 时的地下水流速，因此，渗透系数定义为单位水力梯度下的单位流量，表示流体通过孔隙骨架的难易程度。

渗透系数的表达式为

$$K=\frac{k\rho g}{\mu} \tag{1-9}$$

式中：k 为孔隙介质的内在渗透率，只与固体骨架的性质有关，m^2；μ 为动力黏滞性系数，$(N \cdot s)/m^2$；ρ 为流体密度，kg/m^3；g 为重力加速度，m/s^2。

大量研究结果表明，K 是一个既反映孔隙介质，又反映流体性质对地下水流动影响的综合参数。一般情况下，地下水的温度变化不大，可以假设其密度和黏度是常数。因此，渗透系数 K 值可以考虑成只与岩石性质有关，如果岩石的孔隙性好，透水性就好，渗透系数值就大。强透水的粗砂砾石层渗透系数大于 10m/d；弱透水的亚砂土渗透系数为 1～0.01m/d；不透水的黏土渗透系数小于 0.001m/d。

在均质含水层中，各点的渗透系数均相同；在非均质含水层中，渗透系数与水流方向无关；而在各向异性含水层中，同一地点当水流方向不同时，具有不同的渗透系数值。一般说来，对于同一性质的地下水饱和带中一定地点的渗透系数是常数；而非饱和带的渗透系数随岩土含水量而变，含水量减少时渗透系数急剧减少。

2. 导水系数

导水系数是一个反映含水层输水能力的参数，其物理意义是单位宽度含水层在单位水力梯度作用下的水流通量，定义为

$$T=KM \tag{1-10}$$

式中：K 为含水层的渗透系数，m/s；M 为含水层的厚度，m。

严格而言，只有平面流动的承压含水层，才能按式（1－10）定义导水系数，因无压（潜水）含水层没有严格意义上的平面流动，过水断面沿流程是变化的，在非稳定流中过水断面随时间而变化。对于无压渐变流，可根据含水层的平均厚度 $\overline{H}$ 定义导水系数

$$T=K\overline{H} \tag{1-11}$$

对于非稳定流，$\overline{H}$ 应是空间和时间的平均值。对于三维空间流动，不能定义含水层的导水系数。如果在 z 方向上流动变化比较缓慢，一般可忽略 z 方向上的流速分量，仅考虑在 x、y 平面内的二维流动。当不能忽略 z 方向上 K 的变化时，x、y 平面内的导水系数按式（1－12）定义

$$T(x,y)=\int_0^M K(x,y,z)\mathrm{d}z \tag{1-12}$$

对于层状含水层，各层具有厚度 M_i 及相应的渗透系数 K_i，导水系数 T 为

$$T=\sum_{i=1}^{N}K_iM_i \tag{1-13}$$

1.3.2 地下水运动的基本方程

1.3.2.1 渗流的连续性方程

地下水运动遵循质量守恒原理，连续性方程是质量守恒原理在地下水运动中的具体表现形式。设在地下水运动的渗流区域内取一无限小的平行六面体（图 1－16），

边长分别为 Δx、Δy、Δz，并且和坐标轴平行，该微小六面体称为渗流的水均衡单元体，中心坐标 P（x，y，z）。如沿坐标轴方向的渗透速度分量为 v_x、v_y、v_z，液体的密度为 ρ。

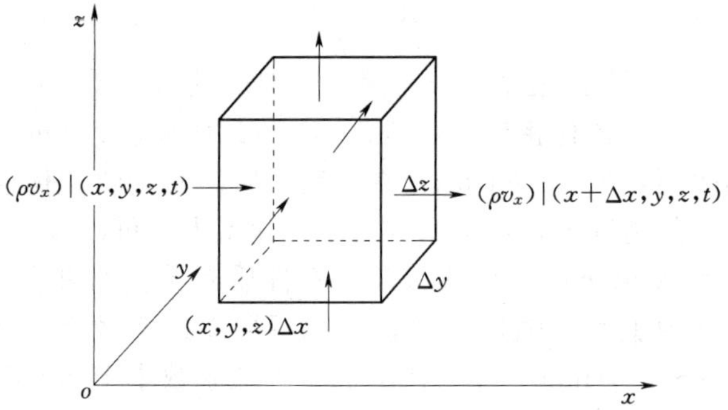

图 1-16 渗流区域中的单元体

在 Δt 时间内沿 x 轴方向流入单元体的液体质量为

$$\rho Q_x \Delta t = \rho v_x \Delta y \Delta z \Delta t \tag{1-14}$$

在 Δt 时间内沿 x 轴方向流出的液体质量为

$$\left[\rho Q_x + \frac{\partial(\rho Q_x)}{\partial x}\Delta x\right]\Delta t$$

亦即

$$\rho v_x \Delta y \Delta z \Delta t + \frac{\partial(\rho v_x)}{\partial x}\Delta x \Delta y \Delta z \Delta t$$

沿 x 轴方向流入单元体和流出单元体的液体质量差为

$$\begin{aligned}&\rho v_x \Delta y \Delta z \Delta t - \left[\rho v_x \Delta y \Delta z \Delta t + \frac{\partial(\rho v_x)}{\partial x}\Delta x \Delta y \Delta z \Delta t\right]\\&= -\frac{\partial(\rho v_x)}{\partial x}\Delta x \Delta y \Delta z \Delta t\end{aligned} \tag{1-15}$$

同理，可以写出沿 y 轴方向和 z 轴方向流入单元体和流出单元体的液体质量差分别为

$$-\frac{\partial(\rho v_y)}{\partial y}\Delta x \Delta y \Delta z \Delta t$$

和

$$-\frac{\partial(\rho v_z)}{\partial z}\Delta x \Delta y \Delta z \Delta t$$

因此，在 Δt 时间内，流入和流出单元体的总质量差值为

$$-\left[\frac{\partial(\rho v_x)}{\partial x} + \frac{\partial(\rho v_y)}{\partial y} + \frac{\partial(\rho v_z)}{\partial z}\right]\Delta x \Delta y \Delta z \Delta t$$

在单元体内，液体所占的体积为 $n\Delta x\Delta y\Delta z$。其中 n 为孔隙度。因此，单元体内液体的质量为 $\rho n\Delta x\Delta y\Delta z$。在 Δt 时间内，单元体内液体质量的变化为

$$\frac{\partial}{\partial t}[\rho n \Delta x \Delta y \Delta z]\Delta t$$

单元体内液体质量的变化（即储存量的变化），是由于液体流入和流出单元体的液体质量差造成的。根据质量守恒定律，两者在数值上应该相等。所以

$$-\left[\frac{\partial(\rho v_x)}{\partial x}+\frac{\partial(\rho v_y)}{\partial y}+\frac{\partial(\rho v_z)}{\partial z}\right]\Delta x\Delta y\Delta z=\frac{\partial}{\partial t}[\rho n\Delta x\Delta y\Delta z] \tag{1-16}$$

如果不考虑单元体积的变化，上式可写成

$$-\frac{\partial(\rho v_x)}{\partial x}-\frac{\partial(\rho v_y)}{\partial y}-\frac{\partial(\rho v_z)}{\partial z}=\frac{\partial(\rho n)}{\partial t} \tag{1-17}$$

式（1-17）称为地下水渗流的连续性方程式。如果把地下水当作不可压缩的均质液体，地下水的密度是常数。稳定流条件下同一时间内流入和流出单元体的液体是相等的，因此有

$$\frac{\partial v_x}{\partial x}+\frac{\partial v_y}{\partial y}+\frac{\partial v_z}{\partial z}=0 \tag{1-18}$$

式（1-18）即为稳定流情况下渗流的连续性方程。

1.3.2.2 承压水运动基本微分方程

根据渗流的连续性原理和达西定律可以推导出基本微分方程，即

$$\frac{\partial}{\partial x}\left(K_x\frac{\partial H}{\partial x}\right)+\frac{\partial}{\partial y}\left(K_y\frac{\partial H}{\partial y}\right)+\frac{\partial}{\partial z}\left(K_z\frac{\partial H}{\partial z}\right)=\mu_{e1}\frac{\partial H}{\partial t} \tag{1-19}$$

式中：μ_{e1}为储水率，m^{-1}。

对于均质各向同性的含水层来说，可进一步化简为

$$\frac{\partial^2 H}{\partial x^2}+\frac{\partial^2 H}{\partial y^2}+\frac{\partial^2 H}{\partial z^2}=\frac{\mu_{e1}}{K}\frac{\partial H}{\partial t} \tag{1-20}$$

把 $T=KM$ 和 $\mu_e=M\mu_{e1}$ 代入式（1-19）和式（1-20）中得

$$\frac{\partial}{\partial x}\left(T_x\frac{\partial H}{\partial x}\right)+\frac{\partial}{\partial y}\left(T_y\frac{\partial H}{\partial y}\right)+\frac{\partial}{\partial z}\left(T_z\frac{\partial H}{\partial z}\right)=\mu_e\frac{\partial H}{\partial t} \tag{1-21}$$

和

$$\frac{\partial^2 H}{\partial x^2}+\frac{\partial^2 H}{\partial y^2}+\frac{\partial^2 H}{\partial z^2}=\frac{\mu_e}{T}\frac{\partial H}{\partial t} \tag{1-22}$$

式中：μ_e 为弹性储水系数。

式（1-22）在二维水流情况下还可以写成下列形式

$$\frac{\partial}{\partial x}\left(T_x\frac{\partial H}{\partial x}\right)+\frac{\partial}{\partial y}\left(T_y\frac{\partial H}{\partial y}\right)=\mu_e\frac{\partial H}{\partial t} \tag{1-23}$$

这几个方程为承压水非稳定流运动的基本微分方程。

均质各向同性含水层平面二维地下水运动微分方程为

$$T\left(\frac{\partial^2 H}{\partial x^2}+\frac{\partial^2 H}{\partial y^2}\right)=\mu_e\frac{\partial H}{\partial t} \tag{1-24}$$

$$\alpha\left(\frac{\partial^2 H}{\partial x^2}+\frac{\partial^2 H}{\partial y^2}\right)=\frac{\partial H}{\partial t} \tag{1-25}$$

式中：α 为压力传导系数（导压系数），m^2/s。

1.3.2.3 潜水运动基本微分方程

潜水含水层和承压水含水层不同，它的上部没有隔水顶板，因此在推导微分方程时，应当考虑上部的入渗补给。布西涅斯克（J. Boussinesq）在研究潜水的非稳定运动时，假定水是不可以压缩的流体，均质岩层中的潜水是缓变运动，导出了非稳定运

动的微分方程式。

当隔水底板水平时，布西涅斯克方程有如下形式：

在平面运动的情况下为

$$\frac{\partial}{\partial x}\left(h\frac{\partial h}{\partial x}\right)+\frac{\varepsilon}{K}=\frac{\mu}{K}\frac{\partial h}{\partial t} \tag{1-26}$$

式中：ε 为大气降水的入渗补给或潜水蒸发强度，mm/d；μ 为给水度。

在空间运动的情况下为

$$\frac{\partial}{\partial x}\left(h\frac{\partial h}{\partial x}\right)+\frac{\partial}{\partial y}\left(h\frac{\partial h}{\partial y}\right)+\frac{\varepsilon}{K}=\frac{\mu}{K}\frac{\partial h}{\partial t} \tag{1-27}$$

布西涅斯克方程式是研究潜水非稳定运动的基本微分方程，它是一个二阶的非线性偏微分方程。除了对某些个别情况找到几个特例以外，这个方程现在还没有精确的解析解。为了解布西涅斯克方程，通常采用近似方法把这个非线性方程转换为线性方程，然后求解。这种方法叫做线性化。有关布西涅斯克方程线性化的方法读者可以参阅有关专门文献。但目前广泛采用数值法（有限差分法和有限单元法）来求近似解。

第2章 供水管井的出水量计算

管井的出水量（生产能力）与管井的结构设计、井灌规划、水文地质参数的确定和地下水资源评价等因素有关。由于含水层类型、井型及其井的结构等不同，因此水井出水量的确定，应采用不同的井流计算方法。含水层按其埋藏条件可分为潜水含水层和承压水含水层。在这两个含水层的水井因地下水运动条件不同，可分为潜水井和承压水井。又因凿进含水层深度不同，可分为完整井和非完整井。当水井的进水部分穿过全部含水层的厚度，且达到含水层的隔水底板时称之为完整井。若水井的进水部分穿入含水层未达隔水底板，则称之为非完整井。

本章仅对垂直取水建筑物中单井和井群出水量计算的基本原理和方法予以介绍。

2.1 单井出水量的稳定流计算

从井中抽水，井周围含水层中的水就会向井里流动，水井中水位和井周围处的水位必将下降。通常是水井中水位下降较大，离井越远水位下降越小，形成漏斗状的下降区，称为降落漏斗。就潜水井而言，降落漏斗在含水层内部扩展，即随着漏斗的扩展，其渗流过水断面也在不断地发生变化。而承压水井中的水位下降不低于含水层顶板时，则不会产生含水层被疏干，只能形成承压水头的下降区，也即承压含水层随着水井抽水，只发生水压的变化，其渗流过水断面则是不变的。随着水井抽水过程持续进行，其水力坡度和渗流速度在含水层的空间也将发生变化，即水流处于非稳定状态。只有当抽水时间足够长，且漏斗的扩展速度非常慢时，即可近似地认为水流处于稳定状态。在这种状况下，水井的出水量可运用稳定井流理论的计算方法来确定。

2.1.1 潜水完整井出水量的计算

1863年法国水力学家裘布依（Dupuit）为推导单井（完整井）出水量而建立了稳定井流模型，如图2－1所示。该模型的假设条件是：

（1）含水层是均质、等厚各向同性的，含水层的底板是隔水的且呈水平状。

（2）当抽水时外界补给量等于抽水井的流量，形成稳定井流，外侧面保持定水头。

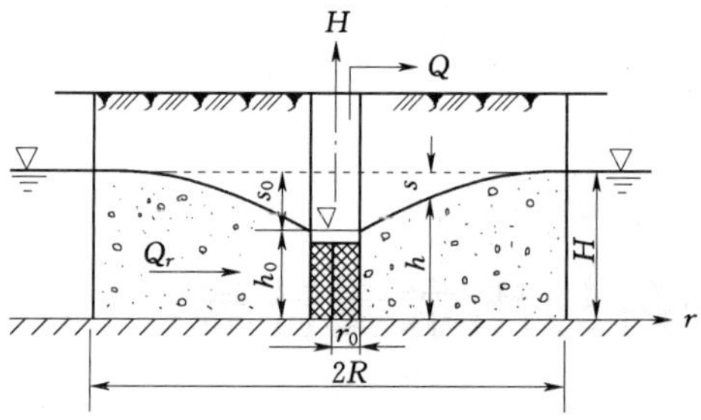

图 2－1 裘布依潜水完整井稳定井流

(3) 抽水时，水向井中运动，此时有水平和垂直分速度，但垂直分速较水平分速甚小且可忽略，这样就可简化为平面流动问题。

(4) 渗流服从线性定律的稳定流动。

图 2－1 中水井的半径为 r_0，供水边界距水井中心的距离或供水半径为 R。但水井按某一定流量 Q 抽水时，供水边界的水位保持不变，可保证无限供给水量，井流服从达西（Darcy）线形渗透定律和连续定律。稳定井流运动特点可概括为两点：第一，流线为汇向水井中形成放射状的曲线，等水位面为以水井为中心的同心圆柱面。等水位面和过水断面是一致的；第二，通过距井轴不同距离的过水断面的流量处处相等，都等于水井流量 Q，即

$$Q_{r_1}=Q_{r_2}=Q_{r_3}=\cdots=Q$$

2.1.1.1 利用连续性原理和达西公式的推导方法

由上述情况，根据潜水完整井稳定井流计算模型推导出水量计算公式。如图 2－1 所示，取圆柱坐标系，沿底板取井径方向为 r 轴，井轴取为 H 轴，并假设渗流过水断面近似为同心圆柱面，于是按达西定律有 $Q_r=2\pi rhK\dfrac{dh}{dr}$，根据连续定律有 $Q=Q_r=\text{const}$（常数），分离变量则有 $2hdh=\dfrac{Q}{\pi K}\dfrac{dr}{r}$

并积分得 $$h^2=\frac{Q}{\pi K}\ln r+C$$

当 $r\to R$ 时，$h\to H$，即 $C=H^2-\dfrac{Q}{\pi K}\ln R$，则有

$$Q=\pi K\frac{H^2-h^2}{\ln\dfrac{R}{r}} \tag{2-1}$$

当 $r\to r_0$ 时，$h\to h_0$，则有

$$Q=\pi K\frac{H^2-h_0^2}{\ln\dfrac{R}{r_0}} \tag{2-1'}$$

式（2－1′）即为著名的裘布依稳定井流潜水完整井出水量计算公式。如将自然对数换算成以 10 为底的常用对数后，则得

$$Q=1.364K\frac{H^2-h_0^2}{\lg\dfrac{R}{r_0}} \tag{2-2}$$

又因 $h_0=H-s_0$，则 $H^2-h_0^2=(2H-s_0)s_0$，则式（2－2）可改写为

$$Q=1.364K\frac{(2H-s_0)s_0}{\lg\dfrac{R}{r_0}} \tag{2-3}$$

式中：s_0 为抽水井内初始水位降深，m；h_0 为井中水位初始高度，m；R 为井的供水半径，m。r_0 为井的半径，m。

由式（2-1）也可获得降落曲线（或浸润曲线）的表达式为

$$h^2=H^2-\frac{Q}{\pi K}\ln\frac{R}{r} \tag{2-4}$$

式中：Q 为水井的出水量，m^3/h，m^3/d；K 为含水层的渗透系数，m/h，m/d；H 为含水层的厚度或供水边界的定水头高度，m；h 为任一点井中水位高度，m；

2.1.1.2 利用势函数概念的推导方法

为便于以后的研究，在这里引进势函数 ϕ 的概念，并令潜水完整井的势函数（简称势）为

$$\phi=\frac{1}{2}KH^2 \tag{2-5}$$

由达西定律 $Q=2\pi rHK\frac{dH}{dr}$得

$$Q=2\pi r\frac{d\left(\frac{1}{2}KH^2\right)}{dr}=2\pi r\frac{d\phi}{dr} \tag{2-6}$$

对式（2-6）分离变量并积分（注意 Q 为常数），则求得

$$\phi=\frac{Q}{2\pi}\ln r+C \tag{2-7}$$

根据边界条件确定 C 值。在均质各向同性潜水含水层中，地下水的稳定运动服从 Laplace 方程。在本节的假定条件下，水流对井轴而言是对称的。方程为

$$\frac{d^2H}{dr^2}+\frac{1}{r}\frac{dH}{dr}=\frac{1}{r}\frac{d}{dr}\left(r\frac{dH}{dr}\right)=0 \tag{2-8}$$

如改用势函数表示，则$\frac{1}{r}\frac{d}{dr}\left(r\frac{d\phi}{dr}\right)=0$

此时式（2-6）就成为它的一个边界条件，另一个边界条件是

$$\left.\begin{aligned}&r\to R\text{ 时}\quad \phi=\phi_K=\frac{1}{2}KH^2\\&r\to r_0\text{ 时}\quad \phi=\phi_0=\frac{1}{2}Kh_0^2\end{aligned}\right\} \tag{2-9}$$

为确定积分常数 C 值，利用式（2-7）有

$$\left.\begin{aligned}&r\to R\text{ 时}\quad \phi_K=\frac{Q}{2\pi}\ln R+C\\&r\to r_0\text{ 时}\quad \phi_0=\frac{Q}{2\pi}\ln r_0+C\end{aligned}\right\} \tag{2-10}$$

两式相减，消去 C 值，并将式（2-9）代入，则潜水完整井的井流公式为

$$Q=\frac{2\pi(\phi_K-\phi_0)}{\ln\frac{R}{r_0}}=\frac{\pi K(H^2-h_0^2)}{\ln\frac{R}{r_0}}=1.364K\frac{(2H-s_0)s_0}{\lg\frac{R}{r_0}} \tag{2-11}$$

该式与式（2-2）完全一致，只是推导方法不同。

潜水完整井裘布依公式是反映地下水向潜水完整井运动规律的方程式。

2.1.2 承压完整井出水量的计算

具有无限供水边界的承压含水层，裘布依建立了与潜水完整井相类似的稳定井流模型，如图2-2所示，其假设条件是：

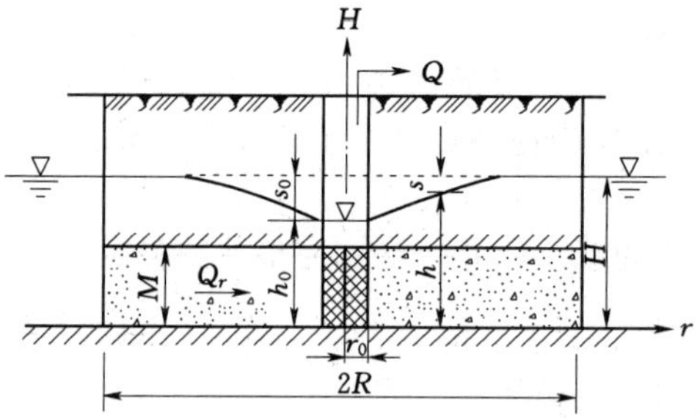

图2-2 裘布依承压完整井稳定井流模型图

(1) 含水层中水流运动符合达西定律。

(2) 含水层均质、各向同性，等厚、且底板水平埋藏。

(3) 完整井为定流量抽水。

(4) 含水层的侧向为定水头供水边界。抽水前水头面是水平的，且无垂向补给。

承压完整井计算公式的推导和潜水完整井的公式推导不同之处是：由于地下水流向承压完整井的流向是相互平行的，并且平行于顶、底板，因此垂直于流向的过水断面是圆柱体侧面积，可以直接代入达西公式，推导过程同潜水完整井稳定井流计算过程。其计算公式为

$$Q=2.73KM\frac{H-h_0}{\lg\dfrac{R}{r_0}} \tag{2-12}$$

式中：H 为承压水位，m。

又因 $H-h_0=s_0$，则

$$Q=2.73KM\frac{s_0}{\lg\dfrac{R}{r_0}} \tag{2-12'}$$

式中：M 为承压含水层的厚度，m；其余符号意义同前。

承压水面降落曲线的表达式为

$$h=H-\frac{Q}{2\pi KM}\ln\frac{R}{r} \tag{2-13}$$

和潜水完整井相仿，根据所假设的轴对称条件，令承压井势函数为 $\phi=KMH$

因 $Q=2\pi rMK\dfrac{dH}{dr}$，则

$$Q=2\pi r\frac{d(KMH)}{dr}=2\pi r\frac{d\phi}{dr} \tag{2-14}$$

对式（2-14）分离变量并积分仍得式（2-7）。$\phi=\dfrac{Q}{2\pi}\ln r+C$

$$\left.\begin{aligned} r\to R\text{ 时}\quad \phi=\phi_K=KMH \\ r\to r_0\text{ 时}\quad \phi=\phi_0=KMh_0 \end{aligned}\right\} \tag{2-15}$$

根据这些边界条件，同样可消去式（2－7）中的 C 值，即

$$\left.\begin{aligned} r\to R\text{ 时}\quad \phi_K &= \frac{Q}{2\pi}\ln R + C \\ r\to r_0\text{ 时}\quad \phi_0 &= \frac{Q}{2\pi}\ln r_0 + C \end{aligned}\right\}$$

两式相减，消去 C 值，可得承压完整井的井流计算公式为

$$Q=\frac{2\pi(\phi_K-\phi_0)}{\ln\frac{R}{r_0}}=2.73K\frac{Ms_0}{\lg\frac{R}{r_0}} \tag{2-16}$$

这是反映地下水向承压完整井运动规律的方程式，也称裘布依公式。公式表明承压井的出水量 Q 与水位降深 s_0 的一次方成正比，决定了 Q 与 s_0 为直线关系。

【例 2－1】 某一承压水完整井（稳定流抽水），已知 $K=20$m/d，承压水含水层厚度 $M=30$m，抽水降深 $S=10$m，供水半径 $R=800$m，井直径为 400mm。试求其出水量。

解： 可用裘布依公式（稳定流抽水试验）求出水量 Q。由直径 $D=400$mm，即井半径为 200mm＝0.2m

再根据承压水完整井出水量计算公式

$$Q=2.73KM\frac{H-h_0}{\lg\frac{R}{r_0}}=2.73KM\frac{s_0}{\lg\frac{R}{r_0}}$$

得 $$Q=2.73\times20\times30\times\frac{10}{\lg\frac{800}{0.2}}=4547.5(\text{m}^3/\text{d})(189.5\ \text{m}^3/\text{h})$$

则承压水完整井出水量为 4547.5m^3/d（189.5 m^3/h）。

2.1.3 裘布依公式的讨论

1. 裘布依公式的应用

裘布依公式通常可以解决以下两方面的问题。

（1）正问题，即已知参数值预报流量或水头的问题。如果已知含水层的厚度 M、渗透系数 K 和供水半径，根据设计的稳定降深 s 可以预报水井流量 Q；或者根据所需要的流量 Q 来预报抽水后的稳定降深 s。

（2）逆问题，即反求参数问题。可以根据稳定井流的抽水试验资料，计算出含水层的渗透系数 K 或者导水系数 T，此时只要把 Dupuit 公式加以适当的变换，写成便于求参数的形式即可。

2. 裘布依公式的讨论

（1）抽水井流量与水位降深的关系。对于承压完整井，对式（2－16）进行简化并令

$$2.73K\frac{M}{\lg\frac{R}{r_0}}=q$$

则有
$$Q=qs_0 \tag{2-17}$$

式（2－17）为通过原点的线性方程，如图 2－3 所示。q 称为单位涌水量，即水

位降低 1m 时的水井流量。

对于潜水完整井式（2-11）可以写成

$$Q=1.364K\frac{2Hs_0}{\lg\frac{R}{r_0}}-1.364K\frac{s_0^2}{\lg\frac{R}{r_0}} \tag{2-18}$$

该式为一条二次抛物线，如图 2-4 所示。

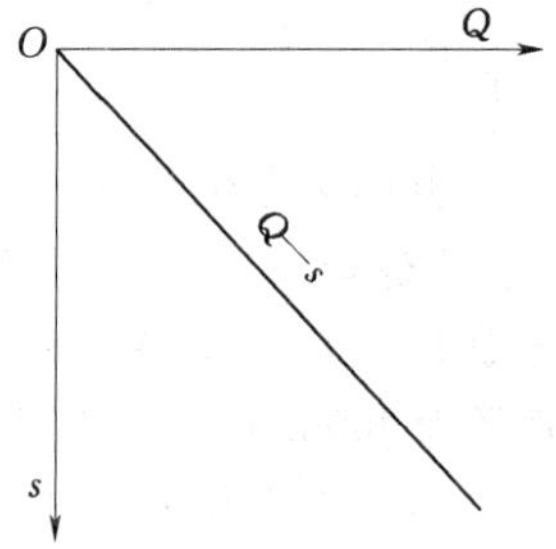

图 2-3 承压完整井 $Q-s$ 关系曲线

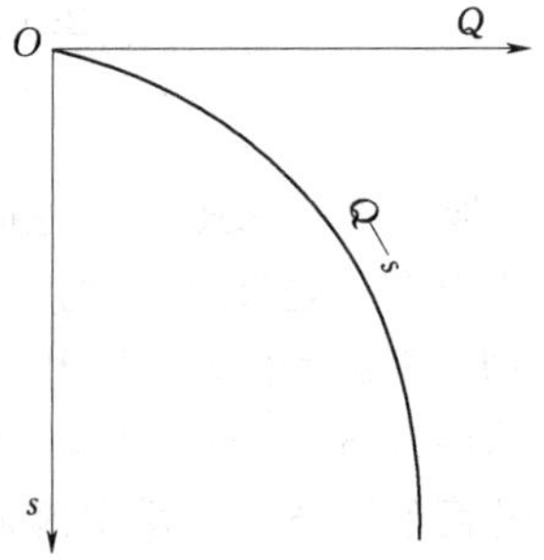

图 2-4 潜水完整井的 $Q-s$ 关系曲线

这里所讨论的降深，仅仅考虑地下水在含水层中流动的结果。但实际上在抽水井中所测得的降深，是多种原因造成的水头损失的叠加，主要有：①地下水在含水层中向井内汇流时所产生的水头损失，按裘布依公式计算出来的降深就是指这一部分的水头损失。这部分水头损失有时也称为含水层损失。②水井施工时泥浆堵塞井孔周围的含水层，增加了水流阻力所造成的水头损失。③水流通过滤水管孔眼时而受阻造成的水头损失。④水流在滤水管内流动时所产生的水头损失。⑤水流在井管内向上流动至水泵吸水口，沿程产生水头损失。

这些水头损失，有些与流量的一次方成正比，有些与流量的二次方成正比。由于上述原因，即使对于承压水，出水量与水位降深保持直线关系也是不多见的。

（2）抽水井流量与井径的关系。抽水井的流量与井径的关系，现在还没有统一的认识和公认的与实际相符的关系式。按照裘布依公式，井的半径对流量的影响并不大，二者之间是对数关系，随着井的半径的增大，流量增加很小。井的半径增加 1 倍，流量只增加 10%左右；实践表明：当井的半径增大之后，流量的实际增加要比用裘布依公式计算的结果大。

（3）水跃对裘布依公式计算结果的影响。现场观测和室内试验研究证明：潜水井抽水时，只有当水位降低非常小时，井内水位才与井壁水位接近一致；当水位降低较大时，井内水位就明显低于井壁周围水位（见图 2-5），此种现象称为水跃（渗出面），其值为水位差。水跃的存在有两种作用：一是井附近的流线是曲线，等水头面为曲面，只有当井壁和井中存在水头差时，图 2-5 中的阴影部分的水才能进入井内；二是水跃的存在，保持了适当高

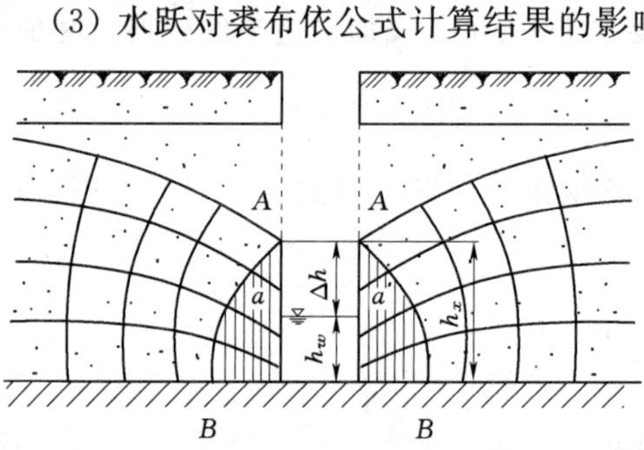

图 2-5 潜水井水跃示意图

度的过水断面，以保证把流量输入井内。如果不存在水跃，则当井水位降到隔水底板时，井壁处的过水断面将等于零，井就不可能出水了。裘布依降落曲线方程没有考虑水跃的存在，因此在抽水井附近，实际曲线将高于裘布依理论曲线。随着距抽水井距离的加大，等水头线变直，流速的垂直分量变小，理论曲线与实际曲线才渐趋一致。

（4）影响半径问题（齐姆模型中之参数）。在潜水含水层中，影响半径（即所指的引用影响半径）R_0 是一个非常重要的参数。长期以来都是水文地质工作者关心和讨论的问题。机井在抽水时，水位下降，井周围附近含水层的水向井内流动，形成一个以抽水井为中心的水位下降漏斗，这个水位下降漏斗的半径就叫做影响半径。也就是从抽水井中心到实际观测不出地下水水位（水头）下降处的水平距离。很多学者研究发现影响半径 R_0 是含水层的特性和抽水时间的函数，用稳定流求取影响半径方法很多，也得出了许多计算 R_0 的公式，但经检验这些公式的误差都比较大。裘布依稳定井流是外边界为定水头的圆柱形含水层中心一口完整型抽（注）水井的模型（圆岛模型），相应的供水半径就是圆柱形含水层的半径，这种条件在自然界极为罕见。而齐姆模型提出影响半径的概念，在某种意义上推动了地下水学科从稳定流向非稳定流理论的发展，但是齐姆模型和裘布依模型是不相同的，严格地讲齐姆模型中的影响半径还不能代替裘布依提出的供水半径，这些问题还需要进一步的研究和讨论。

2.1.4 有限边界附近的稳定井流计算

自然界中任何含水层的分布范围都是有限且极其复杂的。当边界距抽水井较远且抽水时间较短时，在抽水过程中，边界对抽水井不会产生明显的影响，井流就可按无限含水层进行计算。如果井位于补给边界或隔水边界附近时，且抽水时间延续较长时，边界对水流的影响就很明显，这时就必须考虑边界的存在，井流计算要采取特殊的方法。图 2－6 介绍了几种边界的典型地质条件，其他情况还很多。解析法在解决边界附近的井流运动问题时，将边界划分为补给边界（即定水头供水边界）和隔水边界（即不透水边界）两类；同时将弯曲的、不规则的实际边界简化为直线，并把含水层的分布范围简化为规则的几何形状，运用映射（镜像）原理获得各种特定条件下的理论公式。本节只介绍映射法原理及其在直线边界附近的井流运

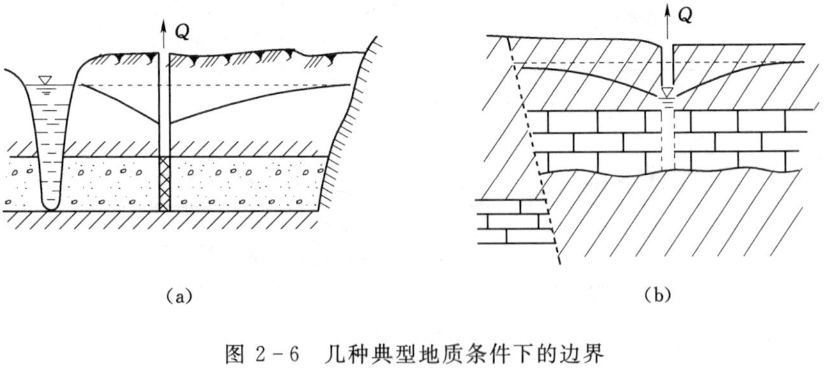

（a）　　（b）

图 2－6 几种典型地质条件下的边界

（a）河流附近的井；（b）隔水断层附近的井

动问题。

1. 映射法原理

从日常生活中可以知道，如在平面镜前放一物体，镜中就有一虚像存在。物体和虚像的位置对镜子而言是对称的，形状是相同的。为此我们把直线边界想象成一面镜子，若边界附近存在工作的真实的井（称为实井），相应的，在边界的另一侧映射出一口虚构的井（称为虚井）。为了将有界井流问题化为无界井流问题，且变化后保持原问题的边界性质不变，虚井应具有如下的一些特征。

（1）虚井和实井的位置相对边界是对称的。

（2）虚井的流量和实井的流量相等。

（3）虚井的性质取决于边界的性质。对于定水头补给边界，虚井的性质和实井的性质相反，如实井为抽水井，则虚井为注水井；对于隔水边界，虚井的性质和实井相同，即实井为抽水井，则虚井也为抽水井。

（4）虚井的工作时间和实井的工作时间相同。

2. 有限补给边界附近的稳定井流

在河流附近或导水断层附近的井，如果地下水与它们有水力联系，如图 2-7 所示。现以一个潜水含水层中抽水井的实例进行说明。设抽水井流量为 $+Q$，井中心至边界的垂直距离为 a，则在边界的另一侧 $-a$ 的位置上映射出一口流量为 $-Q$ 的注水井。当不考虑边界影响时，平面上任一点 P（观测孔），当实井单独工作时而产生的势为

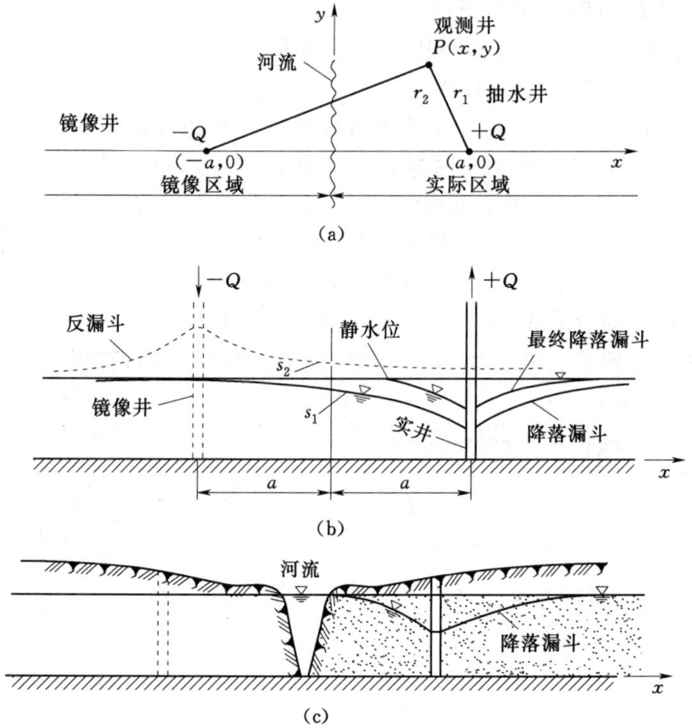

图 2-7 直线补给边界附近的稳定井流

$$\phi_1=\frac{+Q}{2\pi}\ln r_1+C_1$$

而当虚井单独工作时而产生的势为

$$\phi_2=\frac{-Q}{2\pi}\ln r_2+C_2$$

式中：r_1 为实井到 P 点（观测孔）的距离；r_2 为虚井到 P 点（观测孔）的距离。

若两个井同时工作，P 点的势为两个井单独工作时各个井所产生的势的和，这就是势的叠加原理。即

$$\phi_P=\phi_1+\phi_2=\frac{Q}{2\pi}\ln\frac{r_1}{r_2}+C(C=C_1+C_2) \tag{2-19}$$

若把 P 点移到直线补给边界上，则 $r_1=r_2$，故有

$$\ln\frac{r_1}{r_2}=\ln 1=0 \quad \phi_P=\phi_K=C$$

这就是说 y 轴上的势为常量，直线补给边界是一条等势线，满足要求的边界条件。

若把 P 点移到抽水井的井壁上，此时 $r_1=r_0$，$r_2=2a-r_0$。因为 $2a\gg r_0$，此时可以认为 $r_2\approx 2a$，其井壁处的势为

$$\phi_0=\frac{Q}{2\pi}\ln\frac{r_0}{r_2}+C=\frac{Q}{2\pi}\ln\frac{r_0}{2a}+C$$

两式相减，消去常数 C，得

$$\phi_K-\phi_0=\frac{Q}{2\pi}\ln\frac{2a}{r_0}$$

故

$$Q=\frac{2\pi(\phi_K-\phi_0)}{\ln\frac{2a}{r_0}} \tag{2-20}$$

如将式（2-20）用水头表示，即得直线补给边界附近潜水完整井的出水量公式为

$$Q=\frac{\pi K(H^2-h_0^2)}{\ln\frac{2a}{r_0}} \tag{2-21}$$

3. 有限隔水边界附近的稳定井流

如图 2-8 所示，根据映射法原理，在边界的另一侧映射出一口流量也是 Q 的抽水井。此时实井单独工作时，任一点 P 的势为

$$\phi_1=\frac{Q}{2\pi}\ln r_1+C_1$$

虚井单独工作时，任一点 P 的势为

$$\phi_2=\frac{Q}{2\pi}\ln r_2+C_2$$

两井同时工作时，任一点 P 的势为应该是实井和虚井作用的势的叠加，即

$$\phi=\phi_1+\phi_2=\frac{Q}{2\pi}\ln r_1 r_2+C \tag{2-22}$$

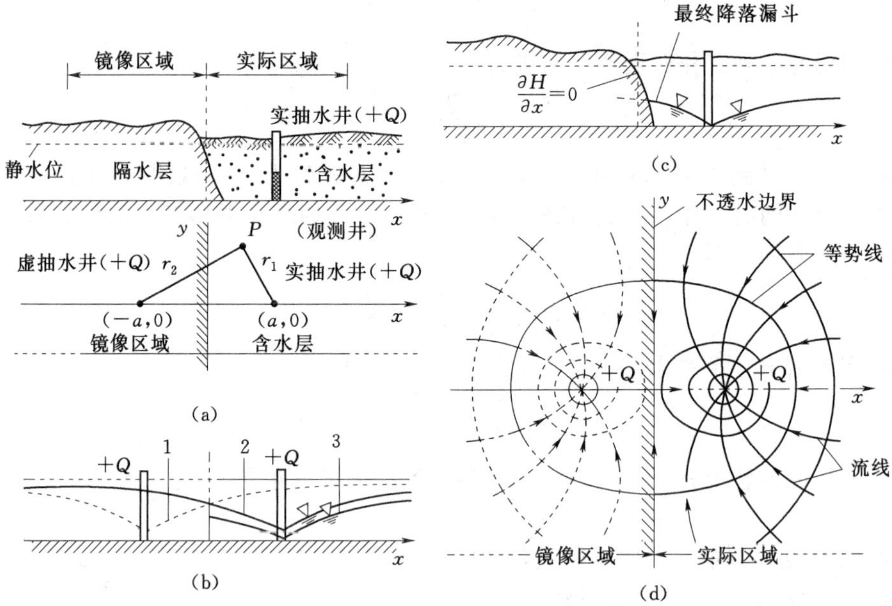

图 2-8　直线隔水边界附近的稳定井流（J. Bear）

1—对于虚井；2—对于实井；3—最终结果

若把 P 点移到井壁上，此时 $\phi=\phi_0$，$r_1=r_0$，$r_2\approx 2a$，则 $\phi_0=\frac{Q}{2\pi}\ln 2r_0a+C$

若把 P 点移到隔水边界上，则 $r_1=r_2=R$，$\phi=\phi_K$，故有

$$\phi_K=\frac{Q}{2\pi}\ln R^2+C$$

两式相减，消去积分常数，得

$$Q=\frac{2\pi(\phi_K-\phi_0)}{\ln\frac{R^2}{2r_0a}} \tag{2-23}$$

同样用水头表示，则式（2-23）改写为

$$Q=\frac{\pi K(H^2-h_0^2)}{\ln\frac{R^2}{2r_0a}} \tag{2-24}$$

式（2-24）为直线隔水边界附近潜水完整井的出水量公式。

同理，可以写出承压含水层完整井有限补给，隔水边界附近的稳定井流公式，即

直线补给边界：

$$Q=\frac{2\pi KM(H-h_0)}{\ln\frac{2a}{r_0}} \tag{2-25}$$

直线隔水边界：

$$Q=\frac{2\pi KM(H-h_0)}{\ln\frac{R^2}{2r_0a}} \tag{2-26}$$

2.1.5　单井出水量计算的经验公式

用解析法所推导出来的单井出水量理论计算公式，其假设条件较为严格，自然界中的水文地质条件很难满足这些条件，从而导致计算误差较大。由抽水试验资料而建立的经验公式，反映了水井出水量和抽水降深的相关关系。因此，同一水文地质条件和开采条件下的水井，用单井出水量的经验公式进行计算较为符合实际。

2.1.5.1　经验公式建立的方法和步骤

生产实践中，根据抽水试验资料，作出水井出水量和水位降深之间的关系曲线，然后通过数学的方法，建立两者关系的表达式，即经验公式。公式建立的具体方法步骤如下：

（1）根据多落程抽水试验资料，即流量和水位降深的数据，绘出流量一降深关系曲线。

（2）根据流量一降深曲线的形状，运用数学的方法，判断经验公式的类型。

（3）确定经验公式中的待定系数，建立经验公式。目前确定待定系数用图解法和计算法，鉴于抽水试验落程的次数一般多于方程中待定系数的个数，常采用最小二乘法求解。

（4）根据经验公式，进行流量水位降深的预测。通常，预测的降深不能超过抽水试验时最大降深的 1.5～2.0 倍。

2.1.5.2　流量 Q 与降深 s 关系曲线的类型

Q—s 关系曲线有直线型、抛物线型、指数曲线型、对数曲线型等（见表 2-1），由于篇幅有限，仅以对数曲线型为例（见［例 2-2］），进行说明。

表 2-1　流量 Q 与降深 s 关系曲线的类型

项目 \ 曲线类型	直线型	抛物线型	指数曲线型	对数曲线型
原型曲线	$Q=qs$ 或 $s=\dfrac{Q}{q}$	$Q=\dfrac{\sqrt{a^2-4bs}-a}{2b}$ 或 $s=aQ+bQ^2$	$Q=n\sqrt[m]{s}$ 或 $s=\left(\dfrac{Q}{n}\right)^m$	$Q=a+b\lg s$ 或 $\lg s=\dfrac{Q-a}{b}$
图形	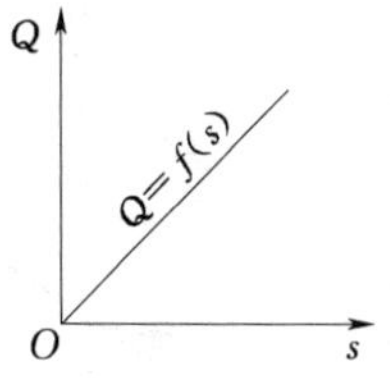	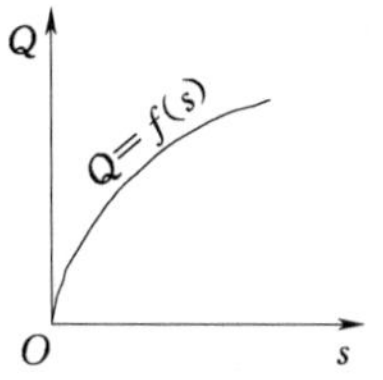	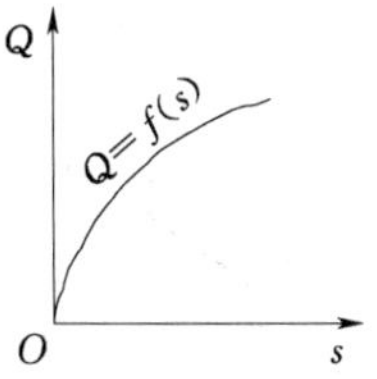	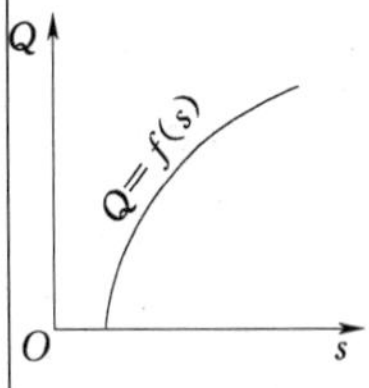
适用范围	用于承压含水层，且抽水降深不宜过大	相当宽广的含水层，即导水系数较大和补给条件较好的潜水或者水头不高的承压含水层	透水性较强，而厚度和分布范围相对较小，补给条件较差或者降落漏斗已经扩展到隔水边界的承压含水层	补给条件或富水性较差的承压含水层
外推抽水降深	$s\leqslant(1.5\sim1.75)s_{max}$	$s\leqslant(1.75\sim2)s_{max}$	$s\leqslant(1.75\sim2)s_{max}$	$s\leqslant(2.0\sim3.0)s_{max}$

2.1.5.3 曲线类型的判别方法

为了选择符合实际的经验公式，必须对抽水试验所获得的 Q—s 关系曲线，进行准确的判断，看它究竟是哪一种经验公式。常用的方法有图解法和最小二乘法两种。

(1) 图解法，将绘制在普通坐标上的流量和降深的关系曲线，变换坐标而改为直线，即所谓的线形化作图法。如果根据抽水试验资料绘制 Q—s 关系曲线呈曲线形式时，采用线形化的方法，看哪种经验公式作的图为直线和最接近直线，则该经验公式就是该井的出水量表达式。

(2) 差分法。该方法的原理与图解法相近，但较简单，不用作图，可以直接计算，准确判别。当 $Q=f(s)$ 呈曲线时，可将多落程抽水试验资料，代入被线形化后的计算公式中，求其一阶差分值。若 $Q=f(s)$ 曲线属于某一曲线类型时，则其各个一阶差分值均相等，其比值均等于 1。因为凡属于直线的，其一阶差分值均相等。

【例 2-2】 某井进行了次水位降深的抽水试验，其结果列于表 2-2 中，试计算水位降深为 6m 时的水井出水量。

解： 首先要确定流量 Q 和水位降深 s 关系曲线的类型。根据原始资料先绘制 $Q=f(s)$ 关系曲线，如图 2-9 所示。显然该曲线可能属于抛物线型、指数型、对数型中的一种。现按照线形化后的方程，分别计算 s_0、$\lg s$ 和 $\lg Q$ 值，并列入表 2-3。根据表 2-3 资料绘制关系曲线图，如图 2-10～图 2-12 所示。

表 2-2 抽 水 试 验 资 料

水位降深 (m)	1.39	2.89	3.84	5.09
流量 Q(L/s)	78	141	163	190

表 2-3 抽水试验资料和计算值

Q	s	$s_0=\frac{s}{Q}$	$\lg s$	$\lg Q$
78	1.39	0.0178	0.143	1.892
141	2.89	0.0205	0.461	2.149
163	3.34	0.0236	0.584	2.212
190	5.09	0.0268	0.707	2.279

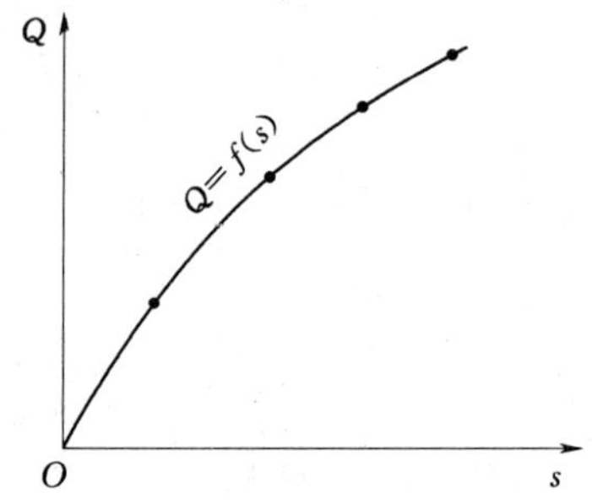

图 2-9 Q—s 关系曲线

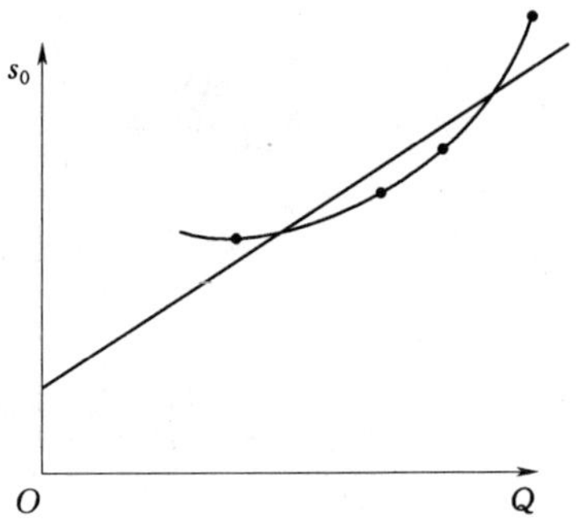

图 2-10 $s_0=f(Q)$

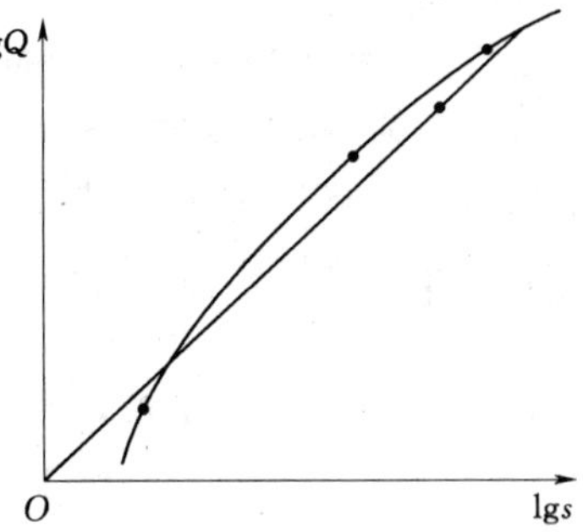

图 2-11 $\lg Q=f(\lg s)$

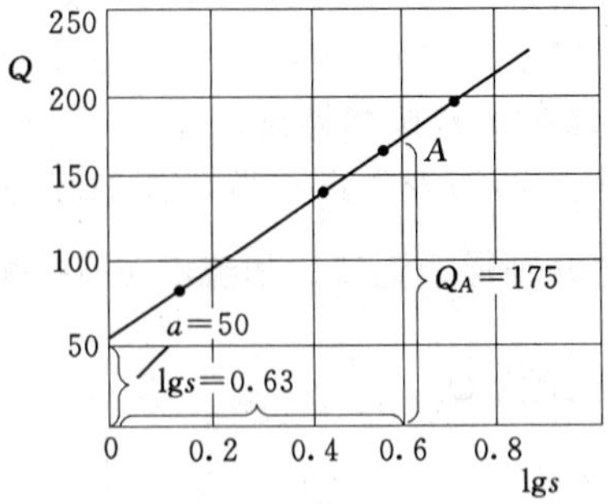

图 2-12 $Q=f(\lg s)$

第一种方法：图解法

由图 2-12 可得 $a=50$，在直线上任取一点 A，其坐标 $\lg s_A=0.63$，$Q_A=175$，则

$$b=\frac{Q_A-a}{\lg s_A}=\frac{175-50}{0.63}=198.4,$$

则 $$Q=50+198.4\lg s$$

当 $s=6$m 时，则

$$Q=50+198.4\lg 6=204.4\ (\text{L/s})$$

表 2-4 计算 a 与 b 的有关资料值

Q	$\lg s$	$(\lg s)^2$	$Q\lg s$
78	0.143	0.020	11.154
141	0.461	0.212	65.001
163	0.584	0.341	95.192
190	0.707	0.500	143.330
$\Sigma=572$	$\Sigma=1.895$	$\Sigma=1.073$	$\Sigma=305.677$

第二种方法：最小二乘法

将所需的资料列入表 2-4 然后求待定系数 a 和 b，即可建立出水量方程。

$$b=\frac{N\Sigma(Q\lg s)-\Sigma Q\Sigma\lg s}{N\Sigma(\lg s)^2-(\Sigma\lg s)^2}=\frac{4\times305.677-572\times1.895}{4\times1.073-(1.895)^2}=197.96$$

$$a=\frac{\Sigma Q-b\Sigma\lg s}{N}=\frac{572-197.96\times1.895}{4}=49.22$$

则 $$Q=49.22+197.96\lg s$$

当 $s=6$m 时，则 $Q=203.26$L/s

由此看来，两种方法所得结果较为接近。

2.2 单井出水量的非稳定流计算

随着工农业生产的不断发展以及人口数量的增长，工业、农业及生活用水的需求量不断增大，地下水作为重要的供水水源，其开采量及开采规模迅速扩大，大多数地区普遍出现区域地下水位的持续下降，而稳定流理论及其水量计算公式无法解决和预测这一现象以及未来地下水的动态变化。非稳定流理论及其相关的水量运用计算模型发挥着越来越大的作用。

2.2.1 潜水完整井非稳定井流的微分方程

图 2-13 表示在一均质各向同性、等厚且无限延伸、又无越流和垂向补给的水平潜水含水层中，有一眼完整井在抽水过程中的水位变化情况。设在某时段 t 时刻，距井轴

中心为 r 处有一眼观测孔，水位 H 仅是径向距离 r 和时间 t 的函数，即 $H=H(r,t)$。

在图 2-13（a）中，取一以井轴为中心，内径为 r，外径为 $r+\mathrm{d}r$、高度为含水层厚度 H 的隔离圆筒体见图 2-13（b），圆柱坐标取井轴 H 为纵轴，r 轴为径向坐标，由井中心向外为正。当井孔抽水时，设在单位时间从内筒面流入井孔的水量为 Q，且向井轴递增汇流。如流经 $\mathrm{d}r$ 距离后，流量的变化为 $\frac{\partial Q}{\partial r}\mathrm{d}r$，则从含水层汇入外筒面的流量为 $Q-\frac{\partial Q}{\partial r}\mathrm{d}r$。于是按水量守恒原理，即流入量等于流出量，则得二筒面的流量差为

$$Q-\left(Q-\frac{\partial Q}{\partial r}\mathrm{d}r\right)=\frac{\partial Q}{\partial r}\mathrm{d}r$$

此流量变化是由该圆筒体水位变化 $\frac{\partial H}{\partial t}$ 所致。

圆筒体的环状面积为 $2\pi r\mathrm{d}r$，含水层的给水度为 μ，则在单位时间内从该圆筒体内流出的水量为 $-2\pi r\mathrm{d}r\frac{\partial H}{\partial t}\mu$，故可得 $\frac{\partial Q}{\partial r}\mathrm{d}r=-2\pi r\mathrm{d}r\frac{\partial H}{\partial t}\mu$。根据 Darcy 公式，流出内筒面的渗透速度为

$$v=-K\frac{\partial H}{\partial r}$$

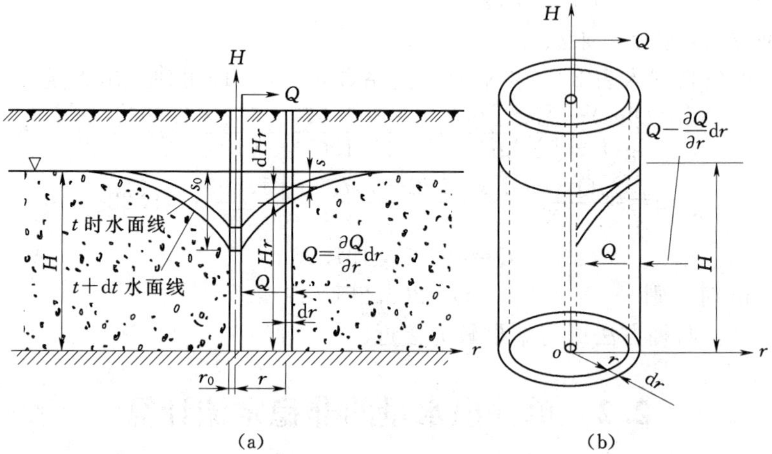

图 2-13 潜水完整井非稳定流的井流计算示意图

如取圆筒面的水位为平均水位，即 $H=\frac{H_r+(H_r+\mathrm{d}H_r)}{2}$，则内筒面的过水断面面积为 $\omega=2\pi rH$，于是 $Q=v\omega=2\pi rH\left(-K\frac{\partial H}{\partial r}\right)=-2\pi rKH\frac{\partial H}{\partial r}$，式中负号表示水流方向与坐标轴方向相反。对上式求偏导得

$$\frac{\partial Q}{\partial r}=-2\pi KH\frac{\partial}{\partial r}\left(r\frac{\partial H}{\partial r}\right)=-2\pi KH\left(\frac{\partial H}{\partial r}+r\frac{\partial^2 H}{\partial r^2}\right)$$

代入前面等式经化简后得

$$KH\left(\frac{\partial H}{\partial r}+r\,\frac{\partial^2 H}{\partial r^2}\right)=\frac{\partial H}{\partial t}r\mu$$

令导水系数 $T=KH$，则

$$\frac{\partial^2 H}{\partial r^2}+\frac{1}{r}\frac{\partial H}{\partial r}=\frac{\mu}{T}\frac{\partial H}{\partial t}$$

再令 $\frac{T}{\mu}=a$，则有

$$\frac{\partial^2 H}{\partial r^2}+\frac{1}{r}\ \frac{\partial H}{\partial r}=\frac{1}{a}\ \frac{\partial H}{\partial t} \tag{2-27}$$

如改用直角坐标系表示，则有

$$a\left(\frac{\partial^2 H}{\partial x^2}+\frac{\partial^2 H}{\partial y^2}\right)=\frac{\partial H}{\partial t} \tag{2-28}$$

式（2-27）和式（2-28）即为潜水完整井非稳定井流的微分方程。

其中，a 值在潜水含水层中称为水位传导系数，它是描述含水层因水位或水头变化的传导速度。

在抽水过程中，如有降水入渗补给或蒸发排泄时，应在水量平衡计算时计入这些量。设在单位时间内在单位面积上的补给率或蒸发率为 ε，则式可写为

$$a\left(\frac{\partial^2 H}{\partial r^2}+\frac{1}{r}\ \frac{\partial H}{\partial r}\right)+\frac{\varepsilon}{\mu}=\frac{\partial H}{\partial t} \tag{2-29}$$

2.2.2 承压完整井非稳定井流的微分方程

在与潜水完整井非稳定井流同样的假设条件下，同理可得承压完整井非稳定井流的微分方程。方程形式基本与式（2-27）相同，即

$$a\left(\frac{\partial^2 H}{\partial r^2}+\frac{1}{r}\ \frac{\partial H}{\partial r}\right)=\frac{\partial H}{\partial t} \tag{2-30}$$

式中：H 为抽水过程中，任一时段 t 时承压含水层的水头，不代表含水层的厚度，其厚度用 M 表示；a 为承压含水层的压力传导系数，用 $a=\frac{KM}{\mu^*}$（m^2/d）表示（μ^* 为承压含水层的“弹性释水系数”或“弹性存储系数”）；t 为抽水时间，d。

则式（2-30）可改写为

$$\frac{\partial^2 H}{\partial r^2}+\frac{1}{r}\ \frac{\partial H}{\partial r}=\frac{\mu^*}{KM}\ \frac{\partial H}{\partial t}=\frac{\mu^*}{T}\ \frac{\partial H}{\partial t} \tag{2-31}$$

式中：$T=KM$，为承压含水层的导水系数。

2.2.3 单井非稳定井流的基本方程式

2.2.3.1 承压完整井非稳定井流运动方程

1935 年美国人泰斯（C. V. Theis），借用热传导方程原理，用解析法近似地对方程式（2-30）进行求解。对于一个二阶偏微分方程的求解，只有加上定解条件后，解才是唯一确定的。于是方程式（2-31）的定解问题为

$$\begin{cases}\dfrac{\partial^2 H}{\partial r^2}+\dfrac{1}{r}\dfrac{\partial H}{\partial r}=\dfrac{\mu^*}{T}\dfrac{\partial H}{\partial t}(r_0<r<\infty,t>0)\\ H(r,0)=H_0(\text{初始条件}:r_0<r<\infty,t=0)\\ H(\infty,t)=H_0(\text{定水头边界条件 } t>0)\\ \lim\limits_{r\to 0}\left(r\dfrac{\partial H}{\partial r}\right)=\dfrac{Q}{2\pi T}=\text{const}(t>0)\end{cases} \tag{2-32}$$

按照上述初始条件及边界条件，结合完整井微分方程，通过积分变换可求得承压完整井非稳定井流的基本方程式泰斯公式为

$$s=\frac{Q}{4\pi T}W(u) \tag{2-33}$$

$$W(u)=\int_u^{\infty}\frac{e^{-u}}{u}du=-E_i(u)$$

$$u=\frac{r^2\mu^*}{4Tt}=\frac{r^2}{4at}$$

式中：u 为井函数自变量；s 为当以定流量 Q 抽水时，在距井 r 远处经过 t 时刻后的水位下降值，m；$W(u)$ 为负指数积分函数或水井函数，展开后为一收敛级数，即

$$W(u)=-0.5772-\ln u+\sum_{n=1}^{\infty}(-1)^{n+1}\frac{u^n}{n\cdot n!}$$

其他符号意义同前。

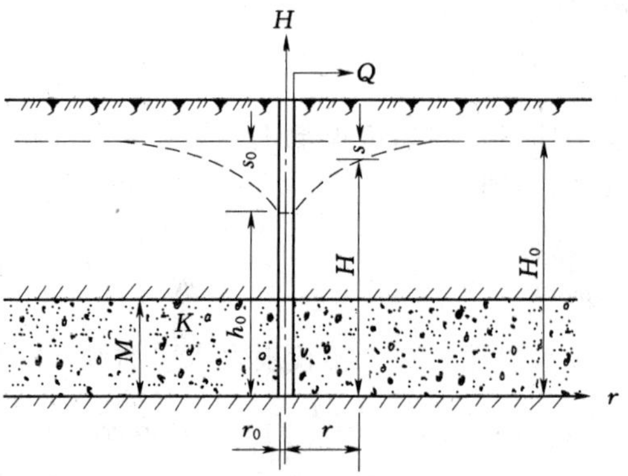

图 2-14　泰斯公式推导示意图

泰斯公式推导示意图如图 2-14 所示。为了便于计算，1962 年费里斯等人将井函数制成专用表（见附表 1）。根据上述公式，只要已知含水层的压力传导系数或弹性释水系数，导水系数，就可以计算开采区内某一时刻任一点的水位降深值，或预测开采区内某一点的不同时刻的水位降深值。

由 $W(u)$ 的展开式可以看出，当 u 相当小的时候，第三项以后的值也非常的小，在实际的应用中故可以忽略不计。于是可以简化取级数的前两项。

$$W(u)=-0.5772-\ln u=-0.5772-\ln\frac{r^2}{4at}$$

$$=\ln\frac{4at}{r^2}-\ln 1.781=2.3\lg\frac{2.25at}{r^2}$$

将该值带入式（2-33）后得到

$$s=\frac{2.3Q}{4\pi T}\lg\frac{2.25at}{r^2} \tag{2-34}$$

该式为雅柯布的简化近似公式。当 u 小于 0.01～0.1 时，运用该公式较为方便。要保持 $u<0.01\sim0.1$，则有以下两种情况。

（1）当 r 值一定时，抽水延续时间要长。

（2）抽水时间一定时，观测孔距离抽水井的距离 r 要近。

【例 2-3】 有一完整井凿于无界承压含水层中，井的直径 $D=0.35$m，出水量 $Q=1500\text{m}^3/\text{d}$，含水层厚度 $M=50$m，渗透系数 $K=40$m/d，弹性释水系数 $\mu^*=0.002$，当抽水时间 $t=2$d 时，距抽水井的距离 $r=20$m 处的地下水位降深为多少？

解：第一种方法：先求参变量 u

$$T=KM=40\times50=2000(\text{m}^2/\text{d})$$

$$u=\frac{r^2\mu^*}{4Tt}=\frac{20^2\times0.002}{4\times2000\times2}=5\times10^{-5}$$

则查附表 1 得到 $W(u)=9.3263$

根据泰斯公式

$$s=\frac{Q}{4\pi T}W(u)=\frac{1500}{4\times3.14\times2000}\times9.3263=0.56(\text{m})$$

则 $r=20$m 处地下水位降深为 0.56m。

第二种方法：先求参变量 u

$$T=KM=40\times50=2000(\text{m}^2/\text{d})$$

$$u=\frac{r^2\mu^*}{4Tt}=\frac{20^2\times0.002}{4\times2000\times2}=5\times10^{-5}<0.01$$

故可用雅柯布（Jacob）公式

$$s=\frac{2.3Q}{4\pi T}\lg\frac{2.25at}{r^2}=\frac{0.183Q}{T}\lg\frac{2.25at}{r^2}=\frac{0.183Q}{T}\lg\frac{2.25(T/\mu^*)t}{r^2}$$

$$=\frac{0.183\times1500}{40\times50}\lg\frac{2.25\times(40\times50/0.002)\times2}{20^2}=0.56(\text{m})$$

则 $r=20$m 处地下水位降深为 0.56m。

2.2.3.2 潜水完整井非稳定井流计算公式

地下水在潜水含水层中的非稳定运动与在承压含水层中的非稳定运动迥然不同。潜水含水层的上界面是一条随时间而变化的降落曲面，而承压含水层的上界面是隔水顶板。因而承压含水层的导水系数 $T=KM$ 为常量，潜水含水层的导水系数 $T=KH$ 随降深而变化，是距离和时间的函数。为此潜水完整井非稳定流的计算不同于承压完整井的非稳定流的计算。

1. 潜水完整井非稳定井流计算的博尔顿方法（S·N·Boulton）

在潜水含水层中由于水位下降引起水的释放，主要是饱和土体中的水在重力的作用下被排泄出来，与此相应的含水层逐渐被疏干。这种情况不是瞬间完成的，而是逐渐被释放的。当潜水位下降时，含水层介质不可能立即把它所赋存的水全部排泄出来，从而引起潜水位下降后，它上部新形成的包气带中的水逐渐被排出的现象，被称为迟后疏干。博尔顿提出迟后疏干的计算方法。

根据潜水完整井非稳定流的抽水降深与抽水时间关系曲线，如图 2-15 所示。在抽水早期，从时间上看，这一段的降深时间曲线与泰斯曲线一致。其原因是，潜水面已通过含水层介质下降了，而含水层介质却不能立即通过重力排水把其中的水排出去，只是由于水位的降低引起水的瞬间的释放。

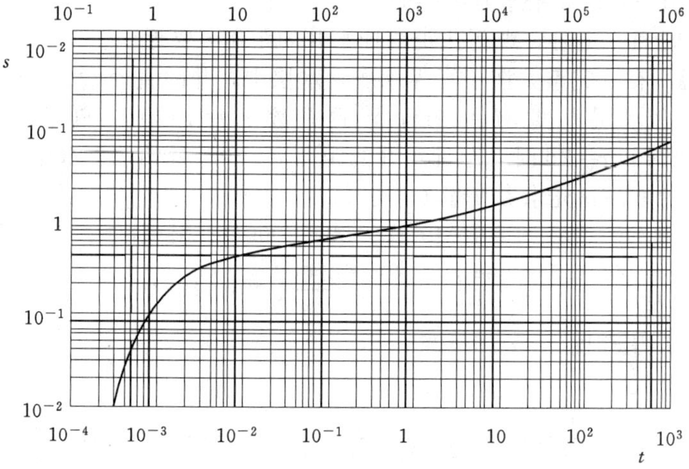

图 2-15 潜水完整井非稳定流抽水试验 s—t 关系曲线

在抽水的中期，降深时间关系曲线的斜率减缓，明显的偏离了泰斯曲线。这种现象说明迟后疏干在起作用。当水位急剧下降时，在垂直方向上移动着非常缓慢的上部水，则“脱钩而下”。因而起到了一个连续再补给的作用，好像含水层得到了额外的补给，使得水位下降缓慢，出现了假稳定状态。这时候含水层反映出非常接近一个受到越流补给的半承压含水层的情况，降落漏斗以缓慢的速度扩展着。

抽水的后期阶段，降深时间关系曲线又与泰斯曲线重合。这就表明随着抽水时间的增加，重力排水已经跟得上水位的下降，迟后疏干影响逐渐减小，可以忽略不计。抽水量来自重力排水，降落漏斗扩展速度增加。由于重力排水的稳定和降落漏斗的扩大，水位开始持续下降，其下降规律逐渐变得与无越流补给的承压含水层相似，此时的给水度所起的作用相当于承压含水层的释水系数。

博尔顿通过上述分析，提出了考虑迟后疏干的计算方法。为此，在建立模型时考虑了下述的一些假设条件。

(1) 含水层均质、等厚、各向同性、隔水底板水平无限延伸。

(2) 垂直方向无渗入或越流补给，抽水前水位保持水平。

(3) 完整井产生的水位降深与含水层厚度相比是很小的。

(4) 定流量抽水，井径无限小。

(5) 水流服从 Darcy 定律。

在考虑贮存水的释放，又考虑迟后重力排水，流向潜水完整井的非稳定运动的偏微分方程及其相应的定解问题为

$$\begin{cases} T\left(\dfrac{\partial s^2}{\partial r^2}+\dfrac{1}{r}\dfrac{\partial s}{\partial r}\right)=\mu^* \dfrac{\partial s}{\partial e}+\alpha\mu\displaystyle\int_0^t \dfrac{\partial s}{\partial \tau}e^{-\alpha(t-\tau)}\mathrm{d}\tau \\ s(r,0)=0 \qquad t=0 \\ s(\alpha,t)=0 \qquad t>0 \\ \lim\limits_{r\to 0}\left(r\dfrac{\partial s}{\partial r}\right)=-\dfrac{Q}{2\pi T} \end{cases} \tag{2-35}$$

博尔顿求得上述定解问题的解为

$$s=\frac{Q}{4\pi T}\int_0^{\infty}\frac{2}{x}\left\{1-e^{-u}\left[chu_2+\frac{d\eta(1-x^2)}{2u_2}shu_2\right]\right\}J_0\left(\frac{r}{vD}x\right)dx \tag{2-36}$$

式中：x 为积分变量；$J_0(x)$ 为第一类零阶贝赛尔函数。

当 $\eta\to\infty$ 时，即给水度比释水系数大得多的时候，上式可简化为

$$s=\frac{Q}{4\pi T}\int_0^{\infty}2J_0\left(\frac{r}{D}x\right)\left(1-\frac{1}{x^2+1}e^{-\frac{atx^2}{x^2+1}-F}\right)\frac{dx}{x} \tag{2-37}$$

如积分部分用 $W\left(u_a,\ u_y,\ \frac{r}{D}\right)$ 来表示，则

$$s=\frac{Q}{4\pi T}W\left(u_a,u_y,\frac{r}{D}\right) \tag{2-38}$$

将此解分为三个部分，则

抽水早期 $\qquad s=\frac{Q}{4\pi T}W\left(u_a,\ \frac{r}{D}\right)$

抽水中期 $\qquad s=\frac{Q}{2\pi T}K_0\left(\frac{r}{D}\right)$

抽水后期 $\qquad s=\frac{Q}{4\pi T}W\left(u_y,\ \frac{r}{D}\right)$

其中 $\qquad u_a=\frac{r^2\mu^*}{4Tt},u_y=\frac{r^2\mu}{4Tt}$

式中：s 为距抽水井 r 处 t 时刻的水位降深；Q 为定流量抽水的出水量；μ^* 为释水系数；D 为疏干因素，$D=\sqrt{\frac{T}{\alpha\mu}}$；$\mu$ 为给水度；$\frac{1}{\alpha}$ 为延迟指数；$W\left(u_a,\ u_y,\ \frac{r}{D}\right)$ 为潜水完整井的井函数。

2. *潜水完整井非稳定井流的近似计算*

Jacob 在 1944 年提出，当计算点的水位降深 s 与潜水含水层厚度 H 的比值很小，且抽水时间 t 较长时（此时滞后作用不明显），若将泰斯公式予以修正，也可近似用于潜水完整井非稳定井流的计算。具体分为三种情况。

（1）当 $s\leqslant 0.1H_0$ 时，只要将式（2－33）中的 $T=KM$ 改为 $T=KH$，便可近似的采用泰斯公式进行计算。

（2）当 $0.1H_0<s<0.3H_0$ 时，则采用 $T=KH_p$，H_p 为抽水时潜水含水层厚度的平均值，即

$$H_p=\frac{H_0+H}{2}$$

因 $\qquad s=H_0-H=\frac{Q}{4\pi KH_p}W(u)=\frac{Q}{4\pi K(\frac{H_0+H}{2})}W(u)$

又因 $\qquad \frac{(2H_0-s)s}{2}=H_0s-\frac{s^2}{2}=(s-\frac{s^2}{2H_0})H_0$

令 $\qquad s_c=s-\frac{s^2}{2H_0}$（计算点的水位修正降深值）

则
$$s_c=\frac{Q}{4\pi KH_0}W(u) \tag{2-39}$$

2.2.4 有限边界附近的单井非稳定井流运动

1. 有限补给边界附近的单井非稳定井流

当抽水井位于一个直线补给边界附近时，和稳定流的情况相似，虚井为流量$-Q$的注水井，利用叠加原理，对于承压完整井可得

$$s=s_1+(-s_2)=\frac{Q}{4\pi T}[W(u_1)-W(u_2)] \tag{2-40}$$

其中
$$u_i=\frac{r_i^2\mu^*}{4Tt}\quad(i=1,2)$$

当抽水时间t延长到一定程度，使$u_i\leqslant 0.01$时，则可利用雅柯布近似公式，则式（2-40）变为

$$s=\frac{2.3Q}{4\pi T}\left[\lg\frac{2.25Tt}{r_1^2\mu^*}-\lg\frac{2.25Tt}{r_2^2\mu^*}\right]=\frac{2.3Q}{2\pi T}\lg\frac{r_2}{r_1} \tag{2-41}$$

对于潜水完整井，当降深不大时，类似的可得到

$$H_0^2-h^2=\frac{Q}{2\pi K}[W(u_1)-W(u_2)] \tag{2-42}$$

其中
$$u_i=\frac{r_i^2\mu}{4Tt}\quad(i=1,2)$$

式中：μ为潜水含水层给水度；$T=Kh_m$为导水系数（h_m为含水层平均厚度）。

或$u_i\leqslant 0.01$时有
$$H_0^2-h^2=\frac{2.3Q}{\pi K}\lg\frac{r_2}{r_1} \tag{2-43}$$

式（2-41）和式（2-42）都没有包含时间，和稳定流公式相同，表示存在补给边界时，抽水持续一定时间以后降深能达到稳定。

2. 有限隔水边界附近的单井非稳定井流

该情况下虚井是抽水井，同理对于承压水井利用叠加原理得

$$s=s_1+s_2=\frac{Q}{4\pi T}[W(u_1)+W(u_2)] \tag{2-44}$$

当抽水时间t延长到一定程度，使$u_i\leqslant 0.01$时，则可利用雅柯布近似公式，则式（2-44）变为

$$s=\frac{2.3Q}{4\pi T}\left[\lg\frac{2.25Tt}{r_1^2\mu^*}+\lg\frac{2.25Tt}{r_2^2\mu^*}\right]=\frac{2.3Q}{2\pi T}\lg\frac{2.25Tt}{r_1r_2\mu^*} \tag{2-45}$$

对于潜水完整井，可得到

$$H_0^2-h^2=\frac{Q}{2\pi K}[W(u_1)+W(u_2)] \tag{2-46}$$

或$u_i\leqslant 0.01$时有

$$H_0^2-h^2=\frac{2.3Q}{\pi K}\lg\frac{2.25Tt}{r_1r_2\mu} \tag{2-47}$$

从式（2-45）和式（2-47）中看出，随着时间的增大，降深也随着增大，因此隔水边界附近的井流如果没有其他的补给来源，不可能达到稳定状态。

2.3 非完整井的出水量计算

在非完整井的情况下，不论是潜水含水层还是承压含水层，井流特征都和完整井有着明显的差异。造成这一影响的主要是滤水管的长度及其在含水层的位置，一般情况下是滤水管越长、位置离隔水层越远，流量越大。所以在研究非完整井的问题时，除了考虑影响完整井流量的那些因素以外，还必须考虑滤水管的长度及其在含水层的位置。在相同的条件下，非完整井的出水量小于完整井的出水量，这是由于流线在非完整井附近发生了很大的弯曲，造成地下水流向非完整井时，阻力增大的缘故。

非完整井在管井的情况下，只采用井壁进水方式。而大口井多采用井壁、井底同时进水或者单独井底进水。因为实际中存在这些不同的情况，所以采用的计算方法也各异。

2.3.1 井壁进水的非完整井

福熙海默（Forcheimer）通过实验，提出以下公式。

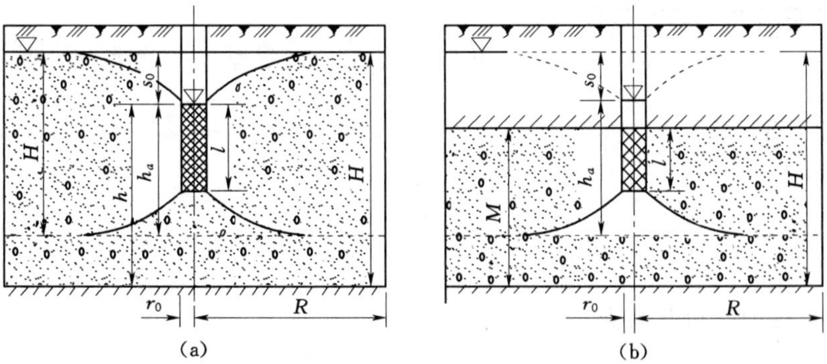

图 2-16 非完整井计算示意图

(a) 潜水非完整井；(b) 承压水非完整井

1. 潜水非完整井［图 2-16 (a)］

$$Q_{非}=C_1Q_{完}=C_1\left[1.364K\frac{(2H-s)s}{\lg\dfrac{R}{r_0}}\right] \tag{2-48}$$

式中：C_1 为潜水完整井出水量的折减系数。

2. 承压水非完整井［图 2-16 (b)］

$$Q_{非}=C_2Q_{完}=C_2\left[2.73K\frac{Ms}{\lg\dfrac{R}{r_0}}\right] \tag{2-49}$$

式中：$Q_{完}$ 为对应潜水完整井和承压完整井的出水量；C_2 为承压完整井出水量的折减系数；其余符号意义同前。

$$C_1=\sqrt{\frac{l}{h}}\sqrt[4]{\frac{2h-l}{h}} \tag{2-50}$$

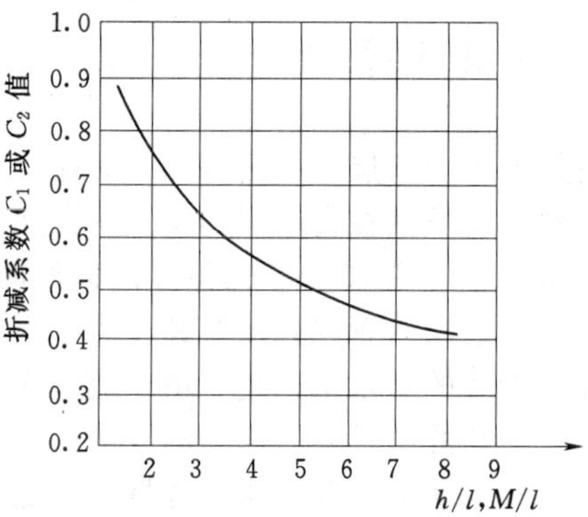

图 2-17 确定折减系数 C_1 和 C_2 值图表

$$C_2=\sqrt{\frac{l}{M}}\sqrt[4]{\frac{2M-l}{M}} \tag{2-51}$$

式中：l 为水井滤水管伸入含水层的长度或井壁进水的长度，m；h 为潜水非完整井动水位至不透水底板的高度，m；M 为承压含水层的厚度，m。

为了计算方便，现将编制的折减系数 C 绘制成图 2-17 。只要求得$\frac{h}{l}$或者$\frac{M}{l}$便可以从图中查得相应的 C 值。式（2-50）与式（2-51）有一定的适用范围，在选用时，对潜水完非完整井应该符合$\frac{H}{s+l}\leqslant 1.5\sim 2$ 的条件；对于承压非完整井应该符合$\frac{M}{l}\leqslant 1.5\sim 2$ 的条件。

2.3.2 井底进水的非完整井

根据巴布什金（Вабушкин）的近似解法，对有限厚度的含水层，其计算方法如下。

1. 潜水非完整井［图 2-18（a）］

$$Q=\frac{2\pi K s r_0}{\frac{\pi}{2}+2\arcsin\frac{r_0}{m+\sqrt{m^2+r_0^2}}+0.515\frac{r_0}{m}\lg\frac{R}{4H}} \tag{2-52}$$

当$\frac{r_0}{m}\leqslant\frac{1}{2}$时，可化简为

$$Q=\frac{2\pi K s r_0}{\frac{\pi}{2}+\frac{r_0}{m}\left(1+1.18\lg\frac{R}{4H}\right)} \tag{2-53}$$

式中：m 为井底距不透水底板的距离，m。

2. 承压水非完整井［图 2-18（b）］

在承压含水层中，由于其上有相对隔水顶板，可构成平底或者半球形井底（潜水含水层只能构成平底），故计算公式因井底形状不同而不同。

（1）平底非完整井：

$$Q=\frac{2\pi K s r_0}{\frac{\pi}{2}+2\arcsin\frac{r_0}{M+\sqrt{M^2+r_0^2}}+0.515\frac{r_0}{M}\lg\frac{R}{4M}} \tag{2-54}$$

当$\frac{r_0}{M}\leqslant\frac{1}{2}$时，可化简为

$$Q=\frac{2\pi K s r_0}{\frac{\pi}{2}+\frac{r_0}{M}\left(1+1.18\lg\frac{R}{4M}\right)} \tag{2-55}$$

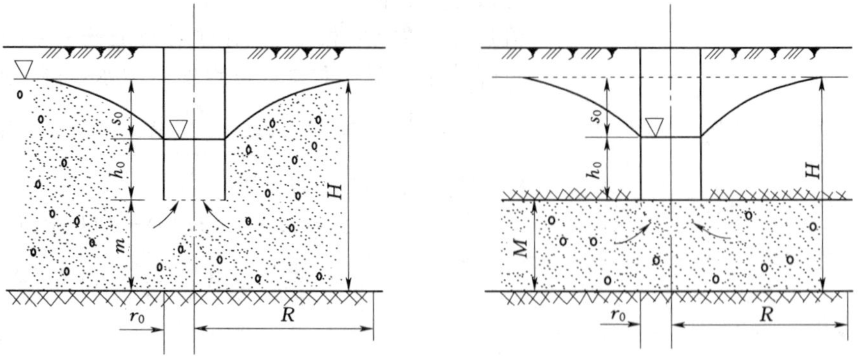

图 2-18 井底进水非完整井示意图
(a) 潜水非完整井；(b) 承压水非完整井

(2) 半球形底非完整井：

$$Q=\frac{2\pi K s r_0}{1+\frac{r_0}{M}\left(1+1.18\frac{R}{4M}\right)} \tag{2-56}$$

当含水层很厚时，井底进水的承压非完整井的出水量，可用下式近似计算，即

$$Q=\frac{\alpha K s r_0}{1-\frac{r_0}{R}} \tag{2-57}$$

式中：Q 为非完整井的出水量，m^3/d；α 为井底形状系数。当为平底时，$\alpha=4$，半球形底的时候 $\alpha=2\pi$；其他符号意义同前。

2.3.3 井壁井底同时进水的非完整井

这种非完整井多适用于含水层很厚的情况。为计算方便，可将含水层分为两个部分。在井底以上部分，可近似按井壁进水的潜水和承压完整井考虑；而井底部分均按照承压非完整井考虑。井的总出水量就是两个部分的叠加。

2.4 井群干扰的出水量计算

前面讨论的是单井单独工作的情形，常常用于确定含水层参数。在灌溉、供水和排水中，需在同一地区的同一含水层中布置井群抽取地下水。各井在共同工作时，由于井间距离较小，水力联系密切而相互干扰，我们把这样一些在相互干扰条件下工作的水井称为井群干扰。由于井群干扰的影响，实际上处于井群干扰下的井流不可能达到稳定状态，因此本节讨论的井群干扰的问题是在非稳定的状态下的。井群干扰程度的大小主要受含水层性质、补给条件、排泄条件、水井数量、间距、距补给和排泄边界的距离、平面上的位置、井结构等因素的影响。

2.4.1 势的叠加原理

根据线性方程的解可以叠加的原理，若在一个无限含水层中有两个井 W_1 和 W_2

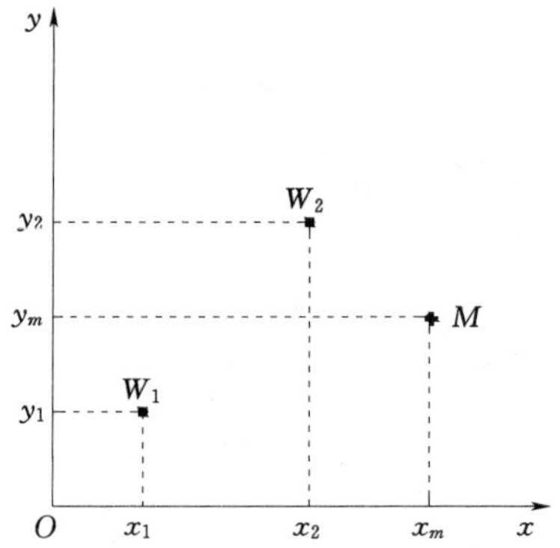

图 2-19　点井渗流叠加

定流量并且同时开始工作的抽水井（图 2-19），其流量分别为 Q_1 和 Q_2。则对平面上任一点 M 的水位降等于两个井对该计算点所产生水位降总和。

$$s_1=\frac{Q_1}{4\pi T}W\left(\frac{r_1^2}{4at}\right),s_2=\frac{Q_2}{4\pi T}W\left(\frac{r_2^2}{4at}\right) \qquad (2-58)$$

若记 $s=H_0-H$，则

$$s=H_0-H=(H_{1,0}+H_{2,0})-(H_1+H_2)$$

$$=s_1+s_2=\frac{1}{4\pi T}\left[Q_1W\left(\frac{r_1^2}{4at}\right)+Q_2W\left(\frac{r_2^2}{4at}\right)\right] \qquad (2-59)$$

式中：r_1、r_2 分别为抽水 W_1 和 W_2 与计算点 M 的距离，即

$$r_1=\sqrt{(x_m-x_1)^2+(y_m-y_1)^2}$$

$$r_2=\sqrt{(x_m-x_2)^2+(y_2-y_m)^2}$$

式（2-59）表明：平面无界含水层中两个抽水井对任意点 M 的水头降深，等于各单井对同一点水头降深之和。这可称为无界含水层中群井干扰的水头降深叠加原理即水头降深的代数和。

水头降深叠加原理可以推广到任意一个井的干扰问题，对于 n 个井孔工作的群井干扰问题，任意点 M（图 2-19）的水头降深 s 为

$$s(t)=s_1+s_2+\cdots+s_n$$

$$=\frac{1}{4\pi T}\left[Q_1W\left(\frac{r_1^2}{4a(t-t_1)}\right)+Q_2W\left(\frac{r_2^2}{4a(t-t_2)}\right)+\cdots+Q_nW\left(\frac{r_n^2}{4a(t-t_n)}\right)\right] \qquad (2-60)$$

式中：Q_1，Q_2，…，Q_n 分别是 1，2，…，n 号井孔的流量（抽水时，$Q>0$；注水时，$Q<0$）；r_1，r_2，…，r_n 分别是 1，2，…，n 号井孔至 M 点的距离；t 是计算 M 点降深的时刻；t_1，t_2，…，t_n 分别是 1，2，…，n 号井开始工作的时刻，$(t-t_1)$，$(t-t_2)$，…，$(t-t_3)$ 均大于 0。

2.4.2　承压含水层中井群抽水降深的计算

如图 2-20 所示，在承压含水层中布置 n 眼井。设各单井均为完整井，各井的出水量分别为 Q_1，Q_2，Q_3，…，Q_n，且单井单独抽水与井群同时抽水时保持不变，含水层为承压且无界。如设 P 点为观测点，各井距观测点的距离分别为 r_1，r_2，r_3，…，r_n。按叠加原理，各井同时抽水在观测点引起的降深 s_P，应等于各井分别抽水时在 P 点引起的水位削减值 s_1，s_2，s_3，…，s_n 的总和。即

$$s_P=s_1+s_2+s_3+\cdots+s_m=\sum_{i=1}^{n}s_i$$

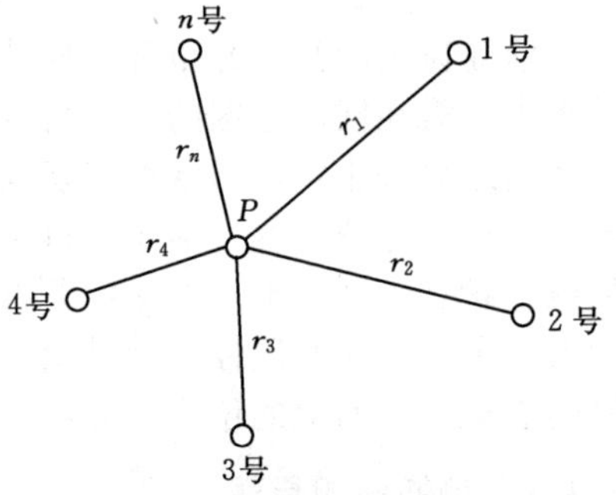

图 2-20　井群干扰的计算示意图

利用泰斯公式，则

$$s_P = \frac{Q_1}{4\pi T}W(u_1) + \frac{Q_2}{4\pi T}W(u_2) + \cdots + \frac{Q_n}{4\pi T}W(u_n) = \frac{1}{4\pi T}\sum_{i=1}^{n} Q_i W(u_i) \tag{2-61}$$

其中

$$u_1 = \frac{r_1^2\mu^*}{4Tt}$$

$$u_2 = \frac{r_2^2\mu^*}{4Tt}$$

$$\vdots$$

$$u_n = \frac{r_i^2\mu^*}{4Tt}$$

考虑到比较复杂的情况，设 n 眼井同时抽水，且每眼井的抽水量不是常数，而是呈阶梯状变化，共有 m 个阶梯。设 $Q_{i,j}$ 表示第 i 眼井第 j 个阶梯的抽水量，即

$$u_{i,j} = \frac{r_i^2\mu^*}{4T(t-t_j)}$$

$W(u_{i,j})$ 为 $u_{i,j}$ 相当的泰斯井函数。则任一观测点的水位降深为

$$s = \frac{1}{4\pi T}\left\{\sum_{i=1}^{n}\left[Q_{i,1}W(u_{i,1}) + \sum_{j=2}^{m}(Q_{i,j} - Q_{i,j-1})W(u_{i,j})\right]\right\} \tag{2-62}$$

若出水量相等且同时工作的 n 个抽水井，当 $u \leqslant 0.01$ 时，式（2-62）可用雅柯布公式表示，即

$$s_P = \frac{2.3Q}{4\pi T}\lg\frac{2.25at}{r_1^2} + \frac{2.3Q}{4\pi T}\lg\frac{2.25at}{r_2^2} + \cdots + \frac{2.3Q}{4\pi T}\lg\frac{2.25at}{r_n^2} = \frac{2.3}{4\pi T}\sum_{i=1}^{n} Q_i \lg\frac{2.25at_i}{r_i^2} \tag{2-63}$$

【例 2-4】 某一水源地为了满足某厂需水量 3000m³/d，设计用三口井生产，井的分布如图 2-21 所示，三口井的抽水量分配为 $Q_1 = Q_2 = Q_3 = 1000\text{m}^3/\text{d}$，已知承压含水层的厚度为 20m，抽水前的水位为 180m，含水层的渗透系数为 50m/d，贮水系数为 1×10^{-4}，井的半径为 0.2m，试求抽水 1000 天后 2 号井的水位。

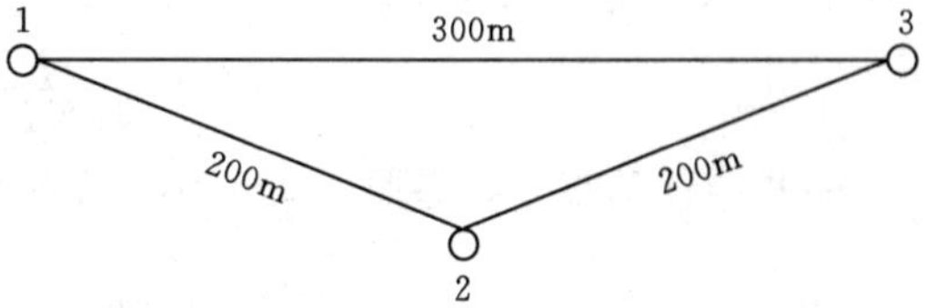

图 2-21 三眼抽水井干扰示意图

解：第一种方法：

已知

$$t_1 = t_2 = t_3 = 1000\text{d}$$

$$Q_1 = Q_2 = Q_3 = 1000\text{m}^3/\text{d}$$

$$r_{1-2} = r_{3-2} = 200\text{m}$$

导水系数 $T = KM = 50\times20 = 1000\ (\text{m}^2/\text{d})$

根据题意，式（2-61）可以写成

$$s_{W_2} = \frac{1}{4\pi T}\left[Q_1 W\left(\frac{r_{1-2}^2\mu^*}{4Tt_1}\right) + Q_2 W\left(\frac{r_{W_2}^2\mu^*}{4Tt_2}\right) + Q_3 W\left(\frac{r_{3-2}^2\mu^*}{4Tt_3}\right)\right]$$

$$=\frac{1000}{4\times3.14\times1000}\left[2W\left(\frac{200^2\times10^{-4}}{4\times1000\times1000}\right)+W\left(\frac{0.2^2\times10^{-4}}{4\times1000\times1000}\right)\right]$$

$$=\frac{1}{12.56}[2W(10^{-6})+W(10^{-12})]$$

$$=\frac{1}{12.56}[2\times13.238+27.054]$$

$$=4.262(\mathrm{m})$$

水位 $H_{W_2}=H_0-s_{W_2}=180-4.262=175.738$ (m)

第二种方法：

由第一种方法可以得到 $u_1=u_3=10^{-6}$，$u_2=10^{-12}$，则 $\left(\frac{r_i^2\mu^*}{4Tt_i}\right)_{\max}=10^{-6}\leqslant0.01$，故可以计算为

$$s=\frac{2.3Q}{4\pi T}\left[2\lg\frac{2.25Tt_1}{r_{1-2}^2\mu^*}+\lg\frac{2.25Tt_2}{(r_{W_2}^2)\mu^*}\right]$$

$$=\frac{2.3\times1000}{4\times3.14\times1000}\left[2\lg\frac{2.25\times1000\times1000}{200^2\times10^{-4}}+\lg\frac{2.25\times1000\times1000}{0.2^2\times10^{-4}}\right]$$

$$=0.183[2\lg(5625\times10^2)+\lg(5625\times10^8)]$$

$$=0.183[2\times5.75+11.75]=4.255(\mathrm{m})$$

$$H_{W_2}=H_0-s_{W_2}=180-4.255=175.745(\mathrm{m})$$

两者计算结果极为接近。

2.4.3 潜水含水层中井群抽水降深的计算

(1) 当抽水在 P 点引起的水位降深 $s\leqslant0.1H_0$ 时，则井群抽水时 P 点的水位降深按式（2-61）和式（2-63）计算，唯其式中的 $T=KH_0$

(2) 当观测点的水位降深 $0.1H_0<s<0.3H_0$ 时，则其式中的导水系数 $T=KH_P$（H_P 为含水层的平均厚度），由式（2-39）可知

$$s_c=\frac{Q}{4\pi KH_0}W(u)$$

如井群任意布置，参照图 2-20，观测点 P 的水位降深为

$$s_P=s_{c1}+s_{c2}+s_{c3}+\cdots+s_{cn}=\sum_{i=1}^{n}s_{ci}$$
$$=\frac{1}{4\pi KH_0}\sum_{i=1}^{n}Q_iW(u_i) \tag{2-64}$$

为了计算方便，也可改写为

$$H_P=\frac{H_0+H}{2}$$

$$s=H_0-H=\frac{Q}{4\pi KH_P}W(u)$$

$$(H_0-H)(H_0+H)=\frac{Q}{2\pi K}W(u)$$

$$(H_0^2-H^2)=\frac{Q}{2\pi K}W(u)$$

化简后得

$$s = H_0 - \sqrt{H_0^2 - \frac{Q}{2\pi K}W(u)} \tag{2-65}$$

于是，P 点的水位抽降应为

$$s_P = s_1 + s_2 + s_3 + \cdots + s_n = \sum_{i=1}^{n} s_i$$

或

$$s_P = H_0 - \sqrt{H_0^2 - \frac{1}{2\pi K}\sum_{i=1}^{n} Q_i W(u_i)} \tag{2-66}$$

2.4.4 流量削减法

此法是由阿里托夫斯基根据抽水试验资料提出的，故称为抽水试验法。其适用范围较广，不论潜水与承压含水层，完整井与非完整井均可采用，同时还不受井群平面布置的影响。

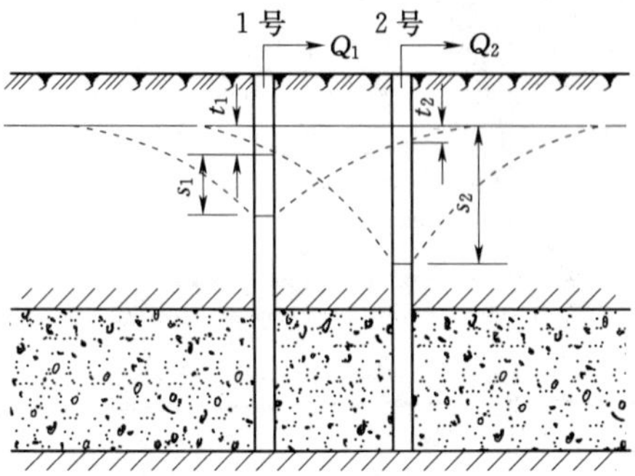

图 2-22 两眼抽水井干扰示意图

如图 2-22 所示的两眼干扰井，当 1 号井单独抽水时出水量为 Q_1，其单位出水量为

$$q_1 = \frac{Q_1}{s_1}$$

当两眼井同时抽水时，如设抽水降深不变，1 号井的出水量为 Q'_1，则其单位出水量为

$$q'_1 = \frac{Q'_1}{s_1}$$

由于 1 号井受 2 号井的抽水干扰，故 $Q'_1 < Q_1$ 或 $q'_1 < q_1$

于是

$$\frac{q_1 - q'_1}{q_1} = 1 - \frac{q'_1}{q_1} = a_1$$

式中：a_1 为 1 号井的出水量削减系数或流量削减系数，为一无量纲量。

则

$$q'_1 = q_1(1 - a_1) \tag{2-67}$$

同理可得 2 号井在共同抽水时的单位出水量为

$$q'_2 = q_2(1 - a_2)$$

各单井的出水量应为

$$Q'_1 = s_1 q'_1 = s_1 q_1 (1 - a_1)$$

$$Q'_2 = s_2 q'_2 = s_2 q_2 (1 - a_2)$$

式中：s_1 为 1 号井在单独抽水时的抽水降深，m；s_2 为 2 号井在单独抽水时的抽水降深，m；q'_1 为在共同抽水时，1 号井的单位出水量，m^3/d；q'_2 为在同样情况下，2 号井的单位出水量，m^3/d；其余符号意义同前。

此法的关键在于求流量削减系数。a 值与井的间距成反比，a 值大，井间干扰程

度也大；a 值小，井间干扰也小。

在干扰群中，一个井同时受数个井的干扰，则其单位出水量为

$$q'=q(1-\sum a)$$

或该井的干扰出水量为

$$Q=sq(1-\sum a) \tag{2-68}$$

式中：$\sum a$ 为对某计算井的总流量削减值。

第3章 含水层水文地质参数及水文参数的确定

水文地质参数与水文参数，是反映含水层条件特性的定量变化指标，也是地下水资源评价和地下水系统管理模型求解的基础。含水层参数确定的准确与否，直接影响到地下水资源评价的效果和地下水系统管理模型的应用。因此，开展含水层参数计算方法的研究，在理论上和实践上均具有十分重要的意义。

水文地质参数主要包括给水度 μ、渗透系数 K、导水系数 T、水位（或压力）传导系数 α、弹性释水系数 μ^*、越流系数 K_e 等。水文参数则主要有潜水蒸发系数 C、降雨入渗补给系数 α 及与灌溉有关的参数如灌溉入渗补给系数 β 、渠系渗漏补给系数 γ 等。水文地质参数的确定，在地下水勘查、开发利用的不同阶段，可以采用不同的方法。在勘探阶段或地下水开发利用初期，通常采用野外抽水试验来测定水文地质参数。但由于抽水试验的数量有限，往往不能代表大面积含水层的情况。在地下水已开发利用，且有较长期的地下水动态观测资料的情况下，可以通过地下水的开采资料和动态观测资料，确定含水层参数，用这种方法确定的水文地质参数代表性强，往往比较符合实际。

3.1 参数的基本概念

给水度是潜水含水层给水能力的一个指标。我们把地下水位下降一个单位时，从地下水位延伸到地表面的单位水平面积岩石柱体，在重力作用下释放出的水体积，称为给水度，是一个无量纲参数。

对于承压含水层来说，释水能力则用弹性释水系数来表示，其物理意义为单位水平面积承压含水层柱体，当水头下降一个单位时所释放的水量（无量纲）。常用 μ^* 表示，有些文献称之为弹性给水度、储水系数等。

若用弹性释水系数除以承压含水层的厚度，则为比弹性释水系数（释水率）。其量纲为 L^{-1}。有些文献上称之为单位弹性给水度、单位储水系数等。弹性释水系数与比弹性释水系数都是表示含水层释水能力的参数。

一般弹性释放是瞬时完成的，并假设 μ^* 的大小不随时间变化。潜水含水层的重

力疏干则不同，地下水位下降所引起的水量释放有一个过程。在较短的时间内，从土层中释放出的水量远小于土层被疏干后全部释放的水量，存在着滞后疏干现象，给水度为时间的函数。排水时间越长，给水度越大，并逐渐趋近于一个固定值。

当承压含水层与相邻含水层间存在水头差，且承压含水层的上、下岩层并不是绝对隔水，其中一个或者两个可能是弱透水层时，地下水便会从高水头含水层通过弱透水层流向低水头含水层，这种现象称为越流。

3.2　利用抽水试验资料确定含水层参数

野外抽水试验，是目前获取水文地质参数的主要方法之一。抽水试验可分为稳定流抽水试验和非稳定流试验两种类型。通常多利用稳定流和非稳定流抽水试验资料，来确定含水层的渗透系数 K 等参数。

3.2.1　利用稳定流抽水试验资料确定水文地质参数

3.2.1.1　单井稳定流抽水试验计算渗透系数 K

利用裘布依稳定流公式进行渗透系数计算时，若没有观测孔而只能根据抽水井的出水量、水位下降等数据，则应消除抽水井附近产生的三维流、紊流的影响，特别是在抽水井水位下降较大的情况下，最好采用下列消除渗透阻力的方法。

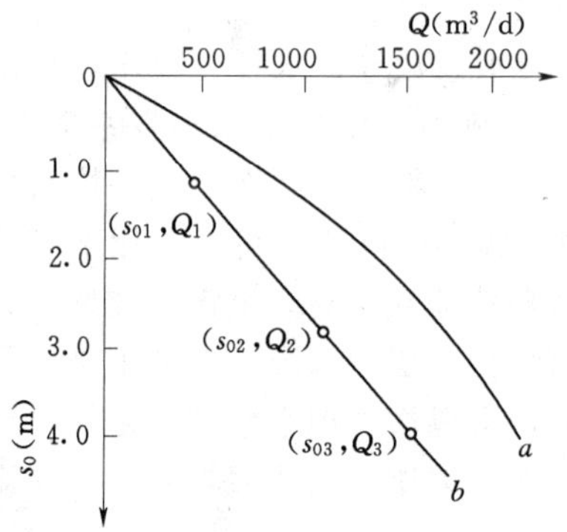

图 3-1　Q—s_0 曲线

首先根据单井抽水试验资料，将水位下降值 s_0 与相应的出水量 Q 绘出 Q—s_0 关系曲线，如图 3-1 所示，再按所得曲线类型选择适当的计算公式。

当 Q—s_0（或 Δh^2）关系曲线为直线时，Δh^2 是潜水含水层在自然情况下的厚度 H 和抽水试验时厚度 h_0 的平方差，即 $\Delta h^2 = H^2 - h_0{}^2$。

这时适合图 3-1 中的 b 线型，表明水流通过过滤器及在过滤器内的流动阻力不太大，从而在井壁附近产生的三维流、紊流区的影响不明显，这时可直接应用裘布依公式进行计算。

潜水完整井：

$$Q=\frac{1.364K\ (H^2-h_0^2)}{\lg\dfrac{R}{r_0}}$$

则

$$K=0.733Q\frac{\lg R-\lg r_0}{H^2-h_0^2} \tag{3-1}$$

承压完整井：

$$Q=2.73KM\frac{s_0}{\lg\dfrac{R}{r_0}}$$

则

$$K=0.366Q\frac{\lg R-\lg r_0}{Ms_0} \tag{3-2}$$

当 Q—s_0（或 Δh^2）关系曲线为抛物线时这时适合图 3-1 中的 a 型，表明过滤器及管内的水流阻力太大，在井壁附近水流呈现明显的三维流状态。这就不符合裘布依

公式的基本假定条件（井壁附近水流呈轴向一维流态的假定），所以不能直接应用稳定流公式计算。

为了消除三维流、紊流的影响，计算时应采用消除阻力法。首先，绘制$\frac{s_0}{Q}$—Q或$\frac{\Delta h^2}{Q}$—Q关系曲线，如图3-2所示。其次根据三次水位下降的Q、s_0值所做的$\frac{s_0}{Q}$—Q或$\frac{\Delta h^2}{Q}$—Q关系曲线呈直线时，可以读出直线在纵轴上的截距A值，且$A=\frac{\Delta h^2}{Q}=\frac{H^2-h_0^2}{Q}$或$A=\frac{s_0}{Q}$，将其分别代入式（3-1）或式（3-2）即可求得稳定流下潜水或承压水含水层的渗透系数K值。

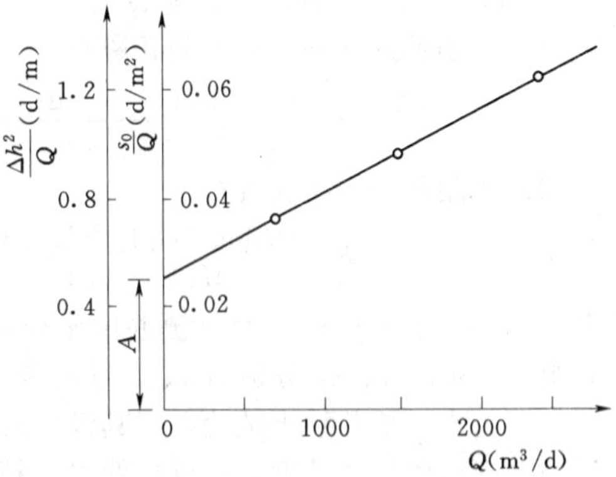

图3-2　$\frac{S_0}{Q}\left(\frac{\Delta h^2}{Q}\right)$—$Q$关系曲线

3.2.1.2　带观测孔的单井稳定流抽水试验计算渗透系数 *K*

带观测孔的单井抽水试验是当主井抽水时，在主井附近设1～2观测孔（见图3-3和图3-4）以取得主井抽水时其附近的水位变化资料。为了避免三维流或紊流的影响，要求最近的观测孔距主井的距离一般为含水层厚度的1.6倍，而最远的观测孔距第一个观测孔的距离也不宜太远，以保证各观测孔的水位下降值在s（或Δh^2）—lg$r$关系曲线的直线段上。

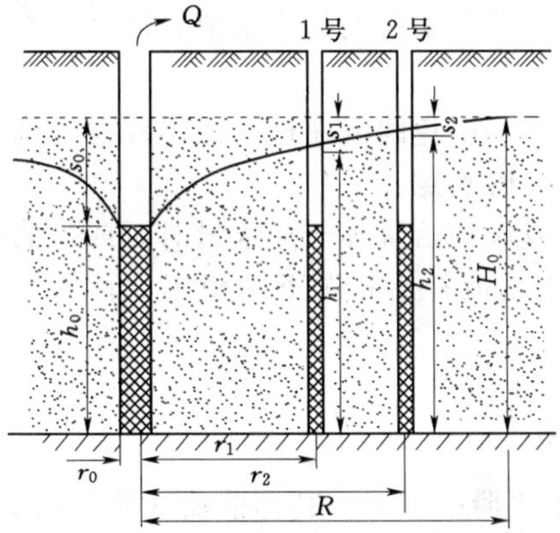

图3-3　潜水完整井及观测孔示意图

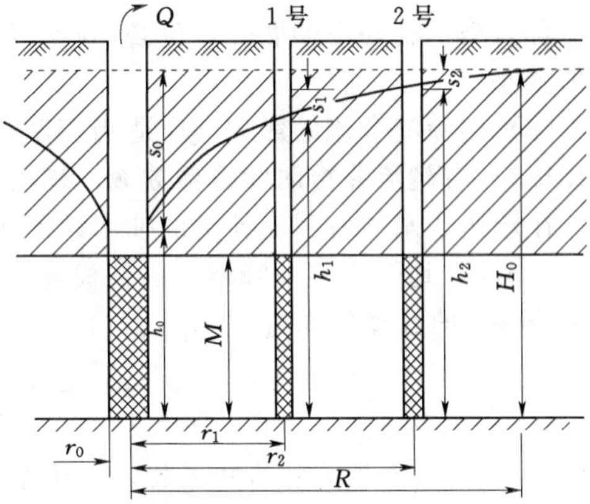

图3-4　承压完整井及观测孔示意图

1. 潜水完整井计算渗透系数公式

（1）利用抽水井和一个观测孔资料

$$K=\frac{0.733Q(\lg R-\lg r_0)}{h_1^2-h_0^2}=\frac{0.733Q(\lg R-\lg r_0)}{(2H_0-s_0-s_1)(s_0-s_1)} \tag{3-3}$$

（2）利用两个观测孔资料

$$K=\frac{0.733Q(\lg r_2-\lg r_1)}{h_2^2-h_1^2}=\frac{0.733Q(\lg r_2-\lg r_1)}{(2H_0-s_1-s_2)(s_1-s_2)} \tag{3-4}$$

2. 承压完整井计算渗透系数公式

（1）利用抽水井和一个观测孔资料

$$K=\frac{0.366Q(\lg r_1-\lg r_0)}{M(h_1-h_0)}=\frac{0.366Q(\lg r_1-\lg r_0)}{M(s_0-s_1)} \tag{3-5}$$

（2）利用两个观测孔资料

$$K=\frac{0.366Q(\lg r_2-\lg r_1)}{M(h_2-h_1)}=\frac{0.366Q(\lg r_2-\lg r_1)}{M(s_1-s_2)} \tag{3-6}$$

式中：s_1、s_2 分别为1、2号观测井中水位，m；r_1、r_2 分别为1、2号观测井距抽水井的距离，m；h_1、h_2 分别为1、2号观测井动水位，m；其他符号意义同前。

应当指出，单井抽水试验，因其没有观测孔，井的结构、抽水设备的运行等因素往往影响观测资料的精度，计算出的参数精度低且代表性也较差，因而此法仅适用于地下水的普查阶段。有两个以上的观测孔试验，可避免上述因素影响。利用观测孔的观测资料计算出的参数精度高，代表性好。此法多用于地下水的详查、详勘阶段。

无论采用哪种抽水试验，都需要有3次以上的抽水降深。除此之外，为提高参数计算的精度，还应注意以下问题。

（1）消除水跃值影响。理论上，均质含水层的渗透系数 K 应是一常数。但在用抽水试验资料求 K 值时，往往出现用不同水位降深、不同井型结构以及不同抽水试验方法的抽水试验资料计算出的 K 值不同。我国学者施普德根据实践经验认为，产生上述矛盾的主要原因是水跃值的影响。所以在利用稳定流抽水试验资料确定渗透系数时，需要消除水跃值的影响，否则计算的 K 值一般偏小。

（2）选择高质量的试验井。试验井的滤水结构设计不合理，施工质量不高，如填砾不合规格、洗井不彻底等，势必影响井的出水量或产生过大的水跃值，使计算出的 K 值偏小。

（3）避免混合流的影响。应适当控制抽水降深，以免因流速过大而出现混合流。

3.2.1.3 有越流补给时渗透系数 K、越流系数 K_e 的确定

在承压含水层有越流补给的抽水试验中，当越流补给量等于抽水量时，或当抽水时间 $t\to\infty$，地下水位下降漏斗达到稳定，就可按越流补给状况下的稳定流计算。其水位降深 s 的计算公式为

$$s=\frac{Q}{2\pi KM}K_0\left(\frac{r}{B}\right) \tag{3-7}$$

式中：$K_0\left(\frac{r}{B}\right)$ 为越流补给井函数，可从水文地质手册中查得。其标准曲线称作量板，其余符号同前。

当抽水井远离补给边界或隔水边界，并有一个观测孔时（图3-5），K 值计算式为

$$K=\frac{0.16Q}{Ms}K_0\left(\frac{r}{B}\right) \tag{3-8}$$

K 值计算方法及步骤如下：

第一，将稳定流状态下有越流补给的承压水标准曲线（量板）铺好，见图3-6。

第二，用同一观测时间，不同观测距离的观测孔（一般不少于3个）的水位下降值，在双对数坐标纸上绘制与量板曲线模数相同的 s—r 曲线。

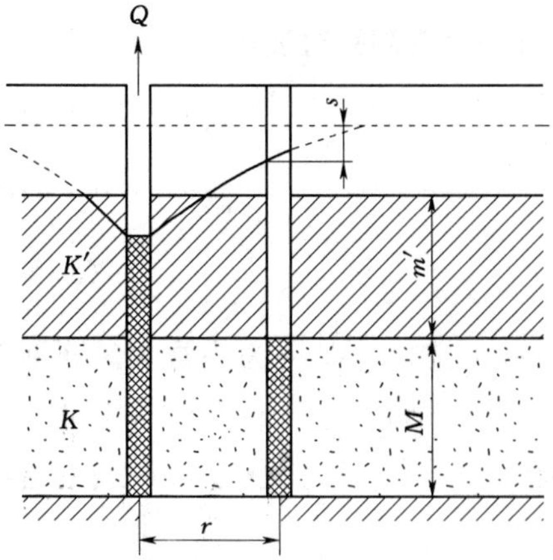

图 3-5 稳定流状态下有越流承压水的井流

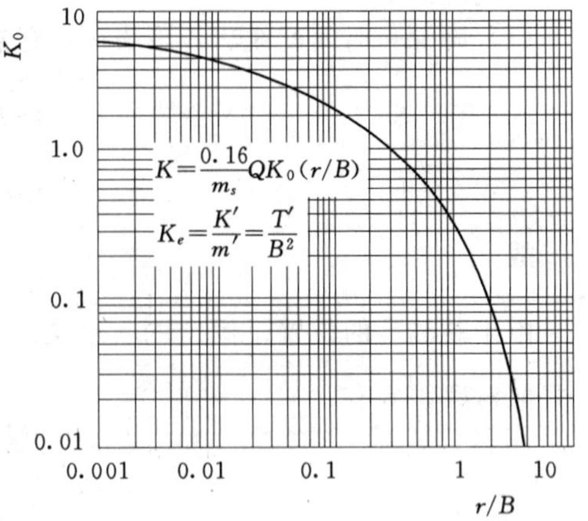

图 3-6 稳定流状态下有越流承压水的标准曲线

第三，将上述资料曲线叠置在量板曲线上，在曲线的重合段上取资料曲线上任一点坐标（s，r）值（为便于计算，多将该点选于整数坐标上），相应在量板曲线上找出 $K_0\left(\frac{r}{B}\right)$及$\left(\frac{r}{B}\right)$值。

第四，将 $K_0\left(\frac{r}{B}\right)$、$\left(\frac{r}{B}\right)$、$s$、$r$ 代入以下公式

$$\left.\begin{aligned}K&=\frac{0.16Q}{MS}K_0\left(\frac{r}{B}\right)\\ \frac{r}{B}&=\frac{r}{\sqrt{\frac{KMm'}{K'}}}\end{aligned}\right\}\tag{3-9}$$

$$K'=\frac{\frac{r}{B}(KMm')}{r^2}\tag{3-10}$$

式中：K'为隔水层渗透系数；m'为隔水层厚度。即可求得有越流补给情况下含水层的渗透系数 K 和隔水层的渗透系数 K'。

求得 K、K'后可按下式求得越流系数 K_e，即

$$K_e=\frac{K'}{m'}\tag{3-11}$$

3.2.2 利用非稳定流抽水试验资料确定水文地质参数

非稳定流抽水试验是目前应用较多的一种确定承压含水层水文地质参数的方法。一般采用主孔定流量抽水，利用主孔和多个观测孔观测地下水位降深随时间的变化过程。然后根据抽水流量和水位降深资料确定水文地质参数。

3.2.2.1 承压含水层导水系数 T 和压力传导系数 α 的确定

1. 配线法

根据非稳定流试验条件，当抽水流量 Q 为常数时，常用降深—时间配线法和降

深—距离配线法。

(1) 降深—时间配线法，该法在仅有抽水井和一个观测孔时适用。

$$s=\frac{Q}{4\pi T}W(u) \tag{3-12}$$

$$u=\frac{r^2}{4at} \tag{3-13}$$

故

$$t=\frac{r^2}{4a}\frac{1}{u} \tag{3-14}$$

由于观测孔的位置是固定的，水文地质参数亦为定值，即$\frac{r^2}{4a}$为一常数。分别对上式取对数，则有

$$\lg s=\lg\frac{Q}{4\pi T}+\lg W(u) \tag{3-15}$$

$$\lg t=\lg\frac{r^2}{4a}+\lg\frac{1}{u} \tag{3-16}$$

即相当于

$$\lg s=\lg W(u)+C_1(\text{常数}) \tag{3-17}$$

$$\lg t=\lg\frac{1}{u}+C_2(\text{常数}) \tag{3-18}$$

由上式可以看出，在对数坐标纸上绘制两个 lg$s$—lg$t$ 关系曲线，就相当于绘制［lg$W$（u）+C_1］－（lg$u$+C_2）关系曲线，或者可以说，lg$W$（u）—lg（1/u）关系曲线与 lg$s$—lg$t$ 关系曲线形状相同，仅是纵横坐标各相差一个常数 C_1 和 C_2。降深—时间法便是由此提出来的。

具体作法是，将观测孔不同时间所观测的水位降深值点绘在透明的双对数坐标纸上（图 3-7）并与事先在双对数坐标纸上作好的理论标准由线（亦称量板）重叠，并使两对数纸的纵横坐标分别平行，平移对数纸，使实测点“重合”在理论标准曲线上，见图 3-8，选出配合点，读出相应的 W（u）、1/u、s 和 t，代入式（3-12）和式（3-14），即可求得 T 值和 α 值。

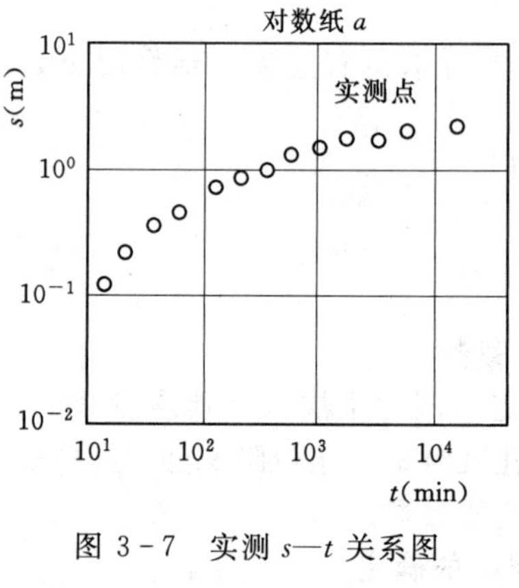

图 3-7 实测 s—t 关系图

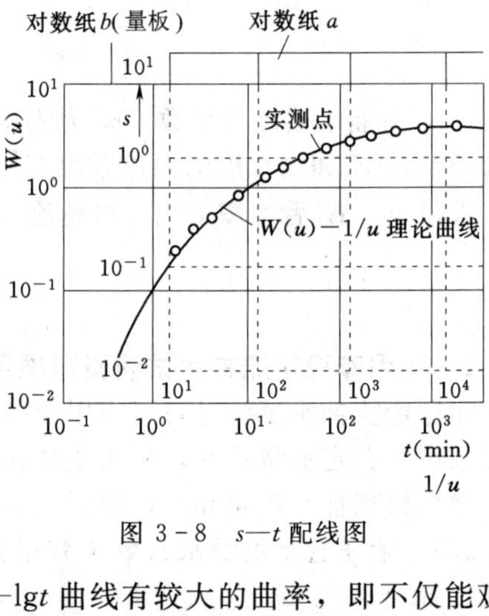

图 3-8 s—t 配线图

为了使配线取得较好的效果，应当使 lg$s$—lg$t$ 曲线有较大的曲率，即不仅能观测到相当于标准曲线的平缓部分，更重要的在于观测到曲线的陡峻部分。因而，抽水初

期的观测数据相当重要，应加密观测次数，使曲线在每个对数周期内有 8～10 个点，并为求观测数据正确可靠。为了保证能观测到抽水初期的水位，观测孔位置的选择很重要，距抽水井过近或过远都是不适宜的。

【**例 3-1**】 某承压井深度 946m，抽水流量 $Q=21.5L/s$，观测孔据抽水井距离 r 为 1450m，从 1973 年 2 月 8 日进行抽水试验，观测资料见表 3-1。

表 3-1　　某深井抽水试验资料

观测时间				累计时间(min)	抽水井出水量(m^3/h)	观测孔	
月	日	时	分			埋深(m)	降深(m)
2	8	11	15	285	77.45	3.404	0
		16	0		77.45	3.455	0.051
2	9	8	0	1245	77.45	4.435	1.031
		16	0	1725	77.45	4.965	1.561
2	10	16	0	3165	77.45	6.495	3.091
2	11	8	0	4125	77.45	6.655	3.251
		16	0	4605	77.45	6.855	3.451
2	12	8	0	5565	77.45	7.25	3.846
		16	0	6045	77.45	7.425	4.021
		18	45	6210	停泵		

解：首先将试验数据点绘在透明双对数坐标纸上，如图中配线图上的小圆圈，见图 3-9。然后将 $W(u)$ —$1/u$ 理论标准曲线与实测点重叠（以大部分实测点重叠为准），保持纵横坐标轴相互平行，图 3-9 即为配线后的正确位置。

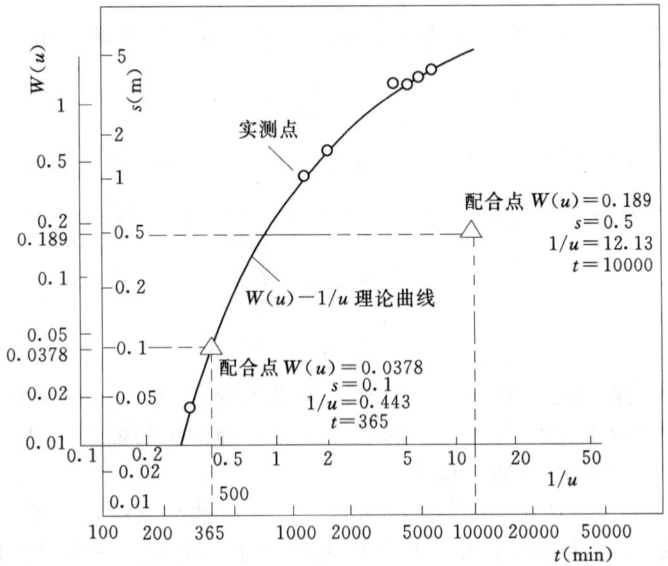

图 3-9　观测孔降深时间配线图

任选一配合点，并查出相应的坐标值 $W(u)$、s、$\frac{1}{u}$和 t 值，它们分别为 $W(u)=0.0378$，$s=0.1\text{m}$，$\frac{1}{u}=0.443$，$t=365$。将这些值代入式（3-12）和式（3-14），得

$$T=\frac{Q}{4\pi s}W(u)=\frac{21.5\times86.4}{4\times3.14\times0.1}\times0.0378=55.9(\text{m}^2/\text{d})$$

$$a=\frac{r^2}{4t}\frac{1}{u}=\frac{1450^2\times1440\times0.443}{4\times365}=9.18\times10^5(\text{m}^2/\text{d})$$

需要说明的是配合点也可以不在曲线上选。从式（3-17）和式（3-18）可以看出，$\lg t$ 与 $\lg\frac{1}{u}$及 $\lg s$ 与 $\lg W(u)$ 的差值均为一常数，因而配线后，任一对应的 t、$\frac{1}{u}$、s 及 $W(u)$ 值即为其解。下面根据配合点外的任一点值进行计算，从图 3-9 中查得

$W(u)=0.189$，$s=0.5$，$\frac{1}{u}=12.13$，$t=1000$，则

$$T=\frac{Q}{4\pi s}W(u)=\frac{21.5\times86.4}{4\times3.14\times0.5}\times0.189=55.9(\text{m}^2/\text{d})$$

$$a=\frac{r^2}{4t}\frac{1}{u}=\frac{1450^2\times1440\times12.13}{4\times10000}=9.18\times10^5(\text{m}^2/\text{d})$$

结果与前述计算结果相同。为了便于计算，在确定配合点时，宜选取整数值，如 $W(u)=1$，$\frac{1}{u}=10$，在找对应的 s 值及 t 值即可。

（2）降深—距离配线法。当进行有多个观测孔的抽水试验时，可采用降深—距离配线法确定水文地质参数。这样求得的参数代表观测孔所控制范围的含水层水文地质参数的平均值。

由式（3-13）可知，当时间为定值时，u 与 r^2 呈正比关系，即

$$u=\frac{r^2}{4at}$$

式中：$\frac{1}{4at}$为一常数，对照式（3-12）和式（3-13），同样可以看出 r^2—s 的关系和 $W(u)$—u 的关系也是一致的。式（3-13）两边取对数，得

$$\lg u=\lg\frac{1}{4at}+\lg r^2 \tag{3-19}$$

$$\lg u-\lg r^2=\lg\frac{1}{4at}=\text{常数} \tag{3-20}$$

与降深—时间配线法一样，在双对数坐标纸上绘制 $W(u)$—u 标准曲线，并点绘同一时刻各观测孔距抽水井距离 r 的平方与相应降深 s 的曲线，即 r^2—s 对数关系曲线，进行配线即可求得参数 a 和 T。

【例 3-2】 某地质队于 1970 年 10 月进行了一次抽水试验，其抽水试验平面布置见图 3-10。除 17 号为抽水孔外，其余均为观测孔，抽水试验观测数据见图 3-11。抽水开始时间为 10 月 28 日 10：00，取 10 月 29 日 20：00 时各观测孔资料进行分析。

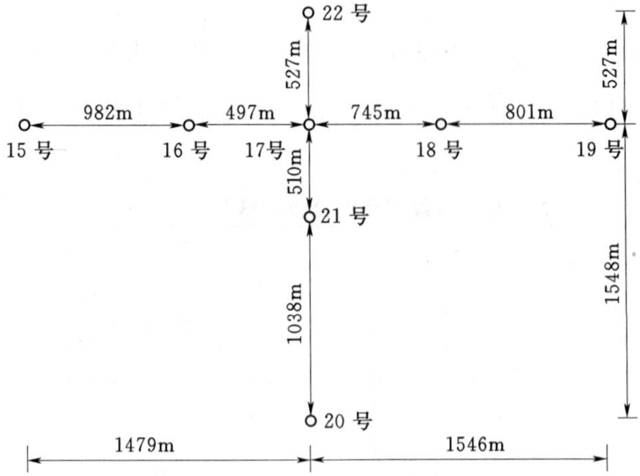

图 3-10 抽水试验平面布置图

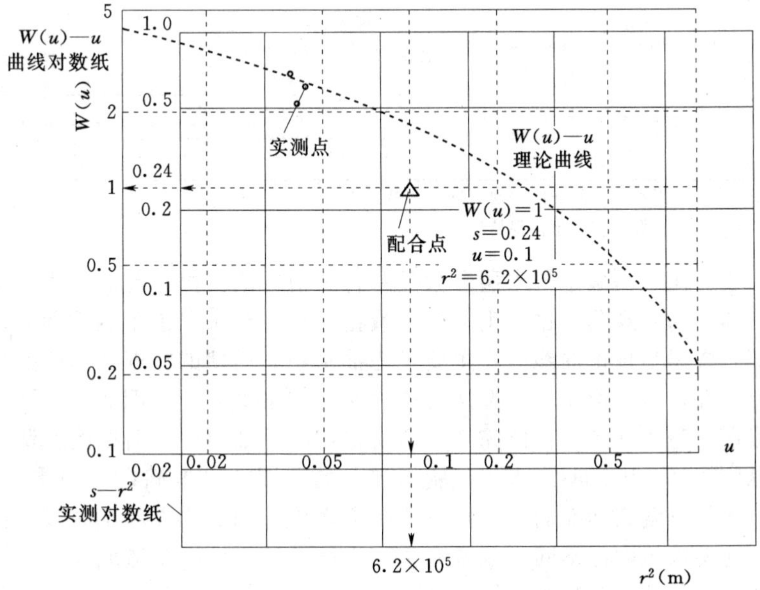

图 3-11 降水—距离配线法求取水文地质参数

解：求出各观测孔与抽水孔之间距离的平方值，并与相应的降深值点绘于双对数纸上，即图中的小圆圈，然后与理论曲线进行配线，图 3-11 为配线后的正确位置，读出相应的值，即 $W(u)=1$，$s=0.24\text{m}$，$u=0.1$，$r^2=6.2\times10^5\text{m}^2$。将上述值代入公式后可得

$$a=\frac{r^2}{4ut}=\frac{6.2\times10^5}{4\times0.1\times34/24}=1.095\times10^6(\text{m}^2/\text{d})$$

$$T=\frac{Q}{4\pi s}W(u)=\frac{23.34\times86.4}{4\times3.14\times0.24}\times1=665(\text{m}^2/\text{d})$$

上面是以承压含水层的 $\lg s—\lg t$ 型标准曲线对比法为例，说明该法的原理与步骤。对于 $\lg s—\lg r^2$、$\lg s—\lg \frac{t}{r^2}$ 型以及潜水含水层的相应几个类型的标准曲线对比法，其原理、步骤均相似，这里不再一一说明。仅将它们的步骤与计算公式列入表 3－2 中，供读者查阅。

表 3－2　各类标准曲线对比法计算步骤和公式一览表

含水层类型 / 实测曲线 / 主要计算步骤	承　压	无　压	承　压	无　压	承　压	无　压
	$\lg s-\lg t$	$\lg(2h_0-s)s-\lg t$	$\lg s-\lg r^2$	$\lg(2h_0-s)s-\lg r^2$	$\lg s-\lg\frac{t}{r^2}$	$\lg(2h_0-s)s-\lg\frac{t}{r^2}$
绘制标准曲线	$\lg W(u)-\lg\frac{1}{u}$		$\lg W(u)-\lg u$		$\lg W(u)-\lg\frac{1}{u}$	
绘制实测数据	$\lg s-\lg t$	$\lg(2h_0-s)s-\lg t$	$\lg s-\lg r^2$	$\lg(2h_0-s)s-\lg r^2$	$\lg s-\lg\frac{t}{r^2}$	$\lg(2h_0-s)s-\lg\frac{t}{r^2}$
计算参数的公式	$T=\frac{Q}{4\pi s}W(u)$	$K-\frac{Q}{2\pi[(2h_0-s)s]}\times W(u)$	$T=\frac{Q}{4\pi s}W(u)$	$K=\frac{Q}{2\pi[(2h_0-s)s]}\times W(u)$	$T=\frac{Q}{4\pi s}W(u)$	$K=\frac{Q}{2\pi[(2h_0-s)s]}\times W(u)$
	$a=\frac{r^2}{4tu}$	$a=\frac{r^2}{4tu}$	$a=\frac{r^2}{4tu}$	$a=\frac{r^2}{4tu}$	$a=\frac{1}{4\left(\frac{t}{r^2}\right)u}$	$a=\frac{1}{4\left(\frac{t}{r^2}\right)u}$

注　1. 标准曲线与实测数据绘制在同一模数的双对数纸上。
2. 两曲线叠合时，要求相应坐标保持平行。

标准曲线对比法是确定含水层参数的一种重要方法。由于此法利用了全部观测数据，因此，即便局部观测数据产生了波动或错误也不至于严重影响计算的结果。应用此法拟合实测数据与理论曲线时，主要考虑抽水中、后期的数据。初期数据与标准曲线一般拟合不好，这是由于建立泰斯公式时所做的某些假定（例如，地下水储存量瞬时释放的假定）与实际条件不能完全一致所造成的。如果中、后期的实测数据与标准曲线拟合得比较好，则说明含水层试验所涉及的范围内基本满足“均质”无界条件。假如后期实测数据偏离标准曲线，则可能是含水层外围的边界起了明显的作用，或者含水层外围的参数与内部不同，或者有垂直入渗发生等原因所造成，这就需要将试验数据与水文地质条件结合起来分析。

2. *直线解析法*

当抽水时间较长或观测孔距抽水井较近，满足 $u\leqslant 0.05$ 时，泰斯公式简化式，即雅柯布公式为

$$s=\frac{0.183Q}{T}\lg\frac{2.25at}{r^2}=\frac{0.183Q}{T}\lg\frac{2.25a}{r^2}+\frac{0.183Q}{T}\lg t \tag{3-21}$$

因 Q、T、a、r 皆为常数，令

$$\frac{0.183Q}{T}\lg\frac{2.25at}{r^2}=A(\text{常数})，\quad \frac{0.183Q}{T}=B(\text{常数})$$

则

$$s=A+B\lg t \tag{3-22}$$

式（3－22）表示一个观测孔的水位降深与时间 t 的对数，在抽水持续一定时间后呈直线关系，见图 3－12。A 为直线的截距，B 为直线的斜率。

则
$$B=\frac{\Delta s}{\Delta \lg t}=\frac{s_2-s_1}{\lg t_2-\lg t_1}$$

又因
$$B=\frac{0.183Q}{T}$$

所以
$$\frac{0.183Q}{T}=\frac{s_2-s_1}{\lg t_2-\lg t_1}$$

则
$$T=\frac{0.183Q}{s_2-s_1}\lg\frac{t_2}{t_1} \tag{3-23}$$

若取 $t_2=10t_1$，则
$$T=\frac{0.183Q}{s_2-s_1} \tag{3-24}$$

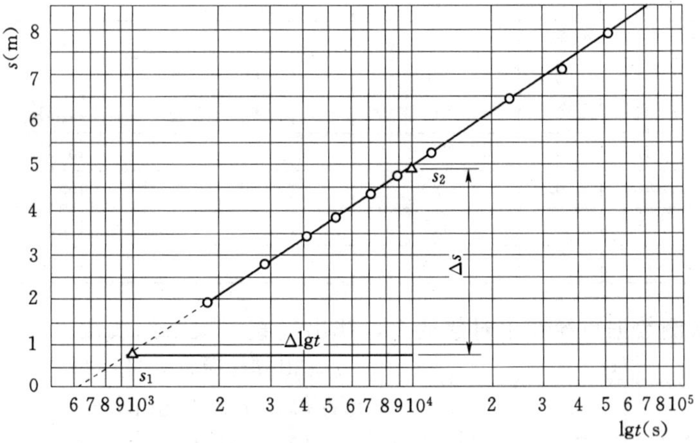

图 3－12　$s—f$（$\lg t$）直线关系图

为求 A 值，将直线延长与横坐标轴相交，交点为（0，t_0）代入泰斯简化式，则
$$S=\frac{0.183Q}{T}\lg\frac{2.25at_0}{r^2}=0$$

又因
$$\frac{0.183Q}{T}\neq 0$$

则
$$\lg\frac{2.25at_0}{r^2}=0$$

于是
$$\frac{2.25at_0}{r^2}=1$$

则
$$a=\frac{r^2}{2.25t_0} \tag{3-25}$$

从而
$$\mu^*=\frac{T}{a} \tag{3-26}$$

同理可以推导出 $s—\lg r$、$s—\lg\frac{r^2}{t}$或 $s—\lg\frac{t}{r^2}$的直线解析公式。

【例3-3】 某抽水井深120m，取水段80～110m，观测井深160m，距抽水井的距离为43m，抽水试验记录见表3-3。

表3-3　　抽水试验记录表

观测时间					抽水井	观测井	
月	日	时	分	累计时间(min)	抽水流量(m^3/h)	水位埋深(m)	降深(m)
6	8	13	30	0	60	42.04	0
6	8	13	40	10	60	42.77	0.73
6	8	13	50	20	60	43.32	1.28
6	8	14	0	30	60	43.57	1.53
6	8	14	10	40	60	43.76	1.72
6	8	14	30	60	60	44.00	1.96
6	8	14	50	80	60	44.18	2.14
6	8	15	10	100	60	44.32	2.28
6	8	15	30	120	60	44.43	2.39
6	8	16	0	150	60	44.58	2.54
6	8	17	0	210	60	44.81	2.77
6	8	18	0	270	60	45.03	2.99
6	8	19	0	330	60	45.14	3.10
6	9	0	15	645	60	45.50	3.47
6	9	4	4	874	60	45.78	3.68

解：将实测数据点绘在单对数纸上，找出呈直线关系的线段，如图3-13所示，

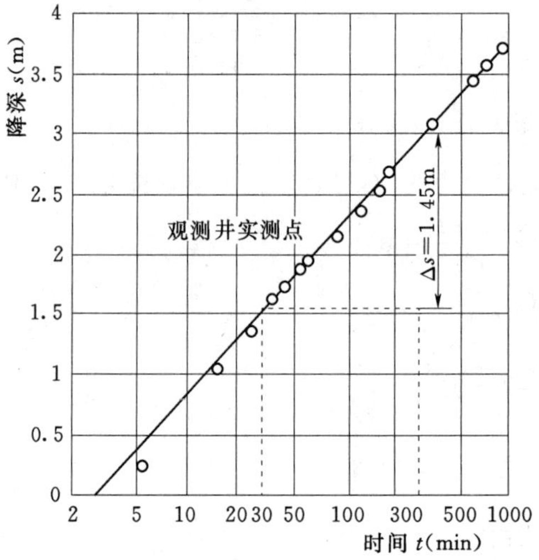

图3-13　s—lgt 直线关系图

$t>30$min后，s—lg$t$ 呈直线关系。从图中查得在 $t_1=30$min，$t_2=300$min 时，$\Delta s=1.45$m，代入式（3-24），得

$$T=\frac{0.183Q}{\Delta s}=\frac{0.183\times60\times24}{1.45}=182(m^2/d)$$

$s=0$时，$t_0=2.7$，代入式（3-25），得

$$a=\frac{r^2}{2.25t_0}=\frac{43^2\times1440}{2.25\times2.7}=4.38\times10^5(m^2/d)$$

前面介绍了两种图解法。标准曲线对比法对于数据的应用比较充分，但它们是曲线，特别当数据曲线较平直时，拟合标准曲线时存在一定的随意性。直线图解法消除了前者的缺点，但是只有在 $\frac{r^2}{4at}<0.05$ 的条件下才出现直线段。此处对其他类型的直线图解法不再详细介绍，仅列出

参数的计算公式于表 3-4 中，以供查阅。

表 3-4 不同类型直线图解法确定含水层参数的公式

直线图解法类型	承压含水层	无压含水层
承压井流：$s—\lg t$ 无压井流：$(2h_0-s)\ s—\lg t$	$T=0.183\dfrac{Q}{m}$	$K=0.366\dfrac{Q}{m}$
	$a=0.445r^2\times10^{\frac{s_0}{m}}$	$a=0.445r^2\times10^{\frac{[(2h_0-s)s]_0}{m}}$
	$a=0.445\dfrac{r^2}{t_0}$	$a=0.445\dfrac{r^2}{t_0}$
承压井流：$s—\lg r$ 无压井流：$(2h_0-s)\ s—\lg r$	$T=0.366\dfrac{Q}{m}$	$K=0.732\dfrac{Q}{-m}$
	$a=0.445\dfrac{1}{t}\times10^{\frac{2s_0}{-m}}$	$a=0.445\dfrac{1}{t}\times10^{\frac{2[(2h_0-s)s]_0}{-m}}$
	$a=0.445\dfrac{r_0^2}{m}$	$a=0.445\dfrac{r_0^2}{t}$
承压井流：$s—\lg\dfrac{t}{r^2}$ 无压井流：$(2h_0-s)\ s—\lg\dfrac{t}{r^2}$	$T=0.183\dfrac{Q}{m}$	$K=0.366\dfrac{Q}{m}$
	$a=0.445\times10^{\frac{s_0}{m}}$	$a=0.445\times10^{\frac{[(2h_0-s)s]_0}{m}}$
	$a=0.445\dfrac{1}{\left(\frac{t}{r^2}\right)_0}$	$a=0.445\dfrac{1}{\left(\frac{t}{r^2}\right)_0}$

注 1. a 值一般可采用直线在横坐标上的交点 $t_0\left[或\ r^2\ 或\left(\dfrac{t}{r^2}\right)_0\right]$来计算，因此此法计算比较平缓时，该点可能交到图外，此时可用直线在纵坐标上的截距 s_0 来计算参数，$m=0.183Q/T$。

2. 对于 $s-\lg t$ 型直线图解法，抽水井本身的数据可用来计算 T 值，但对于 a 值，必须消除井孔附加水头损失之后才可应用。这是因为在定流量抽水条件下，井孔附加水头损失与 t 无关，因此 m 值并不由于存在井孔附加水头损失而变化，但对纵、横坐标的截距却有影响。

3. 对于 $s-\lg r^2$ 和 $s-\lg\dfrac{t}{r^2}$ 型直线图解法，抽水井的 s 数据在其附近损失被校正之前，均不能用来计算含水层参数。

3. 水位恢复法

当抽水停止后，地下水位随时间逐渐上升恢复，可利用水位恢复过程资料求水文地质参数。由于水位恢复过程中，排除了抽水过程中的一些因素对用抽水资料的干扰，计算结果较接近实际情况，同时能对用抽水资料所求的水文地质参数起校核作用。

如果某井以定流量 Q 进行抽水持续了时间 t_p 之后停止抽水并恢复水位，那么在时间 t_p 之后剩余降深 s 的计算，如同阶梯流量一样，可以考虑为该井仍以 Q 继续抽水，并从抽停时刻起，有一个流量为 Q 的注水井开始工作。这样，正负流量相互抵消，得到停止抽水的效果。按流量叠加原理，停止抽水后的剩余降深为

$$s=\frac{Q}{4\pi T}\left[W\left(\frac{r^2}{4a(t_p+t)}\right)-W\left(\frac{r^2}{4at}\right)\right] \quad (3-27)$$

式中：t_p 为抽水持续时间；t 为水位恢复延续时间。利用式（3-27）时，与抽水试验一样，只要有两个水位数据，用试算法确定参数 T 和 a。

如果 $u=\dfrac{r^2}{4at}\leqslant0.05$，即当观测孔距离 r 值不大时，$s—\lg t$ 很快成直线关系（图

3-14)，则上式可近似写为

$$s=0.183\frac{Q}{T}\left[\ln\frac{2.25a(t_p+t)}{r^2}-\ln\frac{2.25at}{r^2}\right]$$
$$=0.183\frac{Q}{T}\lg\frac{t_p+t}{t}$$

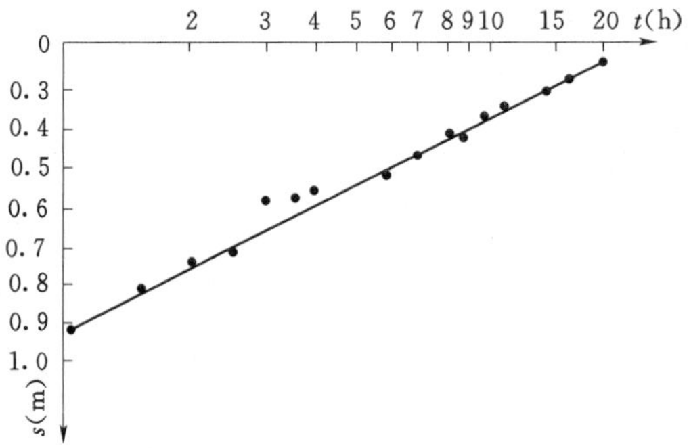

图 3-14 观测孔恢复水位的 $s=f$（$\lg t$）曲线图

在单对数坐标纸上绘制 $s-\lg\frac{t_p+t}{t}$ 直线，可求得 T 值。

在求得承压含水层的导水系数 T 和压力传导系数 a 之后，便可按式(3-28) 求出 μ^*，即

$$\mu^*=\frac{T}{\alpha}=\frac{KM}{\alpha} \qquad (3-28)$$

在我国北方一些地区的承压含水层中进行的抽水试验表明：μ^* 值大多变化于 $1\times10^{-5}\sim1\times10^{-4}$ 范围内。

有关科研生产部门测得的各种岩层的比弹性释水系数 μ_1 如表 3-5 所示。

表 3-5　各种岩性的比释水系数 μ_1

岩　性	比释水系数	岩　性	比释水系数
塑性黏土	$2.4\times10^{-4}\sim1.9\times10^{-3}$	密实砂土	$1.3\times10^{-5}\sim1.9\times10^{-3}$
固结黏土	$2.4\times10^{-4}\sim1.2\times10^{-4}$	密实砂砾	$9.4\times10^{-6}\sim4.6\times10^{-6}$
稍硬黏土	$8.5\times10^{-5}\sim1.2\times10^{-4}$	裂隙岩层	$3.0\times10^{-7}\sim1.9\times10^{-6}$
松散砂土	$4.6\times10^{-5}\sim9.4\times10^{-3}$	固结岩层	3.0×10^{-7}以下

4. 单孔阶梯抽水试验的计算机参数拟合

根据流量叠加原理，单孔任意阶梯抽水降深计算公式为

$$s(r,t)=\frac{Q_1}{4\pi T}W\left(\frac{r^2\mu^*}{4Tt}\right)+\frac{Q_2-Q_1}{4\pi T}W\left[\frac{r^2\mu^*}{4T(t-t_1)}\right]+\cdots+\frac{Q_i-Q_{i-1}}{4\pi T}W\left[\frac{r^2\mu^*}{4T(t-t_{i-1})}\right]$$
$$+\frac{Q_{i+1}-Q_i}{4\pi t}W\left[\frac{r^2\mu^*}{4T(t-t_i)}\right]+\cdots+\frac{Q_n-Q_{n-1}}{4\pi T}W\left[\frac{r^2\mu^*}{4T(t-t_{n-1})}\right]$$
$$s(r,t)=\sum_{i=1}^{n}s_i=\frac{1}{4\pi T}\sum_{i=1}^{n}(Q_i-Q_{i-1})W\left[\frac{r^2\mu^*}{4T(t-t_{i-1})}\right] \qquad (3-29)$$

式中：Q_i 为第 i 阶梯的抽水流量，m^3/d；t_i 为第 i 阶梯的起始时间，d；n 为阶梯数。

(1) 参数拟合原理。抽水试验观测孔水位降是含水层水文地质参数和抽水时间的函数，即 $s=s$（T，μ^*，t）。在抽水试验过程中，可观测得到一系列不同时间的观测孔水位降深，即（t_1，s_1），（t_2，s_2），（t_3，s_3），…，（t_{n_0}，s_{n_0}）。如何调整参数使各时段理论计算值与实测值之差达到最小，找出一条理论计算曲线与实测曲线整体两者距离最小，此时的参数就为最佳拟合参数。由最小二乘法原理，上述过程可表示为

$$E = \sum_{j=1}^{n_0}\Big[\sum_{i=1}^{n} s(T,\mu^*,t_{ji}) - s_j\Big]^2 \tag{3-30}$$

由高等数学极值原理可知：T、μ^* 应满足 $\frac{\partial E}{\partial T}=0$，$\frac{\partial E}{\partial \mu^*}=0$，则

$$\begin{cases}\sum_{j=1}^{n_0}\Big[\sum_{i=1}^{n} s(T,\mu^*,t_{ji}) - s_j\Big]\frac{\partial E}{\partial T} = 0\\ \sum_{j=1}^{n_0}\Big[\sum_{i=1}^{n} s(T,\mu^*,t_{ji}) - s_j\Big]\frac{\partial s}{\partial \mu^*} = 0\end{cases} \tag{3-31}$$

式中：n_0 为抽水试验观测次数。

该方程组的解 T、μ^* 就是所要求的参数。由于上述方程组是非线性的，为了计算方便，采用线性化迭代求解。假设一组初参数 T_0、μ_0^* 作为近似向量解，设（T_0，μ_0^*）与真实向量解（T，μ^*）的差为 ΔT、$\Delta\mu^*$，把 $s(T,\mu^*,t)$ 在 T_0、μ_0^* 点处按泰勒级数展开，并略去二阶和二阶以上的高阶项，如 $f(x)$ 在 X_0 处可展开为

$$f(x)=f(X_0)+f'(X_0)(X-X_0)+\frac{f''(X_0)}{2!}(X-X_0)^2+\cdots+\frac{f^n(X_0)}{n!}(X-X_0)^n$$

则

$$s(T,\mu^*,t)\approx s(T_0,\mu_0^*,t)+\frac{\partial s(T_0,\mu_0^*,t)}{\partial T}\Delta T+\frac{\partial s(T_0,\mu_0^*,t)}{\partial \mu^*}\Delta\mu_0^* \tag{3-32}$$

把式（3-32）代入式（3-31）中，并简化后得

$$a_{11} = \sum_{j=1}^{n_0}\sum_{i=1}^{n}\Big[\frac{\partial s(T_0,\mu_0^*,t_{ji})}{\partial T}\Big]^2$$

$$a_{21} = a_{12} = \sum_{j=1}^{n_0}\sum_{i=1}^{n}\frac{\partial s(T_0,\mu_0^*,t_{ji})}{\partial T}\cdot\frac{\partial s(T_0,\mu_0^*,t_{ji})}{\partial \mu^*}$$

$$a_{22} = \sum_{j=1}^{n_0}\sum_{i=1}^{n}\Big[\frac{\partial s(T_0,\mu_0^*,t_{ji})}{\partial \mu^*}\Big]^2$$

$$b_1 = \sum_{j=1}^{n_0}\Big[s_j - \sum_{i=1}^{n} s(T_0,\mu_0^*,t_{ji})\Big]\sum_{i=1}^{n}\frac{\partial s(T_0,\mu_0^*,t_{ji})}{\partial T}$$

$$b_2 = \sum_{j=1}^{n_0}\Big[s_j - \sum_{i=1}^{n} s(T_0,\mu_0^*,t_{ji})\Big]\sum_{i=1}^{n}\frac{\partial s(T_0,\mu_0^*,t_{ji})}{\partial \mu^*}$$

由上述可推导形成下列线性方程组

$$\begin{cases}a_{11}\Delta T+a_{12}\Delta\mu^* = b_1\\ a_{21}\Delta T+a_{22}\mu^* = b_2\end{cases} \tag{3-33}$$

由此把求非线性方程组（3-31）的解（T，μ^*）转化为求式（3-33）的解（ΔT_0，$\Delta\mu_0^*$）。当求解得到的 ΔT_1，$\Delta\mu_1^*$ 绝对值很小时，则说明初值（T_0，μ_0^*）与真值（T，μ^*）是很接近的。但由于对 $s=s(T,\mu^*,t)$ 使用了线性近似，求解方程组（3-33）得到的 ΔT、$\Delta\mu^*$ 的绝对值不一定都很小，这时可令 $T_1=T_0+\Delta T_1$，$\mu_1^*=\mu_0^*+\triangle\mu_1^*$，代入方程组（3-33）求解 ΔT_2、$\Delta\mu_2^*$，若 ΔT_2 和 $\Delta\mu_2^*$ 绝对值都很小，则说明 T_2 和 μ_2^* 和真值 T、μ^* 是很近似的。否则继续上述迭代过程，直到第 i 次叠

代后，求得 ΔT_i、$\Delta\mu_i^*$。若 $\Delta T_i<\varepsilon_T$，$\Delta\mu_i^*\leqslant\varepsilon_\mu$（$\varepsilon_T$ 和 ε_μ 是预先给定的误差限），且 ΔT_i 和 $\Delta\mu_i^*$ 都小到可以忽略不计时，则取 $T_{i+1}=T_i+\Delta T_i$，$\mu_{i+1}^*=\mu_i^*+\Delta\mu_i^*$ 作为最佳拟合参数。

$W(u)$、$\frac{\partial s}{\partial T}$、$\frac{\partial s}{\partial \mu^*}$ 分别按下述方法计算。

$W(u)$ 积分计算采用多项式逼近法，

当 $0<u<1$ 时

$$W(u)=-\ln(u)+a_0+a_1u+a_2u^2+a_3u^3+a_4u^4+a_5u^5 \tag{3-34}$$

$a_0=-0.57721566$　$a_1=1.0$　$a_2=-0.24991055$

$a_3=0.05519968$　$a_4=-0.00926004$　$a_5=0.00107857$

当 $u\geqslant1$ 时

$$W(u)=\frac{e^{(-u)}}{u}\frac{d_0+d_1u+u^2}{f_0+f_1+u^2} \tag{3-35}$$

$d_0=0.250621$　$d_1=2.334733$　$f_0=1.681534$　$f_1=3.330657$

$$s=\frac{Q}{4\pi T^2}\int_u^\infty \frac{1}{a}\exp(-a)\mathrm{d}a$$

$$\frac{\partial s}{\partial T}=\frac{Q}{4\pi T^2}\left[\exp(-u)-\int_u^\infty-\exp(-a)\mathrm{d}a\right]=\frac{Q}{4\pi T^2}\exp(-u)-s \tag{3-36}$$

$$\frac{\partial s}{\partial u^*}=\frac{Q}{4\pi T}\left[\frac{e(-u)}{u}\right]\left(\frac{r^2u^*}{4Tt}\right)\frac{1}{u^*}=\frac{Q}{4\pi Tu^*}\exp(-u) \tag{3-37}$$

（2）计算程序及实例。

【例 3-4】 由以上计算原理可编制出计算框图和相应的计算程序，以新疆克拉玛依夏子街水源地单孔多阶梯抽水试验为例。夏子街供水水源地位于准噶尔盆地北缘。开采层为白垩系承压水，岩性为绿色细砂岩、粉砂岩与棕红色泥岩。静止水头埋深 50～80m，含水层厚 130～160m，隔水顶板埋深 150m 左右。水源地远离地下水补给区，水力坡度 0.0008，含水层圈闭层隔水较好，无垂向水量交换，是比较适用泰斯模型的。水源地共打了 9 眼探采结合孔和 1 眼专用观测孔，9 眼探采结合孔均连续进行 3 个落程的抽水试验。实验中平均各孔抽水时间 6397min，单孔平均流量 1010.5m³/d。现列出 XS9 号孔抽水试验观测资料（见表 3-6），其计算结果如图 3-15 和图 3-16 所示。

表 3-6　　**抽水孔试验观测记录表**

井号：XS9　　　　地点：夏子街水源地

序　号	时　间 (min)	抽　水　孔			观1孔	
		静水位 61.06m			$r_1=100.00$m	
		流量（m³/h）	测深（m）	降深（m）	测深（m）	降深（m）
1	0		61.06	0	0	0
2	4	49.65	67.67	6.61	61.64	0
3	8	49.65	68.36	7.30	61.64	0
4	10	49.65	68.76	7.70	61.64	0

续表

序 号	时 间 (min)	抽 水 孔			观 1 孔	
		静水位 61.06m			r_1=100.00m	
		流量 (m^3/h)	测深 (m)	降深 (m)	测深 (m)	降深 (m)
5	45	49.65	70.37	9.31	61.69	0.05
6	120	49.65	71.45	10.39	62.16	0.52
7	360	49.65	72.65	11.59	62.88	1.24
8	600	49.65	73.14	12.08	63.21	1.57
9	1080	49.65	73.59	12.53	63.72	2.08
10	1680	49.65	73.95	12.89	64.06	2.42
11	2580	49.65	74.31	13.25	64.47	2.83
12	3300	49.65	74.64	13.58	64.65	3.01
13	4020	49.65	74.74	13.68	64.9	3.26
14	4560	49.65	74.74	13.68	64.97	3.33
15	4561	33.75	74.70	13.64	65.03	3.39
16	4570	33.75	71.88	10.82	64.96	3.32
17	4580	33.75	71.70	10.64	64.89	3.25
18	4920	33.75	71.00	9.94	64.66	3.02
19	5400	33.75	70.61	9.55	64.59	2.95
20	5880	33.75	70.28	9.22	64.46	2.82
21	6360	33.75	70.18	9.12	64.44	2.80
22	6420	18.00	70.17	9.11	64.44	2.80
23	6425	18.00	69.08	8.02	64.48	2.84
24	6450	18.00	67.40	6.34	64.44	2.80
25	6600	18.00	66.44	5.38	64.17	2.53
26	6840	18.00	66.18	5.12	64.04	2.40
27	7140	18.00	65.87	4.81	63.85	2.21
28	7500	18.00	65.74	4.68	63.74	2.10
29	7980	18.00	65.70	4.64	63.67	2.03
30	8040	0	65.71	4.65	63.67	2.03
31	8043	0	64.50	3.44	63.70	2.06
32	8085	0	63.33	2.27	63.67	2.03
33	8280	0	62.87	1.81	63.52	1.88
34	8760	0	62.34	1.28	63.12	1.48
35	9780	0	62.05	0.99	62.75	1.11
36	10140	0	61.93	0.87	62.65	1.01

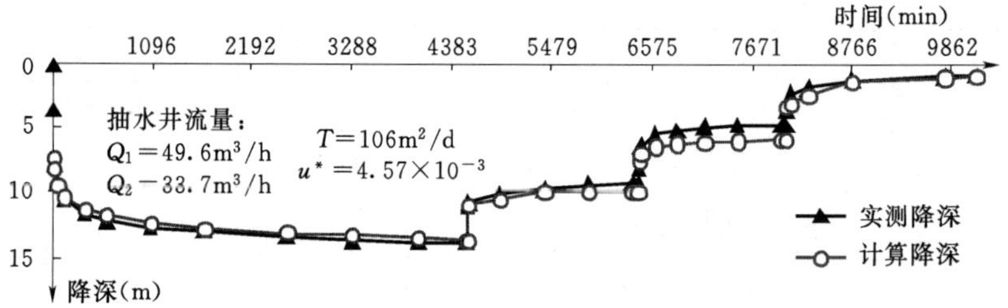

图 3-15 夏子街水源地 XS9 号井抽水试验计算图（抽水孔）

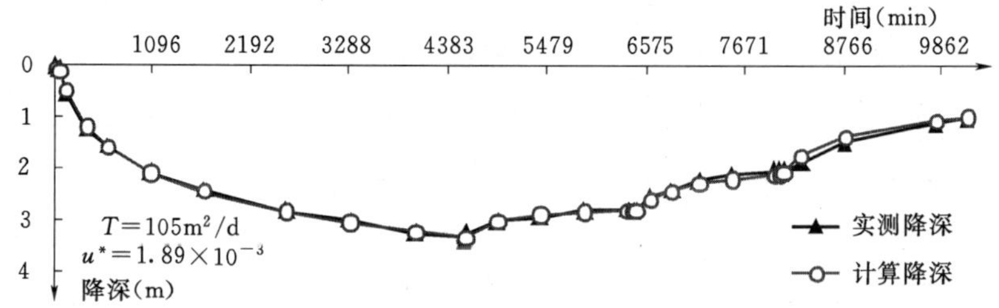

图 3-16 夏子街水源地 XS9 号井抽水试验计算图（观测孔 XS9—1）

从计算图中可看出，各孔理论曲线与实测曲线拟合的非常好，参数也很接近。从图还可看出，该计算方法最大限度地利用了所有观测数据，一次性拟合了 3 个落程的抽水和水位恢复试验。若按常规的配线法只能利用第一个落程资料，近似直线解析法要进行简化后，才能绘制出直线段。而这种方法在计算机上只需 1～2min 就可绘制出拟合曲线与实测曲线，求解出参数，且具有计算速度快、利用资料充分、计算参数精度高等明显的优点。

3.2.2.2 潜水含水层水文地质参数的确定

潜水含水层水文地质参数，主要是指含水层的渗透系数 K 和给水度 μ。确定方法有直线解析法、配线法等。

1. 直线解析法确定渗透系数

当抽水降深较小，$s<0.1H_0$ 时，可用含水层的平均厚度代替泰斯公式中的含水层的厚度 M，即用 $\frac{H_0+h}{2}$ 代替 M。其中，H_0 为潜水层厚度，m；h 为动水位至含水层底板深度，m。

当 $u\leqslant 0.05$ 时，有

$$s=\frac{2.3Q}{4\pi K\dfrac{H_0+h}{2}}\lg\frac{2.25at}{r^2}$$

经变换，则有

$$H_0-h=\frac{2.3Q}{4\pi K(H_0+h)}\lg\frac{2.25at}{r^2}\ ,H_0^2-h^2=\frac{2.3Q}{2\pi K}\lg\frac{2.25at}{r^2}$$

$$h^2=H_0^2-\frac{2.3Q}{2\pi K}\lg\frac{2.25at}{r^2}=H_0^2-\frac{2.3Q}{2\pi K}\left(\lg\frac{2.25a}{r^2}+\lg t\right) \tag{3-38}$$

令

$$A=H_0^2-\frac{2.3Q}{2\pi K}\lg\frac{2.25at}{r^2}$$

$$B=\frac{2.3Q}{2\pi K}$$

则
$$h^2=A-B\lg t \tag{3-39}$$

式（3-39）为一直线方程式（图 3-17），截距 A 和斜率 B 中包含所要求的参数。计算方法同前。

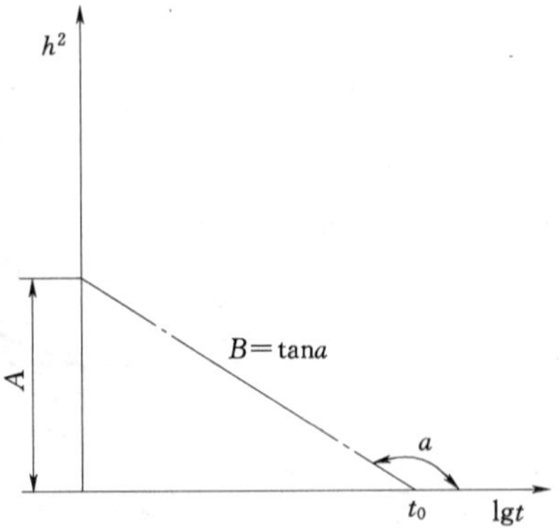

图 3-17 $h^2=f$（$\lg t$）关系图

2. 泰斯公式配线法

当 $0.1H<s<0.3H$ 时，μ^* 可用泰斯公式配线法，但要用修正降深 s_c 代替公式中的降深 s，并用潜水含水层厚度 H 代替 M，即

$$s_c=s-\frac{s^2}{2H_0} \tag{3-40}$$

$$s_c=\frac{Q}{4\pi KH_0}W(u)=\frac{Q}{4\pi T}W(u) \tag{3-41}$$

可用前述的承压水泰斯公式，通过配线法确定有关参数。

3. 博尔顿 Boulton 公式配线法

若需考虑抽水过程中的延迟（滞后）释水作用时，则可用下面的公式，即

$$s=\frac{Q}{4\pi T}W\left(u_e,u_d,\frac{r}{B}\right) \tag{3-42}$$

抽水初期，式（3-42）可简写为

$$s=\frac{Q}{4\pi T}W\left(u_e,\frac{r}{B}\right) \tag{3-43}$$

抽水后期，式（3-42）可简写为

$$s=\frac{Q}{4\pi T}W\left(u_d,\frac{r}{B}\right) \tag{3-44}$$

根据以上各式，可绘制出潜水非稳定流标准曲线（图 3-18）。利用非稳定流抽水试验资料，用时间—降深配线法确定有关参数。

潜水标准曲线虽有适于抽水初期的 A 组曲线和抽水后期的 B 组曲线之分，但配线方法与承压含水层是相同的。

确定参数时，首先将抽水试验过程中测得的观测孔水位与时间的关系点绘在双对数坐标纸上，然后利用 s—t 曲线的前半部分选配 A 组标准曲线，查得相应的 $\frac{1}{u_e}$、$\frac{r}{B}$、$W\left(u_e, \frac{r}{B}\right)$、$t$、$s$ 值，自式（3-43）和式（3-45）即可求得 T 及 μ^* 值。

$$\mu^*=\frac{4Tt}{r^2\dfrac{1}{u_e}} \tag{3-45}$$

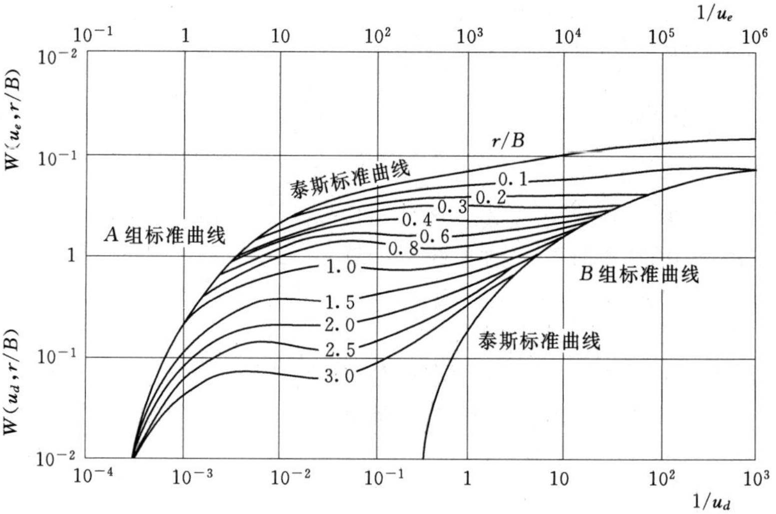

图 3-18 滞后给水的标准曲线

再根据 s—t 曲线的后半部分，选择 B 组标准曲线，但应注意$\frac{r}{B}$值应与 A 组曲线选配的值是一致的，确定配合点，查得相应的$\frac{1}{u_d}$、$W\left(u_d, \frac{r}{B}\right)$、$s$、$t$ 值代入式（3-44）和式（3-46），即可求得 T 及μ_d，这里μ^*、μ_d分别相当于潜水含水层的弹性释水系数和重力给水度。

$$\mu_d=\frac{4Tt}{r^2\frac{1}{u_d}} \tag{3-46}$$

3.2.2.3 关于抽水试验的讨论

1. 抽水试验的类型判断

对于无垂向补给的无限含水层，地下水流总是非稳定的，因此，不宜做稳定流抽水试验。对于有补给的含水层，水流一般是由非稳定流到稳定流，做两种类型的抽水试验均可。如果抽水井距补给边界很近而且含水层的导水性很好，如某些靠近河道的水源地，抽水时非稳定流过程的延续时间很短，很快达到稳定，但做非稳定流抽水试验效果并不好。

2. 抽水试验的布置方式

根据布置的方式，抽水试验可分为单孔抽水试验，多孔抽水试验和群孔干扰试验。一般说来，前两者多用于确定参数，后者常用来进行数值计算。单孔抽水试验只有一个抽水孔兼观测孔。多孔抽水试验只有一个抽水孔并至少带有一个观测孔，观测孔常垂直或平行流向布置。

3. 抽水试验的延续时间

如果试验的目的仅仅为了求出含水层的导水系数和贮水系数，而且含水层又是承压含水层，则只要抽水试验的 $\lg s$—$\lg t$ 或 $\lg s$—$\lg(t/r^2)$ 曲线出现弯曲部分，便于和

标准曲线拟合即可。如果含水层是无压的，并且想通过抽水试验同时求出导水系数、贮水系数和给水度，则抽水试验要延续到迟后排水结束，曲线的尾部进入泰斯曲线，这样所需的时间就较长。

3.3　利用动态资料分析确定含水层参数

3.3.1　利用动态资料和开采量资料确定潜水含水层的给水度

在开采区水井分布比较均匀，开采强度基本相同的情况下，若侧向补给比较微弱，且潜水蒸发可以忽略不计时，则可以选取无降雨和灌水补给的时段，测定开采条件下地下水位下降过程进行给水度计算。在此情况下，地下水位下降主要是由于开采引起的，可以根据区内的开采量与平均地下水位下降值 Δh_p，用式（3-47）计算潜水含水层的给水度，即

$$\mu=\frac{h_\omega}{\Delta h_p} \tag{3-47}$$

式中：h_ω 为单位面积平均开采量，以平均水层厚度计，m；Δh_p 为地下水位平均下降值，m。

采用这种方法计算给水度时，计算时段越长，水位降深越大，计算精度越高。但在选择计算时段时，应注意避免动水位变化的影响。为了提高 μ 值计算精度，一般应在开始抽水后至停止抽水前这一时期内选取计算时段，这样就可以在一定程度上消除动水位的影响。

此外，为了提高精度，时段前后水位应该采取全区水位的加权平均值。每个观测井所控制的面积，可通过该井与周围各观测井连线中点作垂线求得，如图 3-19 所示的阴影部分的面积。

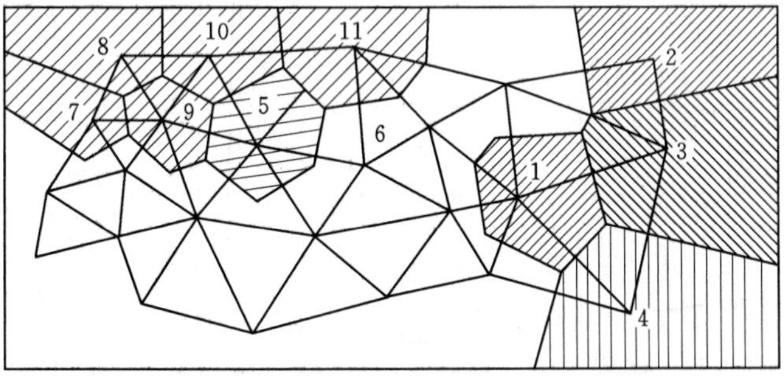

图 3-19　各观测井控制面积示意图

平均地下水位 h_p（或平均地下水埋深），平均地下水位变幅 Δh_p 可用以下公式求得，即

$$h_p=\sum a_i\frac{h_i}{A}=\sum p_ih_i \tag{3-48}$$

$$\Delta_p = \sum a_i \frac{\Delta_i}{A} = \sum p_i \Delta_i \tag{3-49}$$

式中：Δ_i 为第 i 个观测井的地下水位埋深，m；Δ_p 为平均地下水埋深，m。

$$\Delta h_p = \sum a_i \frac{\Delta h_i}{A} = \sum p_i \Delta h_i \tag{3-50}$$

式中：a_i 为第 i 个观测井控制的面积，m^2；h_i 为第 i 个观测井的地下水位，m；Δh_i 为第 i 个观测井的地下水位变幅，m；p_i 为第 i 个观测井控制面积 a_i 与总面积 A 的比值；A 为计算区总面积，m。

用这种方法计算平均地下水位变幅，不需要绘制水位变幅图，也不需要计算不同水位变幅所占的面积，故较为简便。

3.3.2　利用动态资料用有限差分法确定参数

有限差方法，是一种近似求解渗流方程，特别是求解非稳定渗流方程的重要方法，它被广泛用来根据动态资料计算水文地质参数。

如图 3-20 所示，从含水层中分离出一个计算段，再将它用断面 $n-1$、n、$n+1$ 划分出上、中、下游三个断面。图 3-20 中，$H_{n,s+2}$ 为在末了瞬间 $s+2$ 时刻，n 断面上的地下水位；$H_{n,s}$ 为在观测期间开始瞬间 s 时刻 n 断面上的地下水位；$h_{n-1,s+1}$、$h_{n,s+1}$、$h_{n+1,s+1}$ 为中间时刻 $s+1$ 时，上、中、下各个断面上的含水层厚度；$H_{n-1,s+1}$、$H_{n,s+1}$、$H_{n+1,s+1}$ 为在中间时刻 $s+1$ 时，上、中、下各个断面上的地下水位；$L_{n-1,n}$、$L_{n,n+1}$ 为上游至中游、中游至下游断面间的距离。若取单位宽度的含水层加以分析，则在 Δt 时段内流进的水量为

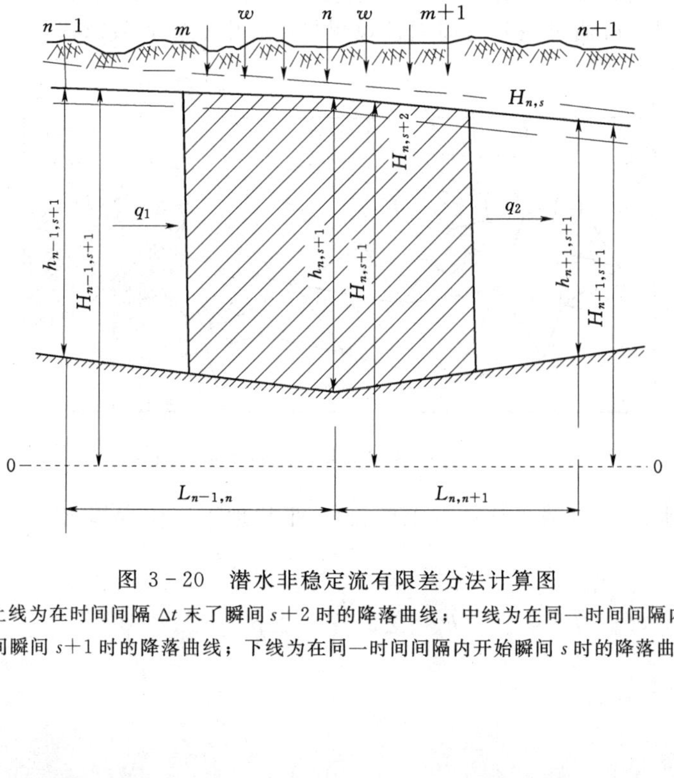

图 3-20　潜水非稳定流有限差分法计算图

（上线为在时间间隔 Δt 末了瞬间 $s+2$ 时的降落曲线；中线为在同一时间间隔内，中间瞬间 $s+1$ 时的降落曲线；下线为在同一时间间隔内开始瞬间 s 时的降落曲线）

$$q_1=K\left(\frac{h_{n-1,s+1}+h_{n,s+1}}{2}\frac{H_{n-1,s+1}-H_{n,s+1}}{L_{n-1,n}}\right)\Delta t \tag{3-51}$$

而流出的水量为

$$q_2=K\left(\frac{h_{n,s+1}+h_{n+1,s+1}}{2}\frac{H_{n,s+1}-H_{n+1,s+1}}{L_{n,n+1}}\right)\Delta t \tag{3-51'}$$

在 Δt 时段内的入渗水量 q_3 可用研究段长度乘以入渗强度而得，即

$$q_3=W\left(\frac{1}{2}L_{n-1,n}+\frac{1}{2}L_{n,n+1}\right)\Delta t \tag{3-52}$$

在 Δt 时段内，所取研究段的含水层中潜水位随时间的变动值为

$$\Delta H_n=H_{n,s+2}-H_{n,s} \tag{3-53}$$

由此而产生的水量变化值为

$$q_4=\mu(H_{n,s+2}-H_{n,s})\left(\frac{L_{n-1,n}+L_{n,n+1}}{2}\right) \tag{3-54}$$

按水均衡原理有

$$q_1-q_2+q_3=q_4 \tag{3-55}$$

综合前述各式，求得底板为任意坡度的一维差分方程式为

$$\frac{H_{n,s+2}-H_{n,s}}{\Delta t}=\frac{2K}{\mu(L_{n-1,n}+L_{n,n+1})}\left(\frac{h_{n-1,s+1}+h_{n,s+1}}{2}\frac{H_{n-1,s+1}-H_{n,s+1}}{L_{n-1,n}}-\frac{h_{n,s+1}+h_{n+1,s+1}}{2}\frac{H_{n,s+1}-H_{n+1,s+1}}{L_{n,n+1}}\right)+\frac{W}{\mu} \tag{3-56}$$

式中：W 为入渗强度。

若入渗强度 $W=0$，且含水层底板是水平的，即 $H_{n-1,s+1}=h_{n-1,s+1}$、$H_{n,s+1}=h_{n,s+1}$、$H_{n+1,s+1}=h_{n+1,s+1}$，则得计算给水度的简化公式为

$$\mu=\frac{K\Delta t}{(L_{n-1,n}+L_{n,n+1})(h_{n,s+2}-h_{n,s})}\left(\frac{h^2_{n-1,s+1}-h^2_{n,s+1}}{L_{n-1,n}}-\frac{h^2_{n,s+1}-h^2_{n+1,s+1}}{L_{n,n+1}}\right) \tag{3-57}$$

式中：K 为含水层渗透系数，m/d 或 m/s；μ 为含水层给水度或有效孔隙率；Δt 为自时刻 s 到时刻 $s+2$ 所经过的时间。

若 μ 为已知，则可变化式（3-57），用以计算入渗强度 W。

【例 3-5】 无入渗期间，在 3 个位于地下水流向上的观测井中实测的水位动态资料如表 3-7 所示，试用这些资料计算给水度 μ 值。已知含水层为细砂组成，渗透系数 $K=8.83$m/d，隔水底板可视为水平的，底板标高为 121.00m，观测孔 1 至观测孔 2 相距 830m，观测孔 2 至观测孔 3 相距 1630m。

表3-7　　**水位观测资料**

观测时间（年．月．日）	水位标高（m）		
	观测孔1	观测孔2	观测孔3
1970.1.2		147.81	—
1970.1.30	148.30	147.75	144.96
1970.2.28	—	147.69	—

解：因 $W=0$，不计蒸发，则潜水位之降落仅是地下水开采所致。据此可用式（3-57）计算给水度 μ 值。为此，先计算出有关的值。

$\Delta t=57\text{d}$ 即观测时段始末相距时间。

由图3-20得，$h_{n,s}$、$h_{n,s+1}$、$h_{n,s+2}$分别为26.81m、26.75m、26.69m；$h_{n-1,s+1}$、$h_{n+1,s+1}$分别为27.30m、23.96m。

将已知值代入式（3-57），得

$$\mu - \frac{8.83\times57}{(830+1630)\times(26.69-26.81)}\times\left(\frac{27.30^2-26.75^2}{830}-\frac{26.75^2-23.96^2}{1630}\right)$$
$$= -1.705\times(-0.051) = 0.087$$

3.4　水文参数的确定

3.4.1　降雨入渗系数 α 的确定

降雨量中，渗入地下转化为地下水的数量称为降雨入渗量。降雨入渗量通常通过降雨入渗系数 α 表示。所谓降雨入渗系数，即是在同一面积上，雨水渗入补给地下水的数量占雨量的百分数。

1. 根据动态观测资料确定 α 值

在以降雨为补给源的地区，在每次中雨或大雨之后，地下水位会显著升高。随后，由于排泄作用，地下水位有缓慢下降，升高的水位反映了入渗地层中能够入渗水量的多少，该量和降雨量可以通过长期观测取得，二者之比值即为降雨入渗系数，即

$$\alpha=\frac{Q_n}{X}$$

因
$$Q_n=\Delta H\mu$$

故
$$\alpha=\frac{\mu\Delta H}{X} \tag{3-58}$$

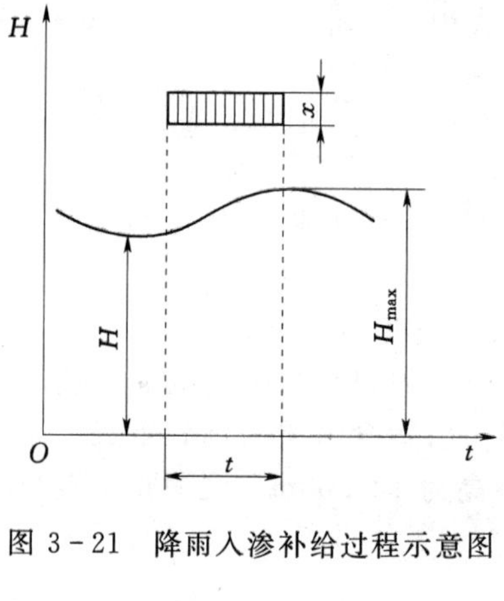

图3-21　降雨入渗补给过程示意图

若考虑雨前地下水位的变化（图3-21），则降雨入渗系数也可以用式（3-59）表示，即

$$\alpha=\frac{\mu(H_{max}-H+\Delta ht)}{X} \tag{3-59}$$

式中：ΔH 为降雨后入渗补给水量使地下水位增高的高度，m；X 为在水位上升期间以水层厚度表示的降雨量，m；H 为降雨前观测孔中的水柱高度，

m；H_{max}为降雨后观测孔中的最大水柱高度，m；t 为从 H 增大到 H_{max}的时间，d；Δh 为降雨前的地下水位天然平均降速，m/d；μ 为降雨入渗地层的给水度。

该法的优点是概念明确，方法简单，但其计算精度受μ值选取是否正确的影响很大，同时在计算 ΔH 时，式（3-58）没有考虑地下水的水平运动和蒸发，因而求得的 μ 值也只能是近似的。

2. 利用直线斜率法确定 α 值

按水均衡原理，在无地表水的情况下有

$$Q_n=X-Y-Z \tag{3-60}$$

令 $h=X-Y$

则
$$Q_n=h-Z \tag{3-61}$$

式中：Q_n 为降雨入渗量，mm；Y 为年总径流深度，mm；Z 为年蒸发量，mm；X 为年降雨量，mm。

通过变换，利用式（3-61）得

$$\alpha=\frac{h-Z}{X} \quad 或 \quad h=Z+\alpha X \tag{3-62}$$

上式的形式属直线方程，如根据实际资料证明确为直线方程，则入渗系数 α 为该直线的斜率。这样，只要求得斜率，即确定了 α 值。

该法的优点是应用简便，只要有径流和降雨两项即能求得 α。该法一般在覆盖层薄、透水性好的基岩裂隙水或岩溶水分布地区，可能接近于实际数值。

3.4.2 潜水蒸发系数 C 的确定

潜水蒸发是浅层潜水消耗的主要方式之一。蒸发量的大小与潜水的埋藏深度、气象条件、包气带土壤岩性以及地面植被等有密切关系。潜水埋深为零时，蒸发量主要取决于气象条件，此时蒸发量最大。随着潜水埋深的增大，蒸发量逐渐减少，当埋深达到一定深度后，潜水蒸发趋近于零，这一深度通常称为潜水蒸发的极限深度。

潜水蒸发量（或蒸发强度）采用下面经验公式计算，即

$$E=E_0\left(1-\frac{\Delta}{\Delta_0}\right)^n \tag{3-63}$$

式中：E 为潜水蒸发量（或蒸发强度）；E_0 为水面蒸发量（或蒸发强度）；Δ 为潜水埋深，m；Δ_0 为潜水蒸发的极限深度，m，土壤岩性和气候条件而变化，见表 3-8；n 为与土壤质地有关的指数，一般取 1～3。

表 3-8 潜水蒸发极限深度表
据北京市水文地质公司资料）

岩　性	潜水蒸发极限深度 (m)
亚黏土	5.16
亚砂土	3.95
黄土质亚砂土	5.10
粉细砂	4.10
砂砾石	2.38

式（3-63）较适用于亚砂土、亚黏土等土壤质地较轻的情况，对黏性土层则误差较大。一般潜水蒸发量的观测资料较少，而水面蒸发量的观测资料较多，则可利用水面蒸发量资料，采用式（3-64）计算潜水蒸发量，即

令
$$C=\left(1-\frac{\Delta}{\Delta_0}\right)^n$$

则

$$E=CE_0 \tag{3-64}$$

式中：C 为潜水蒸发系数，即潜水蒸发量与水面蒸发量的比值。

3.4.3 与灌溉有关的参数的确定

3.4.3.1 灌溉入渗补给系数 β 的确定

灌溉水的入渗是灌区地下水的重要来源，灌溉入渗补给系数 β 可用式（3－65）计算

$$\beta=\frac{I_r}{I}=\frac{\mu\Delta h}{I} \tag{3-65}$$

式中：I_r 为灌溉入渗补给地下水的水量，mm；I 为灌溉水量，mm；Δh 为有灌溉回归水所引起的地下水位升幅，mm；μ 为潜水含水层的给水度。

3.4.3.2 渠系渗漏补给系数 γ 确定

渠系渗漏补给是灌区地下水位抬升和地下水流增加的主要因素，渠系渗漏补给系数 γ 可用式（3－66）计算

$$Q_s=\gamma(1-\eta)Q,\quad \gamma=\frac{Q_s}{Q} \tag{3-66}$$

式中：Q_s 为渠道渗漏补给量，m^3；Q 为渠道引水量，m^3；γ 为渠系渗漏修正系数；η 为渠系利用系数。

3.5 各种参数经验值的分析与选用

3.5.1 分析确定参数的计算公式及选用

3.5.1.1 根据颗粒分析和孔隙度计算渗透系数

在松散岩层中，其组成颗粒越粗大，孔隙直径也越大，透水性也越强，因而渗透系数也大，反之则小。由此可知，松散岩层的渗透系数与岩层粒度成分之间，存在着密切的关系。因而才有可能通过对不同粒度的试样进行渗透实验，寻找并建立渗透系数与粒度或与孔隙度之间的关系式。

1. 哈赞公式

$$K=c\,d_{10}^2(0.7+0.03t)\text{(m/d)} \tag{3-67}$$

式中：c 为经验系数，取决于含水层的清洁和等粒程度，对于清洁而粒径均匀的砂，$c=1200$，不等粒和密实的砂，$c=400$；故 c 值介于 400～1200 之间；d_{10} 为砂的有效粒径，mm，按粒度分析的累积曲线确定；t 为水温，℃。

哈赞公式仅适合用于粒径为 0.1～0.3mm 的砂，而且其不均匀系数不能大于 5。

2. 克留格尔公式

当渗透水的温度为 10℃时，其公式为

$$K_{10}=1.16\times10^6\,\frac{p}{A^2} \tag{3-68}$$

式中：K_{10} 为渗透水温 10℃时的渗透系数，m/d。

当渗透水温为 18℃时，其公式为

$$K_{18}=1.44\times10^6\,\frac{p}{A^2} \tag{3-69}$$

式中：K_{18}为渗透水温 18℃时的渗透系数，m/d。

其中

$$A = 60(1-p)\sum_{i=1}^{n}\frac{g_i}{d_{pi}} \qquad (3-70)$$

式中：p 为孔隙率；A 为颗粒的总单位表面积，mm^2，也就是 $1cm^3$ 土体中包含的全部颗粒的表面积；n 为颗粒分析所得之粒组数；g_i 为第 i 粒径组之重量。

3.5.1.2 根据松散岩层的沉积规律选取适宜的渗透系数

对任一冲积、冲洪积的山前平原，从上部至下部、由轴部向两侧，松散沉积物的分布是由粗颗粒到细颗粒，渗透性由强变弱，即渗透系数由大变小。依据所拟定的计算区含水层岩性特征，即可选用经验值渗透系数。

3.5.2 各种参数经验值的分析与选用

3.5.2.1 渗透系数 K 值

渗透系数 K 是水力坡度 $J=1$ 时的渗流速度，一般根据不同岩性来确定，其值参见表 3-9。

表 3-9 渗透系数经验数值表

岩性	渗透系数 (m/d)	岩性	渗透系数 (m/d)
黏土	0.001～0.054	细砂	5～15
砂质黏土	0.02～0.50	中砂	10～25
粉质黏土	0.2～1.0	粗砂	20～50
粉砂	1～5	砂砾石	50～100
粉细砂	3～8	砂卵石	80～300

3.5.2.2 给水度 μ 值

在缺少实测资料的情况下，根据岩性参照经验数值确定给水度，见表 3-10 及表 3-11。

表 3-10 给水度经验数值表

岩性	给水度	岩性	给水度
砂性黏壤土	0.005～0.050	细砂	0.15～0.20
砂壤土	0.05～0.10	中砂	0.20～0.25
粉砂	0.10～0.15	粗砂及砾石砂	0.25～0.35

表 3-11 黄淮海平原地区给水度经验数值表

岩性	给水度	岩性	给水度
砂砾石	0.26	粉砂	0.14～0.16
粗砂	0.26	亚砂土	0.12～0.14
中粗砂	0.22	亚砂土—亚黏土	0.11～0.12
中砂	0.21	半胶结砂	0.10
中细砂	0.20	淤泥	0.10
细砂	0.18～0.19	黏土	0.03
粉细砂	0.16～0.18		

3.5.2.3 降雨入渗系数 α 值

考虑到降雨入渗系数与土壤性质和地下水埋深有关，可参照我国某些试验场所得的资料（见表 3－12），加以选用。

表 3－12 不同地下水埋深条件下多年平均降雨入渗系数 α 值表（以降雨量的%计）

岩性 \ 地下水埋深（m）	0.5	1.0	1.5	2.0	3.0
亚黏土	47.0	35.1	28.1	23.7	20.8
亚砂土	46.4	36.9	31.4	28.0	—
黄土质亚砂土	56.9	42.6	34.1	28.7	25.2
粉细砂	56.6	48.7	43.7	29.1	—
砂砾石	65.7	67.6	68.7	69.0	64.4

应当指出，降雨入渗时，地下水面以上土层的蓄水能力除决定于地下水埋深外，还与前期降雨的多少或年内降水丰枯程度有关，因而有些地区在确定降雨入渗系数 α 时，还需考虑到气候条件或年降雨量的多少，如表 3－13 所示。

表 3－13 某地区不同降雨年份降雨入渗补给系数 α 值表（以降雨量的%计）

地下水埋深（m） \ 年降水量（mm）	300	400	500	600	700	800	900
0.5	39.0	39.5	41.0	44.0	48.1	52.1	55.2
1.0	12.0	20.0	26.0	32.1	38.8	44.6	48.9
2.0	0	6.2	13.2	19.7	26.0	31.0	35.2
3.0	0	3.8	10.4	16.1	21.4	25.8	29.2
4.0	0	1.3	7.6	13.0	18.0	22.3	25.6

3.5.2.4 潜水蒸发系数 C 值

北京市水文地质公司根据观测资料提出的多年平均潜水蒸发系数，可供参考，见表 3－14。

表 3－14 潜水蒸发系数表（以%表示）

岩性 \ 潜水埋深（m）	0.5	1.0	1.5	2.0	3.0
亚黏土	52.9	29.8	14.7	8.2	4.6
亚砂土	80.1	43.1	19.4	8.7	2.8
黄土质亚砂土	74.3	25.5	3.2	1.7	—
粉细砂	82.6	47.2	16.8	4.4	—
砂砾石	48.6	41.0	1.4	0.4	—

3.5.2.5 灌溉入渗补给系数 β 值

灌溉水入渗补给系数的大小和耕地的土质、平整程度、土壤含水量、所使用的灌水技术、灌水定额以及地下水埋深等因素有关，一般通过专门的灌溉回归实验测定，在缺乏实验资料时，可参考类似条件下的数值，一般经验值采用 β=0.1～0.2。表 3-15为豫北忠义试验场的大田实测资料，该场包气带岩性为亚砂土。

表 3-15　灌溉入渗系数值

灌水定额（m^3/亩）	地下水埋深 1.6m I_r（mm）	β	地下水埋深 1.8m I_r（mm）	β
40	3.60	0.09		
50	9.20	0.18	4.40	0.09
60	14.80	0.25	9.60	0.16
70	21.20	0.30	15.20	0.22
80	28.00	0.35	21.20	0.27

3.5.2.6 渠系渗漏补给系数 γ 值

根据我国长江以南地区和内陆河流域灌溉农业区以及北方半干旱半湿润地区多年经验，不同渠床岩性、埋深和衬砌情况下的渠系有效利用系数、修正系数、渠系渗漏补给系数数值可以参照表 3-16。

表 3-16　北方半干旱半湿润地区不同渠床岩性、埋深和衬砌情况下的渠系有效利用系数、修正系数、渠系渗漏补给系数数值表

衬砌情况	渠床下岩性	地下水埋深	渠系有效利用系数	修正系数	渠系渗漏补给系数
未衬砌	亚黏	<4	0.55	0.32	0.144
	亚砂		0.4～0.5	0.37～0.50	0.18～0.30
	亚黏亚砂		0.40～0.55	0.32	0.14～0.30
部分衬砌	亚黏	<4	0.55～0.73	0.32	0.09～0.14
		>4	0.55～0.70	0.30	0.090～0.135
	亚砂	<4	0.55～0.68	0.37	0.12～0.17
		>4	0.52～0.73	0.35	0.10～0.17
	亚黏亚砂	<4	0.55～0.73	0.32～0.40	0.09～0.17
衬砌	亚黏	<4	0.65～0.88	0.32	0.040～0.112
	亚砂		0.57～0.73	0.37	0.10～0.16

第4章 地下水资源的计算和评价

地下水资源评价的最终目的是确定地下水可开采量。地下水资源量是指地下水中参与水循环且可以更新的动态水量（不含井灌回归补给量）。为充分而合理开发利用地下水资源，应对地区地下水资源进行评价。如地区可以开发的水量，应是地区内可以开发利用的那部分地下水资源。因此确定地区可以开发利用的地下水量是地下水资源评价的主要任务。地下水资源评价的内容包括：根据要求的开采量（农田灌溉用水量或城镇及工业用水量）预测在规定时间内（或多年内）地下水位下降深度，根据这一深度选取提水设备或校核现有设备是否满足提水要求；根据现有提水设备或在规定期间内允许的水位下降深度，确定可以得到的开采量或分析用水的保证程度。由于潜水和承压水在埋藏和补给条件上，具有不同的特性，在地下水资源评价的内容和方法上也有一定的差异。国内外较常用的方法是地下水均衡法，也有建立在非稳定流理论基础上的水动力学计算法和建立在稳定流的基础上的地下水回归分析方法等。目前比较适用的一种方法是以均衡法为基础的统一考虑地下水与地表水资源，即地下水地表水资源平衡分析计算方法。实际上由于地下水的补给大部分来源于地表水的转化、水利条件的改善、灌区的改建、节水措施的实施等地表水的开发利用情况才是重要的影响地下水补给的因素。地下水资源评价和地下水开发利用规划只有与地表水规划结合进行才能得到符合实际的结果。

所谓地下水资源评价，绝不仅仅是水量的计算。地下水资源的计算与评价是根据我国国民经济对水质水量的要求，对地下水的水量和水质进行计算和评价。地下水水质评价具体任务是：①根据不同需水要求和水质标准（如生活饮用水水质标准、农田灌溉水质标准以及地下水质量标准等）进行水质评价，区分出可以利用和不能利用的地下水；②评价开采地下水时对附近现有取水工程及其他水利工程的效益的影响程度，从全局和长远利益考虑能否引起严重不良后果；③评价开采地下水时是否需要采取预防地下水污染的水源卫生防护措施。

4.1 地下水资源的概念

4.1.1 地下水资源的特点

地下水资源是指对人类生产与生活具有使用价值的地下水，它属于地球上水资源的一部分。地下水资源与其他资源相比，它有许多特点。正确认识这些特点，对合理开发利用地下水资源是很重要的。因此在对地下水资源评价之前，应对其特点有所了解。

（1）可恢复性。地下水资源与固体矿产资源相比，它具有可恢复性。在漫长的地质年代中形成的固体矿产资源，开采一点就少一点；地下水资源却能得到补给，具有可恢复性。因此合理开采地下水资源不会造成资源枯竭；但开采过量又得不到相应的补给，就会出现亏损。所以，保持地下水资源开采与补给的相对平衡是合理开发利用地下水应遵循的基本原则。

（2）调蓄性。地下水资源与地表水资源相比，它具有一定的调蓄性。如果在流域内没有湖泊、水库，则地表水很难进行调蓄，汛期可能洪水漫溢，旱季也许河道断流。而地下水可利用含水层进行调蓄，在补给季节（或丰水年）把多余的水储存在含水层中，在非补给季节（或枯水年）动用储存量以满足生产与生活的需要。利用地下水资源的调蓄性，在枯水季节（或年份）可适当加大开采量，以满足用水需要，到丰水季节（或年份）则用多余的水量予以回补。故实施“以丰补枯”是充分开发利用地下水的合理性原则。

（3）转化性。地下水与地表水在一定条件下可以相互转化。由地表水转化为地下水是对地下水的补给；反之，由地下水转化为地表水则是地下水的排泄。例如，当河道水位高于沿岸的地下水位时，河水补给地下水；相反，当沿岸地下水位高于河道水位时，则地下水补给河道水。因此在开发利用水资源时，必须对地表水和地下水统筹规划。可见转化性是开发利用地下水和地表水资源的适度性原则。

（4）系统性。地下水资源是按系统形成与分布的，这个系统就是含水系统。存在于同一含水系统中的水是一个统一的整体，在含水系统的任一部分注入或排除水量，其影响均将涉及整个含水系统，而某一含水系统可以长期持续作为供水水源利用的地下水资源，原则上等于它所获得的补给量。不论在同一个含水系统中打井取水的用户有多少，所能开采的地下水量的总和原则上不应超过此系统的补给量。在地下水资源计算时，应当以含水系统为单元，统一评价及规划利用地下水资源。

4.1.2 地下水资源的分类

为了研究地下水资源形成的基本规律，对地下水资源进行计算和评价必须对地下水资源进行分类。由于地下水资源的复杂性，其分类一直是国内外学者重点研究的问题，并提出了不同的分类方法，下面介绍几种在我国影响比较大的分类方法。

4.1.2.1 以水均衡为基础的分类法

一个地下水均衡单元（例如，某一地下水流域，或某一地下水蓄水构造，或某一含水层的开采地段等）在某均衡时段内，地下水的循环总是表现为补给—储存—排泄

变化三种形式，它们三者之间，在数量上的均衡关系可表达为

$$V_{补}-V_{排}=\pm\Delta V \tag{4-1}$$

补给量（$V_{补}$）、排泄量（$V_{排}$）和储存量的变化量（$\pm\Delta V$）三者无论是天然状态还是人工开采条件下，尽管各自的数量会有变化，但上述总关系是不变的。

由上述分析可知，地下水资源可分为补给量、排泄量和储存量三类，详见表 4－1。

表 4－1 地下水资源分类表

补给量			排泄量		储存量	
天然补给量	人工补给量	开采补给量	天然排泄量	人工开采量	容积储存量	弹性储存量

1. 补给量

补给量是指单位时间内进入某一单元含水层或含水岩体的重力水体积，它又分为天然补给量、人工补给量和开采补给量。

天然补给量是指天然状态下进入某一含水层的水量，即在天然条件下存在的补给量，它由侧向补给量和垂直补给量所组成。侧向补给量是指地表水或地下水在天然水位差的作用下，经上游边界进入含水层内的水量；垂直补给量主要是指降水垂直渗入量和相邻含水层通过弱透水层垂直渗透的越流量。

人工补给量是指人工引水入渗补给地下水的水量。

开采补给量是指开采条件下，除天然补给量之外，额外获得的补给量。例如，开采引起动水位下降，降落漏斗扩展到邻近的地表水体（河流、湖泊、水库等），使原来补给地下水的地表水渗漏补给量增大（如顶托渗漏变为自由渗漏等）；或使原来不补给地下水的地表水体变为补给地下水；或使邻区的地下水流入本区，从而得到额外补给。

为了正确地进行地下水资源评价，关于地下水补给量有下列两点必须说明。

（1）地下水的补给量是使地下水运动、排泄、水交替的主导因素，没有地下水的补给，就谈不上地下水资源，一个水源地能有多少地下水可以开发利用，首先取决于补给量，所以计算补给量是地下水资源评价的核心内容。

（2）计算地下水补给量时，应按天然状态与开采条件下两种情况分别进行。实际上许多地区的地下水都已不同程度的开采，很少还保持纯天然状态。因此，评价时，应首先计算现状条件下地下水补给量，然后再估算开采后可能获得的额外补给量。

2. 排泄量

排泄量是指单位时间内从某一单元含水层或含水岩体中排泄出去的重力水体积，排泄量可分为天然排泄量和人工开采量两类。

天然排泄量有潜水蒸发、补给地表水体（河、沟、湖、库等）、侧向径流进入邻区等。人工开采量是取水建筑物从含水层中取出来的地下水量。人工开采量反映了取水建筑物的取水能力，它是一个实际开采值。

3. 储存量

储存量是指储存在含水层内的重力水体积，该量可分为容积储存量和弹性储存

量。容积储存量是指潜水含水层中所容纳的重力水体积，可用式（4－2）计算，即

$$V_{容}=\mu V \tag{4-2}$$

式中：$V_{容}$为潜水含水层中的容积储存量，m^3；μ 为给水度，以小数计；V 为计算区潜水含水层的体积，m^3。

弹性储存量是指将承压含水层的水头降至含水层顶板以上某一位置时，由于含水层的弹性压缩和水体积弹性膨胀所释放的水量，可用式（4－3）计算，即

$$V_{弹}=\mu^{*}\Delta sF \tag{4-3}$$

式中：$V_{弹}$为承压含水层的弹性储存量，m^3；μ^{*} 为承压含水层的弹性释水（储水）系数，无量纲；Δs 为承压水位降低值，m；F 为计算区承压含水层的面积，m^2。

由于地下水位是随时间不断变化的，所以储存量也是随时间而增减。天然条件下，在补给期，补给量大于排泄量，多余的水量便在含水层中储存起来；在非补给期，地下水的消耗大于补给，则动用储存量来满足消耗。所以，地下水储存量起着调节作用。在人工开采条件下，同样如此，如开采量大于补给量，就要动用储存量；当补给量大于开采量时，多余的水变为储存量，则储存量的调节作用也是很重要的。

这种以水均衡为基础的地下水资源分类法，它基本上反映了地下水的补排关系，为地下水资源的分类与评价提供了可靠的理论并指明了方向，在我国非区域性（集中开采区）的地下水资源评价中已得到广泛应用。

4.1.2.2 普洛特尼柯夫分类法

在新中国成立初期，我国沿用前苏联普洛特尼柯夫提出的储量概念，把地下水储量分成静储量、动储量、调节储量和开采储量四种。普洛特尼柯夫分类法又称为普氏分类法、大储量分类法。

1. 静储量

静储量是指天然条件下储存于潜水最低水位以下含水层中的重力水体积。

2. 动储量

动储量是指单位时间内通过垂直于地下水流向的含水层过水断面的地下水量。

3. 调节储量

调节储量指天然条件下（或多年）最高与最低水位之间潜水含水层中重力水的体积。

以上三种储量代表天然状态下存在于含水层中的地下水储量，统称为天然储量。

4. 开采储量

开采储量指用技术经济合理的引水工程能从含水层中取出的水量，并在预定开采期内不发生水量显著减少和水质恶化等现象。确定开采储量是比较困难的，因此，没有固定的计算公式。

普氏分类法，在我国地下水评价工作中起过重要作用，在 20 世纪 50 年代到 70 年代的水文地质勘察中几乎都采用，甚至目前有些地下水资源评价的文献中还使用这些术语。但是，在实践中，大家都感到此种分类法还存在不少问题。

首先，普氏分类法不能确切地反映地下水资源的形成规律。地下水资源与固体矿产不同，它具有流动性和可恢复性，普氏把描述固体矿产的储量概念移用到地下水来，显然是不确切的。而地下水始终处于补给和消耗的变动过程中，补给和排泄是引

起地下水运动的一对基本矛盾，正是由于这种矛盾的存在，才有地下水的形成和运动。尤其是地下水能得到补给，这是其他任何矿产资源包括石油矿产都是没有的，普氏分类法没有反映这一特点。

其次，普氏分类法没有能够以大气降水、地表水和地下水三者互相转化的观点来分析评价地下水资源，没有考虑开采后地下水的补给量与排泄量会发生怎样的变化。实践表明，开采条件下，除得到天然补给外，还由于水动力条件的变化使地表水和大气降水向地下水转化量增加，而天然排泄量（主要为潜水蒸发量和侧向排泄量）将大为减少，从而增加了开采补给量。

4.1.2.3 以分析补给资源为主的分类法

区域地下水资源评价时，一般把地下水资源分为补给资源和开采资源，并着重分析补给资源，在此基础上估算开采资源。

1. 补给资源

补给资源是指在地下水均衡单元内，通过各种途径接受大气降水和地表水的入渗补给而形成的具有一定化学特征、可资利用并按水文周期呈规律变化的多年平均补给量。补给资源的数量一般用区域内各项补给量的总和（或各项排泄量的总和）来表征。

在平原区，以总补给量表示补给资源，它包括降水入渗补给量、河（沟）渗漏补给量、地表水体（湖泊、水库、闸坝和坑塘等）蓄水渗漏补给量、渠系和田间入渗补给量等。

在山丘区，地下水的补给主要来自大气降水，但直接由降水入渗来估算地下水补给量比较困难，可采用总排泄量来反求总补给量，因为两者多年平均值几乎是相等的。

2. 可开采资源

一个地下水均衡单元内的地下水补给资源量，受开采条件和其他条件的限制，不可能全部被开发利用，因此，需要对地下水资源量中可开采资源进行评价。

可开采资源量采用多年平均值，其优点在于可提高用水保证率，使地下水资源得到合理而又充分的利用，丰水期把多余的水量储存起来，以便枯水期应用。

4.2 地下水资源评价的概念

4.2.1 水资源总量、地下水资源量

水资源总量是地表水资源量和地下水资源量两者之和，这个总量应是扣除地表水与地下水重复量之后的地表水资源和地下水天然补给量的总和。地下水是天然水循环中的一个组成部分，它能得到大气降水、地表水的补给而不断更新。一个地区地下水资源的丰富程度和可利用资源的多少，主要取决于补给条件和开采条件。地下水天然资源是指一个水文地质单元（区域的总体或单个含水层组）内在天然条件下接受大气降水、地表水直接或间接补给而形成的多年平均补给量。即指地下水中参与水循环且可以更新的动态水量（不含井灌回归补给量）。

4.2.2 地下水可开采资源量

地下水可开采资源量（统称为地下水开采资源）是在可预见的时期内，通过经济合理、技术可行的措施，在不引起生态环境恶化条件下允许从含水层中获取的最大水量。地下水可开采资源量是与一定的开采方案紧密联系的。应区别三种情况：

（1）基本上未开发的地区。对适宜开采的地段，常采用平均布井法概略估算开采资源。

（2）具有一定开采规模的地区。利用已开采地段的资料，结合工农业供水规划，评价可开采资源，选择合理的开发方案。

（3）大规模普遍开采的地区。利用大量实际观测资料，结合现有开采方案预测开采动态。

由于地下水可开采资源量是地下水补给量（地下水资源量）的一部分。地下水开采量与地下水可开采资源量的比值为开采系数，一般认为开采系数小于 0.3 为开采潜力巨大的地区，开采系数 0.6～0.8 为开采潜力中等的地区，开采系数大于 1.2 为严重超采区。习惯上常将地下水补给量乘以开采系数求得地下水可采量。尤其是干旱地区降水稀少，地下水的补给量大部分来自地表水的转化（河道、水库、湖泊和渠道的渗漏以及田间灌溉水的入渗转化为地下水），而地下水的补给又决定于一定的地表水开发利用条件。因此，地下水的可开采资源量是在一定的水利条件下由地表水转化为地下水的量，再加上与地表水不重复计算量为基数进行评价。也就是说，由于水利工程建设、渠道防渗和田间节水技术的推广，都会严重影响地表水对地下水的补给。因而，地下水可开采资源量仅适用于一定的水利工程水平下（或仅适用于一定的历史时期），而对于中长期水利规划或其他规划都不能以根据现有水利工程水平情况估算出来的地下水可开采资源量作为依据。总之，根据一定时期水利条件确定地下水可开采资源量仅能适用于当时的具体情况，而不能把根据一定阶段地下水资源计算评价计算出来的某地区地下水可开采资源量，作为一个固定不变的数值。

4.2.3 天然生态耗水

在地区水资源利用规划、灌区规划和地下水开发利用规划中，不仅要考虑耕地的灌溉用水，而且还要考虑天然生态的用水问题，尤其是在内陆干旱绿洲区域如何保护生态与环境是非常重要。在我国西北干旱内陆地区，一方面进入灌区的水量增加，又缺乏配套的排水措施，造成某些地区地下水位过高，导致灌区土壤盐渍化和沼泽化；另一方面由于向下游输送的水量减少，使绿洲耕作区与沙漠区间的过渡带这一绿洲的天然屏障逐渐消退，使绿洲受到荒漠化的威胁。所以在水资源总规划中一定要考虑天然生态用水，以保证有足够的地下水量用来维持良好生态环境，防止沙漠的入侵和荒漠化的发展等，并在此基础上合理计算保护生态需水条件下地下水可开采资源量。

根据华北平原半湿润地区的资料，由于降雨量在 500～600mm 以上，不仅非耕地的天然植被可以靠降雨存活，而且降雨对非耕地地下水补给的一部分还可以供耕地开发利用。在这种情况下地下水的可开采系数也仅有 60%～80%，即地下水的可开采量也仅有地下水补给量的 60%～80%。而干旱地区降雨稀少，耕地不仅没有来自非耕地的地下水补给，非耕地还要靠耕地的地下水来维持的天然植被的存活，野生生

态地区必须保持一定的地下水位和生态耗水量。因而，干旱地区的地下水补给量的可开采系数应低于半湿润地区。

4.2.4　地下水资源评价区的划分与评价的主要任务

4.2.4.1　评价区的划分

地下水资源评价是针对某一特定区域进行的。如果这个区域内的水文气象条件、地质构造条件、地貌条件、水文地质条件、岩性条件等比较相近，就可把整个区域作为一个计算单元进行计算。如果在区域内的上述条件差异较大，为准确计算地下水资源量，就要进行分区。水利部水利水电规划设计总院编制的《全国水资源综合规划技术细则》和《地下水资源量及可开采量补充细则》的要求按3级划分，同一类型区的水文及水文地质条件比较相近，不同类型区之间的水文及水文地质条件差异明显。各级类型区名称及划分依据见表4-2。

表4-2　类型区名称及划分依据一览表

Ⅰ级类型区		Ⅱ级类型区		Ⅲ级类型区	
划分依据	名　称	划分依据	名　称	划分依据	名　称
区域地形地貌特征	平原区	次级地形地貌特征、含水层岩性及地下水类型	一般平原区	水文地质条件、地下水埋深、包气带岩性及厚度	均衡计算区 ⋮
			内陆盆地平原区		均衡计算区 ⋮
			山间平原区（包括山间盆地平原区、山间河谷平原区和黄土高原台塬区）		均衡计算区 ⋮
			沙漠区		均衡计算区 ⋮
	山丘区		一般山丘区		均衡计算区 ⋮
			岩溶山区		均衡计算区 ⋮

注　引自《地下水资源量及可开采量补充细致》，水利部水利水电规划设计总院，2002。

4.2.4.2　评价的主要任务

地下水资源评价就是对一个地区地下水资源的质量、数量、时空分布特征和开发利用的技术要求做出科学的定量分析并评价其开采价值。它是地下水资源合理开发与科学管理的基础工作。目的是查清地下水资源的基本情况，为国民经济各部门的科学决策提供可靠的依据。区域地下水资源评价的对象，主要是针对与大气降水、地表水有直接联系的、更新较快且易于开采的浅层地下水资源（包括潜水与微承压水），评价的重点是矿化度小于2g/L的多年平均地下淡水资源量。地下水资源评价的主要任务有以下几个方面。

（1）水量评价。水量评价的任务是通过区域内地下水资源总补给量的分析计算，

而后确定允许开采量，并对能否满足用水部门需要以及有多大保证率作出科学评价。概括地说，地下水水量评价，一是算水账；二是计算允许开采量；三是确定用水保证率。

(2) 水质评价。对水质的要求是随其用途的不同而不同的。因此必须根据用水部门对水质的要求，进行水质分析，评价其可用性，并提出开采区水质监测与防护措施。

(3) 开采技术条件评价。分析论证在长期开采的条件下是否会引起不良的环境地质问题，并提出相应的预防措施。

4.3 地下水均衡法

水量均衡法实质上是"水量守恒"原理分析计算地下水允许开采量的通用性方法。它不仅是计算地下水允许开采量的其他许多方法的指导思想，而且是地下水资源评价的基本方法之一。水量均衡法是研究评价区（均衡区）在一定时段内（均衡期）地下水的补给量、储存量与排泄量之间的平衡关系，确定影响地下水动态各个要素及变化规律。

对于一个均衡区（或水文地质单元）的含水层组来说，地下水在补给和排泄过程中任一时段的补给量和排泄量之差，等于含水层中储存量的变化量，这就是水量均衡法的基本原理。

4.3.1 适用条件

从理论上讲，只要均衡要素可以求得，它可用于任何地区；但实际上经常用于范围较大的区域性地下水资源评价中。该法适用于地下水埋藏较浅，地下水的补给和排泄条件易于查清楚的地区。对于干旱或半干旱山前洪积平原和喀斯特地区，某些河谷地区以及封闭的自流盆地，使用效果一般都较好。对深层承压含水层或山区基岩裂隙含水层，其补给、径流和排泄条件不易查清或条件复杂时，不易使用该法。

4.3.2 水量均衡方程式

根据水量均衡方程，可建立如下水均衡方程，即

$$Q_{补}-Q_{排}=\pm\Delta Q_{储} \tag{4-4}$$

式中：$Q_{补}$为地为下水的总补给量，m^3；$Q_{排}$为地下水的总排泄量，m^3；$\pm\Delta Q_{储}$为地下水储存量的变化量，m^3。

在天然条件下从多年平均来看，地下水储存量的变化量等于零。即地下水水量趋于平衡，这时$Q_{补}=Q_{排}$。

若把地下水的开采量作为排泄量考虑，便可建立开采条件下的水均衡方程，即

$$(Q_{入}-Q_{出})+(W-Q_{开})=\mu F\frac{\Delta h}{\Delta t} \tag{4-5}$$

$$W=Q_{雨}+Q_{河}+Q_{越}+\cdots-Q_{蒸}$$

式中：$Q_{入}-Q_{出}$为侧向补给量与排泄量之差，m^3/d；$W-Q_{开}$为垂向补给量与开采量

之差，m^3/d；$\mu F\frac{\Delta h}{\Delta t}$为单位时间内含水层中储存量的变化量，$m^3/d$；$\mu$ 为含水层的平均给水度；F 为均衡区的面积，m^2；Δt 为计算时段（或均衡期），年；Δh 为在时段内含水层水位的平均变幅，m；$Q_{雨}$ 为降水入渗补给量，m^3/d；$Q_{河}$ 为地表水体渗漏补给量，m^3/d；$Q_{越}$ 为越流补给量，m^3/d；$Q_{蒸}$ 为潜水蒸发总量，m^3/d。

考虑到开采过程，式（4-5）可改写为下列预测区域开采量的基本公式

$$Q_{开}=(Q_{入}-Q_{出})+W+\mu F\frac{\Delta h}{\Delta t} \tag{4-6}$$

式（4-6）表明含水层的区域开采量由三部分组成：一是侧向补给量（$Q_{入}-Q_{出}$）；二是垂向补给量 W；三是开采过程中含水层的储存量 $\mu F\Delta h/\Delta t$ 变化值。上述关系从理论上阐明了开采量的组成规律。

4.3.3 水量均衡法的计算步骤

4.3.3.1 划分均衡区、确定均衡期

由于均衡法是以某一特定的区域作为一个整体进行分析，如果进行地下资源评价的区域面积较大，或区域内水文地质条件和开采条件并无显著差异，则可以将整个区域作为一个均衡区进行计算。否则为了提高计算精度，就需要首先将计算区域划分为若干个均衡区，在均衡区内若水文地质条件还有较大的差异，可以再分为若干均衡段。

均衡区一般是根据地下水类型和含水介质的成因类型的组合进行划分，如基岩山区裂隙地下水系统、平原区松散层孔隙水系统。

均衡段主要是根据含水层的渗透系数、给水度、降水入渗系数、地下水位埋深等定量指标进行划分。其目的是为了处理水文地质参数上的差异，提高地下水资源量的计算精度。

均衡期一般为一个水文年。为了使地下水资源评价结果更加具有代表性，力争选用包括丰水年、平水年和枯水年在内的一个多年均衡期。

4.3.3.2 确定均衡要素、建立均衡方程

均衡要素指均衡方程中各种补给项和排泄项。一般来说，不同均衡区水文地质条件不同，其均衡要素也不同，应在查明区域地下水补给、径流和排泄条件的基础上确定并计算均衡要素，建立均衡方程。

4.3.3.3 地下水资源评价

在给出均衡期地下水允许变幅值的条件下，将计算的均衡要素代入均衡方程，得

$$Q_{开}=(Q_{入}-Q_{出})+W-\mu F\frac{\Delta h}{\Delta t} \tag{4-7}$$

用计算均衡时段的地下水开采量可分析评价地下水资源对用水的保证程度。

4.3.4 应用举例

【例 4-1】 某纯井灌区位于河南省豫北平原东北部，系黄河冲积平原的一部分，总面积为 830km^2。灌区西南高、东北低，地面比降为 1/10000～1/5000。土壤主要为亚砂土和亚黏土。降雨集中在 7～9 月，年内一般是春旱秋涝、涝后又旱、旱涝交错。灌区潜水流向与地形倾斜方向一致，潜水流坡比降为 1/6000。经过多年开采，潜水埋深已降至 3～5m 并已稳定。灌区内无地表水体，工业和生活用水量很小。开

采条件下，不同水文年度的年降雨量、潜水的降雨入渗补给量列入表 4-3。要求用水均衡法计算维持现状条件下的井灌开采量。

表 4-3 不同水文年份降雨入渗资料表

水文年	年降雨量(mm)	降雨入渗补给系数	降雨入渗补给量	
			mm	$10^8 m^3/a$
丰水年（保证率 $P=25\%$）	745	0.20	149	1.237
平水年（保证率 $P=50\%$）	625	0.16	100	0.830
干旱年（保证率 $P=75\%$）	500	0.11	55	0.457

解：该平原地区水文地质条件比较单一，可将整个灌区作为一个均衡区；均衡期采用年。依题意，消耗项中：潜水蒸发为零（因潜水埋深已稳定在 3～5m）；工业与生活用水量略去不计（因为量很小）；井灌开采下的侧向出流量为零（因为潜流比降为 1/6000，侧向流出量十分有限）；井灌开采量待求。补给项中：地表水体入渗量为零（因为无地表水体）；开采条件下的侧向流入量为零（因为潜流比降为 1/6000，侧向流入量十分有限）；降雨入渗量已知。因此在开采条件下的开采量可按式（4-7）的潜水均衡式计算，即 $Q_{补}-Q_{排}=\pm\mu F\Delta h/\Delta t$。这里 $Q_{补}$ 为降雨入深补给量，$Q_{排}$ 为井灌开采量，Δh 为零（不在动用含水层的永久储水量）。因此，井灌开采量就等于降雨入渗补给量，考虑到多年调节，井灌开采量取平水年（保证率 $P=50\%$）的降雨入渗补给量，则井灌开采量为 $0.83\times10^8 m^3/a$。

4.4 地下水回归分析法

地下水资源的形成是一个受多种因素综合影响的复杂过程，很难用确定性的模型来准确地表述它们的关系。在实际运用确定性模型的求解过程中，很多情况下是人为地把某些因素加以删减或简化。因此用确定性模型来评价有一定的局限性。如果水源地已有一段开采时间，并有一系列观测资料，就可以根据概率统计的原理，利用已有的观测资料建立起开采量与其影响因素之间的随机性模型，这就是统计分析法。

一般来说，相关变量之间的关系大致可以分为两类：一类是确定性关系，即函数关系，如一个井的出水量与降深值常为确定性关系；另一类是非确定性关系，如开采量受许多因素（水位、降水量、蒸发量、地表水渗漏等）的控制，其值是不确定的。但通过大量的观测数据，则可以发现开采量与降水量（或其他自变量）之间确实存在密切的关系，这种关系在数理统计中称为相关关系。地下水回归分析法是根据地下水的两个或多个主要相关变量的大量实际观测数据找出它们之间相互关系的表达式，然后用外推法进行预报。

在研究变量之间的相关关系时，首先应从物理成因方面定性地挑选相关因子，在共同影响一个变量的许多因素中，确定哪些是主要因素，哪些是次要因素，并找出这些因素间的关系。变量间的相关关系分为单相关和复相关。两个变量的相关称为单相关，又叫一元相关。多于两个变量的相关称为复相关，又叫多元相关。一元相关可分

为一元线性相关和一元非线性相关，本节主要介绍这种相关方法。

4.4.1 适用条件

（1）适用于有多年开采历史资料的老水源地扩大开采时的水量计算与评价。它是根据现实物理背景下得出的统计规律，在此基础上适当外推是可以的，但外推范围不能太大，否则物理背景可能发生变化，改变了原有的规律性。

（2）适用于稳定型开采动态或调节型开采动态，而且补给有余的水源地扩大开采时的地下水量计算与评价。

4.4.2 一元线性相关分析

在地下水水量评价中，经常要分析开采量（Q）与降深（s）的关系。对一个水源地而言，因井数很多，影响因素复杂，加上观测误差，开采量和降深的关系通常是寻找统计相关关系。如某水源地有一系列开采量和对应水位降深的观测资料，将这些资料点绘到坐标纸上，它们就会呈现一定的分布趋势。若它们的关系呈直线分布趋势，我们就可以用数理统计方法建立它们之间的线性相关关系式，下面介绍一元线性相关分析的具体步骤。

4.4.2.1 收集材料

首先收集必要的实测资料，如实际开采量（Q）和相应的水位降深（s）值：Q_1、Q_2、…、Q_n；s_1、s_2、…、s_n。数据个数 n 称为样本容量，样本容量不宜太小，否则精度无法保证。

4.4.2.2 绘制散点图

用收集到的资料在 $Q—s$ 坐标图上做散点图，见图 4-1。从散点图可以看出，坐标点虽然不处在一条光滑的直线上；但从整体来看，显示为直线型的分布趋势，如图 4-1（a）所示，也可能是曲线分布关系，如图 4-1（b）所示。

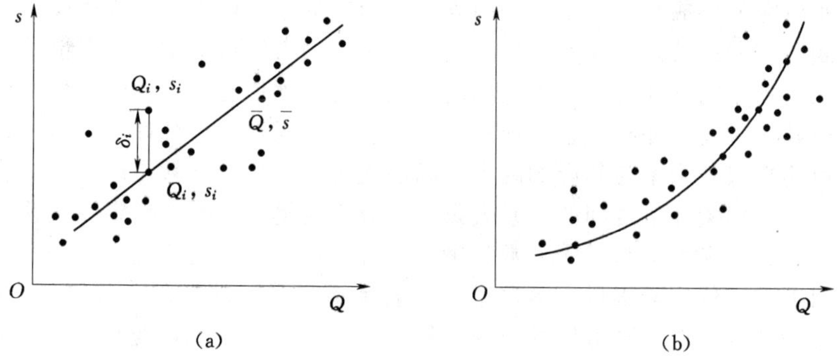

图 4-1 $Q—s$ 散点分布趋势图

（a）直线分布；（b）曲线分布

4.4.2.3 建立回归方程

表征 Q 与 s 总体间相关关系的真实回归直线方程是无法知道的，但可根据有限的实测资料（Q_i，s_i），利用一个线性方程来近似描述 $Q—s$ 的关系，这种方程称为一元线性回归方程。可以设此直线方程为

$$Q=A+Bs \tag{4-8}$$

式中：A、B 为待定系数。

要使上式满足回归方程的要求，必须使拟合值与所有观测值之差的平方和最小，即

$$\Delta = \sum_{i=1}^{n}(Q_i - Q)^2 = \sum_{i=1}^{n}(Q_i - A - Bs_i)^2 = 最小$$

因 Q_i 和 s_i 都是已知值，故 Δ 可看作为 A 和 B 的函数，要使函数值最小，则它对 A 和 B 的偏导数应等于零，即

$$\frac{\partial\Delta}{\partial A} = \frac{\partial}{\partial A}\left[\sum_{i=1}^{n}(Q_i - A - Bs_i)^2\right] = -2\sum_{i=1}^{n}(Q_i - A - Bs_i) = 0$$

$$\frac{\partial\Delta}{\partial B} = \frac{\partial}{\partial B}\left[\sum_{i=1}^{n}(Q_i - A - Bs_i)^2\right] = -2\sum_{i=1}^{n}(Q_i - A - Bs_i)s_i = 0$$

设观测值为 n 组，用均值 $\overline{Q}=\frac{1}{n}\sum Q_i$，$\overline{s}=\frac{1}{n}\sum s_i$ 代入上式，即可求得待定系数，即

$$A=\overline{Q}-\overline{Bs}$$

$$B=\frac{\sum(Q_i-\overline{Q})(s_i-\overline{s})}{\sum(s_i-\overline{s})^2}$$

把求得待定系数 A、B 值代入式（4-8），即可求得回归方程。

4.4.2.4 计算相关系数（r）并作显著性检验

这样求得的回归直线方程实用价值如何？也就是这两个变量之间线性关系密切程度如何？在数理统计上用相关系数 r 来衡量。它的绝对值介于 0～1 之间，即 $0 \leqslant |r| \leqslant 1$。相关系数的绝对值越接近 1，说明两变量的线性相关程度越密切，所求出的方程式实用价值越大；反之，相关系数的绝对值越接近零，说明两变量的线性相关程度越差，所求出的方程式实用价值越小。$|r|=1$ 是完全相关的线性函数关系；$|r|=0$ 是零相关，这时有两种可能：一是两个变量没有关系；二是无简单的线性关系，也可能存在曲线相关关系。

相关系数可用式（4-9）求得

$$r = \frac{\sum_{i=1}^{n}(\overline{Q}_i - \overline{Q})(s_i - \overline{s})}{\sqrt{\sum_{i=1}^{n}(\overline{Q}_i - \overline{Q})^2(s_i - \overline{s})^2}} \tag{4-9}$$

在实际应用中，相关系数要多大，所建立的回归方程才有实用价值呢？这取决于样本的多少和要求的精度。根据这两方面的要求对相关系数规定了不同的值，这在数理统计上称为相关系数显著性检验。一般来说，样本容量 n 越大，$|r|$ 要求越小；反之，则 $|r|$ 要求越大。

表 4-4 中给出了不同的样本容量 n 在两种显著性水平 $a=0.05$ 和 $a=0.01$ 条件下，相关系数达到显著时的最小值。当样本相关系数的绝对值在一定显著性水平处，等于或者超过表上的数值时，就认为在该处水平处显著。所谓显著性水平，就是指作

出显著（即有价值）这个结论时，可能发生判断错误的概率。当 $a=0.05$ 时，表示判断错误的概率（可能性）不超过 0.05；当 $a=0.01$ 时，指判断错误的概率不超过 0.01。所以，在相同样本容量 n 的条件下，显著水平 a 越小，表示检验越严格，要求 $|r|$ 值越大；在同一显著性水平处，样本容量 n 越小，则要求相关系数越大。因为当两个变量关系较密切时，少量的抽样便能反映出它们的关系来，反之，如果它们的关系不太密切，就需要很多的抽样才能反映出来。所以当相关系数较小时，要使两个变量间的相关系数达到显著，就需要较多的抽样数。例如样本容量 n 为 20，查表知 $|r|\geqslant 0.444$，就可以认为在 $a=0.05$ 水平处是显著的，而在 $a=0.01$ 水平处则不显著，只有当 $|r|\geqslant 0.561$ 时，才可以说它在 $a=0.01$ 水平处是显著的。不显著，说明两个变量之间关系不密切，所求回归方程式的意义不大。

表 4-4　相关系数显著性检验表

$n-2$ \ a (r)	0.05	0.01	$n-2$ \ a (r)	0.05	0.01
1	0.999	1.000	21	0.413	0.526
2	0.950	0.990	22	0.404	0.515
3	0.878	0.959	23	0.396	0.505
4	0.811	0.917	24	0.388	0.496
5	0.754	0.874	25	0.381	0.487
6	0.707	0.834	26	0.374	0.478
7	0.666	0.798	27	0.367	0.470
8	0.632	0.765	28	0.361	0.463
9	0.602	0.735	29	0.355	0.456
10	0.576	0.708	30	0.349	0.449
11	0.553	0.684	35	0.325	0.418
12	0.532	0.661	40	0.304	0.393
13	0.514	0.641	45	0.288	0.372
14	0.497	0.623	50	0.273	0.354
15	0.482	0.606	60	0.250	0.325
16	0.468	0.590	70	0.232	0.302
17	0.456	0.575	80	0.217	0.283
18	0.444	0.561	90	0.205	0.267
19	0.433	0.549	100	0.195	0.254
20	0.423	0.537	200	0.138	0.181

为了保证评价精度，在供水水量评价中，一般要求 $|r|>0.8$。

4.4.2.5 应用举例

【例 4-2】 我国北方某地区 1969～1971 年月平均地下水开采量（Q_i）与地下水面埋深（h_i）的实测资料列入表 4-5 中。试作出（Q_i）与（h_i）之间的线性回归方程，并计算月平均开采量 $Q_i=700\times10^4\text{m}^3$ 时的地下水面埋深 $\hat{h}_i$。

表 4-5 月平均开采量与水位埋深的实测资料一览表

时间 年	1969				1970			1971			总计
月	2	6	8	12	6	10	12	5	7	8	
月平均开采量 Q_i（10^4m^3）	6.6	229.2	35.6	21.5	463.5	277.3	63.2	718.5	103.8	619.2	2538.4
地下水位埋深 h_i（m）	16.54	13.49	15.22	15.50	11.76	13.27	13.96	9.61	11.84	11.12	132.3

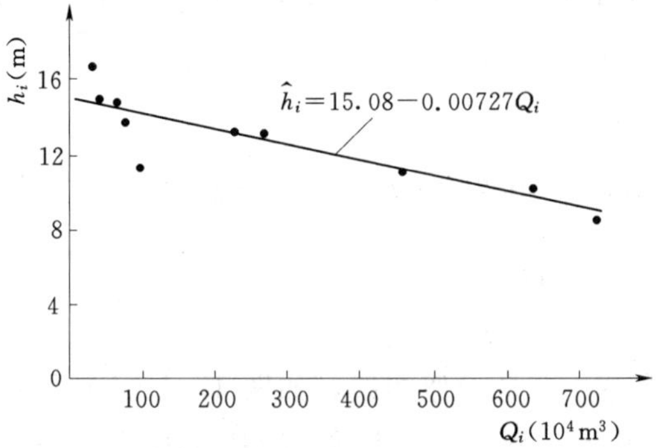

图 4-2 $h_i—Q_i$ 散点图

解：1. 绘制散点图见图 4-2

2. 建立 $h_i—Q_i$ 线性回归方程式

由总体看，散点呈直线性分布；所以建立 $h_i—Q_i$ 线性回归方程 $\hat{h}_i=A+BQ_i$，回归分析计算列入表 4-6 中。

$$B=\frac{\sum_{i=1}^{n}(Q_i-\overline{Q})(h_i-\overline{h})}{\sum_{i=1}^{n}(Q_i-\overline{Q})^2}=\frac{-4477.32}{616104}=-0.00727$$

$$A=\overline{h}-B\overline{Q}=13.23-(-0.00727)\times253.8=15.08$$

$$\hat{h}_i=A+BQ_i=15.08-0.00727Q_i\quad(\hat{h}_i\text{ 以 m 计},Q_i\text{ 以 }10^4m^3\text{ 计})$$

表 4-6 地下水位埋深（h_i）与月平均开采量（Q_i）回归分析计算表

Q_i（10^4m^3）	h_i（m）	$Q_i-\overline{Q}$	$(Q_i-\overline{Q})^2$	$h_i-\overline{h}$	$(h_i-\overline{h})^2$	$(Q_i-\overline{Q})(h_i-\overline{h})$
6.6	16.54	−274.5	61108	3.31	10.96	−818.23
229.2	13.49	−24.6	605	0.26	0.068	−6.4
35.6	15.22	−218.2	47611	1.99	3.96	−434.22
21.5	15.50	−232.3	53963	2.27	5.153	−527.32
463.5	11.76	209.7	43974	−1.47	2.161	−308.26
277.3	13.27	23.5	552	0.04	0.002	0.94
63.2	13.96	−190.6	36328	0.73	0.533	−139.14
718.5	9.61	464.7	215946	−3.62	13.10	−1682.2
103.8	11.84	−150.0	22500	−1.39	1.93	208.5
619.2	11.12	365.4	133517	−2.11	4.452	−770.99
总计 2538.4	132.31		616104		42.319	−4477.32
均值 253.8	13.23					

3. 计算相关系数（r）并作显著性检验

根据式（4-9），计算相关系数

$$r=\frac{\sum_{i=1}^{n}(Q_i-\overline{Q})(h_i-\overline{h})}{\sqrt{\sum_{i=1}^{n}(Q_i-\overline{Q})^2\sum_{i=1}^{n}(h_i-\overline{h})^2}}=\frac{-4477.32}{\sqrt{616104\times 42.319}}=-0.877$$

显著性水平取，$\alpha=0.01$，$n-2=10-2=8$，由表 4-4 知，相关系数显著程度的最小值为 $0.765<|-0.877|$；所以回归直线是有价值的，两变量之间关系是密切的。我们将回归直线绘在图 4-2 上。

4. 计算月平均开采量为 $700\times10^4\text{m}^3$ 的 $\hat{h}_i$

$$\hat{h}_i=15.08-0.00727Q_i=15.08-0.00727\times700=9.99(\text{m})$$

当月平均开采量为 $700\times10^4\text{m}^3$ 时，地下水位埋深 $\hat{h}_i$ 为 9.99m。

4.4.3 一元非线性相关分析

若实际观测值在散点图上不是直线趋势，而是近似曲线，如图 4-1（b）所示，此时可按上述相同的原理建立回归方程。在供水水量评价中经常用到幂函数曲线，设幂函数方程式为

$$Q=As^B \tag{4-10}$$

式中：A、B 为待定系数。

两边取对数，可得

$$\lg Q=\lg A+B\lg s$$

若把对数值看成变量，点绘到等对数纸上，则点群分布趋势为直线。这样就可将非线性相关转化为线性相关了。其待定系数为

$$\lg A=\lg\overline{Q}-B\lg\overline{s}$$

$$B=\frac{\sum(\lg Q_i-\lg\overline{Q})(\lg s_i-\lg\overline{s})}{\sum(\lg s_i-\lg\overline{s})^2}$$

把待定系数 A、B 代入式（4-10）可得幂函数曲线相关的回归方程，相关系数 r 为

$$r=\frac{\sum(\lg Q_i-\lg\overline{Q})(\lg s_i-\lg\overline{s})}{\sqrt{\sum(\lg Q_i-\lg\overline{Q})^2\sum(\lg s_i-\lg\overline{s})^2}} \tag{4-11}$$

其他曲线类型都可以采用以上类似的方法处理。如

指数曲线类型 $Q=Ae^{Bs}$

$Q=Ae^{B/s}$

对数曲线类型 $Q=\lg A+B\lg s$

【例 4-3】 某水源地已有多年的开采资料见表 4-7，经过条件分析，扩大开采仍有补给保证。为了满足生产需要，要求外推设计抽水降深为 26m 时的开采量。

表 4-7 某水源地开采历史资料

年　　份	1959	1960	1961	1962	1970	1971
开采量 Q_i（$10^4m^3/d$）	60	67	60	63	80	80
抽水降深 s_i（m）	16.5	18.0	16.5	17.5	21.5	21.9

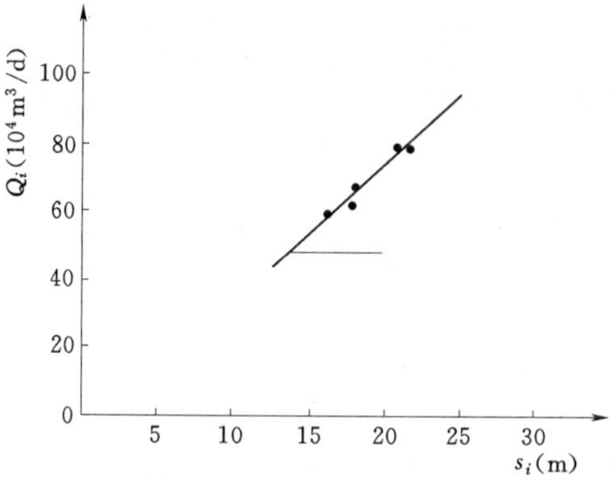

图 4-3　Q_i—s_i 散点图

解： 1. 做散点图（图 4-3）

2. 建立回归方程式

由散点图看，似乎是直线分布趋势，但也有可能是幂函数分布；因为幂函数有满足多种曲线的性质。试以幂函数曲线拟合，并对式（4-10）进行线性化，两边去常用对数后得其方程式为

$$\lg\hat{Q}_i=\lg d+b\lg s_i$$

显然，上式在双对数坐标上为一直线。这样，就可用一元线性相关分析方法计算有关参数。计算用的基本数据列入表 4-8。

表 4-8 相关分析用的基本数据

年份	开采量 Q_i（$\times10^4m^3/d$）	抽水降深 s_i(m)	$\lg Q_i$	$\lg s_i$	$\lg Q_i-\overline{\lg Q}$	$\lg s_i-\overline{\lg s}$	$(\lg Q_i-\overline{\lg Q})^2$	$(\lg s_i-\overline{\lg s})^2$	$(\lg Q_i-\overline{\lg Q})\times(\lg s_i-\overline{\lg s})$
1959	60	16.5	1.778	1.218	−0.053	−0.050	0.00280	0.0025	0.00265
1960	67	18.0	1.826	1.255	−0.005	−0.013	0.00030	0.0002	0.00007
1961	60	16.5	1.778	1.218	−0.053	−0.050	0.00280	0.0025	0.00265
1962	63	17.5	1.779	1.243	−0.032	−0.025	0.00100	0.0006	0.00080
1970	80	21.5	1.903	1.332	0.072	0.064	0.00520	0.0041	0.00461
1971	80	21.9	1.903	1.340	0.072	0.072	0.00520	0.0052	0.00518
总计	410	111.9	10.987	7.606	0.001	−0.002	0.01703	0.0151	0.01596
平均	68.3	18.7	1.831	1.268					

$$b=\frac{\sum_{i=1}^{n}(\lg s_i-\overline{\lg s})(\lg Q_i-\overline{\lg Q})}{\sum_{i=1}^{n}(\lg s_i-\overline{\lg s})^2}=\frac{0.01596}{0.0151}=1.057$$

$$\lg d=\overline{\lg Q}-b\,\overline{\lg s}=1.831-1.057\times1.268=0.491\text{，则 }d=3.095$$

$$\lg\hat{Q}_i=0.491+1.057\lg s_i$$

则　$\hat{Q}_i=3.095s_i^{1.057}$　（s_i 以 m 计，$\hat{Q}_i$ 以 $10^4m^3/d$ 计）

3. 计算相关系数

相关系数 r 是变换后的新变量 $\lg\hat{Q}^i$ 和 $\lg s_i$ 之间的线性相关指标，它与配曲线的回归中所说的相关指数 R^2 不同。在配曲线的回归中，常用相关指数 R^2 作为衡量配曲线效果好坏的指标。R^2（或 R）越大（越接近 1），表明配曲线的效果越好，R 也可称为相关系数。R^2 的计算式为

$$R^2 = 1 - \frac{\sum_{i=1}^{n}(y_i - \hat{y}_i)^2}{\sum_{i=1}^{n}(y_i - \overline{y})^2}$$

$\sum_{i=1}^{n}(y - \hat{y})^2$ 必须直接根据每个观测值的残差（$y_i - \overline{y}$）计算，即

$$R^2 = 1 - \frac{\sum_{i=1}^{n}(Q_i - \hat{Q}_i)^2}{\sum_{i=1}^{n}(Q_i - \overline{Q})^2} = 1 - \frac{3.5328}{441.34} = 0.992$$

$R^2=0.996$（越接近 1，表明所配曲线效果越好）。$\sum_{i=1}^{n}(Q_i - \hat{Q}_i)^2$ 和 $\sum_{i=1}^{n}(Q_i - \overline{Q})^2$ 值的计算过程列入表 4-9。

表 4-9　　计算 R^2 用的基本数据

年　份	开采量 Q_i（$\times 10^4 m^3/d$）	抽水降深 s_i（m）	$\hat{Q}_i$（$\times 10^4 m^3/d$）	$Q_i - \hat{Q}_i$	$(Q_i - \hat{Q}_i)^2$	$(Q_i - \overline{Q})^2$
1959	60	16.5	59.916	0.084	0.0071	69.44
1960	67	18.0	65.688	1.312	1.7213	1.78
1961	60	16.5	59.916	0.084	0.0071	69.44
1962	63	17.5	63.761	−0.761	0.5791	28.44
1970	80	21.5	79.259	0.741	0.5491	136.12
1971	80	21.9	80.818	−0.818	0.6691	136.12
总计	410		409.358		3.5328	441.34
平均	68.333		68.226			

$\lg\hat{Q}_i$ 与 $\lg s_i$ 之间的线性相关系数 r 值为

$$r = \frac{\sum_{i=1}^{n}(\lg s_i - \overline{\lg s})(\lg Q_i - \overline{\lg Q})}{\sqrt{\sum_{i=1}^{n}(\lg s_i - \overline{\lg s})^2 \sum_{i=1}^{n}(\lg Q_i - \overline{\lg Q})^2}} = \frac{0.01596}{\sqrt{0.0151 \times 0.01703}} = 0.995$$

令 $n=6$，则 $n-2=4$，查表 4-4 知，当显著性水平 $a=0.01$ 时，r 达到显著的最小值为 0.917，显然 $0.917<0.995$，因此 $\lg\hat{Q}_i$ 与 $\lg s_i$ 之间的关系是密切的，所建立的线性方程 $\lg\hat{Q}_i=0.491+1.057\lg s_i$ 是有价值的。

4.5 地下水地表水资源平衡分析

水资源评价是保证水资源持续发展的前提，是水资源开发利用的基础。进行水资源评价时应遵循地表水与地下水统一评价、水量水质并重、水资源可持续利用与社会经济发展和生态环境保护相协调的原则，客观、科学、系统、实用的对水资源进行评价。

地下水均衡分析实质上是用“水量平衡”原理分析计算地下水开采量的通性方法，主要是验证总补给量与总排泄量计算的可靠性，是计算地下水可开采量的其他许多方法的基础。具体内容请参照本章 4.3 节。

地表水均衡分析同样是根据“水量平衡”原理，对一定区域的地表水资源量进行平衡分析。地表水为河流、湖泊、冰川、沼泽等水体的总称，地表水资源量包括这些地表水体的动态水量。多年平均条件下，水资源量的收支项主要为降水、蒸发和径流，平衡条件下收支在数量上是相等的。对一定地域的地表水资源而言，其丰富程度是由降水量的多少来决定的。

地表水资源进入一定流域，在经过河道、渠道、田间、水库、湖泊湿地以及工业人畜用水等分配利用后，最终会流出该流域，在这一系列转化利用过程中，会产生相当一部分的水量损失，损失的水量主要包括蒸发蒸腾损失水量和入渗补给地下水量。通过对不同流域多年平均水均衡计算分析发现，在多年平均条件下，流入区域内的地表水资源量与地下水量是存在着一定关系，所以说，地下水资源评价必须与地表水资源的利用规划紧密结合，同时进行。下面我们主要介绍地下水地表水资源平衡计算方法。

4.5.1 补给量计算方法

地下水补给量包括降水入渗补给量、河道渗漏补给量、库塘渗漏补给量、渠系渗漏补给量、渠灌田间入渗补给量、人工回灌补给量、山前侧向补给量和井灌回归补给量。

4.5.1.1 降水入渗补给量

降水入渗补给量是指降水（包括坡面漫流和填洼水）渗入到土壤中并在重力作用下渗透补给地下水的水量，即

$$P_r=10^{-1}PaF \tag{4-12}$$

式中：P_r 为降水入渗补给量，m^3；P 为有效降水量，mm；a 为降水入渗补给系数；F 为均衡计算评价区面积，km^2。

4.5.1.2 河道渗漏补给量

当河道水位高于河道岸边地下水水位时，河水渗漏补给地下水，河道渗漏补给量可采用下述两种方法计算。

1. 水文分析法

该法适合于河道附近无地下水水位动态观测资料但具有完整的计量河水流量资料的地区。计算公式：

$$Q_{河补}=(Q_{上}-Q_{下}+Q_{区入}-Q_{区出})\cdot(1-\lambda)\cdot\frac{L}{L'} \tag{4-13}$$

式中：$Q_{河补}$为河道渗漏补给量，m^3；$Q_{上}$、$Q_{下}$分别为河道上、下水文断面实测河川径流量，m^3；$Q_{区入}$为上、下游水文断面区间汇入该河段的河川径流量，m^3；$Q_{区出}$为上、下游水文断面区间引出该河段的河川径流量，m^3；λ为修正系数，即上、下两个水文断面间河道水面蒸发量、两岸浸润带蒸发量之和占（$Q_{上}-Q_{下}+Q_{区入}-Q_{区出}$）的比率，可根据有关测试资料分析确定；$L$为计算河道或河段的长度，m；$L'$为上、下两水文断面间河段的长度，m。

2. 地下水动力学法（剖面法）

当河道水位变化比较稳定时，可沿河道岸边切割剖面，通过该剖面的水量即为河水对地下水的补给量。单侧河道渗漏补给量采用达西公式计算，即

$$Q_{河补}=10^{-4}KJALt \tag{4-14}$$

式中：$Q_{河补}$为单侧河道渗漏补给量，m^3；K为剖面位置的渗透系数，m/d；J为水力坡度；A为单位长度河道垂直于地下水流向的剖面面积，m^2/m；L为河道或河段长度，m；t为河道或河段过水（或渗漏）时间，d。

若河道或河段两岸水文地质条件类似且都有渗漏补给时，则式（4－14）计算的$Q_{河补}$的2倍即为该河道或河段两岸的渗漏补给量。剖面的切割深度应该是河水渗漏补给地下水的影响带（该影响带的确定方法参阅有关水文地质书籍）的深度；当剖面为多层岩性结构时，K值应取用计算深度内各岩土层渗透系数的加权平均值。

4.5.1.3 库塘渗漏补给量

当位于平原区的水库、湖泊、塘坝等蓄水体的水位高于岸边地下水水位时，库塘等蓄水体渗漏补给岸边地下水。计算方法有以下两种。

1. 地下水动力学法（剖面法）

沿库塘周边切割剖面，利用式（4－14）计算，方法与计算河道渗漏补给量时相同。

2. 出入库塘水量平衡法

计算公式为

$$Q_{库}=Q_{入库}+P_{库}-E_0-Q_{出库}-E_{浸}\pm Q_{库蓄} \tag{4-15}$$

式中：$Q_{库}$为库塘渗漏补给量，m^3；$Q_{入库}$、$Q_{出库}$分别为入、出库塘水量，m^3；E_0为库塘的水面蒸发量，m^3；$P_{库}$为库塘水面的降水量，m^3；$E_{浸}$为库塘周边浸润带蒸发量，m^3；$Q_{库蓄}$为库塘蓄变量，m^3。

4.5.1.4 渠系渗漏补给量

渠系是指干、支、斗、农各级渠道的统称。渠系水位一般均高于其周边的地下水水位，故渠系水一般均补给地下水。渠系水补给地下水的水量称为渠系渗漏补给量。

计算方法有以下两种。

1. 地下水动力学法（剖面法）

沿渠系岸边切割剖面，利用式（4－14）计算，方法与计算河道渗漏补给量时相同。

2. 渠系渗漏补给系数法

计算公式为

$$Q_{渠系}=\gamma Q_{渠水引} \tag{4-16}$$

式中：$Q_{渠系}$为渠首引水量，m^3；γ为渠系渗漏补给系数。

4.5.1.5 渠灌田间入渗补给量

渠灌田间入渗补给量是指渠灌水进入田间后，入渗补给地下水的水量。

可利用式（4－17）计算：

$$Q_{渠灌}=\beta Q_{渠田} \tag{4-17}$$

式中：$Q_{渠灌}$为渠灌田间入渗补给量，m^3；β为渠灌田间入渗补给系数；$Q_{渠田}$为渠灌水进入田间的水量，m^3。

4.5.1.6 人工回灌补给量

人工回灌补给量是指通过井孔、河渠、坑塘或田面等方式，人为地将地表水等灌入地下且补给地下水的水量。可根据不同的回灌方式采用不同的计算方法。例如，井孔回灌，可采用调查统计回灌量的方法；河渠、塘坑或田面等方式的人工回灌补给量，可分别按计算河道渗漏补给量、渠系渗漏补给量、库塘渗漏补给量或渠灌田间入渗补给量的方法进行计算。

4.5.1.7 地表水体补给量

地表水体补给量是指河道渗漏补给量、库塘渗漏补给量、渠系渗漏补给量、渠灌田间入渗补给量及以地表水为回灌水源的人工回灌补给量之和。

4.5.1.8 山前侧向补给量

山前侧向补给量是指发生在山丘区与平原区交界面上，山丘区地下水以地下潜水流形式补给平原区浅层地下水的水量。山前侧向补给量可采用剖面法利用达西公式计算，即

$$Q_{山前侧}=10^{-4}KJAt \tag{4-18}$$

式中：$Q_{山前侧}$为年山前侧向补给量，m^3；K为剖面位置的渗透系数，m/d；J为垂直于剖面的水力坡度；A为剖面面积，m^2；t为时间，d，采用365d。

4.5.1.9 井灌田间入渗补给量

井灌田间入渗补给量是指井灌水（系浅层地下水）进入田间后，入渗补给地下水的水量，井灌回归补给量包括井灌水输水渠道的渗漏补给量。井灌田间入渗补给量可利用下式计算，即

$$Q_{井灌}=\beta_{井} Q_{井田} \tag{4-19}$$

式中：$Q_{井灌}$为井灌田间入渗补给量，m^3；$\beta_{井}$为井灌田间入渗补给系数；$Q_{井田}$为井灌水进入田间的水量，m^3。

4.5.2 排泄量计算方法

排泄量包括潜水蒸发量、河道排泄量、侧向流出量和浅层地下水实际开采量。

4.5.2.1 潜水蒸发量

潜水蒸发量计算方法可用式（3-63）进行计算，若考虑作物覆盖时可用修正后的阿维里扬诺夫公式，即

$$E=kE_0\left(1-\frac{\Delta}{\Delta_0}\right)^n \tag{4-20}$$

式中：k 为作物修正系数，k 取 1.0～1.3。

4.5.2.2 河道排泄量

当河道内水位低于岸边地下水位时，河道排泄地下水，排泄的水量称为河道排泄量。计算方法、计算公式和技术要求同河道渗漏补给量的计算。

4.5.2.3 侧向流出量

以地下潜流形式流出评价计算区的水量称为侧向流出量。一般采用地下水动力学法（剖面法）计算，即沿均衡计算区的地下水下游边界切割计算剖面，利用式（4-18）计算侧向流出量。

4.5.2.4 浅层地下水实际开采量

各均衡计算区的浅层地下水实际开采量应通过调查统计得出。可采用各均衡计算区的多年平均浅层地下水实际开采量调查统计成果作为各相应均衡计算区的多年平均浅层地下水实际开采量。

由于地下水补给多来自于平原区，所以以上各项补给量、排泄量的计算方法只针对平原区。对于山丘区各项补给量、排泄量计算方法请查阅相关资料。

4.5.3 地下水、地表水均衡分析

地下水均衡分析主要是验证总补给量与总排泄量计算的可靠性，通过流域水均衡分析可进一步核实地下水补排量，本节以流域为水均衡分析基本单位。

流域水均衡基本原理：

进入流域总水量－出流域总水量±储变量＝消耗水总量

根据进入流域水量、流域内的运行水量及流出流域水量的监测资料，计算各项水均衡量，并根据对现状年水均衡进行分析评价。

平衡分析需满足以下 3 个平衡方程：

进入流域水量－流出流域水量≈蒸发蒸腾总量

地下水收入－地下水支出 $\approx\mu\cdot\Delta H_1\cdot F_1$

入库水量(湖泊)－出库水量(湖泊) $\approx\Delta H_2\cdot F_2$

式中：μ 为地下水位变动带内的给水度；ΔH_1 为地下水位升降幅度，m；F_1 为地下水位升降区的面积，m^2；ΔH_2 为水库（湖泊）水位升降幅度，m；F_2 为水库（湖泊）水位升降幅度内的平均水面面积，m^2。

在多年平均情况下（除地下水位持续下降的超采区域），$\mu\cdot\Delta H_1\cdot F_1\approx0$，$\Delta H_2\cdot F_2\approx0$。

若以上 3 个平衡结果差距较大时，要重新调整计算。

图 4-4 为新疆阿克苏河流域水均衡总表，该流域中地下水主要为地表水转化入渗补给，是典型的依靠地表水入渗补给地下水的流域。各项水均衡量都以数量形式表示在图 4-4 中。

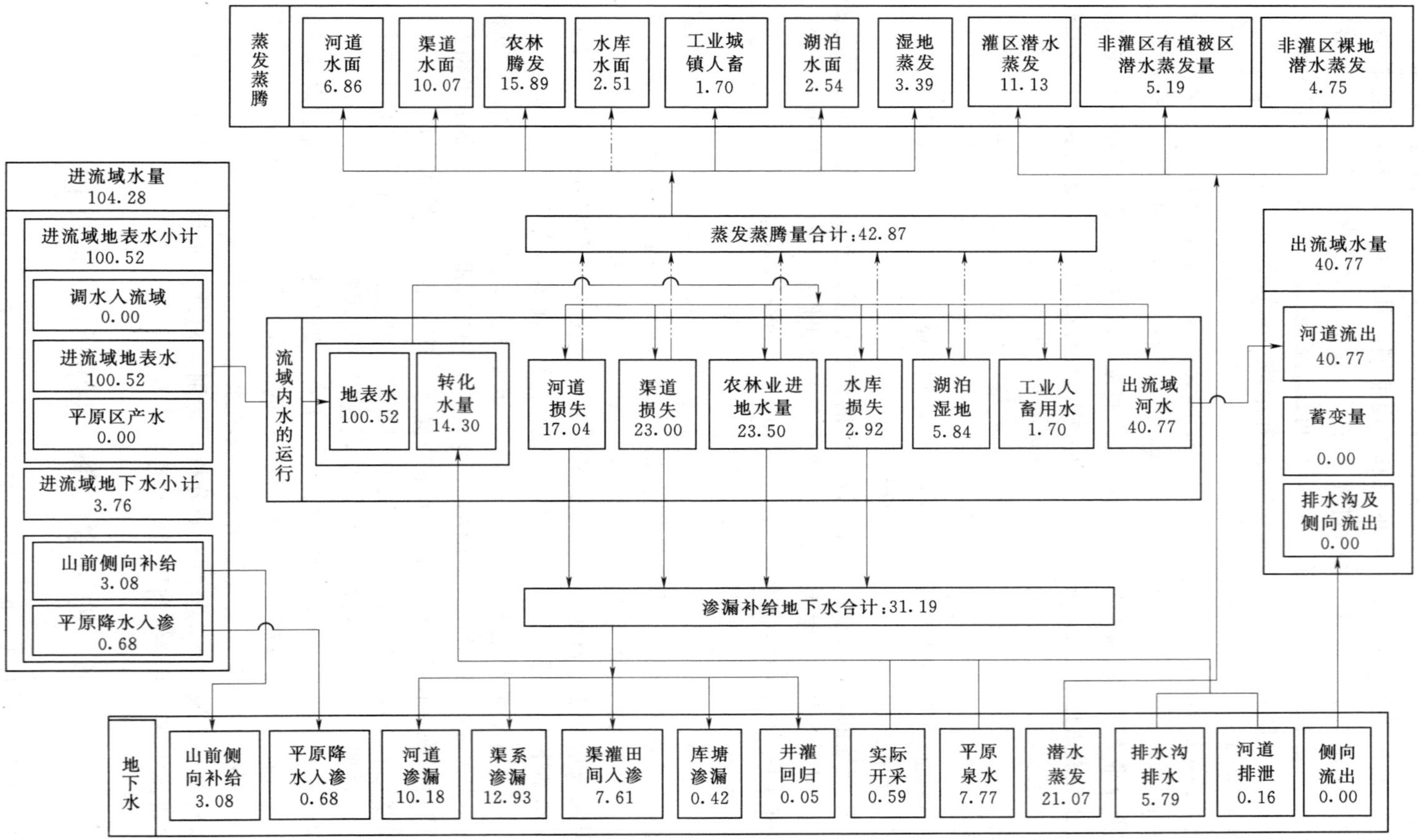

图 4-4　新疆阿克苏河流域多年平均水均衡计算框图(单位:$10^8 m^3$)

如图 4-4 所示，进入流域的总水量为 $104.28\times10^8m^3$，这包括地表水量 $100.52\times10^8m^3$ 和地下水量 $3.76\times10^8m^3$ 的总和。山前侧向补给量和降水量入渗补给量直接补给地下水。地表水在该流域运行过程中除了满足农、林、牧、渔及工业人蓄用水以外，会产生一定的水量损失，从图 4-4 中可以看出损失水量为 $74.06\times10^8m^3$，其中蒸发蒸腾损失水量为 $42.87\times10^8m^3$，渗漏补给地下水量为 $31.19\times10^8m^3$。最后流出该流域的水量为 $40.77\times10^8m^3$。

图 4-4 中水量损失主要有：河道损失 $17.04\times10^8m^3$；渠道损失 $23.00\times10^8m^3$；农林业进地产生的损失 $23.5\times10^8m^3$；水库损失 $2.92\times10^8m^3$；湖泊湿地产生的损失 $5.84\times10^8m^3$ 以及工业人畜用水损失 $1.70\times10^8m^3$。这些损失的水量一部分是地表水在各类分配过程中由于蒸发蒸腾而产生的损失，另一部分则入渗补给地下水。这里我们还需要指出地下水的潜水蒸发量 $21.07\times10^8m^3$，它包括灌区潜水蒸发 $11.13\times10^8m^3$；非灌区有植被区潜水蒸发量 $5.19\times10^8m^3$；非灌区裸地潜水蒸发 $4.75\times10^8m^3$，这部分蒸发损失水量不同于其他损失水量，我们在这里称之为无效损失。该流域内蒸发蒸腾水量为 $42.87\times10^8m^3$，损失较大，并且各部分蒸发蒸腾水量在图中反映的比较清楚，所以就不在这里做过多的讨论，下面我们主要来分析地表水、地下水的转化过程。

如果单纯地依靠地表水，那么在该流域内进行水资源分配是无法满足目前需水现状的，因为损失水量会占很大一部分的比例。所以我们就需要开采利用地下水，而这部分水量在图中表示为转化水量 $14.30\times10^8m^3$。转化水量主要包括：排水渠（沟）排水量 $5.79\times10^8m^3$，河道排泄水量 $0.16\times10^8m^3$，实际开采量 $0.59\times10^8m^3$ 以及平原泉水 $7.77\times10^8m^3$ 等。那么这部分从地下水转化而来的水量和流入该流域的地表水共同参与水资源分配，以满足需水指标，所以流域内运行总水量为地表水量 $100.52\times10^8m^3$ 与转化水量 $14.30\times10^8m^3$ 之和，即 $114.82\times10^8m^3$。

如果从数量关系分析地表水分配过程，我们会发现蒸发蒸腾水量 $42.87\times10^8m^3$ 与渗漏补给地下水量 $31.19\times10^8m^3$ 的总和并不等于河道损失 $17.04\times10^8m^3$、渠道损失 $23.00\times10^8m^3$、农林进地损失 $23.50\times10^8m^3$、水库损失 $2.92\times10^8m^3$、湖泊湿地损失 $5.84\times10^8m^3$ 以及工业人畜用水 $1.70\times10^8m^3$ 的总和。为什么会不平衡？从图 4-4 中我们会发现，在渗漏补给地下水量中除了对应的各类补给水量以外，多了井灌回归补给水量 $0.05\times10^8m^3$。这是因为我们在通过井灌方式开采利用地下水过程中，会有部分水量回归补给地下水。这样水量在数值上就达到了平衡。

在流域内水资源整个运行过程中，地表水补给地下水量应该为流域内运行总水量 $114.82\times10^8m^3$ 与蒸发蒸腾量 $42.87\times10^8m^3$ 的差值，即 $71.95\times10^8m^3$。但实际并不能达到完全补给的效果，最终流出该流域的水量 $40.77\times10^8m^3$ 正好说明了这个问题。所以对整个流域进行水资源平衡分析，特别是对地下水地表水的转化平衡分析，将会是水资源规划与可持续利用利用的理论依据。

4.6 地下水资源质量的计算和评价

地下水参与自然界的水循环，并储存和运动于岩石的空隙中，不断与其周围介质发生复杂的物理和化学作用，从而形成了自己的物理性质和化学成分。地下水水质主

要是指水的物理性质和化学性质。地下水的物理性质主要包括温度、颜色、透明度、嗅味相对密度、导电性及放射性等。而地下水的化学性质是指地下水中含有各种气体、离子、胶体物质以及有机物质。鉴于水的物理性质对作物生长的影响远较水的化学性质为小，且易于调控。故本节所讲述的地下水的质量计算与评价是指主要的化学性质方面的计算和按化学性质的评价。

水质标准是用水对象根据自己的要求，对水质参数（如水中各种溶解离子、水的色度、pH 值、矿化度、水中盐分等）所做出的具体的数值上的规定。地下水的水质评价即是根据水质分析的结果，同国家现行规定的各种不同用途的水质标准进行比较，来鉴别水质的优劣，并根据不同用水部门的要求，结合不同地区水质背景值、自然条件和水资源的实际情况，因地制宜的进行评价。

4.6.1 地下水水质评价基本概念

4.6.1.1 地下水的主要离子

地下水中分布最广、含量较多的离子共有七种，即：即钾（K^+）、钠（Na^+）、钙（Ca^{2+}）、镁（Mg^{2+}）、重碳酸根（HCO_3^-）、硫酸根（SO_4^{2-}）、氯根（Cl^-）。一般情况下，随着总矿化度（含盐量）的变化，地下水中占主导地位的离子成分也随之发生变化。低矿化度水中常以 HCO_3^- 及 Ca^{2+} 和镁 Mg^{2+} 为主；高矿化度水中则以 CL^- 及 Na^+ 为主；中等矿化度地下水中常以 SO_4^{2-} 为主，主要阳离子则可以是 Na^+，也可以是 Ca^{2+}。

4.6.1.2 地下水的酸碱性

地下水的酸碱性主要取决于水中氢离子浓度，常用 pH 表示，$pH=-\lg[H^+]$。根据地下水 pH 值的大小，将水分成以下几级：强酸性（$pH<5$）、弱酸性（$pH=5\sim7$）、中性（$pH=7$）、弱碱性（$pH=7\sim9$）、强碱性（$pH>9$）。多数地下水 pH 值为 6.5～8.5。

4.6.1.3 地下水的总矿化度

地下水中所含各种离子、分子与化合物的总量称之为矿化度，它表明地下水中总盐量的多少，以每升水中所含克数（g/L）表示。一般可用两种方法计算。

（1）习惯上以 105～110℃时将水蒸干所得到的干涸残余物值总量来表示总矿化度。

（2）将室内实验分析所得到的阴、阳离子含量相加而求得的理论干涸残余物值。但应注意，因为在将水蒸干时将近一半的重碳酸根分解成 CO_2 和 H_2O 逸出。所以在使用第二种方法时 HCO_3^- 应取其重量的一半。按地下水总矿化度的大小，将其分类列于表 4-10，灌溉水质按矿化度的分类列入表 4-11，牲畜用水的总矿化度上限值列于表 4-12。

表 4-10　地下水按矿化度的分类表

类别	总矿化度 (g/L)	类别	总矿化度 (g/L)
淡水	小于 1	盐水（高矿化水）	10～50
微咸水（弱矿物化水）	1～3	卤水	大于 50
咸水（中等矿化水）	3～10		

表 4-11　　灌溉水质按矿化度的分类表

水质类别	总矿化度(g/L)	25℃时的电导率(mmho/cm)
好　水	<0.7	<1.090
较好水	0.7～1.50	1.091～2.340
适用的水	1.51～2.00	2.341～3.125
较差的水	2.01～3.00	3.1251～4.688
劣　水	3.01～5.00	>4.688

表 4-12　　牲畜用水的总矿化度上限

牲畜种类	总矿化度上限(g/L)	牲畜种类	总矿化度上限(g/L)
家禽	2.860	奶牛	7.150
猪	4.290	菜牛	10.100
马	6.435	肥育羔羊	12.900

4.6.1.4　电导率 *EC*

天然水是一种溶液，含有各种离子，带电离子在电场作用下产生移动而传递电子。因此具有电导作用，天然水导电能力的强弱用电导率表示。在常见的土壤盐分情况下 *EC* 值和盐溶液浓度呈线性关系，渗透压力也是随溶液浓度的增加而增大，溶液渗透压力和它的 *EC* 值之间也存在着线性关系，因此，后者常用来作为间接地确定盐度的指标。电导率的单位国际上通常采用 ds/m 或 ms/cm 或 μs/cm 来表示（1ds/m = 1ms/cm，1μs/cm = 10^3 ds/m）。*EC* 的测量对温度非常敏感，因此，采用 25℃ 作为标准温度。

4.6.1.5　含盐量

含盐量是指 1m 土层内所含可溶性盐类占干土重的百分数（%）。盐度指标是以占干土重百分数表示的土壤的含盐量 *S*（以 g/L 表示）。为了确定土壤的含盐量，通常采用每 1g 土加水 5g 的办法配制土壤与水的比例为 1∶5 的土样，然后将 1∶5 的土水比的土样提取液，通过称取总可溶盐重法或根据基于电导率 *EC* 与溶液浓度呈线性关系的电导法确定土壤的含盐量。以土壤干重的百分数表示的土壤盐度指标相当于以 g / 100g 表示的土壤含盐量。有时盐度也用 mg / 100g 表示。在田间土壤中盐分由不同组分组成，某一类盐分（例如，NaCl，Na_2SO_4 等）或某一种离子（例如 Na^+，Ca^{2+}，Cl^-，SO_4^{2-}）的含量通常用毫克当量 meq（盐/100g 土）表示。1meq 离子/100g 土相当于那一离子以 mg 离子/ 100g 土表示的离子含量除以当量（单位原子价的原子量）。

例如，Ca^{2+} 的原子量是 40.08，它的原子价是 2，因此，Ca^{2+} 的当量是 20.04。1mg 离子/100g 土等于 1/20.04 meq 离子/100g 土。例如，$CaCO_3$ 的分子量是 40.08 + 12 + 3 × 16 = 100，Ca 或 CO_3 的原子价是 2，其当量是 50，$CaCO_3$ 的含量：1mg $CaCO_3$/100g土等于 0.02 meq $CaCO_3$/100g 土。

由于自 1∶5 的土水比土样提取液可以给出用干土重百分数表示的总盐量，且这

一数值易于测定，因此，在中国和前苏联将这种含盐量的表示方法作为作物耐盐性和盐化土壤分类的指标。我国土壤盐化分级指标见表 4-13。

表 4-13 我国土壤盐化分级指标

盐化系列及适用地区		土壤含盐量（%）					盐渍类型
		非盐化	轻度	中度	强度	盐土	
1	滨海、半湿润干旱半干旱区	<0.1	0.1～0.2	0.2～0.4	0.4～0.6（1.0）	>0.6（1.0）	$HCO_3^-+CO_3^{2-}$，Cl^- $Cl^--SO_4^{2-}$，$SO_4^{2-}-Cl^-$
2	半漠境及漠境区	<0.2	0.2～0.3（0.4）	0.3～0.5（0.6）	0.5（0.6）～1.0（2.0）	1.0（2.0）	SO_4^{2-}，$Cl^--SO_4^{2-}$，$SO_4^{2-}-Cl^-$

4.6.1.6 地下水的硬度

水的硬度取决于水中 Ca^{2+}、Mg^{2+} 的含量。硬度分为：总硬度、暂时硬度、永久硬度等。总硬度是指水中 Ca^{2+}、Mg^{2+} 的总量，常用 mg/L 来表示；暂时硬度是指将水煮沸后，水中一部分 Ca^{2+}、Mg^{2+} 与 HCO_3^- 作用生成 $CaCO_3$ 和 $MgCaCO_3$ 沉淀，呈碳酸盐沉淀的这部分 Ca^{2+}、Mg^{2+} 的总量；永久硬度也称是非碳酸硬度，主要指由 Ca^{2+}、Mg^{2+} 的氯化物、硫酸盐等形成，它们不能用煮沸的方法去除。永久硬度等于总硬度与暂时硬度之差。我国《地下水水质质量标准》（GB/T14848—1993）中规定，Ⅰ、Ⅱ、Ⅲ、Ⅳ类水总硬度（以 $CaCO_3$ 计）分别不大于 150、300、450、550，而Ⅴ类水总硬度大于 550。

4.6.1.7 土壤的盐渍化和碱化

土壤的盐渍化是指各种易溶性盐类在土壤表层逐渐积累的过程。盐分在土壤中的积累是在一系列自然条件（如降雨量小而蒸发量大的干旱气候，较小的潜水埋深和较高的潜水矿化度，低平的地形条件、不利的含盐母质和土壤质地等）和人为活动（如不适当的灌排措施）的综合作用下逐渐形成的。根据土壤表层易溶盐类积累程度的不同，可将土壤分为不同种类的盐化土和盐土。土壤的碱化（*ESP*）是指土壤胶体上交换性钠离子的饱和度逐渐增高的过程。碱化过程通常与脱盐过程相伴发生。当盐化土或盐土在淋洗脱盐时，钙盐和交换性钙等便不断被淋洗，土壤交换性钠离子逐步取代土壤胶体上的交换性钙、镁离子，而使土壤逐渐碱化。依碱化程度不同，可将土壤分为不同种类的碱化土和碱土。我国碱化土土壤分级的碱化度指标见表 4-14。美国农业部盐土实验室将土壤分为不同种类的碱土、盐土及盐碱土，即分类标准见表 4-15。

表 4-14 我国碱化土壤分级的碱化度指标 *ESP*（%）

土壤类型	黄淮海平原	松嫩平原	新疆
非碱化土	<5	<5	<10
弱碱化土	5～10	5～15	10～20
中碱化土	10～20	15～30	20～30
强碱化土	20～40	30～45	30～40
碱土	>40	>45	>40

表 4-15 美国盐土试验研究中心对盐碱土分类（美国农业部 1954 年）

类型＼项目	EC（ds/m）	ESP（%）	pH
盐　土	>4	<15	<8.5
碱　土	<4	>15	>8.5
盐碱土	>4	>15	>8.5

4.6.2 地下水水质评价参数的计算

4.6.2.1 *SAR*（钠吸附比）

SAR 是反映灌溉水中阳离子的对比关系（即钠的相对含量）的一个重要参数，也就是反映灌溉水与土壤相互作用下的水质评价参数。其计算公式为

$$SAR=\frac{N_a^+}{\sqrt{\frac{Ca^{2+}+Mg^{2+}}{2}}} \qquad (4-21)$$

式中：Na^+、Ca^{2+}、Mg^{2+} 表示 1L 中的 Na^+、Ca^{2+}、Mg^{2+} 的毫克当量数，用 meq/L 表示。若用 mmol/L 来表示 *SAR*，则在式（4-22）中不除以 2。

4.6.2.2 *ESR*（交换性钠吸附比）

ESR 是指土壤溶液中已经被土壤颗粒表面吸附的 Na^+ 的比例，通常是 Na^+ 占 Ca^{2+}、Mg^{2+} 的比。常用 cmol/kg 或 mmol/kg 来表示。

4.6.2.3 *ESP*（钠化率）

ESP 是指钠离子占阳离子的百分率，其计算公式为

$$ESP=\frac{Na^+}{CEC} \qquad (4-22)$$

式中：*CEC* 是交换性盐基总量之和，盐基是指 K^+、Na^+、Ca^{2+}、Mg^{2+}、H^+、Al 等离子含量，常用 mmol/kg 或 meq/kg 来表示。

4.6.3 地下水资源的质量评价

4.6.3.1 盐度、碱度、矿化度法

利用盐度、碱度和矿化度评价灌溉水质的方法是我国河南省水文地质队豫东组提出来的。他们把灌溉水对农作物和土壤的危害分为四种类型，即盐害、碱害、盐碱害和综合危害。

1. 盐害

盐害主要指氯化钠和硫酸钠这两种盐分对农作物和土壤的危害，水质的盐害指标用盐度表示，盐度就是在液态条件下氯化钠和硫酸钠的允许含量，当 $Na^+>Cl^-+SO_4{}^{2-}$ 时，盐度 $=Cl^-+SO_4{}^{2-}$ 的含量，当 $Na^+<Cl^-+SO_4{}^{2-}$ 时，盐度 $=Na^+$ 的含量。

2. 碱害

碱害主要指碳酸钠和重碳酸钠对农作物和土壤的危害，水质的碱害指标用碱度表示，碱度就是在液态条件下碳酸钠和重碳酸钠的允许含量。即，碱度 $=(HCO_3{}^-+CO_3{}^{2-})-(Ca^{2+}+Mg^{2+})$ 的含量，当计算结果为负值时，则盐害起主导作用。

3. 盐碱害

盐碱害就是盐害和碱害共存，当盐度大于 10me/L，并有碱度存在时，即为盐碱

害。这种危害一方面使土壤迅速盐化和碱化，另一方面土壤对作物有极强的腐蚀作用，可使作物致死。

4. 综合危害

水中的氯化钙、氯化镁等有害成分与盐害、碱害一起，对作物和土壤的危害称为综合危害。综合危害的程度取决于水中所含各种可溶盐的总量，所以用总矿化度（g/L）来表示。矿化度指标进行水质评价标准见表 4－16。

表 4－16 用矿化度指标进行水质评价

矿化度（g/L）	水质评价
0.2～0.5	优质灌溉水
1～2	用于灌溉可能导致盐化或碱化
3～7	只能用于良好排水和淋洗条件下的地区

属于盐害、碱害、综合危害类型的灌溉水按表 4－17 进行评价。利用表 4－17 既可按单一指标（盐害、碱害、综合危害）评价水质，亦可按双项指标（盐害、综合危害；碱害、综合危害）评价水质。应当指出：一方面，表 4－17 列指标适用于非盐碱化土壤，对于已盐碱化的土壤可视盐碱化程度调整使用；另一方面表 4－17 是根据豫东地区主要作物（小麦、高粱、玉米、棉花、黄豆等）被灌溉后的反应程度确定的，所以对于蔬菜、果树等，应视具体情况作适当调整。

表 4－17 灌溉用水水质评价指标表

危害类型及表示方法		水质类型			
		淡水	中等水	盐碱水	重盐碱水
盐害	碱度为零时盐度（me/L）	＜15	15～25	25～40	＞40
碱害	盐度小于10时碱度（me/L）	＜4	4～8	8～12	＞12
综合危害	总矿化度（g/L）	＜2	2～3	3～4	＞4
灌溉水质评价		长期浇灌对主要作物生长无不良影响	灌溉不当时，对土壤和主要作物有影响；但合理灌溉，能避免土壤发生盐碱化	要注意灌溉方法。灌溉不当时，土壤盐碱化，主要作物生长不好；灌溉方法得当，作物生长良好	灌溉后，土壤迅速盐碱化，对作物生长影响很大。即使在特别干旱时，也尽量避免过量使用

由以上盐度、碱度和矿化度等指标来评价灌溉水质，可将其分为淡水、中等水、盐碱水和重盐碱水等四类。属于盐碱类型的灌溉水，按表 4－18 双项指标进行评价；即当盐度大于 10 时，按盐害、碱害这一对指标来评价水质。

表 4－18 盐碱害类型双项灌溉水质评价指标表

盐度	碱度	水质类型	灌溉水质评价
10～20	4～8	盐碱水	1. 对盐碱水，要特别注意灌溉方法； 2. 对重盐碱水，即使在特别干旱时，也应避免过量使用
	＞8	重盐碱水	
20～30	＜4	盐碱水	
	＞4	重盐碱水	
＞30	微量	重盐碱水	

4.6.3.2 灌溉系数（K_a）法

灌溉系数法是前苏联学者提出的灌溉水质评价方法，并曾得到广泛地应用。所谓灌溉系数（K_a）是指以英寸表示的水层厚度，该水层蒸发后，所剩余的盐量能使土壤累计盐分达到作物难以忍受的程度。灌溉系数的计算方法及用灌溉系数进行水质评价见表4-19，表中离子的计算单位为毫克当量/升（me/L）。

表4-19 灌溉系数（K_a）计算表

水的化学类型	钠盐存在形式	灌溉系数计算式	用 K_a 进行灌溉水质评价
$Na^+ < Cl^-$	NaCl	$K_a=\frac{288}{5Cl^-}$	$K_a<1.2$，不宜用于灌溉；$K_a=1.2\sim5.9$，不太适用的水，要加强排水才能防止土壤积盐；$K_a=6\sim18$，适用的水，排水条件不良时要防止土壤逐年积盐；$K_a>18$，水质良好，完全适用于灌溉，不需专门排水
$Cl^- < Na^+ < (Cl^- + SO_4{}^{2-})$	NaCl 和 Na_2SO_4	$K_a=\frac{288}{Na^+ + 4Cl^-}$	
$Na^+ > (Cl^- + SO_4{}^{2-})$	NaCl 和 Na_2SO_4 和 Na_2CO_3	$K_a=\frac{288}{10Na^+ - 5Cl^- - 9SO_4^{2-}}$	

4.6.3.3 用残余碳酸钠（RSC）评价灌溉水质

艾顿（Eaton）认为灌溉水中的金属碳酸盐（游离的 $NaHCO_3$ 和 Na_2CO_3）对土壤性质的影响很大，并称这些游离的碳酸盐为残余碳酸钠。其计算式为

$$RSC=(HCO_3{}^- + CO_3{}^{2-})-(Ca^{2+} + Mg^{2+}) \qquad (4-23)$$

根据一些试验结果，艾顿认为当 $RSC>2.5$me/L 的水不适于灌溉；当 $RSC<1.25$me/L 的水是安全的；而 RSC 值在 1.25～2.5me/L 之间为临界值。

4.6.3.4 综合危害系数（K）法

综合危害系数（K）法是我国河北省沧州地区农业科学研究所结合当地具体条件提出的一种兼顾盐害和碱害的灌溉水质评价方法。即根据沧州地区地下水的化学成分，建立了灌溉效果与灌溉水的钠吸附比（SAR）和矿化度（M）之间的关系，并以综合危害系数（K）表示，有

$$K=12.4M+SAR \qquad (4-24)$$

式中：K 为综合危害系数，为一无量纲数，K 值反映综合危害；M 为地下水的总矿化度，g/L，M 值反映盐害；SAR 为钠吸附比，SAR 反映碱害。

对农田灌溉来说，地下水的质量取决于两方面的因素：一是地下水的总矿化度，二是钠离子在阳离子总量中的相对含量（用 SAR 表示）。前者是构成土壤盐化的内在因素，后者是土壤能否形成碱化的前提。K 值既反映盐害，又反映碱害，故称综合危害系数。

按综合危害系数（K）大小将地下水的灌溉水质分为：灌溉效果好的一级水；灌溉效果较好的二级水；灌溉效果较差的三级水；灌溉效果劣的四级水。在水质分级的基础上，以钠离子占阳离子的70%（毫克当量）为分界值，将全部水质分为高钠水和低钠水两种类型。大于70%的为高钠水，钠离子是此种水的主导因子，由于它的积累，有可能被土壤胶体吸附，对土壤胶体产生破坏作用，使土壤发生碱化；小于70%的为低钠水，此时全盐（总矿化度）起主导作用，由于它的积累，使土壤溶液渗透压加大，并可能造成土壤盐化。综上所述，可将灌溉水质分为四个等级，每个等级

各两种类型见表 4-20。

表 4-20　　灌溉水质评价表

综合危害系数 K	水质级别	灌溉效果评价	
		高钠水	低钠水
$K \leqslant 25$	一级水	灌后无不良作用，增产显著，允许按作物需要进行常年灌溉	灌后无不良作用，允许按作物需要进行常年灌溉
$25 < K \leqslant 36$	二级水	灌后土壤板结，增产效果较好，可适当灌溉，灌后应及时中耕	灌后田埂沟边有返白现象，增产效果较好，宜适当灌溉
$36 < K \leqslant 44$	三级水	灌后土壤板结，有增产效果，可抗旱灌溉，应增施有机肥，灌后及时中耕	灌后地面有返白现象，但有增产效果，宜抗旱灌溉
$K > 44$	四级水	灌后土壤易碱化，K 值偏低者，可用以点种，起保苗作用；高者一般不宜灌溉	灌后土壤易盐化，K 值偏低者，可用以点种，起保苗作用；高者一般不宜灌溉

根据地下水 pH 值随钠离子相对含量（占阳离子毫克当量百分数）增高而加大的水化学特点，用 pH 值将水分为高钠型和低钠型，其分界值的 pH 为 7.8。大于界值为高钠型水，小于界值为低钠型水。将高钠型水和低钠型水按矿化度的不同各分为四个等级，这样就将表 4-20 简化为表 4-21。用 pH 试纸和盐分速测电导仪测得地下水的 pH 值和总矿化度后，即可用表 4-21 评价灌溉水质。

表 4-21　　简易灌溉水质评价表

水质类型 \ 总矿化度 (g/L) \ 水质级别	Ⅰ类水	Ⅱ类水	Ⅲ类水	Ⅳ类水
高钠型水（pH>7.8）	0～0.6	0.6～1.5	1.5～2.2	>2.2
低钠型水（pH<7.8）	0～1.5	1.5～2.4	2.4～3.0	>3.0

4.6.4　水质评价标准

4.6.4.1　生活饮用水水质标准

GB5749—2006 标准是在 1985 年颁布的《生活饮用水卫生标准》（GB5749—1985）基础上制定的，详细查阅 2006 年 12 月 29 日由中华人民共和国卫生部和中国国家标准化管理委员会联合发布的《生活饮用水卫生标准》，该标准从 2007 年 7 月 1 日开始实施。

GB5749—2006 标准由 GB5749—1985 标准的 35 项增加至 106 项，增加了 71 项，修订了 8 项；其中，微生物指标由 2 项增至 6 项；饮用水消毒剂由 1 项增至 4 项；毒理指标中无机化合物由 10 项增至 21 项，有机化合物由 5 项增至 53 项；感官性状和一般化学指标由 15 项增至 20 项；放射性指标中修订了总 α 的放射性。

GB5749—2006 标准规定了生活饮用水水质卫生要求、生活饮用水水源水质卫生要求、集中式供水单位卫生要求、二次供水卫生要求、涉及生活饮用水卫生安全产品

卫生要求、水质监测和水质检验方法。

GB5749—2006 标准要求有以下几个方面：

（1）生活饮用水中不得含有病原微生物。

（2）生活饮用水中化学物质不得危害人体健康。

（3）生活饮用水中放射性物质不得危害人体健康。

（4）生活饮用水中的感官性状良好。

（5）生活饮用水中应经消毒处理。

（6）生活饮用水水质应符合 GB5749—2006 标准中表 1（水质常规指标及限制）和表 3（水质非常规指标及限制）的卫生要求；饮用水中消毒剂常规指标应符合表 2（饮用水中消毒剂常规指标及要求）的卫生要求；小型集中式供水和分散型供水水质指标应符合表 4（小型集中式供水和分散型供水部分水质指标及限制）卫生要求。

4.6.4.2 农田灌溉水质标准

灌溉用水的水质，应满足作物正常生长，改善土壤理化性状，不污染地下水和保证农产品质量的要求。我国制定农田灌溉水质标准的主要出发点是保护环境，除考虑了河川中的地表水，着重考虑废污水排放对灌溉水资源的污染和污水灌溉带来的一些负效应，如死苗、减产、土壤肥力性状恶化、作物污染以及某些有机化合物、病菌、病毒和寄生虫卵等的残留污染，使农产品质量下降并影响人体健康等问题。因而该标准适用于地表水、地下水和工业废水、生活污水作为水源的农田灌溉用水。我国现行的农田灌溉水质标准详见表 4-22。

表 4-22　农田灌溉水质标准（GB5084—92）　单位：mg/L

序号	项目（标准值/作物分类）		水作	旱作	蔬菜
1	生化需氧量（BOD_5）	≤	80	150	80
2	化学需氧量（COD_{Cr}）	≤	200	300	150
3	悬浮物	≤	150	200	100
4	阴离子表面活性剂（LAS）	≤	5.0	8.0	5.0
5	凯氏氮	≤	12	30	30
6	总磷（以P计）	≤	5.0	10	10
7	水温（℃）	≤	35		
8	pH值	≤	5.5～8.5		
9	全盐量	≤	1000（非盐碱土地区）2000（盐碱土地区）有条件的地区可以适当放宽		
10	氯化物	≤	250		
11	硫化物	≤	1.0		
12	总汞	≤	0.001		

续表

序号	项目	标准值＼作物分类	水作	旱作	蔬菜
13	总镉	≤	0.005		
14	总砷	≤	0.05	0.1	0.05
15	铬（六价）	≤	0.1		
16	总铅	≤	0.1		
17	总铜	≤	1.0		
18	总锌	≤	2.0		
19	总硒	≤	0.02		
20	氟化物	≤	2.0（高氟区）3.0（一般地区）		
21	氰化物	≤	0.5		
22	石油类	≤	5.0	10	1.0
23	挥发酚	≤	1.0		
24	苯	≤	2.5		
25	三氯乙醛	≤	1.0	0.5	0.5
26	丙烯醛	≤	0.5		
27	硼	≤	1.0～2.0（对硼敏感作物，如马铃薯、笋瓜、韭菜、洋葱、柑橘等）	1.0～2.0（对硼耐受性较强的作物，如小麦、玉米、青椒、小白菜、葱等）	1.0～3.0（对硼耐受性强的作物，如：水稻、萝卜、油菜、甘蓝等）
28	粪大肠菌群数，个/L	≤	10000		
29	蛔虫卵数，个/L	≤	2		

4.6.4.3 地下水水质质量标准

地下水水质质量标准适用于一般地下水，不适用于地下热水、矿水、盐卤水。依据我国地下水水质现状、人体健康基准值及地下水质量保护目标，并参照了生活饮用水、工业、农业用水水质要求，将地下水质量划分为五类。详见表 4-23。

Ⅰ类水主要反映地下水化学组分的天然地背景含量。适用于各种用途。

Ⅱ类水主要反映地下水化学组分的天然背景含量。适用于各种用途。

Ⅲ类水以人体健康基准值为依据。主要适用于集中式生活饮用水水源及工、农业用水。

Ⅳ类水以农业和工业用水要求为依据。除适用于农业和部分工业用水之外，适当处理后可作生活饮用水。

Ⅴ类水不宜饮用，其他用水可根据使用目的选用。

表 4-23 地下水质量分类指标（GB/T14848—93）

项目序号	类别 标准值 项目	Ⅰ类	Ⅱ类	Ⅲ类	Ⅳ类	Ⅴ类
1	色（度）	≤5	≤5	≤15	≤25	>25
2	嗅和味	无	无	无	无	有
3	浑浊度（度）	≤3	≤3	≤3	≤10	>10
4	肉眼可见物	无	无	无	无	有
5	pH		6.5～8.5		5.5～6.5 8.5～9	<5.5，>9
6	总硬度（以 $CaCO_3$，计）（mg/L）	≤150	≤300	≤450	≤550	>550
7	溶解性总固体（mg/L）	≤300	≤500	≤1000	≤2000	>2000
8	硫酸盐（mg/L）	≤50	≤150	≤250	≤350	>350
9	氯化物（mg/L）	≤50	≤150	≤250	≤350	>350
10	铁（Fe）（mg/L）	≤0.1	≤0.2	≤0.3	≤1.5	>1.5
11	锰（Mn）（mg/L）	≤0.05	≤0.05	≤0.1	≤1.0	>1.0
12	铜（Cu）（mg/L）	≤0.01	≤0.05	≤1.0	≤1.5	>1.5
13	锌（Zn）（mg/L）	≤0.05	≤0.5	≤1.0	≤5.0	>5.0
14	钼（Mo）（mg/L）	≤0.001	≤0.01	≤0.1	≤0.5	>0.5
15	钴（Co）（mg/L）	≤0.005	≤0.05	≤0.05	≤1.0	>1.0
16	挥发性酚类（以苯酚计）（mg/L）	≤0.001	≤0.001	≤0.002	≤0.01	>0.01
17	阴离子合成洗涤剂（mg/L）	不得检出	≤0.1	≤0.3	≤0.3	>0.3
18	高锰酸盐指数（mg/L）	≤1.0	≤2.0	≤3.0	≤10	>10
19	硝酸盐（以N计）（mg/L）	≤2.0	≤5.0	≤20	≤30	>30
20	亚硝酸盐（以N计）（mg/L）	≤0.001	≤0.01	≤0.02	≤0.1	>0.1
21	氨氮（NH_4）（mg/L）	≤0.02	≤0.02	≤0.2	≤0.5	>0.5
22	氟化物（mg/L）	≤1.0	≤1.0	≤1.0	≤2.0	>2.0
23	碘化物（mg/L）	≤0.1	≤0.1	≤0.2	≤1.0	>1.0
24	氰化物（mg/L）	≤0.001	≤0.01	≤0.05	≤0.1	>0.1
25	汞（Hg）（mg/L）	≤0.00005	≤0.0005	≤0.001	≤0.001	>0.001
26	砷（As）（mg/L）	≤0.005	≤0.01	≤0.05	≤0.05	>0.05
27	硒（Se）（mg/L）	≤0.01	≤0.01	≤0.01	≤0.1	>0.1
28	镉（Cd）（mg/L）	≤0.0001	≤0.001	≤0.01	≤0.01	>0.01
29	铬（六价）（Cr^{6+}）（mg/L）	≤0.005	≤0.01	≤0.05	≤0.1	>0.1
30	铅（Pb）（mg/L）	≤0.005	≤0.01	≤0.05	≤0.1	>0.1
31	铍（Be）（mg/L）	≤0.00002	≤0.0001	≤0.0002	≤0.001	>0.001
32	钡（Ba）（mg/L）	≤0.01	≤0.1	≤1.0	≤4.0	>4.0
33	镍（Ni）（mg/L）	≤0.005	≤0.05	≤0.05	≤0.1	>0.1
34	滴滴涕（μg/L）	不得检出	≤0.005	≤1.0	≤1.0	>1.0
35	六六六（μg/L）	≤0.005	≤0.05	≤5.0	≤5.0	>5.0
36	总大肠菌群（个/L）	≤3.0	≤3.0	≤3.0	≤100	>100
37	细菌总数（个/L）	≤100	≤100	≤100	≤1000	>1000
38	总 σ 放射性（Bq/L）	≤0.1	≤0.1	≤0.1	>0.1	>0.1
39	总 β 放射性（Bq/L）	≤0.1	≤1.0	≤1.0	>1.0	>1.0

第5章 地下水资源计算的数值法

在地下水资源评价中，需通过求解相应的数学模型得到地下水位的变化过程或水文地质参数等。数学模型是用来描述一个系统的结构、空间形式、边界条件和系统内部运动状态等的一组数学关系式。自从地下水非稳定运动理论问世以来，对求解地下水运动的解析方法有了很大的发展。解析方法是用数学中的积分方法或积分变化等方法直接求得数学模型的解，称作解析解。计算公式的物理概念清楚，且将表征地下水运动规律的各因素都包含在一个表达式之内，有利于分析各有关因素之间相互联系与相互制约的内在规律及对地下水运动的影响，其计算步骤比较简便，计算工作量相对较少，因此在生产实践中得到广泛应用。

数学模型的求解常取决于地下水流系统中水文地质条件能够概化的程度。只有当渗流区域的几何形状较简单，其含水层是均质、各向同性的情况下才能获得其解析解。但实际应用中，所遇到的水文地质条件往往是比较复杂的，如渗流区域形状不规则、含水层是非均质的、含水层不同地段的各向异性、由于抽水而使含水层中部分区域由承压水变成无压水等。对于这样的区域，采用解析法从理论上求解地下水流运动规律就十分困难，以致无法求解。如果不顾具体水文地质条件，而直接套用地下水流运动的解析公式，必定会因实际问题的过度简化而使所得的计算结果与实际不符，造成失真，从而失去了实用价值。由于地下水流系统的复杂性，极大地制约了解析解的应用。

20世纪60年代以来，随着计算机技术的迅速发展，数值法作为一种求解近似解的方法被广泛用于地下水水位预报和资源评价中。尤其在处理复杂的水文地质问题时数值法的优势更能得到体现，因而数值方法成为当前研究复杂区域边界及水文地质条件下地下水计算问题的最有效的方法。

5.1 基 本 概 念

数值法是采用离散化的方法来求解数学模型，从而得到研究区域内有限个离散点上的未知函数值。离散化的方法是将研究区域划分成为若干个较小的子区域或称单

元，即化整为零，这些单元的集合体代表原来的研究区域，即又积零为整。在计算区域经过离散以后，整个区域的计算问题就等价于由有限个小区域组成的集合体的计算问题。对于未知函数随时间变化的非稳定过程，这种离散还包括在时间变量上的离散，即将连续的时间分割为相等或不相等的时段，在每一时段内，建立每一个离散点（结点）的方程，组成代数方程组，求解后便可求得计算区域每一时段结点处未知函数的近似解，这样一个时段接着一个时段的计算，就可求得问题的全部解。

数值法求解地下水流数学模型的基本步骤如下：

(1) 将研究区域按照某种规则进行剖分或称离散化。剖分的原则和剖分后形成的子区域形状取决于所采用的数值方法，从而将研究区域划分为若干个子区域单元。对于非稳定流问题，尚须将计算时间也进行离散化，即将计算时间离散为若干个时段。

(2) 将每个小单元作为地下水的小均衡域，并定义特征点上的各种物理量。

(3) 建立某一个时段内结点之间制约各种物理量的关系式，关系式一般表达为代数方程。

(4) 利用初始条件和边界条件，建立在某一个划分时段内边界结点与内部结点的关系式。

(5) 求解上述 (3)、(4) 所构成的代数方程组，可求得某一计算时刻，研究区上各离散点的水位 H 值，其集合 $\{H\}$ 即是渗流区域上某一时刻地下水水位 H 的近似解，单元剖分的越小，$\{H\}$ 的仿真度就越高。

(6) 重复 (3) ～ (5)，可计算下一时刻的水头 $\{H\}$ 集合值。

由于建立代数方程组的方法不同，也就产生了各种不同离散化方法，即不同的数值方法。本章主要介绍地下水流计算中较为常用且较简单的两种基本方法，即有限差分法和有限单元法。

5.1.1 有限差分法的基本概念

有限差分法是一种古典的数值计算方法，从 20 世纪 60 年代初期就开始用于地下水流计算，是当前地下水计算中较为成熟和行之有效的方法。

有限差分法的基本原理就是在描述地下水流运动的偏微分方程中，将定解问题近似地用相应的一组差分方程来代替，然后求解差分方程组。

5.1.1.1 差分的基本概念

设 y 为自变量 x 的一元函数，即 $y=f(x)$，根据导数的定义有 $\frac{\mathrm{d}y}{\mathrm{d}x}=f'(x)=\lim\limits_{\Delta x\to 0}\frac{\Delta y}{\Delta x}$，当 Δx 足够小时，微商可用差商近似表示，即 $\frac{\mathrm{d}y}{\mathrm{d}x}\approx\frac{\Delta y}{\Delta x}$，给自变量 x 一个微小增量 Δx，将 $y=f(x+\Delta x)$ 在 x 点按 Taylor 级数展开，得

$$f(x+\Delta x)=f(x)+\Delta x f'(x)+\frac{\Delta x^2}{2!}f''(x)+\frac{\Delta x^3}{3!}f'''(x)+\cdots \tag{5-1}$$

整理得

$$f'(x)=\frac{\mathrm{d}y}{\mathrm{d}x}=\frac{f(x+\Delta x)-f(x)}{\Delta x}+O(\Delta x) \tag{5-2}$$

其中

$$O(\Delta x)=-\frac{\Delta x}{2!}f''(x)-\frac{\Delta x^2}{3!}f'''(x)-\cdots \tag{5-3}$$

$O(\Delta x)$ 与 Δx 是同阶无穷小量，舍去 $O(\Delta x)$ 后，可得 $y=f(x)$ 在 x 处的一

阶导数的向前差分式为

$$f'(x)=\frac{dy}{dx}\approx\frac{f(x+\Delta x)-f(x)}{\Delta x} \tag{5-4}$$

其截断误差为 $O(\Delta x)$，可见 Δx 越小，用差商代替微商的误差也就越小，式（5-4）称作向前差分。若取 x 的微小增量为 $-\Delta x$，在 x 点按 Taylor 级数展开，得

$$f(x-\Delta x)=f(x)-\Delta x f'(x)+\frac{\Delta x^2}{2!}f''(x)-\frac{\Delta x^3}{3!}f'''(x)+\cdots \tag{5-5}$$

整理得

$$f'(x)=\frac{dy}{dx}=\frac{f(x)-f(x-\Delta x)}{\Delta x}+O(\Delta x) \tag{5-6}$$

其中

$$O(x)=\frac{\Delta x}{2!}f''(x)-\frac{\Delta x^2}{3!}f'''(x)+\cdots \tag{5-7}$$

$O(\Delta x)$ 与 Δx 也是同阶无穷小量，舍去 $O(\Delta x)$ 项后，则函数 $y=f(x)$在 x 处的一阶导数向后差分式可近似表示为

$$f'(x)=\frac{dy}{dx}\approx\frac{f(x)-f(x-\Delta x)}{\Delta x} \tag{5-8}$$

截断误差也为 $O(\Delta x)$。

将式（5-1）与式（5-5）相减，得

$$f(x+\Delta x)-f(x-\Delta x)=2\Delta x f'(x)+\frac{2\Delta x^3}{3!}f^{(3)}(x)+\frac{2\Delta x^5}{5!}f^{(5)}(x)+\cdots \tag{5-9}$$

由此可得

$$f'(x)=\frac{dy}{dx}=\frac{f(x+\Delta x)-f(x-\Delta x)}{2\Delta x}+O(\Delta x^2) \tag{5-10}$$

其中

$$O(\Delta x^2)=-\frac{\Delta x^2}{3!}f^{(3)}(x)-\frac{\Delta x^4}{5!}f^{(5)}(x)-\cdots \tag{5-11}$$

$O(\Delta x^2)$ 与 Δx^2 是同阶的无穷小量，若舍去，即可得函数 $y=f(x)$在 x 点的中心差分式为

$$f'(x)=\frac{dy}{dx}\approx\frac{f(x+\Delta x)-f(x-\Delta x)}{2\Delta x} \tag{5-12}$$

将式（5-1）与式（5-5）相加得

$$f(x+\Delta x)+f(x-\Delta x)=2f(x)+\frac{2\Delta x^2}{2!}f''(x)+\frac{2\Delta x^4}{4!}f^{(4)}(x)+\cdots \tag{5-13}$$

整理得

$$f''(x)=\frac{d^2y}{dx^2}=\frac{f(x-\Delta x)-2f(x)+f(x+\Delta x)}{\Delta x^2}+O(\Delta x^2) \tag{5-14}$$

$O(\Delta x^2)$ 与 Δx^2 是同阶的无穷小量，若舍去，即可得函数 $y=f(x)$在 x 点处二阶导数的差分式为

$$\frac{d^2y}{d^2x}=f''(x)\approx\frac{f(x-\Delta x)-2f(x)+f(x+\Delta x)}{\Delta x^2} \tag{5-15}$$

其截断误差为

$$O(\Delta x^2)=-\frac{2}{4!}\Delta x^2 f^{(4)}(x)-\frac{2}{6!}\Delta x^4 f^{(6)}(x)-\cdots \tag{5-16}$$

5.1.1.2 时空域的离散化

1. 空间离散化

采用数值方法求解地下水流运动问题时，首先要把研究的渗流区域按一定的方式

剖分成为有限个小的均衡域，即区域离散化。在按某一计算精度控制为前提的条件下，小均衡域内的水头 H 或水位 h 以其中心的水位为代表，将小均衡的平均水头或水位放在小均衡的中心。小均衡域内的各参数均视为常数，相邻小均衡域内的水位近似为线性变化。小均衡域称作单元。对于二维渗流区域，在差分计算中最常见的剖分方式是用两组相互正交的平行线把渗流区域剖分成许多矩形小均衡域。在剖分时一般取两组分别平行于 x 轴和 y 轴的平行线进行划分，如图 5-1 所示。

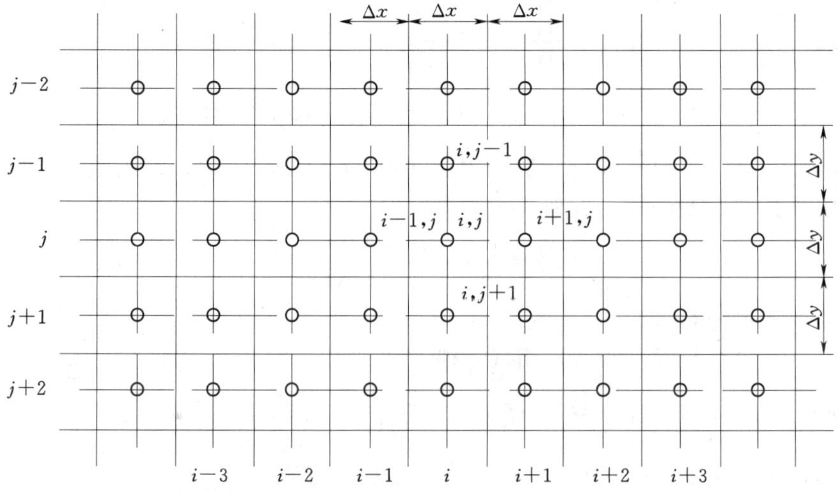

图 5-1　差分网格布置图

单元的中心称作节点，在数值计算时是以结点为研究对象的，对每个结点按照一定的规则顺序编号，常用的方法是将横向的网格称作行，记为 i，纵向称作列，记为 j。行与列均按顺序编号，于是第 i 行与第 j 列相交处结点编号为（i，j），小网格的边长即相邻结点的间距分别为 Δx、Δy 称作空间步长。

在区域离散化时，常用的方法是进行矩形网格剖分，但若遇到以下一些情况：所研究的区域平面形状不规整；计算中需要使用其观测资料的观测孔位置比较散乱，以及计算区域的某些地区要求的计算精度较高等。这时如果采用矩形差分网格，必须将网格划分得很细，这样将大大增加计算工作量，则可采用不规则网格的有限差分法。采用不规则网格时，选择有代表性的观测孔或要进行计算的位置作为结点，将各结点用直线连接成多个三角形（结点之间的线段不能相交），为提高计算精度，三角形的内角应为锐角并应尽量接近 60°。但是在计算机硬件迅速发展的今天，内存已不再是严重的制约因素，不规则网格的过多人工干预带来的麻烦，使得人们在很多时候更倾向于应用划分密集的矩形网格。

对区域边界离散时，可做如下处理：第一类边界从小均衡域的结点经过；第二类边界与小均衡域的边界重合。在一般情况下区域边界是不规则的，为了减少计算工作量，可对区域的边界进行概化，近似的以阶梯状边界代替真实边界。

2. 时间离散化

对于非稳定流问题，尚需对时间坐标也离散化，如图 5-2 所示。两时刻的间隔

为 Δt，称作时间步长。这样二维渗流问题就形成一个三维体系的网格，有限差分法就是要计算各结点（i，j）或者（i，j，k）上水头 H 或水位 h 的近似值 $H_{i,j}^{k}$，或者 $h_{i,j}^{k}$ 值，而不是任意时刻整个计算区域内任意点的水位，即解析表达式的解 $H(x, y, t)$。所得结果是近似值 $h_{i,j}^{k}$ 或 $H_{i,j}^{k}$ 的集合 $\{H\}$，而不是精确解。两者是有差异的，这差异除取决于计算方法本身外，还取决于空间步长 Δx、Δy 与时间步长 Δt_k 的取值。

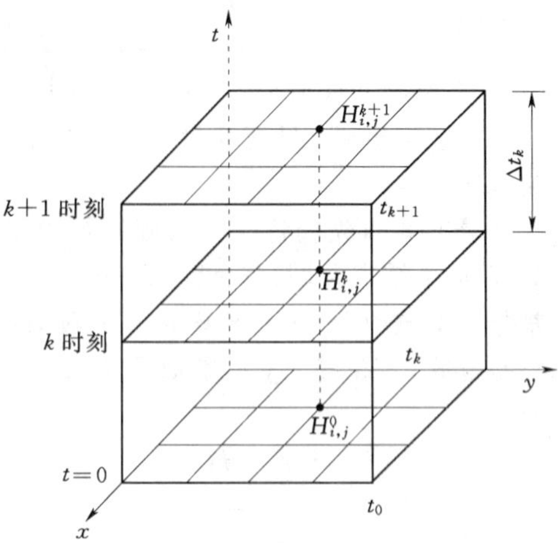

图 5－2　渗流区域时空离散化结点示意图

对于地下水非稳定流运动，在抽水的初始阶段或有强烈蒸发的初期，地下水位的变化较大，随着时间的延续，地下水位的变化趋于缓慢。为保证计算精度，在地下水位变化较大的阶段，应改较小的时间步长，在地下水位变化缓慢阶段可选用较大的时间步长。但两个相邻时段时间步长的变更不应太大，可按公式 $\Delta t_{k+1}=1.25\Delta t_k$ 计算新的时间步长，也有按对数尺度增加时间步长的确定方法，每算 6 步使步长增加 10 倍，顺序地选用 Δt_0、$1.5\Delta t_0$、$2\Delta t_0$、$3\Delta t_0$、$4.5\Delta t_0$、$7\Delta t_0$、$10\Delta t_0$，其中 Δt_0 为初始时间步长。上述两种修改步长的方法都有一定的盲目性，为不致因时间步长过大造成误差，在保证一定精度条件下选用尽可能大的步长，可以设置一些判定准则，如：

（1）水头变幅准则：设在第 n 个时间步长算得各结点水头变化的最大值为 δ，则下一个步长的大小按下列方式决定

$$\Delta t_{n+1}=\begin{cases}\alpha\Delta t_n & \text{当 } \delta<\dfrac{\eta}{2}\\ \Delta t_n & \text{当 } \dfrac{\eta}{2}\leqslant\delta\leqslant\eta\\ \beta\Delta t_n & \text{当 } \delta>\eta\end{cases}\tag{5-17}$$

式中：η 为事先设定的一个时间步长内水头最大的允许变幅；α 为增大因子，一般取 $1<\alpha<2$；β 为缩小因子，取 $1/2<\beta<1$。为了不致在某一计算中误差过大而影响其后的全部计算结果，当 $\delta>2\eta$ 时，则不承认第 n 步的计算，而让 Δt_n 缩小后重算。

（2）水量平衡准则：在每一步计算后，都检查整个区域来、去水量及贮存量间是否保持平衡，其差值（绝对值）不能超过某一事先设定的界限。

（3）设置一个 $\Delta t_{\max}$，当 Δt 增加到这个值时，就按等步长计算。

（4）迭代次数准则：在每一轮迭代计算中，设定一个迭代次数值，当达到规定的迭代次数仍未满足迭代收敛标准时，应缩小该时段的时间步长重算，缩小因子 β 可取 $1/2<\beta<1$。

5.1.1.3　有限差分方程的几种格式

以非均质各向异性的承压含水层二维非稳定流为例进行说明，其基本微分方程为

$$\frac{\partial}{\partial x}\left(T_{xx}\frac{\partial H}{\partial x}\right)+\frac{\partial}{\partial y}\left(T_{yy}\frac{\partial H}{\partial y}\right)+\varepsilon=\mu^*\frac{\partial H}{\partial t} \tag{5-18}$$

式中：H 为地下水水头，m；T 为导水系数，m^2/d；μ^* 为承压含水层的弹性释水系数；ε 为垂直方向水量交换量，补给为正，消耗为负，可包括入渗、蒸发、越流补给或抽水等。

计算时，首先应将研究区域进行离散化，沿 x 方向离散为 n 个结点，沿 y 方向离散成 m 个结点，即：$i=1,2,\cdots,n$ 和 $j=1,2,\cdots,m$ 共有 $m\times n$ 个结点。据前述差分式对式（5-18）离散化。一般对时间坐标直接取向前差分式，其余各项采用中心差分式。Δx 与 Δy 分别取等步长。对于（i，j）结点，在 $t_k\sim t_{k+1}$ 时段内离散方程为

$$\begin{aligned}&T_{i-\frac{1}{2},j}\frac{H_{i,j}-H_{i-1,j}}{\Delta x^2}-T_{i+\frac{1}{2},j}\frac{H_{i+1,j}-H_{i,j}}{\Delta x^2}+T_{i,j-\frac{1}{2}}\frac{H_{i,j}-H_{i,j-1}}{\Delta y^2}\\&-T_{i,j+\frac{1}{2}}\frac{H_{i,j+1}-H_{i,j}}{\Delta y^2}+\varepsilon_{i,j}=\mu_{i,j}^*\frac{H_{i,j}^{k+1}-H_{i,j}^k}{\Delta t_k}\end{aligned} \tag{5-19}$$

为简化计算，取 $\Delta x=\Delta y$，等式右端 H 值取时段内不同时刻值可以得到不同的差分表达式。

1. 显式差分格式

若等式左端水头 H 取时段（t_k, t_{k+1}）初 t_k 时刻的水头值，则式（5-19）可写成显式差分格式，即

$$\begin{aligned}&T_{i-\frac{1}{2},j}H_{i-1,j}^k-(T_{i-\frac{1}{2},j}+T_{i+\frac{1}{2},j})H_{i,j}^k+T_{i+\frac{1}{2},j}H_{i+1,j}^k+T_{i,j-\frac{1}{2}}H_{i,j-1}^k\\&-(T_{i,j-\frac{1}{2}}+T_{i,j+\frac{1}{2}})H_{i,j}^k+T_{i,j+\frac{1}{2}}H_{i,j+1}^k+\varepsilon_{i,j}\Delta x^2\\=&\frac{\mu_{i,j}\Delta x^2}{\Delta t_k}(H_{i,j}^{k+1}-H_{i,j}^k)\end{aligned} \tag{5-20}$$

令 $\gamma_1=\dfrac{\Delta t_k}{\mu_{i,j}\Delta x^2}$，式（5-20）可化为

$$\begin{aligned}H_{i,j}^{k+1}=&H_{i,j}^k+\gamma_1[T_{i-\frac{1}{2},j}H_{i-1,j}^k-(T_{i-\frac{1}{2},j}+T_{i+\frac{1}{2},j}+T_{i,j-\frac{1}{2}}+T_{i,j+\frac{1}{2}})H_{i,j}^k\\&+T_{i+\frac{1}{2},j}H_{i+1,j}^k+T_{i,j-\frac{1}{2}}H_{i,j-1}^k+T_{i,j+\frac{1}{2}}H_{i,j+1}^k]+\gamma_1\varepsilon_{i,j}\Delta x^2\end{aligned} \tag{5-21}$$

式（5-21）右端均为时段初 t_k 时刻的水头值，即为已知量。在已知补给量的情况下，可很方便地推算时段末 t_{k+1} 时刻各结点（i，j）（$i=1,2,\cdots,n$，$j=1,2,\cdots,m$）的水头 ${H_{i,j}}^{k+1}$ 值。但是，其解的稳定性是有条件的，可以证明在满足

$$(T_{i-\frac{1}{2},j}+T_{i+\frac{1}{2},j}+T_{i,j-\frac{1}{2}}+T_{i,j+\frac{1}{2}})\frac{\Delta t_k}{\mu_{i,j}\Delta x^2}\leqslant 1 \tag{5-22}$$

时，显式差分格式才是稳定的，即式（5-21）的解才收敛于式（5-18）的解。所以采用显式格式计算时，空间步长 Δx 与时间步长 Δx_k 的选择都要受到限制，时间步长应满足

$$\Delta t_k\leqslant\frac{\mu_{i,j}\Delta x^2}{T_{i-\frac{1}{2},j}+T_{i+\frac{1}{2},j}+T_{i,j-\frac{1}{2}}+T_{i,j+\frac{1}{2}}} \tag{5-23}$$

为满足式（5-22）的稳定条件，当 T 值较大时，而 μ^* 值又较小时，常需要选取较小的时间步长 Δt_k 或较大的空间步长 Δx 值。缩短时间步长意味着增加计算工作量；而增大空间步长将意味着牺牲计算精度。所以对同一个计算问题，采用显式差分

法计算时易使计算时段增加，计算工作量增大，计算效率降低。在电子计算机出现以前，显式差分格式曾被广泛地应用于研究地下水的非稳定流运动，现在采用较少，一般只用于参数估算或者迭代计算中的初值估算等。

2. 隐式差分格式

若式（5－19）等式左端水头 H 取时段（t_k, t_{k+1}）内的时段末 t_{k+1}时刻值，则式（5－19）可写成

$$T_{i-\frac{1}{2},j}H_{i-1,j}^{k+1}-\left(T_{i-\frac{1}{2},j}+T_{i+\frac{1}{2},j}+T_{i,j-\frac{1}{2}}+T_{i,j+\frac{1}{2}}+\mu_{i,j}\frac{\Delta x^2}{\Delta t_k}\right)H_{i,j}^{k+1}$$
$$+T_{i+\frac{1}{2},j}H_{i+1,j}^{k+1}+T_{i,j-\frac{1}{2}}H_{i,j-1}^{k+1}+T_{i,j+\frac{1}{2}}H_{i,j+1}^{k+1}=-\mu_{i,j}\frac{\Delta x^2}{\Delta t_k}H_{i,j}^{k}-\varepsilon_{i,j}\Delta x^2 \tag{5-24}$$

式（5－24）等式右端为时段初始水头与入渗量值即已知项，左端包含有 $H_{i-1,j}^{k+1}$、$H_{i,j}^{k+1}$、$H_{i+1,j}^{k+1}$、$H_{i,j-1}^{k+1}$和 $H_{i,j+1}^{k+1}$5 个未知水头，不能直接求解，称为隐式差分格式。将式（5－24）写为

$$a_{i,j}H_{i-1,j}^{k+1}+b_{i,j}H_{i,j}^{k+1}+c_{i,j}H_{i+1,j}^{k+1}+e_{i,j}H_{i,j-1}^{k+1}+f_{i,j}H_{i,j+1}^{k+1}=d_{i,j} \tag{5-25}$$

其中 $a_{i,j}=T_{i-\frac{1}{2},j}$；$c_{i,j}=T_{i+\frac{1}{2},j}$；$e_{i,j}=T_{i,j-\frac{1}{2}}$；$f_{i,j}=T_{i,j+\frac{1}{2}}$

$$d_{i,j}=-\frac{\mu_{i,j}\Delta x^2}{\Delta t_k}H_{i,j}^{k}-\varepsilon_{i,j}\Delta x^2;b_{i,j}=-(T_{i-\frac{1}{2},j}+T_{i+\frac{1}{2},j}+T_{i,j-\frac{1}{2}}+T_{i,j+\frac{1}{2}})-\frac{\mu_{i,j}\Delta x^2}{\Delta t_k}$$

可见，$a_{i,j}$、$b_{i,j}$、$c_{i,j}$、$e_{i,j}$、$f_{i,j}$和 $d_{i,j}$等均为常数，所以式（5－25）为一线性代数方程组，其中 $i=1, 2, \cdots, n$；$j=1, 2, \cdots, m$。

为确定计算区域内各结点的水头值，需对计算区域内所有未知水头结点均列差分式（5－25）；再根据边界条件，列出边界方程，从而形成一个封闭的线性代数方程组，然后联立方程组求解（t_k，t_{k+1}）时段内的时段末各结点水头值。

采用隐式差分格式求解时，虽然计算工作量较显式格式大，但它具有无条件稳定的优点，即无论空间步长 Δx 与时间步长 Δt 取什么数值，式（5－25）均是稳定的。隐式差分格式的每个方程中都包含有 5 个未知水头值，在求解中占用计算机的存储单元较多，计算时间较长。因此在选用求解方程组的计算方法时，应根据求解问题结点数量的多少与计算机内存量的大小选取相应的方法。

3. 中心差分格式

若式（5－20）等式左端水头 H 取（t_k, t_{k+1}）的时段中间 $t_{k+1/2}$时刻值，则式（5－20）化为

$$T_{i-\frac{1}{2},j}H_{i-1,j}^{k+\frac{1}{2}}-(T_{i-\frac{1}{2},j}+T_{i+\frac{1}{2},j})H_{i,j}^{k+\frac{1}{2}}+T_{i+\frac{1}{2},j}H_{i+1,j}^{k+\frac{1}{2}}+T_{i,j-\frac{1}{2}}H_{i,j-1}^{k+\frac{1}{2}}$$
$$-(T_{i,j-\frac{1}{2}}+T_{i,j+\frac{1}{2}})H_{i,j}^{k+\frac{1}{2}}+T_{i,j+\frac{1}{2}}H_{i,j+1}^{k+\frac{1}{2}}+\varepsilon_{i,j}\Delta x^2$$
$$=\mu_{i,j}\frac{\Delta x^2}{\Delta t_k}(H_{i,j}^{k+1}-H_{i,j}^{k}) \tag{5-26}$$

若时段（t_k，t_{k+1}）内水头变化较平稳，时段中间水头可取时段初 t_k 时刻与时段末 t_{k+1}时刻水头的算术平均值，即

$$H_{i,j}^{k+\frac{1}{2}}=\frac{1}{2}(H_{i,j}^{k}+H_{i,j}^{k+1})$$

其余各结点水头类同，整理得中心差分格式为

$$a_{i,j}H_{i-1,j}^{k+1}+b_{i,j}H_{i,j}^{k+1}+c_{i,j}H_{i+1,j}^{k+1}+e_{i,j}H_{i,j-1}^{k+1}+f_{i,j}H_{i,j+1}^{k+1}=d_{i,j} \tag{5-27}$$

其中
$$a_{i,j}=T_{i-\frac{1}{2},j};b_{i,j}=-(T_{i-\frac{1}{2},j}+T_{i+\frac{1}{2},j}+T_{i,j-\frac{1}{2}}+T_{i,j+\frac{1}{2}})-\frac{2\mu_{i,j}\Delta x^2}{\Delta t_k}$$

$$c_{i,j}=T_{i+\frac{1}{2},j};e_{i,j}=T_{i,j-\frac{1}{2}};\ f_{i,j}=T_{i,j+\frac{1}{2}}$$

$$d_{i,j}=-2\varepsilon_{i,j}\Delta x^2-T_{i-\frac{1}{2},j}H_{i-1,j}^{k}+\left(T_{i-\frac{1}{2},j}+T_{i+\frac{1}{2},j}+T_{i,j-\frac{1}{2}}+T_{i,j+\frac{1}{2}}-\frac{2\mu_{i,j}\Delta x^2}{\Delta t_k}\right)\times H_{i,j}^{k}-T_{i+\frac{1}{2},j}H_{i+1,j}^{k}-T_{i,j-\frac{1}{2}}H_{i,j-1}^{k}-T_{i,j+\frac{1}{2}}H_{i,j+1}^{k}$$

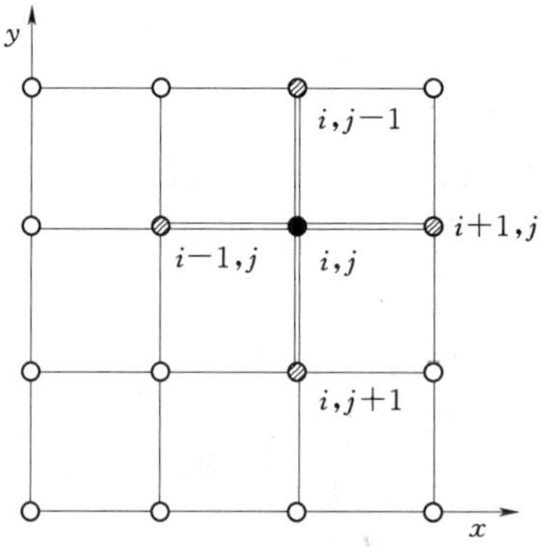

图 5-3 有限差分计算模式图

式（5-27）等式右端为已知项，而左端也包含有 $H_{i-1,j}^{k+1}$、$H_{i,j}^{k+1}$、$H_{i+1,j}^{k+1}$、$H_{i,j-1}^{k+1}$ 和 $H_{i,j+1}^{k+1}$ 5 个未知水头，也不能直接求解。为确定各结点水头值，需对计算区域内所有未知结点均列差分方程式（5-27），结合边界条件形成封闭的线性代数方程组，求解该方程组即可得到各结点未知水头。从理论上讲，中心差分格式也是无条件稳定的，但精度要较隐式差分格式高。

通过以上讨论可知，利用差分法求解地下水渗流问题时，某结点水头仅与相邻 4 个结点水头有关，如图 5-3 所示。

5.1.1.4 差分方程的相容性、稳定性与收敛性

1. *差分方程的相容性*

差分方程的相容性是指在较小的时间步长和较小的空间步长趋于零的极限条件下，差分方程等同于微分方程。即假设微分方程的解析解为已知，将解析解代入差分方程后，所得误差记为 R，当空间步长与时间步长均趋于零时，R 值也趋于零。差分方程必须与微分方程相容，才能保证用差分格式求得的解为微分方程的近似解，相容性是建立差分方程首先应当考虑的必要条件。

2. *差分方程的收敛性与稳定性*

对于计算区域内的每个内结点，都可以建立一个差分方程，结合边界条件及初始条件便可构成线性代数方程组。如果空间步长 Δx、Δy 与时间步长 Δt_k 取值恰当，则可求解该线性代数方程组，从而得到具有一定精度的近似解。即利用有限差分法求解地下水流问题是为了得到原数学模型的近似解——数值解。但是，只有当满足相容性的差分方程本身是收敛和稳定时，所求得的数值解才能成立，且其近似程度才能满足实际工作的精度要求。因此，数值方法本身的收敛性和稳定性对于数值计算是十分必要和重要的。

若以 U_i 代表原数学模型的精确解，H_i 表示差分方程的准确解，H'_i 表示差分方程的数值解。由于在列差分方程时存在截断误差，差分方程的准确解 H_i 是原数学模型精确解 U_i 的近似。其近似的程度同空间步长 Δx、Δy 和时间步长 Δt_k 的取值及差分格式的选取均有关。所谓收敛性问题是研究在什么条件下，当 $\Delta x\to 0$，$\Delta y\to 0$，$\Delta t\to 0$时，差分方程的准确解 H_i 与微分方程的精确解 U_i 之差的绝

对值趋于零，即截断误差 $|U_i - H_i| \to 0$。在计算区域内，若所得解能满足此条件，则表明差分方程的数值解满足收敛条件。故收敛条件是使用有限差分法的基础和依据。

同时在求解差分方程组时，由于初始值有误差，而且在计算过程中只能用有限位记数，进而便会产生舍入误差；在迭代计算中，其迭代次数也是有限的，从而对准确解的逼近过程也将产生新的误差。因此，我们只能得到差分方程的近似解 H'_i，而不能得到其准确解 H_i 值。在对时间坐标离散后，我们要对逐个时段进行迭代，以求解差分方程组。如果在某一个时段引入误差，必将影响到下一个时段及以后各时段的数值解 H'_i。随着计算时段的增加，初始误差、舍入误差和迭代误差的影响和传播是否能得以控制，即称作稳定性问题。在理论上可以证明，显式差分是条件稳定差分格式，中心差分和隐式差分为无条件稳定格式。

当差分方程组的数值解 H'_i 与差分方程组的准确解 H_i 差的绝对值趋于零时，即 $|H_i - H'_i| \to 0$，或者说，在求解差分方程中，某时段某结点引入的误差，其影响逐渐消失或保持有界，而不随着时段的增加而无限增大，则该差分格式是稳定的。反之，则是不稳定的。对于收敛性较好的差分格式，若其解表现为不稳定情况，则也是毫无实用价值的。因为随着计算时段的增加，差分方程的解 H'_i 的误差不断积累和扩大，致使所得解与精确解相距甚远，甚至会产生谬误。

研究差分格式的稳定性与收敛性时，常用到 Lax 等价定理。Lax 等价定理的内容可表述为：对于一个适当的线性微分方程（常微分方程或偏微分方程）定解问题及一个与其相容的差分格式，如果该格式稳定则必收敛，不稳定必不收敛，反之亦然。简而言之，适定的线性微分问题，若差分格式相容，则稳定性与收敛性等价。这里所谓的适定是指微分方程在给定的定解条件下存在唯一解并且连续依赖于定解条件。则根据此定理，在线性适定和格式相容的条件下，只要证明了格式是稳定的，则格式一定收敛；如果不稳定，则不收敛。由于收敛性的证明，往往比稳定性更难，故按此定理人们往往把注意力集中在稳定性研究上。

5.1.1.5 差分方程的求解方法

差分方程常用的求解方法有追赶法、超松弛法（SOR 法）、交替方向隐式差分法（ADI 法）等几种。最常用的方法为追赶法和交替方向隐式差分法，这两者方法的计算步骤详见［例 5－1］、［例 5－2］。

在潜水地下水流运动计算中，由于 $T = KH_p$，H_p 为潜水含水层平均厚度，实际上即是潜水平均水位 H 值。因为 H 尚是未知值，所以潜水地下水流运动差分方程为非线性方程组。在求解时首先应进行线性化。一般采用先给定各结点一个水位值，由其确定各相应的 T 值，则差分方程化成线性方程组进行求解。并对所得结果与原假定值进行比较，若精度满足要求，所得结果即是所求解；若精度不能满足要求，用所得结果重新计算 T 值，然后重复以上计算，直到满足精度要求为止。对于非稳定问题，尚需对时间坐标离散，并需进行时段迭代，所以潜水非稳定计算具有双重迭代的特征。

综上所述，有限差分法概念简单，且容易在计算机上实现，计算速度较快，占用计算机内存量小。不足之处是对几何形状复杂边界的拟合程度较差，从而使计算精度

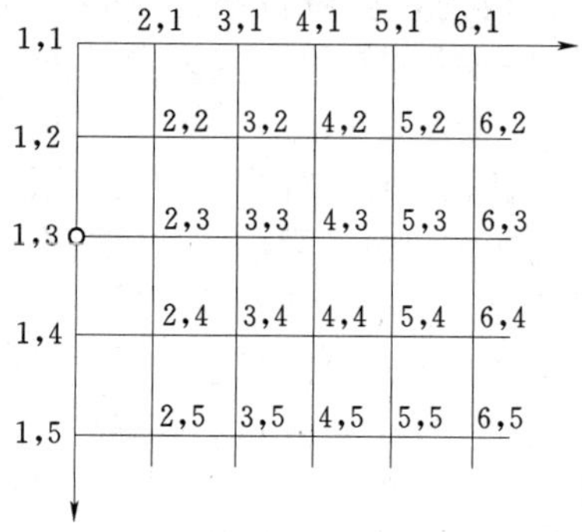

图 5-4　一类边界结点计算图

略低于有限单元法。

5.1.1.6　边界条件的处理

1. 第一类边界条件

第一类边界条件即是已知结点水头的边界，此类边界的处理较为简单，只需在计算时，将已知的边界结点水头 H_b 代入相应的内结点方程，重新整理即可。如图 5-4 所示，当已知第一类边界结点位于第三行、第一列时，即结点（1，3）上：$H_{1,3}^{k+1}=H_{1,3}^{k}=H_b$。只需将该值代入与结点（1，3）有关的内结点方程即可。

如对结点（2，3）列差分方程，可得

$$a_{2,3}H_{1,3}^{k+1}+b_{2,3}H_{2,3}^{k+1}+c_{2,3}H_{3,3}^{k+1}+e_{2,3}H_{2,2}^{k+1}+f_{2,3}H_{2,4}^{k+1}=d_{2,3}$$

将已知条件：$H_{1,3}^{k+1}=H_b$ 代入上方程并整理得

$b_{2,3}H_{2,3}^{k+1}+c_{2,3}H_{3,3}^{k+1}+e_{2,3}H_{2,2}^{k+1}+f_{2,3}H_{2,4}^{k+1}=d_{2,3}-a_{2,3}H_b=d'_{2,3}$ 也为线性代数方程。

2. 第二类边界条件

第二类边界条件即已知边界通量的边界。当为第二类边界时，如图 5-5（a）所示，可利用如下技巧予以处理。

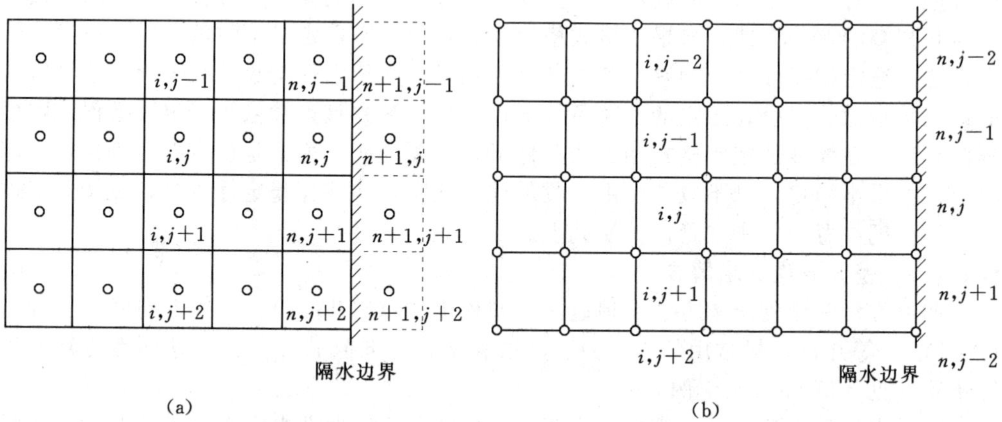

图 5-5　二类边界网格布置图

（a）二类边界位于结点中间；（b）二类边界位于结点上

（1）在隔水边界外再设立一排虚结点，并令该结点上的导水系数 T 值为零。这样，如在隔水边界内侧结点上列差分方程时，自然会实现隔水边界。

（2）对已知通量边界，将侧向径流量按流入均衡区为正，流出均衡区为负，且并入 $\varepsilon_{i,j}$ 项中。若侧向径流量同时也是时间的函数，可取时段初与时段末的径流量平均值并入 $\varepsilon_{i,j}$ 项中。于是，便可形成近似隔水边界，同样可采用图 5-5（a）的方法处理。在差分计算中，有时采用的边界结点与二类边界结点重合，如图 5-5（b）所示。若已知二类边界条件为：

$T\dfrac{\partial H}{\partial n}=q$，$n$ 为外法线方向，边界水头则有如下关系

$$T\frac{H_{n,j}^{k+1}-H_{n-1,j}^{k+1}}{\Delta x}=q$$

即

$$-H_{n-1,j}^{k+1}+H_{n,j}^{k+1}=\frac{\Delta xq}{T} \tag{5-28}$$

对于其他二类边界结点也可类似处理。当为隔水边界时，只需令式（5-25）中的 $q=0$ 即可。在计算时，将式（5-28）所得边界方程与内结点方程联立求解，即可求得各结点水头值。

5.1.2 有限单元法的基本概念

5.1.2.1 概述

1. 概念

有限单元法是利用剖分插值把计算区需要连续求解的地下水渗流运动偏微分方程离散成为求解线性方程组问题。即用有限个单元的集合体来代替所计算的渗流区，然后选择某种较简单的函数来近似地表示每个单元上的水头分布，集合起来形成线性代数方程组，并用近似的数值解代替精确解。

2. 有限单元法的种类及其原理

按照建立线性代数方程组所依据的原理不同，有限单元法又可分为迦辽金（Galerkin）有限元法、变分有限元法也称瑞里—里兹（Ritz）有限元法和均衡有限元法。

迦辽金有限元法是依据剩余加权平均理论，该法在水文地质概念方面比较清楚，在水文地质计算中应用较为广泛。变分有限元法是依据变分原理，把微分方程的求解等价于求某个泛函的极小值问题，再用剖分插值，把求泛函的极小值问题转化成求解线性代数方程组。均衡法是从水均衡的角度出发，对区域进行三角剖分，然后建立以任一结点 i 为公共顶点的各三角形的重心与相应边中点的连线所组成的区域均衡方程。对整个区域来讲将得到一个线性方程组。均衡有限元法虽然简单、直观，但在数学上认为是不严密的。

三种方法尽管所依据的原理不同，但对于同一种地下水渗流问题，最终所形成的线性代数方程组是一致的。本书仅介绍前两种方法，并重点介绍迦辽金有限元法。

5.1.2.2 区域离散化

在采用有限单元法进行求解时，需首先将计算区域部分，据计算区域的形状、水文地质条件、边界条件、补给排泄状况以及计算精度要求，按照一定的规则将计算区域 Ω 划分成为有限个小区域，即进行剖分。这种剖分要从边界开始，使整个区域完全被剖分。剖分后的小区域间不能留有空隙，也不能重合。边界可用适当的折线来概化逼近，如图 5-6 所示。

小区域可以是四边形、三角形或曲边形，如图 5-7（a）所示。小区域称为单元，小区域的各边称作线元，线元的端点称作结点，本节仅介绍常用的三角形单元剖分。有限单元法在计算区内一般应均匀剖分，据具体情况，在局部地方可适当加密或放稀。如在区域内部含水层渗透系数变化剧烈或有间断时，有限单元的剖分应与参数

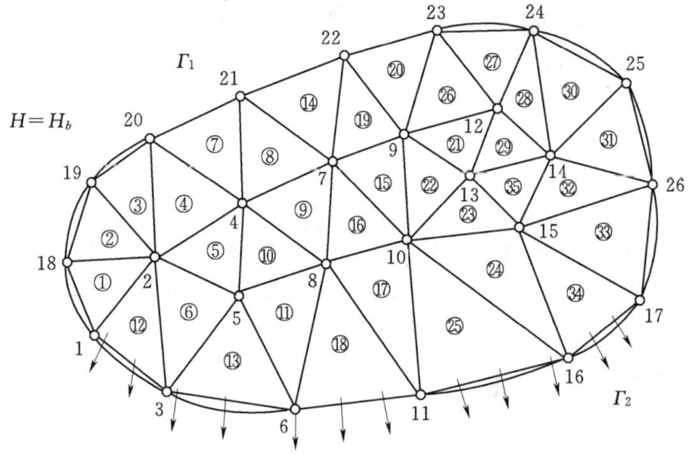

图 5-6 平面渗流有限单元剖分示意图

的分区相适应。剖分时结点必须是具有公共线元的单元顶点，如图 5-7（b）所示。为提高计算精度，应尽量使单元的任一内角应小于 90°而大于 30°，三角形单元各边长尽量相等。有限单元的顶点称为结点，计算边界上的结点称为边界结点（又称为外结点），边界结点分为两类：在计算时间内水位变化已知的结点称为第一类边界点；边界上流量已知的称为第二类边界点。在边界结点所包围的计算区域内的结点称为内结点。编号时结点和单元均须进行编号，一般按照内结点、第二类边界点和第一类边界点次序进行编号，且注意相邻结点编号不要相差太大。

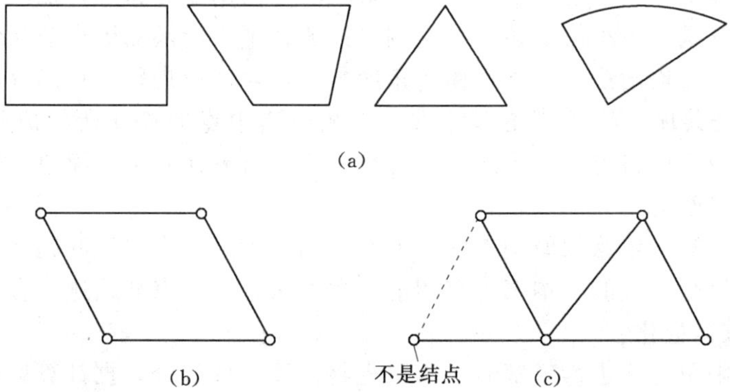

图 5-7 有限单元法剖分单元

5.1.2.3 迦辽金有限元法

1. 剩余加权法

设有一函数 $L(u)=0$ 定义在 Ω 上，其精确解或解析解 $u(x)$ 必能在区域 Ω 上的任一点满足函数 $L(u)=0$ 和相应的边界条件。但对较复杂的问题，求其精确解很困难。常采用具有一定精度的近似解来代替解析解。若设一试函数 $\bar{u}$ 表示原问题的近似解，同时也能满足相应的边界条件，则可取

$$\bar{u} = \sum_{i=1}^{n} \alpha_i \Phi_i \tag{5-29}$$

式中：α_i 为待定系数；Φ_i 为按某种特定要求选定的已知函数，称作基函数，并使 Φ_1，Φ_2，…，Φ_n 线性独立。

将式（5-29）代入原方程后，由于 $\bar{u}$ 是原方程的近似解，所以不能使 $L(u)=0$ 成立，将产生一个剩余量 R，即 $L(\bar{u})=R$。再用某种方式选定几个与 α_i 相对应的权函数 $\omega_i(i=1,2,\cdots,n)$。权函数可使得剩余量在原函数定义的区域 Ω 上的加权积分值等于零，即

$$\iint_{\Omega} R\omega_i \mathrm{d}x\mathrm{d}y = 0 \qquad (i = 1,2,\cdots,n) \tag{5-30}$$

这样就构成了 n 阶方程组，通过求解剩余加权积分式（5-30），可确定 n 个待定系数 α_1，α_2，…，α_n 值，于是便可利用式（5-29）求得原问题的近似解 $\bar{u}$。权函数 w_i 选取方法不同，就构成了不同的剩余加权法，如矩量法、配置法、最小二乘法和迦辽金法等。其中迦辽金法是目前采用较为广泛的一种方法，该法是将权函数 ω_i 就选取为基函数，其剩余加权积分式可以写为

$$\iint_{\Omega} R\Phi_i \mathrm{d}x\mathrm{d}y = 0 \qquad (i = 1,2,\cdots,n) \tag{5-31}$$

式（5-31）即是迦辽金方程。

2. 基函数 Φ_i 的构成

将计算区域 Ω 剖分成若干单元，常采用三角形单元，且采用线性函数。对于地下水水流模拟计算来讲，线性插值函数就能满足计算精度要求。设单元 e 为研究区域 Ω 中的任一单元，单元的三个结点按逆时针顺序编号为 i、j、k，其坐标分别为（x_i，y_i）、（x_j，y_j）、（x_k，y_k）。三个结点上对应的水头分别为 H_i（t）、H_j（t）、H_k（t），如图 5-8 所示。设在单元 e 上以 i、j、k 表示的三个结点线性插值函数为

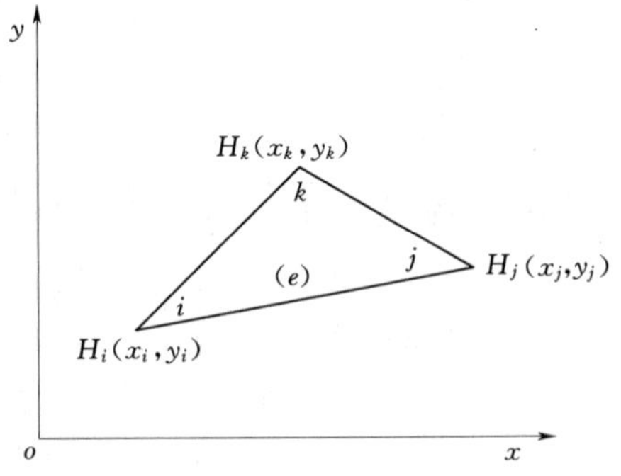

图 5-8 三角形单元示意图

$$\begin{cases} \phi_i(x,y)=\alpha_i+\beta_i x+\gamma_i y \\ \phi_j(x,y)=\alpha_j+\beta_j x+\gamma_j y \\ \phi_k(x,y)=\alpha_k+\beta_k x+\gamma_k y \end{cases} \tag{5-32}$$

式中：α、β、γ 为待定系数；ϕ_i、ϕ_j、ϕ_k 为单元基函数，也可称单元 e 的形状函数，且具有如下特征

$$\begin{cases} \phi_i(x_i,y_i)=1,\phi_j(x_i,y_i)=0,\phi_k(x_i,y_i)=0 \\ \phi_i(x_j,y_j)=0,\phi_j(x_j,y_j)=1,\phi_k(x_j,y_j)=0 \\ \phi_i(x_k,y_k)=0,\phi_j(x_k,y_k)=0,\phi_k(x_k,y_k)=1 \end{cases} \tag{5-33}$$

单元基函数在自身结点上值为 1，在对边上值为零，在单元 e 内线性变化。如图 5-9 所示。

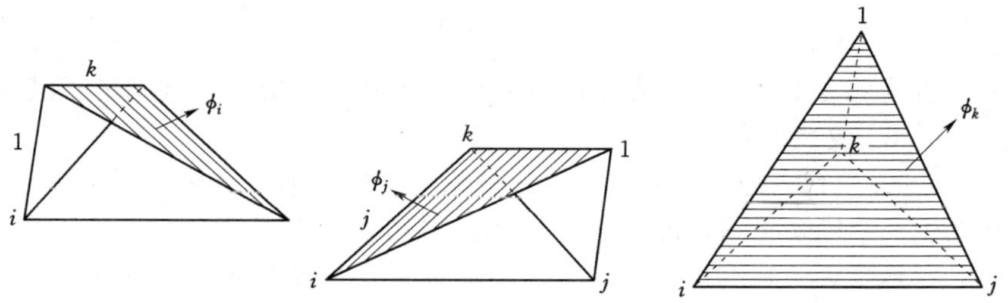

图 5-9 单元形状函数几何特征示意图

根据单元基函数 ϕ_i（x，y）的性质有

$$\begin{cases}\alpha_i+\beta_i x_i+\gamma_i y_i=1\\ \alpha_i+\beta_i x_j+\gamma_i y_j=0\\ \alpha_i+\beta_i x_k+\gamma_i y_k=0\end{cases} \tag{5-34}$$

令

$$\begin{cases}a_i=x_j y_k-x_k y_j,a_j=x_k y_i-x_i y_k,a_k=x_i y_j-x_j y_i\\ b_i=y_j-y_k,b_j=y_k-y_i,b_k=y_i-y_j\\ c_i=x_k-x_j,c_j=x_i-x_k,c_k=x_j-x_i\end{cases} \tag{5-35}$$

称作坐标轮减数。

三角形单元的面积 Δ_e 为

$$\Delta_e=\frac{1}{2}\begin{vmatrix}1 & x_i & y_i\\ 1 & x_j & y_j\\ 1 & x_k & y_k\end{vmatrix} \tag{5-36}$$

按克莱姆法则可求解式（5-34）

$$D=\begin{vmatrix}1 & x_i & y_i\\ 1 & x_j & y_j\\ 1 & x_k & y_k\end{vmatrix}=2\Delta_e,D_1=\begin{vmatrix}1 & x_i & y_i\\ 0 & x_j & y_j\\ 0 & x_k & y_k\end{vmatrix}=x_j y_k-x_k y_j=a_i$$

$$D_2=\begin{vmatrix}1 & 1 & y_i\\ 1 & 0 & y_j\\ 1 & 0 & y_k\end{vmatrix}=y_j-y_k=b_i,D_3=\begin{vmatrix}1 & x_i & 1\\ 1 & x_j & 0\\ 1 & x_k & 0\end{vmatrix}=x_k-x_j=c_i$$

则 $\alpha_i=\frac{D_1}{D}=\frac{a_i}{2\Delta_e}$；$\beta_i=\frac{D_2}{D}=\frac{b_i}{2\Delta_e}$；$\gamma_i=\frac{D_3}{D}=\frac{c_i}{2\Delta_e}$。将 α、β、γ 代入式（5-32），得

$$\phi_i=\frac{1}{2\Delta_e}(a_i+b_i x+c_i y) \tag{5-37}$$

同理 $\phi_j=\frac{1}{2\Delta_e}(a_j+b_j x+c_j y)$；$\phi_k=\frac{1}{2\Delta_e}(a_k+b_k x+c_k y)$

单元基函数 ϕ_i（x，y）、ϕ_j（x，y）、ϕ_k（x，y）只限定在单元内部有意义，且仅与三角形单元 e 的三个顶点坐标有关，而与地下水流运动的数学模型无关，所以也可称作单元形状函数或面积坐标（图 5-10）。其中只有两个是线性独立的，故很易得到

$$
\begin{cases}
\phi_i(x,y)=\dfrac{\Delta_i}{\Delta_e} \\
\phi_j(x,y)=\dfrac{\Delta_j}{\Delta_e} \\
\phi_{ki}(x,y)=\dfrac{\Delta_k}{\Delta_e} \\
\phi_i(x,y)+\phi_j(x,y)+\phi_k(x,y)=1
\end{cases}
\tag{5-38}
$$

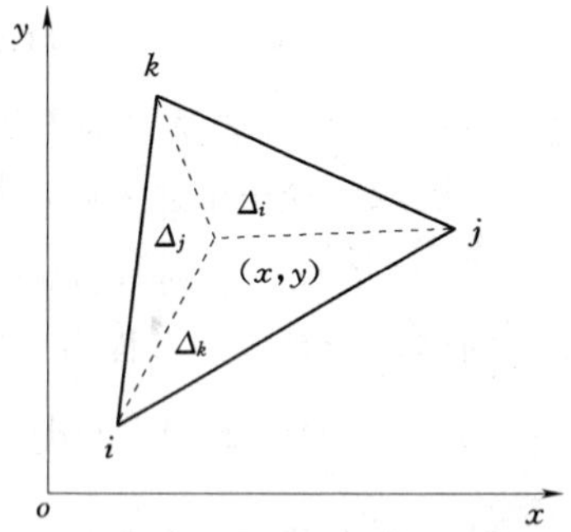

图 5-10　单元面积坐标计算图

对于整个研究区域 Ω 内任一结点 i 可能是几个三角形单元的公共顶点（图 5-8）。因此结点 i 的基函数 Φ_i（x，y）是由各三角形单元的单元形状函数所组成的，若区域内以 i 结点为公共顶点的三角形单元共有 P' 个，则

$$
\Phi_i(x,y)=\begin{cases}
\Phi_i^{e_1}(x,y) & (x,y\in e_1) \\
\Phi_i^{e_2}(x,y) & (x,y\in e_2) \\
\vdots & \\
\Phi_i^{e_p}(x,y) & (x,y\in e_p)
\end{cases}
\tag{5-39}
$$

显然，基函数 Φ_i（x，y）为分片定义的函数。它只与区域 Ω 的几何形状有关，与数学模型无关。它是围绕某一结点 i 所构成的多边形 D_i 上，且结点 i 上的 Φ_i（x，y）$=1$。在所定义的周围的每一个结点上，即多边形 D_i 的周边上值均为零，而在多边形 D_i 内的基函数 Φ_i（x，y）可采用线性插值，如图 5-11 所示。Φ_i（x，y）的形状为一多棱锥体。

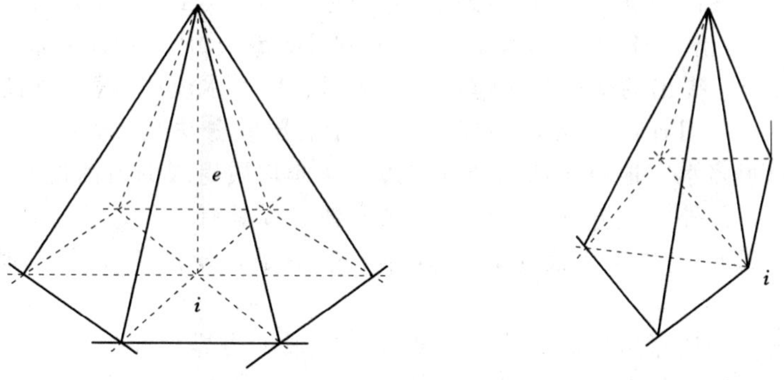

图 5-11　i 结点基函数图形

（a）i 为内结点；（b）i 为边界结点

3. 迦辽金有限元基本方程

据剩余加权原理，研究区域 Ω 内任一点的水头采用试函数 $\hat{H}$（x，y，t）近似表达式，即

$$\hat{H}(x,y,t)=\sum_{j=1}^{m}H_j(t)\Phi_j(x,y) \qquad (5-40)$$

式中：H_j (t) 为各结点的水头值；Φ_i (x, y) 为基函数。

在区域内任一单元 e 内，其任一点的水头可用下式计算，即

$$\dot{H}^e(x,y,t)=H_i(t)\phi_i^e(x,y)+H_j(t)\phi_j^e(x,y)+H_k(t)\phi_k^e(x,y) \qquad (5-41)$$

则迦辽金有限元方程为（单元 e 内）

$$\iint\limits_{\Delta_e}L(\hat{H})W_i\mathrm{d}x\mathrm{d}y=\iint\limits_{\Delta_e}L(\hat{H})\Phi_i\mathrm{d}x\mathrm{d}y=\iint\limits_{\Delta_e}L(\hat{H})\phi_i^e\mathrm{d}x\mathrm{d}y=0 \qquad (5-42)$$

若区域上共有 n 个未知水头，将式（5-40）代入式（5-42）得

$$\iint\limits_{\Delta_e}L(\hat{H})W_i\mathrm{d}x\mathrm{d}y=\iint\limits_{\Delta_e}L\left(\sum_{j=1}^{m}H_j\Phi_j\right)\Phi_i(x,y)\mathrm{d}x\mathrm{d}y \quad (i=1,2,\cdots,n) \qquad (5-43)$$

若研究区域 Ω 上共有 p 个三角形单元，则有

$$\sum_{e=1}^{p}\iint\limits_{\Delta_e}L\left(\sum_{j=1}^{m}H_j\Phi_j\right)\Phi_i(x,y)\mathrm{d}x\mathrm{d}y=0 \quad (i=1,2,\cdots,n) \qquad (5-44)$$

式（5-44）即为迦辽金有限元基本方程式。

有限单元法同有限差分法一样，也是一种近似的计算方法，而两者的区别主要表现在：一方面对计算区域的剖分方法不同，有限单元法一般多剖分为三角形单元体，而有限差分法则将区域离散成每个空间点；另一方面，有限单元法中每个单元内部的水头分布多按单元各结点水头值的线性插值函数进行分配的。在整个区域内将实际上连续的地下水面由各有限单元顶点水面组成的非连续的折线面所代替。从而使求解区域内任意点水头的问题转化为求解有限单元顶点水头的问题。

有限差分与有限单元这两种算法在实际应用中不断得到发展和完善。有限差分法初期多用正规网格和松弛法求解。Pinder 和 Bredehoeft（1968）将 Peaceman 和 Rachford（1955）提出的交替方向隐式差分法用于地下水流的计算。稍后又引入强隐式法（Stone1968，Trescott 等，1977）。但由于有限差分法是用正立网格剖分渗流区域，因此，对很多水文地质问题拟合自然边界及非均质界限的灵活性较差，例如可动边界的处理等；此外，该方法本身要求水头函数必须具有二阶连续导数，这一条件对地下水流突变部位往往难以满足，为弥补上述不足，便产生了不规则网格有限差分法。

针对有限差分法对边界适应性差的缺点，出现了边界拟和坐标下的有限差分法，即通过坐标变换把实际平面上的复杂边界区域变成计算平面上的矩形区域，相应的数学模型也需转化成计算平面上的模型表达式，则可以提高数值计算时的容易程度和计算精度。

有限单元法从 1968 年开始用于地下水流问题的求解，随着计算机技术的飞速发展，有限单元法同有限差分法一样，已成为解决复杂水文地质条件下渗流问题的有效方法之一。

采用有限元方法求解数学模型时通常是将时间采用差分近似，而空间采用有限逼近。如果区域边界固定则现有的结果和方法比较完整，但是在某些情况下，例如解活

动边界值问题时，自然采用网格随时间变化的所谓变网格有限元方法效果更好，Bonnerot 和 Tamet 于 1974 年提出了时空有限元方法，这是一种很有用的变网格有限元方法。

有限差分法和有限单元法的区域分解算法的原理是针对许多实际问题在不同区域有不同的代表性，当实际问题满足一定条件时，将研究区域分成若干个子区域，在区域内采用不同的计算步长进行求解。还存在有限差分——有限元混合方法，它较好地利用了差分方法和有限元法的优点。

有限差分法与有限单元法各有利弊。有限差分法特别是交替方向隐式差分法具有计算速度快、占有计算机内存量少的特点，同时比较直观，概念简单易懂，在理论上有限差分法也较有限单元法成熟。但有限差分法的时间步长受到较大的限制，同时也受水文地质参数 T、μ 等大小和研究区域几何形状的影响，使用不当时仿真度便会降低，甚至产生谬误。有限单元法比有限差分法具有较大的灵活性。单元形状可以是三角形、四边形或曲边形，单元大小可随意调整，对第二类与第三类边界也不需做专门处理。一般情况下有限单元法较有限差分法有更高的精度，不足的是有限单元法占有的计算机内存量较大，因此应合理的编排结点号码和采用节省内存的线性代数方程组的求解方法及计算技术求解有限单元法构成的线性代数方程组。

5.2　有限差分法在地下水资源计算中的应用

地下水非稳定运动理论是以质量守恒性（连续性原理）与能量转换性（达西定律）为基础，对任何复杂的地下水流系统都可以建立其相应的数学模型，即支配地下水运动的偏微分方程及决定其解的初始条件与边界条件。但数学模型的求解常取决于地下水流系统中水文地质条件能够概化的程度。一般来说，只有当渗流区域的几何形状比较简单，其含水层是均质、各向同性的情况下才能获得其解析解。对于一个复杂的地下水盆地，大均衡有助于弄清地下水资源的总量，但其计算结果却不能反映出地下水盆地流场分布及任一点水头随时间的变化规律。有限差分法在某种近似程度上，是一种能够解决非均质、各向异性及复杂几何边界的地下水流系统模拟问题的方法。有限差分法是一种古典的数值计算方法，从 20 世纪 60 年代初期就开始用于地下水流计算，尤其随着计算机技术的迅猛发展，使得有限差分法在地下水流系统的资源计算中，得到了迅速发展与广泛应用。有限差分法是当前地下水计算中较为成熟和行之有效的方法。

在数学概念上，有限差分法是以差商代替微商，即把连续的函数经过有限的差分以后变为断续的函数。在每一差分区内，把函数取极限求导的计算变换成有限值的比率计算。经过这样的变化之后，原来的地下水非稳定流偏微分方程变成差分方程，成为可以直接求解的代数方程。在物理概念上，是以每一个差分网格区作为一个独立的均衡区域，据水量均衡原理建立结点方程式。有限差分法虽然对客观现象作了一定程度的近似，但只要网格大小和时段的长短分得合适，就能很好地逼近实际情况。为了便于更好的理解有限差分法的基本原理和掌握数值方法的求解步骤，本节选用几个典型例子，以说明基本方法的具体应用。

【例5-1】 如图5-12所示，设有一理想承压一维非稳定流水文地质模型，其含水层被两条相互平行且无限长的直线河流切穿，含水层为均质各向同性且沿河流方向无限延伸，且含水层顶板、底板水平。设初期含水层水头与两条河流水位保持在同一个高度 H。若由于某种原因两河流水位突然下降至 OO'，求解含水层的水头随时间的下降过程。

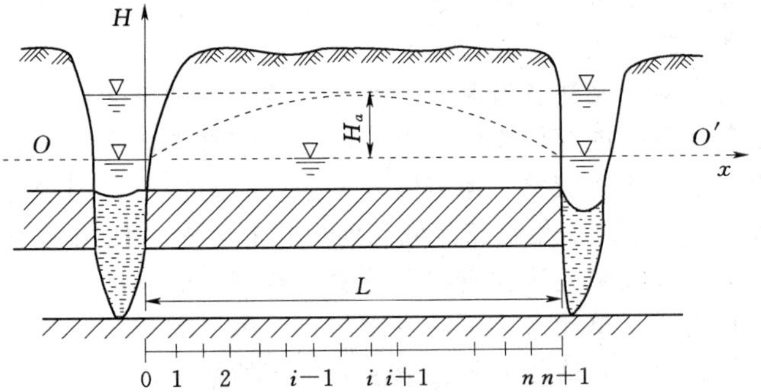

图5-12　承压一维非稳定流水文地质模型

解：该问题可概化成一维非稳定流运动问题。其数学模型为

$$\begin{cases} T\dfrac{\partial^2 H}{\partial x^2}=\mu\dfrac{\partial H}{\partial t} & (0<x<L,t>0) \\ H(x,t)=H_a & (0\leqslant x\leqslant L,t=0) \\ H(x,t)=H_b=0 & (x=0,x=L,t>0) \end{cases} \tag{5-45}$$

首先对时间与空间坐标进行离散化。如选择空间步长为 $\Delta x=L/n+1$，将区域 $(0\sim L)$ $n+1$ 等分。0结点与 $n+1$ 结点分别位于左端与右端边界上，则有 $H_0^{k+1}=H_{n+1}^{k+1}=H_b$，为已知水头边界。全部内结点上的差分方程式为

$$\begin{cases} a_1H_0^{k+1}+b_1H_1^{k+1}+c_1H_2^{k+1}=d_1 \\ a_2H_1^{k+1}+b_2H_2^{k+1}+c_2H_3^{k+1}=d_2 \\ \vdots \\ a_nH_{n-1}^{k+1}+b_nH_n^{k+1}+c_nH_{n+1}^{k+1}=d_n \end{cases} \tag{5-46}$$

式（5-46）中包含有边界水头 H_0^{k+1} 与 H_{n+1}^{k+1} 值，将已知值分别代入第一个方程与第 n 个方程，得

$$\begin{cases} b_1H_1^{k+1}+c_1H_2^{k+1}=d'_1 \\ a_nH_{n-1}^{k+1}+b_nH_n^{k+1}=d_n-c_nH_{n+1}^{k+1}=d'_n \end{cases}$$

代入式（5-46）方程组，得

$$\begin{cases} b_1H_1^{k+1}+c_1H_2^{k+1}=d'_1 \\ a_2H_1^{k+1}+b_2H_2^{k+1}+c_2H_3^{k+1}=d_2 \\ \vdots \\ a_{n-1}H_{n-1}^{k+1}+b_{n-1}H_{n-1}^{k+1}+c_{n-1}H_n^{k+1}=d_{n-1} \\ a_nH_{n-1}^{k+1}+b_nH_n^{k+1}=d'_n \end{cases} \tag{5-47}$$

求解该方程组即可得到各离散点上的水头 H_i^{k+1} 值$(i=1,2,\cdots,n)$。然后再将

式（5-47）应用于各个时段(k=0，1，2，…)，逐个时段递推，便可解得各计算时刻、各结点的水头值 H_i^k，即数值解。将式（5-47）写成矩阵形式为

$$\begin{bmatrix} b_1 & c_1 & & & 0 \\ a_2 & b_2 & c_2 & & \\ & \ddots & \ddots & \ddots & \\ & & a_{n-1} & b_{n-1} & c_{n-1} \\ 0 & & & a_n & b_n \end{bmatrix} \begin{bmatrix} H_1^{k+1} \\ H_2^{k+1} \\ \vdots \\ H_{n-1}^{k+1} \\ H_n^{k+1} \end{bmatrix} = \begin{bmatrix} d'_1 \\ d_2 \\ \vdots \\ d_{n-1} \\ d'_n \end{bmatrix} \quad 或 \quad AX=D \tag{5-48}$$

可见系数矩阵 A 中元素都位于三条主对角线上，其他元素均为零，该矩阵对称并正定。所以称 A 为三对角型矩阵，式（5-47）为三对角型方程组。一般对于此种类型的方程组，可采用追赶法来求解。

由于系数阵 A 正定对称，A 可被分解成为两个矩阵之积，即

$$A=LU$$

或

$$A=\begin{bmatrix} \beta_1 & & & & \\ \alpha_2 & \beta_2 & & & \\ & \ddots & \ddots & & \\ & & \alpha_{n-1} & \beta_{n-1} & \\ & & & \alpha_n & \beta_n \end{bmatrix} \begin{bmatrix} 1 & \gamma_1 & & & \\ & 1 & \gamma_2 & & \\ & & \ddots & \ddots & \\ & & & 1 & \gamma_{n-1} \\ & & & & 1 \end{bmatrix} \tag{5-49}$$

式中

$$\begin{cases} \beta_1=b_i \\ \alpha_i=a_i \qquad (i=2,3,\cdots,n) \\ \beta_i=b_i-\alpha_i\gamma_{i-1} \\ \gamma_i=\dfrac{c_i}{\beta_i} \end{cases}$$

对于方程组 $AX=D$，将 L、U 代入原方程，得 $LUX=D$

令

$$UX=Y \tag{5-50}$$

则有

$$\begin{bmatrix} \beta_1 & & & \\ \alpha_2 & \beta_2 & & \\ & \ddots & \ddots & \\ & & \alpha_n & \beta_n \end{bmatrix} \begin{bmatrix} y_1 \\ y_2 \\ \vdots \\ y_n \end{bmatrix} = \begin{bmatrix} d_1 \\ d_2 \\ \vdots \\ d_n \end{bmatrix} \tag{5-51}$$

求解式（5-51）即可得 $Y=[y_1,\ y_2,\ \cdots,\ y_n]^T$ 值。然后再利用式（5-50），可求得 $X=[x_1,\ x_2,\ \cdots,\ x_n]^T$ 值。直观地讲，追赶法求解由消元（追）与回代（赶）两个过程组成。

1. 消元（追的过程）

首先从第一个方程开始，依次消元，并令 $\delta_1=\dfrac{d_1}{b_1}$，$\gamma_1=\dfrac{c_1}{b_1}$

则式（5-48）中的第一个方程（$i=1$）化为

$$x_1=\frac{d_1}{b_1}-\frac{c_1}{b_1}x_2=\delta_1-\gamma_1 x_2$$

将其代入第二个方程（$i=2$）并整理，得

$$x_2=\frac{d_2-a_2\delta_1}{b_2-a_2\gamma_1}-\frac{c_2}{b_2-a_2\gamma_1}x_3=\delta_2-\gamma_2 x_3$$

将其代入第三个方程，并依次代入以后各方程，当代入到第 i 个方程时，有

$$x_i=\delta_i-\gamma_i x_{i+1} \tag{5-52}$$

其中

$$\delta_i=\frac{d_i-a_i\delta_{i-1}}{b_i-a_i\gamma_{i-1}},\gamma_i=\frac{c_i}{b_i-a_i\gamma_{i-1}} \tag{5-53}$$

代入到第 $n-1$ 个方程得

$$x_{n-1}=\delta_{n-1}-\gamma_{n-1}x_n$$

代入到第 n 个方程得

$$a_n(\delta_{n-1}-\gamma_{n-1}x_n)+b_n x_n=d_n$$

则可得

$$x_n=\frac{d_n-a_n\delta_{n-1}}{b_n-a_n\gamma_{n-1}}=\delta_n \tag{5-54}$$

至此消元过程结束。因消元过程是由前向后逐项进行的。所以常形象地称作“追”的过程。

2. 回代求解（赶的过程）

由消元后的方程式（5-52）可知，由于 δ_i、γ_i 均为已知项，所以每个方程中仅含有两个未知数。当 $i=n$ 时，由消元过程已得 x_n 值（δ_n 为已知），故可采用逆向回代，由第 $n-1$ 个方程求得 x_{n-1} 值，再代入 $n-2$ 方程求得 x_{n-2} 值，逐个方程回代，可求得 $X=[x_1, x_2, \cdots, x_n]^T$ 值。因回代过程为逆向进行的，所以也称作“赶”的过程。式（5-52）、式（5-53）与式（5-54）便是构成追赶法的递推公式。

假设式（5-48）中的实际数据如下，用追赶法来求解某一时段的水头值。

$$\begin{bmatrix}2 & -1 & & \\ -1 & 3 & -2 & \\ & -2 & 4 & -3 \\ & & -3 & 5\end{bmatrix}\begin{bmatrix}H_1\\H_2\\H_3\\H_4\end{bmatrix}=\begin{bmatrix}6\\1\\-2\\1\end{bmatrix}$$

追的过程为：$\delta_1=\frac{d_1}{b_1}=3$；$\gamma_1=\frac{c_1}{b_1}=-\frac{1}{2}$；$\delta_2=\frac{d_2-a_2\delta_1}{b_2-a_2\gamma_1}=\frac{8}{5}$；$\gamma_2=\frac{c_2}{b_2-a_2\gamma_1}=-\frac{4}{5}$。

赶的过程为：$H_4=\delta_4=2$；$H_3=\delta_3-\gamma_3 H_4=3$；$H_2=\delta_2-\gamma_2 H_3=4$；$H_1=\delta_1-\gamma_1 H_2=5$。

其追与赶的过程结果见表 5-1。原方程的解为 $H=[5, 4, 3, 2]^T$。

【例 5-2】 设有一承压含水层渗流区域 Ω，其形状近似如图 5-13 所示的 500m×400m 的矩形。在 AB 边界上有单宽流量为 $q_1=0.6\text{m}^3/(\text{d}\cdot\text{m})$，侧向补给径流，

表 5-1 追 赶 过 程

i	a_i	b_i	c_i	d_i	β_i	δ_i	γ_i	H_i
1	0	2	−1	6	2	3	−1/2	5
2	−1	3	−2	1	5/2	8/5	−4/5	4
3	−2	4	−3	−2	12/5	1/2	−5/4	3
4	−3	5	0	1	5/4	2		2

BC 边界为隔水边界，其余两边 CD 和 AD 为定水头边界。区域中（200，100）处有一抽水井，抽水流量 $Q_w=1080\text{m}^3/\text{d}$。各点的初始水头均为 100.0m。渗流区为均质各向同性的含水层，其导水系数 $T=120.0\text{m}^2/\text{d}$，弹性释水系数 $\mu^*=0.0003$。试采用有限差分法求解 $t=0.2d$ 与 $t=2.0d$ 时区域 Ω 内地下水水头的分布情况。

解：根据已知的水文地质条件，经分析可将该渗流区概化成如下的数学模型，即

$$\begin{cases}\dfrac{\partial}{\partial x}\left(T\dfrac{\partial H}{\partial x}\right)+\dfrac{\partial}{\partial y}\left(T\dfrac{\partial H}{\partial y}\right)+\varepsilon=\mu^*\dfrac{\partial H}{\partial t} & (x,y\in\Omega,t>0)\\ H(x,y,0)=H_a & (x,y\in\Omega,t=0)\\ H(x,y)\big|_{AD}=H_{b1} & (x,y\in\overline{AD},t>0)\\ H(x,y)\big|_{CD}=H_{b2} & (x,y\in\overline{CD},t>0)\\ T\dfrac{\partial H}{\partial n}\Big|_{AB}=q_1 & (n\text{ 为外法线方向},x,y\in\overline{AB},t>0)\\ T\dfrac{\partial H}{\partial n}\Big|_{BC}=q_2 & (n\text{ 为外法线方向},x,y\in\overline{BC},t>0)\\ \varepsilon=Q_w & [x,y\in(x_w,y_w)]\end{cases} \tag{5-55}$$

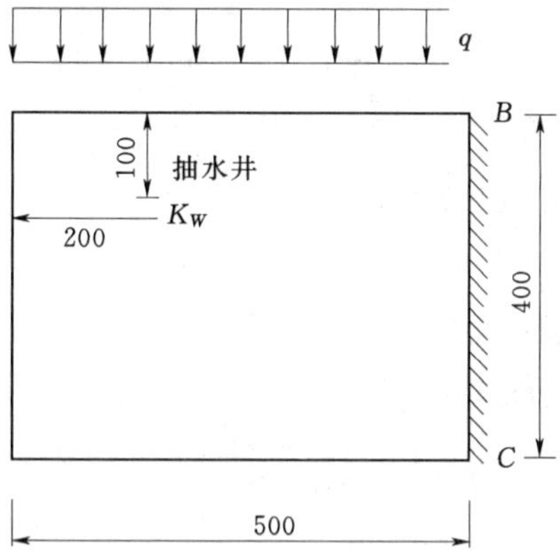

图 5-13 承压渗流区域 Ω 示意图

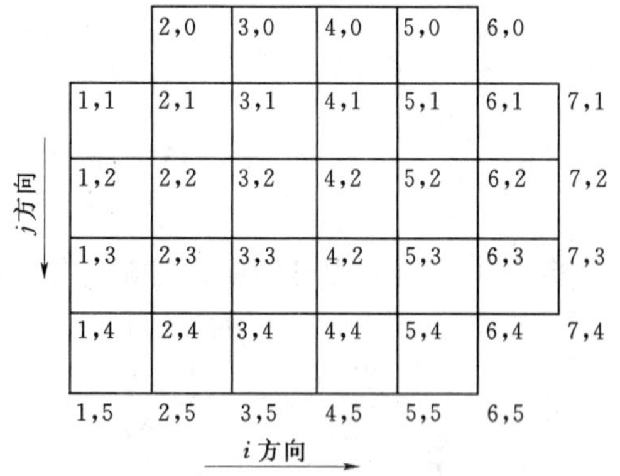

图 5-14 区域 Ω 差分法剖分图

首先将研究区域 Ω 离散化，取 $\Delta x=\Delta y=100.0\text{m}$，即将原区域 Ω 剖分成如图 5-14 所示的 20 个小网格，对网格交点——结点依次编号，横向（x 方向）为 i，纵向（y 方向）为 j，共计 30 个结点。由于区域 Ω 的 $\overline{AB}$ 与 $\overline{BC}$ 边界均为第二类边界，需对边界结点进行专门的处理，因此在边界处各增加一行或一列虚结点（图 5-14），也依次编码。这样，在区域内共有结点 39 个，其中一类边界结点 10 个，即 $\overline{AD}$ 与 $\overline{DC}$ 边界结点上水头为已知值。未知水头结点 29 个，其中包括虚结点 9 个。对时间坐标也要同时离散化。采用等时间步长进行计算，$\Delta t=0.2d$。采用交替方向隐式差分法进行求解。

交替方向隐式差分法的特点是不采用单一的差分格式，而是把整个区域分成两步来计算，同时将计算时段分为（k，$k+1/2$），（$k+1/2$，$k+1$）两段。如取平面网格布置为 $i=1$，2，…，n；$j=1$，2，…，m，计 $m\times n$ 个结点。

第一步，由 t_k 到 $t_{k+1/2}$ 时刻，即（k，$k+1/2$）时段，时间步长为 $\Delta t_k/2$，各结点水头沿 x 轴方向取隐式，沿 y 方向取显式，并沿着 x 轴方向逐行计算，如图 5-15（a）所示，计算 $t_{k+1/2}$ 时刻各结点水头值。将各水头值按上述方案代入式（5-24）得

$$T_{i-\frac{1}{2},j}H_{i-1,j}^{k+\frac{1}{2}}-(T_{i-\frac{1}{2},j}+T_{i+\frac{1}{2},j})H_{i,j}^{k+\frac{1}{2}}+T_{i+\frac{1}{2},j}H_{i+1,j}^{k+\frac{1}{2}}+T_{i,j-\frac{1}{2}}H_{i,j-1}^{k}$$
$$-(T_{i,j-\frac{1}{2}}+T_{i,j+\frac{1}{2}})H_{i,j}^{k}+T_{i,j+\frac{1}{2}}H_{i,j+\frac{1}{2}}^{k}+\varepsilon_{i,j}\Delta x^2$$
$$=\mu_{i,j}\frac{2\Delta x^2}{\Delta t_k}(H_{i,j}^{k+\frac{1}{2}}-H_{i,j}^{k}) \tag{5-56}$$

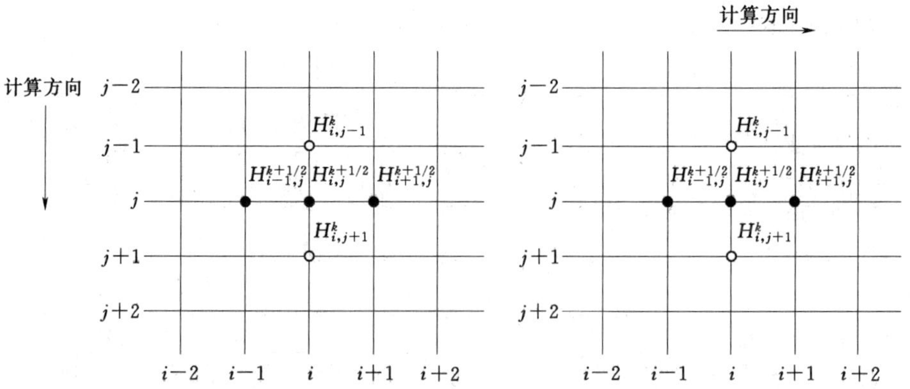

(a) (b)

图 5-15 交替方向隐式差分法计算模式

(a) 第一步；(b) 第二步

将式（5-56）中已知项移至等式右端并整理，得

$$a_{i,j}H_{i-1,j}^{k+\frac{1}{2}}+b_{i,j}H_{i,j}^{k+\frac{1}{2}}+c_{i,j}H_{i+1,j}^{k+\frac{1}{2}}=d_{i,j} \tag{5-57}$$

其中 $a_{i,j}=\dfrac{T_{i-\frac{1}{2},j}}{\Delta x^2}$；$b_{i,j}=-\dfrac{1}{\Delta x^2}(T_{i-\frac{1}{2},j}+T_{i+\frac{1}{2},j})-\dfrac{2\mu_{i,j}}{\Delta t_k}$；$c_{i,j}=\dfrac{T_{i+\frac{1}{2},j}}{\Delta x^2}$

$$d_{i,j}=\left(\frac{T_{i,j-\frac{1}{2}}+T_{i,j+\frac{1}{2}}}{\Delta y^2}-\frac{2\mu_{i,j}}{\Delta t_k}\right)H_{i,j}^{k}-\frac{1}{\Delta y^2}(T_{i,j-\frac{1}{2}}H_{i,j-1}^{k}+T_{i,j+\frac{1}{2}}H_{i,j+1}^{k})-\varepsilon_{i,j}$$

（1）首先计算第一个时段，$k=1$，$\Delta t_k=0.2d$，$t_k=0.0$，$\Delta t_{k+1}=0.2d$

现逐行进行计算，先计算 $j=1$ 行。

1）对于结点（2，1），应用式（5-57）得 $a_{2,1}H_{1,1}^{k+\frac{1}{2}}+b_{2,1}H_{2,1}^{k+\frac{1}{2}}+c_{2,1}H_{3,1}^{k+\frac{1}{2}}=d_{2,1}$

由于结点（1，1）为一类边界结点，所以水头 $H_{1,1}^{k+\frac{1}{2}}$ 为已知，且 $H_{1,1}^{k+\frac{1}{2}}=H_{1,1}^{k}=H_{b1}=100\text{m}$

所以上式可写为

$$b_{2,1}H_{2,1}^{k+\frac{1}{2}}+c_{2,1}H_{3,1}^{k+\frac{1}{2}}=d_{2,1}-a_{2,1}H_{1,1}^{k+\frac{1}{2}}=d'_{2,1}$$

其中 $a_{2,1}=\dfrac{T_{2-\frac{1}{2},1}}{\Delta x^2}=\dfrac{120.0}{100.0^2}=0.012$；$c_{2,1}=\dfrac{T_{2+\frac{1}{2},1}}{\Delta x^2}=\dfrac{120.0}{100.0^2}=0.012$

$$b_{2,1}=-\frac{1}{\Delta x^2}(T_{2-\frac{1}{2},1}+T_{2+\frac{1}{2},1})-\frac{2\mu_{2,1}}{\Delta t_k}$$

$$=-\frac{1}{100.0^2}(120.0+120.0)-\frac{2\times0.0003}{0.2}=-0.027$$

$$d'_{2,1}=d_{2,1}-a_{2,1}H_{1,1}^{k+\frac{1}{2}}$$

$$=\left(\frac{T_{2,1-\frac{1}{2}}+T_{2,1+\frac{1}{2}}}{\Delta y^2}-\frac{2\mu_{2,1}}{\Delta t_k}\right)H_{2,1}^k-\frac{1}{\Delta y^2}(T_{2,1-\frac{1}{2}}H_{2,0}^k+T_{2,1+\frac{1}{2}}H_{2,2}^k)-a_{2,1}H_{b1}-\varepsilon_{2,1}$$

式中：$H_{2,0}^k$为虚结点（2，0）的水头值，需根据边界条件确定，即$T\left.\frac{\partial H}{\partial n}\right|_{AB}=q_1$；$n$为外法线方向，即$y$轴的负方向，按差分式得

$$T_{2,1-\frac{1}{2}}\frac{H_{2,0}-H_{2,1}}{\Delta y}=q_1;H_{2,0}^k=H_{2,1}^k+\frac{\Delta y}{T_{2,1-\frac{1}{2}}}q_1=100.50(\text{m})$$

区域中仅有$\varepsilon_{3,2}=1080\text{m}^3/\text{d}$，其余$\varepsilon_{i,j}=0$，则：$d'_{2,1}=-1.506$

2）对于结点（3，1），应用式（5-57）得 $a_{3,1}H_{2,1}^{k+\frac{1}{2}}+b_{3,1}H_{3,1}^{k+\frac{1}{2}}+c_{3,1}H_{4,1}^{k+\frac{1}{2}}=d_{3,1}$

其中 $a_{3,1}=\frac{T_{3-\frac{1}{2},1}}{\Delta x^2};b_{3,1}=-\frac{1}{\Delta x^2}(T_{3-\frac{1}{2},1}+T_{3+\frac{1}{2},1})-\frac{2\mu_{3,1}}{\Delta t_k};c_{3,1}=\frac{T_{3+\frac{1}{2},1}}{\Delta x^2}$

$$d_{3,1}=\left(\frac{T_{3,1-\frac{1}{2}}+T_{3,1+\frac{1}{2}}}{\Delta y^2}-\frac{2\mu_{3,1}}{\Delta t_k}\right)H_{3,1}^k-\frac{1}{\Delta y^2}(T_{3,1-\frac{1}{2}}H_{3,0}^k+T_{3,1+\frac{1}{2}}H_{3,2}^k)-\varepsilon_{3,1}$$

$H_{3,0}^k$为二类边界虚结点（3，0）水头值，可用类似$H_{2,0}^k$的方法求得，即

$$H_{3,0}^k=H_{3,1}^k+\frac{\Delta y}{T_{3,1-\frac{1}{2}}}q_1$$

将各已知值代入上述各式中即可得到$a_{3,1}$、$b_{3,1}$、$c_{3,1}$和$d_{3,1}$。

3）对于结点（4，1）和（5，1）也同理可得出

$$a_{4,1}H_{3,1}^{k+\frac{1}{2}}+b_{4,1}H_{4,1}^{k+\frac{1}{2}}+c_{4,1}H_{5,1}^{k+\frac{1}{2}}=d_{4,1};a_{5,1}H_{4,1}^{k+\frac{1}{2}}+b_{5,1}H_{5,1}^{k+\frac{1}{2}}+c_{5,1}H_{6,1}^{k+\frac{1}{2}}=d_{5,1}$$

式中各系数计算同上，结果见表5-2。

4）对于结点（6，1）应用式（5-57），得 $a_{6,1}H_{5,1}^{k+\frac{1}{2}}+b_{6,1}H_{6,1}^{k+\frac{1}{2}}+c_{6,1}H_{7,1}^{k+\frac{1}{2}}=d_{6,1}$

其中由于$H_{7,1}^{k+\frac{1}{2}}$为虚结点（7，1）的水头，需根据边界条件确定。

因 $T\frac{\partial H}{\partial n}=q_2$，则 $T_{6+\frac{1}{2},1}\frac{H_{7,1}-H_{6,1}}{\Delta x}=q_2$ 代入前式得

$$a_{6,1}H_{5,1}^{k+\frac{1}{2}}+(b_{6,1}+c_{6,1})H_{6,1}^{k+\frac{1}{2}}=d_{6,1}-c_{6,1}\frac{\Delta x}{T_{6+\frac{1}{2},1}}q_2 \text{ 或 } a_{6,1}H_{5,1}^{k+\frac{1}{2}}+b'_{6,1}H_{6,1}^{k+\frac{1}{2}}=d'_{6,1}$$

其中$a_{6,1}=\frac{T_{6-\frac{1}{2},1}}{\Delta x^2}c_{6,1}=\frac{T_{6+\frac{1}{2},1}}{\Delta x^2};b'_{6,1}=b_{6,1}+c_{6,1}$；$b_{6,1}=-\left(\frac{T_{6-\frac{1}{2},1}+T_{6+\frac{1}{2},1}}{\Delta x^2}\right)-\frac{2\mu_{6,1}}{\Delta t_k}$

$$d'_{6,1}=d_{6,1}-c_{6,1}\frac{\Delta x}{T_{6+\frac{1}{2},1}}q_2;d_{6,1}=\left(\frac{T_{6,1-\frac{1}{2}}+T_{6,1+\frac{1}{2}}}{\Delta y^2}-\frac{2\mu_{6,1}}{\Delta t_k}\right)H_{6,1}^k$$

$$-\frac{1}{\Delta y^2}(T_{6,1-\frac{1}{2}}H_{6,0}^k+T_{6,1+\frac{1}{2}}H_{6,2}^k)-\varepsilon_{6,1}$$

由于$H_{6,0}^k$也是虚结点（6，0）的水头值，需根据结点（6，1）处的边界条件确定，即

$$H_{6,0}^k=H_{6,1}^k+\frac{q_1\Delta y}{T_{6,1-\frac{1}{2}}}$$

将已知参数及水头值代入前几式，则可得 $a_{6,1}$、$b'_{6,1}$及 $d'_{6,1}$值。对于 $j=1$ 时可得到方程组

$$\begin{cases}-0.027H_{2,1}^{k+\frac{1}{2}}+0.012H_{3,1}^{k+\frac{1}{2}}=-1.560\\0.012H_{2,1}^{k+\frac{1}{2}}-0.027H_{3,1}^{k+\frac{1}{2}}+0.012H_{4,1}^{k+\frac{1}{2}}=-0.3060\\0.012H_{3,1}^{k+\frac{1}{2}}-0.027H_{4,1}^{k+\frac{1}{2}}+0.012H_{5,1}^{k+\frac{1}{2}}=-0.3060\\0.012H_{4,1}^{k+\frac{1}{2}}-0.027H_{5,1}^{k+\frac{1}{2}}+0.012H_{5,1}^{k+\frac{1}{2}}=-0.3060\\0.012H_{5,1}^{k+\frac{1}{2}}-0.015H_{6,1}^{k+\frac{1}{2}}=-0.3060\end{cases}\quad \text{或矩阵}$$

$$\begin{bmatrix}-0.027 & 0.012 & & & 0\\0.012 & -0.027 & 0.012 & & \\ & 0.012 & -0.027 & 0.012 & \\ & & 0.012 & -0.027 & 0.012\\0 & & & 0.012 & -0.015\end{bmatrix}\begin{bmatrix}H_{2,1}^{k+\frac{1}{2}}\\H_{3,1}^{k+\frac{1}{2}}\\H_{4,1}^{k+\frac{1}{2}}\\H_{5,1}^{k+\frac{1}{2}}\\H_{6,1}^{k+\frac{1}{2}}\end{bmatrix}=\begin{bmatrix}-1.5060\\-0.3060\\-0.3060\\-0.3060\\-0.3060\end{bmatrix}$$

显然为一个三对角型方程组，采用追赶法求解，可得各结点水头，结果见表 5-2。

然后再对 $j=2$ 行进行计算，依然对 x 方向取隐式，y 方向取显式，分别对结点（2，2）、（3，2）、（4，2）、（5，2）和（6，2）列方程式（5-73），并对结点（2，2）和（6，2）应用边界条件，对结点（3，2）考虑抽水井影响，可得各 $a_{i,2}$、$b_{i,2}$、$c_{i,2}$和 $d_{i,2}$值（$i=2$，3，…，6），如表 5-2 所示。采用追赶法求解方程组得 $H_{i,2}^{k+1/2}$值。

同理对 $j=3$ 与 $j=4$ 时应用式（5-57），求得相应的水头值，计算过程见表 5-2所示。至此所有未知水头均已求得，第一步计算结束。

第二步，由 $t_{k+1/2}$到 t_{k+1}时刻，即（$k+1/2$，$k+1$）时段，时间步长也为 $\Delta t_k/2$。与第一步相反，沿 y 方向的水头 H 取隐式，而沿 x 方向取显式。沿 y 轴方向逐列计算，

表 5-2　　$t=0.2d$ 时中间水头传递值 $H_{i,j}^{k+1/2}$ 计算表

j	i	a_i	b_i	c_i	d_i	$H(i,j)$	j	i	a_i	b_i	c_i	d_i	$H(i,j)$
1	2	0.012	−0.027	0.012	−1.506	100.772	3	2	0.012	−0.027	0.012	−1.500	100.00
	3	0.012	−0.027	0.012	−0.306	101.237		3	0.012	−0.027	0.012	−0.300	100.00
	4	0.012	−0.027	0.012	−0.306	101.511		4	0.012	−0.027	0.012	−0.300	100.00
	5	0.012	−0.027	0.012	−0.306	101.663		5	0.012	−0.027	0.012	−0.300	100.00
	6	0.012	−0.015	0.012	−0.306	101.730		6	0.012	−0.015	0.012	−0.300	100.00
2	2	0.012	−0.027	0.012	−1.500	96.566	4	2	0.012	−0.027	0.012	−1.500	100.00
	3	0.012	−0.027	0.012	−0.192	92.272		3	0.012	−0.027	0.012	−0.300	100.00
	4	0.012	−0.027	0.012	−0.300	95.048		4	0.012	−0.027	0.012	−0.300	100.00
	5	0.012	−0.027	0.012	−0.300	96.585		5	0.012	−0.027	0.012	−0.300	100.00
	6	0.012	−0.015	0.012	−0.300	97.268		6	0.012	−0.015	0.012	−0.300	100.00

如图 5-15（b）所示。以第一步计算所得的各结点 $t_{k+1/2}$时刻水头值作为时段初值，计算时段末 t_{k+1}时刻各结点水头 H 值。

将各结点水头 H 代入式（5-24），得

$$T_{i-\frac{1}{2},j}H_{i-1,j}^{k+\frac{1}{2}}-(T_{i-\frac{1}{2},j}+T_{i+\frac{1}{2},j})H_{i,j}^{k+\frac{1}{2}}+T_{i+\frac{1}{2},j}H_{i+1,j}^{k+\frac{1}{2}}+T_{i,j-\frac{1}{2}}H_{i,j-1}^{k+1}$$
$$-(T_{i,j-\frac{1}{2}}+T_{i,j+\frac{1}{2}})H_{i,j}^{k+1}+T_{i,j+\frac{1}{2}}H_{i,j+1}^{k+1}+\varepsilon_{i,j}\Delta x^2=\mu_{i,j}\frac{2\Delta x^2}{\Delta t_k}(H_{i,j}^{k+1}-H_{i,j}^{k+\frac{1}{2}}) \quad (5-58)$$

将式（5-58）中左端已知项移至右端并整理，得

$$a_{i,j}H_{i,j-1}^{k+1}+b_{i,j}H_{i,j}^{k+1}+c_{i,j}H_{i+1,j}^{k+1}=d_{i,j} \quad (5-59)$$

其中 $$a_{i,j}=\frac{T_{i,j-\frac{1}{2}}}{\Delta y^2};b_{i,j}=-\frac{1}{\Delta y^2}(T_{i,j-\frac{1}{2}}+T_{i,j+\frac{1}{2}})-\frac{2\mu_{i,j}}{\Delta t_k};c_{i,j}=\frac{T_{i,j+\frac{1}{2}}}{\Delta y^2}$$

$$d_{i,j}=\left(\frac{T_{i-\frac{1}{2},j}+T_{i+\frac{1}{2},j}}{\Delta x^2}-\frac{2\mu_{i,j}}{\Delta t_k}\right)H_{i,j}^{k+\frac{1}{2}}-\frac{1}{\Delta x^2}(T_{i-\frac{1}{2},j}H_{i-1,j}^{k+\frac{1}{2}}+T_{i+\frac{1}{2},j}H_{i+1,j}^{k+\frac{1}{2}})-\varepsilon_{i,j}$$

利用式（5-59）即可进行逐列计算。首先计算 $i=2$ 列（因为 $i=1$ 列为第一类边界点）。

（2）在（$t_{k+1/2}$，t_{k+1}）时段内，沿 $i(x)$ 方向取显式，沿 $j(y)$ 方向取隐式。

1）对结点（2，1）应用式（5-59）得

$$a_{2,1}H_{2,0}^{k+1}+b_{2,1}H_{2,1}^{k+1}+c_{2,1}H_{2,2}^{k+1}=d_{2,1}$$

其中 $$a_{2,1}=\frac{T_{2,1-\frac{1}{2}}}{\Delta y^2};\quad b_{2,1}=-\frac{T_{2,1-\frac{1}{2}}+T_{2,1+\frac{1}{2}}}{\Delta y^2}-\frac{2\mu_{2,1}}{\Delta t_k};\quad c_{2,1}=\frac{T_{2,1+\frac{1}{2}}}{\Delta y^2}$$

$$d_{2,1}=\left(\frac{T_{2-\frac{1}{2},1}+T_{2+\frac{1}{2},1}}{\Delta x^2}-\frac{2\mu_{2,1}}{\Delta t_k}\right)H_{2,1}^{k+\frac{1}{2}}-\frac{1}{\Delta x^2}(T_{2-\frac{1}{2},1}H_{1,1}^{k+\frac{1}{2}}+T_{2+\frac{1}{2},1}H_{3,1}^{k+\frac{1}{2}})-\varepsilon_{2,1}$$

由于结点（2，1）为二类边界点，则有 $H_{2,0}^{k+1}=H_{2,1}^{k+1}+\frac{\Delta y}{T_{2,1-\frac{1}{2}}}q_1$ 将其代入前式并整理，得

$$b'_{2,1}H_{2,1}^{k+1}+c_{2,1}H_{2,2}^{k+1}=d'_{2,1}$$

其中 $$b'_{2,1}=b_{2,1}+a_{2,1};d'_{2,1}=d_{2,1}-a_{2,1}\frac{\Delta yq_1}{T_{2,1-\frac{1}{2}}}$$

将已知各水文地质参数与水头值代入前式可得 $a_{2,1}$、$b_{2,1}$、$c_{2,1}$和 $d_{2,1}$值。

2）同理对结点（2，2）、（2，3）分别列方程式（5-59），得各计算参数 $a_{2,j}$、$b_{2,j}$、$c_{2,j}$和 $d_{2,j}$($j=2$，3）值见表 5-3。

3）对结点（2，4）列方程（5-59）得：$a_{2,4}H_{2,3}^{k+1}+b_{2,4}H_{2,4}^{k+1}+c_{2,4}H_{2,5}^{k+1}=d_{2,4}$
因为结点（2，5）为一类边界点，即 $H_{2,5}^{k+1}=H_{2,5}^{k}=H_{b2}$，则有

$$a_{2,4}H_{2,3}^{k+1}+b_{2,4}H_{2,4}^{k+1}=d_{2,4}-c_{2,4}H_{2,5}^{k+1}=d'_{2,4}$$

其中 $$a_{2,4}=\frac{T_{2,4-\frac{1}{2}}}{\Delta y^2};b_{2,4}=-\frac{T_{2,4-\frac{1}{2}}+T_{2,4+\frac{1}{2}}}{\Delta y^2}-\frac{2\mu_{2,4}}{\Delta t_k};c_{2,4}=\frac{T_{2,4+\frac{1}{2}}}{\Delta y^2}$$

$$d_{2,4}=\left(\frac{T_{2-\frac{1}{2},4}+T_{2+\frac{1}{2},4}}{\Delta x^2}-\frac{2\mu_{2,4}}{\Delta t_k}\right)H_{2,4}^{k+\frac{1}{2}}-\frac{1}{\Delta x^2}(T_{2-\frac{1}{2},4}H_{1,4}^{k+\frac{1}{2}}+T_{2+\frac{1}{2},4}H_{3,4}^{k+\frac{1}{2}})-\varepsilon_{2,4}$$

将已知值代入上几式，即可得 $a_{2,4}$、$b_{2,4}$和 $d'_{2,4}$值。对于 $i=2$ 时，可得方程组

$$\begin{cases}-0.015H_{2,1}^{k+1}+0.012H_{2,2}^{k+1}=-0.3046\\0.012H_{2,1}^{k+1}-0.027H_{2,2}^{k+1}+0.012H_{2,3}^{k+1}=-0.2794\\0.012H_{2,2}^{k+1}-0.027H_{2,3}^{k+1}+0.012H_{2,4}^{k+1}=-0.300\\0.012H_{2,3}^{k+1}-0.027H_{2,4}^{k+1}=-1.500\end{cases}$$

显然也是一个三对角型方程，采用追赶法求解，可得 $H_{2,1}^{k+1}$、$H_{2,2}^{k+1}$、$H_{2,3}^{k+1}$、$H_{2,4}^{k+1}$ 值，见表5-3。然后分别计算（i=3，4，5，6）列，取不同的 j 值并分别应用式（5-59）得相应结点水头值，结果见表5-3。

表5-3　$t=0.2d$ 时 $H_{i,j}^{k+1}$ 计算表

j	i	a_i	b_i	c_i	d_i	$H(i,j)$	j	i	a_i	b_i	c_i	d_i	$H(i,j)$
2	1	0.012	−0.015	0.012	−0.304	99.051	4	3	0.012	−0.027	0.012	−0.300	98.843
	2	0.012	−0.027	0.012	−0.279	98.428		4	0.012	−0.027	0.012	−1.500	99.486
	3	0.012	−0.027	0.012	−0.300	99.130	5	1	0.012	−0.015	0.012	−0.310	99.734
	4	0.012	−0.027	0.012	−1.500	99.613		2	0.012	−0.027	0.012	−0.279	98.836
3	1	0.012	−0.015	0.012	−0.307	97.487		3	0.012	−0.027	0.012	−0.300	99.356
	2	0.012	−0.027	0.012	−0.253	96.241		4	0.012	−0.027	0.012	−1.500	99.714
	3	0.012	−0.027	0.012	−0.300	97.918	6	1	0.012	−0.015	0.012	−0.289	99.910
	4	0.012	−0.027	0.012	−1.500	99.075		2	0.012	−0.027	0.012	−0.316	100.752
4	1	0.012	−0.015	0.012	−0.309	98.933		3	0.012	−0.027	0.012	−0.300	100.417
	2	0.012	−0.027	0.012	−0.270	97.911		4	0.012	−0.027	0.012	−1.500	100.185

至此，$t_{k+1}=0.2d$ 时刻的各结点水头分布均已求得，可再计算下一个时刻的水头分布。$k=2$，$\Delta t_k=0.2d$，$t_{k+1}=0.4d$。将各结点 $t_k=0.2d$ 时刻水头值作为时段初值，重复以上计算可得各结点水头分布。重复以上计算直到计算结束。计算得 $t_{k+1}=0.2d$、$0.4d$、$0.6d$ 和 $2.0d$ 时刻水头分布见表5-4。

表5-4　有限差分法求解水头 $H(i,\ j)$ 分布表

参数	j \ i	1	2	3	4	5	6
$k=1$ $\Delta t=0.200$ $t=0.200d$	1	100.00	99.051	97.487	98.933	99.734	99.910
	2	100.00	98.428	96.241	97.911	98.836	100.752
	3	100.00	99.130	97.918	98.843	99.356	100.417
	4	100.00	99.613	99.075	99.486	99.714	100.185
	5	100.00	100.00	100.00	100.00	100.00	100.00
$k=2$ $\Delta t=0.200$ $t=0.400d$	1	100.00	99.089	97.973	98.777	99.484	99.893
	2	100.00	98.420	96.355	97.795	98.608	101.040
	3	100.00	99.138	98.187	98.683	99.079	100.607
	4	100.00	99.621	99.243	99.344	99.520	100.199
	5	100.00	100.00	100.00	100.00	100.00	100.00

续表

参　数	j \ i	1	2	3	4	5	6
$k=3$ $\Delta t=0.200$ $t=0.600d$	1	100.00	99.092	97.921	98.823	99.590	99.731
	2	100.00	98.430	96.116	97.856	98.635	101.311
	3	100.00	99.138	98.111	98.695	99.061	100.791
	4	100.00	99.632	99.195	99.360	99.523	100.292
	5	100.00	100.00	100.00	100.00	100.00	100.00
$k=4$ $\Delta t=0.200$ $t=2.000d$	1	100.00	99.135	98.148	99.189	100.689	96.549
	2	100.00	98.383	96.135	97.315	97.209	104.937
	3	100.00	99.132	98.232	98.725	99.217	100.196
	4	100.00	99.622	99.261	99.362	99.581	100.016
	5	100.00	100.00	100.00	100.00	100.00	100.00

ADI法的优点在于把一个研究区域所有结点的大型联立方程组变成了许多小方程组求解。这样就较大地节省了计算时间和存贮单元同时也具有一定的精度，所以广泛地应用于地下水资源评价中。

5.3　有限单元法在地下水资源计算中的应用

用有限单元法进行地下水非稳定流计算时，首先据计算区域的形状、水文地质分区（或含水层的特性）、观测井的分布、开采状况、水力坡降大小以及计算精度的要求等，将计算区划分为单元体。

用有限单元法解地下水非稳定流问题，在数学概念上是把求解地下水运动的偏微分方程问题转化为等价的泛函求极值问题，或转化为选取一个水头函数作为原微分方程式的近似解，使其加权余项趋近于零的问题。在物理概念上，则相当于据有限单元结点的水量均衡方程求解结点的水头问题。迦辽金有限元法是有限单元法中很重要的一种，在实际应用中比较普遍。迦辽金有限元法基于以下基本原理。

【例 5-3】 仍用［例 5-2］的资料，采用迦辽金有限元法求解。

解： 采用三角形单元将研究区域 Ω 均匀剖分，剖分结果及结点与单元编号如图 5-16 所示。各三角形单元面积相等，单元的两直角边均为 100.0m，区域中 1、2、3、4、5、6、11、16、21、22 共 10 个结点为二类边界点，$n_2=10$。结点 23、24、25、26、27、28、29、30 为一类边界结

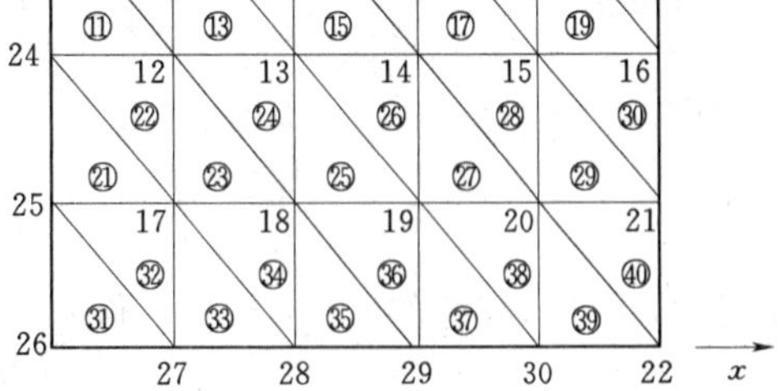

图 5-16　有限元法区域 Ω 剖分图

点，$n_3=8$。其余为内结点，$n_1=12$。所以共有结点 $m=30$。其中未知水头结点 $n=n_1+n_2=22$ 个。区域内共有单元 $p=40$ 个。

若取数学模型（5-55）的近似解为

$$\hat{H}(x,y,t)=\sum_{j=1}^{m}H_j(t)\Phi_j \tag{5-60}$$

将式（5-60）代入式（5-55），并取剩余加权平均式

$$\iint_{\Omega}\left[\frac{\partial}{\partial x}\left(T\frac{\partial \hat{H}}{\partial x}\right)+\frac{\partial}{\partial y}\left(T\frac{\partial \hat{H}}{\partial y}\right)+\varepsilon-\mu^{*}\frac{\partial \hat{H}}{\partial t}\right]\times\Phi_i(x,y)\mathrm{d}x\mathrm{d}y=0\quad(i=1,2,\cdots,n) \tag{5-61}$$

分别计算式（5-61）中的各积分项，对前两项应用分部积分与格林公式得

$$\begin{aligned}
&\iint_{\Omega}\left[\frac{\partial}{\partial x}\left(T\frac{\partial \hat{H}}{\partial x}\right)+\frac{\partial}{\partial y}\left(T\frac{\partial \hat{H}}{\partial y}\right)\right]\times\Phi_i(x,y)\mathrm{d}x\mathrm{d}y\\
&=\iint_{\Omega}\left[\frac{\partial}{\partial x}\left(T\frac{\partial \hat{H}}{\partial x}\Phi_i\right)+\frac{\partial}{\partial y}\left(T\frac{\partial \hat{H}}{\partial y}\Phi_i\right)\right]\mathrm{d}x\mathrm{d}y-\iint_{\Omega}\left[T\frac{\partial \hat{H}}{\partial x}\frac{\partial \Phi_i}{\partial x}+T\frac{\partial \hat{H}}{\partial y}\frac{\partial \Phi_i}{\partial y}\right]\mathrm{d}x\mathrm{d}y\\
&=\oint_{\Gamma}\left[T\frac{\partial \hat{H}}{\partial x}n_x^0\Phi_i+T\frac{\partial \hat{H}}{\partial y}n_y^0\Phi_i\right]\mathrm{d}l-\iint_{\Omega}\left[T\frac{\partial \hat{H}}{\partial x}\frac{\partial \Phi_i}{\partial x}+T\frac{\partial \hat{H}}{\partial y}\frac{\partial \Phi_i}{\partial y}\right]\mathrm{d}x\mathrm{d}y
\end{aligned} \tag{5-62}$$

式中：n_x^0、n_y^0 为 x、y 方向上的单位向量。

由于在第一类边界上的水头值为已知，所以在第一类边界上的积分值等于零，则

$$\begin{aligned}
&\oint_{\Gamma}\left[T\frac{\partial \hat{H}}{\partial x}n_x^0+T\frac{\partial \hat{H}}{\partial y}n_y^0\right]\Phi_i\mathrm{d}l\\
&=\int_{\Gamma_1}\left[T\frac{\partial \hat{H}}{\partial x}n_x^0+T\frac{\partial \hat{H}}{\partial y}n_y^0\right]\Phi_i\mathrm{d}l+\int_{\Gamma_2}\left[T\frac{\partial \hat{H}}{\partial x}n_x^0+T\frac{\partial \hat{H}}{\partial y}n_y^0\right]\Phi_i\mathrm{d}l\\
&=\oint_{\Gamma_2}\left[T\frac{\partial \hat{H}}{\partial x}n_x^0+T\frac{\partial \hat{H}}{\partial y}n_y^0\right]\Phi_i\mathrm{d}l\\
&=\int_{\Gamma_2}q(x,y,t)\Phi_i\mathrm{d}l
\end{aligned} \tag{5-63}$$

将式（5-62）、式（5-63）代入式（5-61），得

$$\int_{\Gamma_2}q\,\Phi_i\mathrm{d}l-\iint_{\Omega}T\left[\frac{\partial \hat{H}}{\partial x}\frac{\partial \Phi_i}{\partial x}+\frac{\partial \hat{H}}{\partial y}\frac{\partial \Phi_i}{\partial y}\right]\mathrm{d}x\mathrm{d}y+\iint_{\Omega}\varepsilon\Phi_i\mathrm{d}x\mathrm{d}y-\iint_{\Omega}\mu^{*}\frac{\partial \hat{H}}{\partial t}\Phi_i\mathrm{d}x\mathrm{d}y=0 \tag{5-64}$$

分别对式（5-60）的 x、y 求导，得

$$\begin{cases}\dfrac{\partial \hat{H}}{\partial x}=\displaystyle\sum_{j=1}^{m}H_j(t)\frac{\partial \Phi_j}{\partial x}\\[2ex]\dfrac{\partial \hat{H}}{\partial y}=\displaystyle\sum_{j=1}^{m}H_j(t)\frac{\partial \Phi_j}{\partial y}\end{cases} \tag{5-65}$$

若区域 Ω 内共有 p 个单元，将式（5-65）代入式（5-64），得

$$\sum_{j=1}^{m}\left[\sum_{e=1}^{p}\iint_{\Delta_e}T^e\left(\frac{\partial\phi_i}{\partial x}\frac{\partial\phi_j}{\partial x}+\frac{\partial\phi_i}{\partial y}\frac{\partial\phi_j}{\partial y}\right)\mathrm{d}x\mathrm{d}y\right]H_j(t)+\sum_{j=1}^{m}\left[\sum_{e=1}^{p}\iint_{\Delta_e}\mu^e\phi_i\phi_j\mathrm{d}x\mathrm{d}y\right]\frac{\partial H_j(t)}{\partial t}$$

$$=\sum_{e=1}^{p}\iint_{\Delta_e}\varepsilon^e\phi_i\mathrm{d}x\mathrm{d}y+\int_{\Gamma_2}q\phi_i\mathrm{d}x\mathrm{d}y \tag{5-66}$$

在构成系数矩阵之前，首先给定几个积分式，其推导过程略

$$\begin{cases}\iint_{\Delta_e}\phi_i\phi_j\mathrm{d}x\mathrm{d}y=\dfrac{\Delta_e}{12} & (i\neq j)\\ \iint_{\Delta_e}\phi_i\phi_j\mathrm{d}x\mathrm{d}y=\dfrac{\Delta_e}{6} & (i=j)\\ \iint_{\Delta_e}\phi_i\mathrm{d}x\mathrm{d}y=\dfrac{\Delta_e}{3}\end{cases} \tag{5-67}$$

式（5－66）为区域 Ω 内 i 结点的迦辽金有限元方程。根据 Φ_i 的性质，实际上在区域 Ω 上直接对 i 结点方程有影响的仅是以 i 为公共顶点的单元结点组成的区域 D_i。其他结点的影响为零，关于构成有限元系数矩阵的类别如下。

1. 导水矩阵的构成

设导水矩阵为 $[A]=\sum_{j=1}^{m}A_{i,j}(i=1,2,\cdots,n)$，则

$$A_{i,j}=\sum_{e=1}^{p}\iint_{\Delta_e}T^e\left(\frac{\partial\phi_i}{\partial x}\frac{\partial\phi_j}{\partial x}+\frac{\partial\phi_i}{\partial y}\frac{\partial\phi_j}{\partial y}\right)\mathrm{d}x\mathrm{d}y$$

根据式(5－37)，得 $\frac{\partial\phi_i}{\partial x}=\frac{b_i}{2\Delta_e},\frac{\partial\phi_i}{\partial y}=\frac{c_i}{2\Delta_e};\frac{\partial\phi_j}{\partial x}=\frac{b_j}{2\Delta_e},\frac{\partial\phi_j}{\partial y}=\frac{c_j}{2\Delta_e}$

则 $$A_{i,j}=\sum_{e=1}^{p}\iint_{\Delta_e}\frac{T^e}{4\Delta_e^2}(b_ib_j+c_ic_j)\mathrm{d}x\mathrm{d}y$$

$$=\sum_{e=1}^{p}\frac{T^e}{4\Delta_e}(b_ib_j+c_ic_j) \tag{5-68}$$

式中，b_i、b_j、c_i、c_j 等坐标轮减数由式（5－35）确定。从式（5－68）可知，导水矩阵$[A]_{n\times m}$是由导水系数 T 和单元几何特征量组成，与变量无关，故由此而得名。该矩阵为 $n\times m$ 阶矩阵。在采用式（5－68）计算时，只有当单元结点号码与 i、j 相同时，才参加计算；否则跳过该结点。

如有一渗流区域，采用三角形单元剖分，单元剖分后的结点与单元编号如图 5－17 所示，则当 $i=1$，$j=1$时有

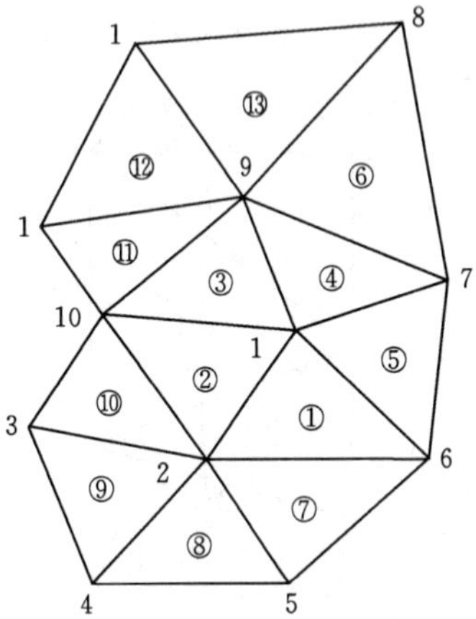

图 5－17 三角形单元剖分示意图

$$A_{1,1}=\frac{1}{4}\left[\frac{T_1}{\Delta_1}(b_1^2+c_1^2)+\frac{T_2}{\Delta_2}(b_1^2+c_1^2)+\frac{T_3}{\Delta_3}(b_1^2+c_1^2)+\frac{T_4}{\Delta_4}(b_1^2+c_1^2)+\frac{T_5}{\Delta_5}(b_1^2+c_1^2)\right]$$

而其他单元对此项的“贡献”为零。当 $i=1$，$j=2$ 时，则有

$$A_{1,2}=\frac{1}{4}\left[\frac{T_1}{\Delta_1}(b_1b_2+c_1c_2)+\frac{T_2}{\Delta_2}(b_1b_2+c_1c_2)\right]$$

其他单元对 $A_{1,2}$ 的"贡献"为零，Δ_2 表示单元②的面积。

2. 储水矩阵的构成

设储水矩阵为 $[B]=\sum_{j=1}^{m}B_{i,j}(i=1,2,\cdots,n),B_{i,j}=\sum_{e=1}^{p}\iint_{\Delta_e}\mu^e\phi_i\phi_j\mathrm{d}x\mathrm{d}y$

根据式（5-67）得

$$B_{i,j}=\sum_{e=1}^{p}\mu^e\iint_{\Delta_e}\phi_i\phi_j\mathrm{d}x\mathrm{d}y=\begin{cases}\sum_{e=1}^{p}\frac{\Delta_e}{12}\mu_e & i\neq j\\ \sum_{e=1}^{p}\frac{\Delta_e}{6}\mu^e & i=j\end{cases}\tag{5-69}$$

由式（5-69）可知，系数阵 $[B]_{n\times m}$ 是由储水系数与单元面积组成的，故称其为储水矩阵。

同理在图（5-17）中，当 $i=2$，$j=2$ 时，则

$$B_{2,2}=\frac{\mu}{6}(\Delta_1+\Delta_2+\Delta_8+\Delta_9+\Delta_7+\Delta_{10})$$

而其他单元对 $B_{2,2}$ 的"贡献"为零。

3. 水量矩阵的构成

设水量交换项矩阵为 $\varepsilon_i=\sum_{e=1}^{p}\iint_{\Delta_e}\varepsilon^e\phi_i\mathrm{d}x\mathrm{d}y(i=1,2,\cdots,n)$，根据式（5-67）得

$$\varepsilon_i=\sum_{e=1}^{p}\iint_{\Delta_e}\varepsilon^e\phi_i\mathrm{d}x\mathrm{d}y=\sum_{e=1}^{p}\varepsilon^e\iint_{\Delta_e}\phi_i\mathrm{d}x\mathrm{d}y=\sum_{e=1}^{p}\frac{\Delta_e}{3}\cdot\varepsilon^e\tag{5-70}$$

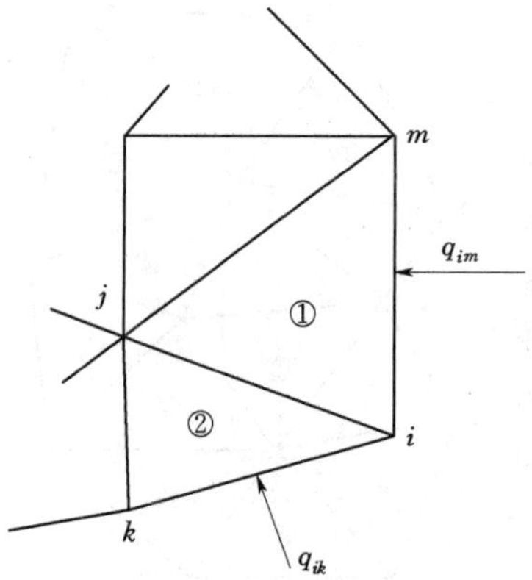

图 5-18 二类边界结点 i 的处理

边界流量 G_i 的计算，设

$$G_i=\int_{\Gamma_2}q\phi_i\mathrm{d}l\quad(i=1,2,\cdots,n)\tag{5-71}$$

G_i 为边界流量，仅当结点 i 位于 Γ_2 上时，或者说仅当结点 i 为第二类边界点时，才存在此项，对于其他结点此项均为零。如图 5-18 所示，k、i、m 三结点为第二类边界点，则

$$G_i=\int_{\Gamma_2}q\phi_i\mathrm{d}l=\int_{L_{ki}}q_{ik}\phi_i\mathrm{d}l+\int_{L_{im}}q_{im}\phi_i\mathrm{d}l\tag{5-72}$$

式中：q_{ik}、q_{im} 为相应边界 $\overline{ik}$、$\overline{im}$ 上的单宽流量值，在相应边界上为常量。剩下来的问题是确定 ϕ_i 在线段上的积分值。

根据式（5-38）得单元①中 $\phi_i^{(1)}$ 为

$$\phi_i^{(1)}(x,y)=\frac{\Delta_i}{\Delta_1}=\frac{h_a}{h_b}\tag{5-73}$$

式中：h_a、h_b 分别为三角形单元 $\triangle xmj$、$\triangle imj$ 在 $\overline{jm}$ 上的高。如图 5-19（a）所示。

当 x 落在 $\overline{im}$ 边界上时，由三角形 $\triangle imb$ 与三角形 $\triangle ima$ 相似，则有

$$\phi_i^{(1)}(x,y)=\frac{h_a}{h_b}=\frac{l_{xm}}{l_{im}} \tag{5-74}$$

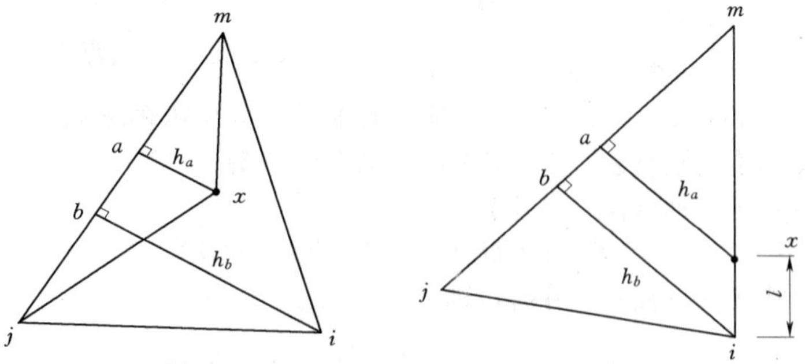

(a)　　(b)

图 5-19　单元①曲线积水计算图

并定义弦长变量为 l，如图 [5-19 (b)]，则式 (5-74) 可写成

$$\phi_i^{(1)}(x,\ y)=\frac{l_{xm}}{l_{im}}=\frac{l_{im}-l}{l_{im}}=1-\frac{l}{l_{im}}$$

同理可得：$\phi_i^{(2)}(x,\ y)=1-\frac{l}{l_{ik}}$，将 $\phi_i^{(1)}$、$\phi_i^{(2)}$ 两式代入式 (5-71) 得

$$\begin{aligned}G_i &= q_{ik}\int_{l_{ki}}\phi_i^{(1)}(x,y)\mathrm{d}l+q_{im}\int_{l_{im}}\phi_i^{(2)}(x,y)\mathrm{d}l\\ &= q_{ik}\int_{l_{ki}}\left(1-\frac{l}{l_{ik}}\right)\mathrm{d}l+q_{im}\int_{l_{im}}\left(1-\frac{l}{l_{im}}\right)\mathrm{d}l=\frac{1}{2}(q_{ik}l_{ik}+q_{im}l_{im})\end{aligned} \tag{5-75}$$

当研究区域 Ω 内有抽（注）水井时，需对井群进行处理，设研究区域内共有 n_4 个抽（注）水井，则井对 i 结点的水量贡献为

$$Q_i=\sum_{e=1}^{p}\iint_{\Delta_e}\sum_{w=1}^{n_4}Q_w\Phi_i\delta(x-x_w,y-y_w)\mathrm{d}x\mathrm{d}y \tag{5-76}$$

式中：Q_w 为第 w 个井的抽（注）水流量，抽水为负，注水为正；$\delta(x-x_w,\ y-y_w)$ 为 $(x_w,\ y_w)$ 点的 δ 函数，利用 δ 函数的性质（如图 5-20 所示）则可得

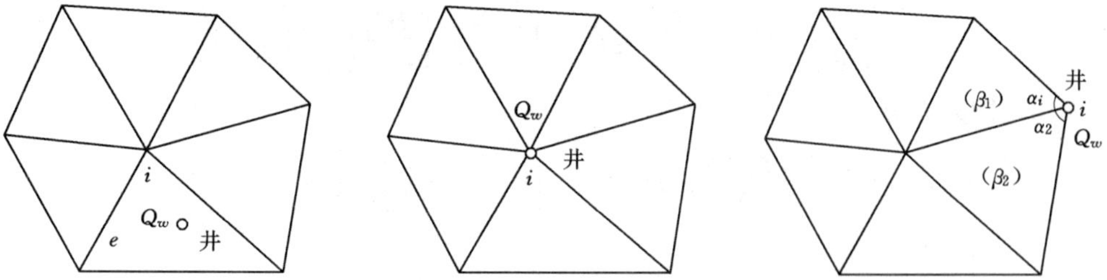

(a)　　(b)　　(c)

图 5-20　井流量分配计算图

(a) 井位于单元 β 内；(b) 井位于结点 i 上；(c) 井位于二类边界结点 i 上

$$Q_i=\begin{cases}\sum_{e=1}^{p}\sum_{w=1}^{n_4}Q_w\cdot\Phi_i(x_w,y_w) & (w\text{ 井位于单元 }e\text{ 内})\\ Q_i & (w\text{ 井位于结点 }i\text{ 上})\\ \sum_{e=1}^{p}\frac{\sum\alpha_e}{2\pi}Q_i & (w\text{ 井位于外结点上})\end{cases}\tag{5-77}$$

式中：α_e 为单元顶点为第二类边界点时，该单元在区域内的夹角。在实际计算中，一般尽量将结点取在抽（注）水井位置上，以简化计算。

若当研究区上有抽（注）水井时，令

$$f_i=\varepsilon_i+G_i+Q_i\quad(i=1,2,\cdots,n)\tag{5-78}$$

若研究区内无抽（注）水井时，则

$$f_i=\varepsilon_i+G_i\tag{5-79}$$

则$[f]_{n\times1}$中各元素完全由水量项组成，所以将其称为水量矩阵。

4. 线性代数方程组的组成

将式（5-68）、式（5-69）和式（5-78）或式（5-79）代入式（5-66），得

$$\sum_{j=1}^{m}A_{i,j}H_j+\sum_{j=1}^{m}B_{i,j}\frac{\mathrm{d}H_i}{\mathrm{d}t}=f_i\quad(i=1,2,\cdots,n)\tag{5-80}$$

或写成

$$[A]_{n\times m}[H]_{m\times1}+[B]_{n\times m}\left[\frac{\mathrm{d}H}{\mathrm{d}t}\right]_{m\times1}=[f]_{n\times1}\tag{5-81}$$

由式（5-81）结合式（5-55）中给出的边界条件和初始条件，则可将原偏微分方程的求解转化为常微分方程的初值问题，即完成了在空间上的离散化，还须进一步在时间上进行离散化，从而构成线性代数方程组。

首先将式（5-81）写成差分形式

$$[A][H(t)]+[B]\frac{[H(t_{k+1})-H(t_k)]}{\Delta t}=[f]\tag{5-82}$$

式中：t_{k+1}为时段末 t_{k+1}时刻，t_k 为时段初 t_k 时刻。对于等式左端第一项中水头取不同时刻的水头值，可形成不同的计算格式。

（1）显式差分格式：

$$\left[\frac{B}{\Delta t}\right][H(t_{k+1})]=[f]-\left([A]-\left[\frac{B}{\Delta t}\right]\right)[H(t_k)]\tag{5-83}$$

（2）隐式差分格式：

$$\left([A]+\left[\frac{B}{\Delta t}\right]\right)[H(t_{k+1})]=[f]+\left[\frac{B}{\Delta t}\right][H(t_k)]\tag{5-84}$$

（3）中心差分格式：

$$\left(\frac{[A]}{2}+\frac{[B]}{\Delta t}\right)[H(t_{k+1})]=[f]-\left(\frac{[A]}{2}-\frac{[B]}{\Delta t}\right)[H(t_k)]\tag{5-85}$$

如将以上三式写成统一形式，则

$$[C]_{n\times m}[H(t_{k+1})]_{m\times1}=[F]_{n\times1}\tag{5-86}$$

式中：[C] 为有限元方程的总系数矩阵；[F] 为常数矩阵。偏微分方程已转化为线性代数方程组。进一步求解式（5-86）所列的方程组，即可得所选择计算时刻各结点上的水头值。在求解时，将已知项及一类边界点已知水头移到等式右端，由式（5-86）得

$$\begin{bmatrix} C_{1,1} & C_{1,2} & \cdots & C_{1,n} & C_{1,n+1} & \cdots & C_{1,m} \\ C_{2,1} & C_{2,2} & \cdots & C_{2,n} & C_{2,n+1} & \cdots & C_{2,m} \\ \vdots & \vdots & \vdots & \vdots & \vdots & \vdots & \vdots \\ C_{n,1} & C_{n,2} & \cdots & C_{n,n} & C_{n,n+1} & \cdots & C_{n,m} \end{bmatrix} \begin{bmatrix} H_1 \\ H_2 \\ \vdots \\ H_n \\ H_{n+1} \\ \vdots \\ H_m \end{bmatrix} = \begin{bmatrix} F_1 \\ F_2 \\ \vdots \\ F_n \end{bmatrix} \tag{5-87}$$

式中：n 为内结点与第二类边界点之和，即未知水头总和。在结点编号时，首先给内结点与二类边界点编号，然后再给第一类边界点编号。第一类边界点数为（$m-n$），将一类边界点已知水头移到等式右端，得

$$\begin{bmatrix} C_{1,1} & C_{1,2} & \cdots & C_{1,n} \\ C_{2,1} & C_{2,2} & \cdots & C_{2,n} \\ \vdots & \vdots & \vdots & \vdots \\ C_{n,1} & C_{n,2} & \cdots & C_{n,n} \end{bmatrix} \begin{bmatrix} H_1 \\ H_2 \\ \vdots \\ H_n \end{bmatrix} = \begin{bmatrix} F_1 \\ F_2 \\ \vdots \\ F_n \end{bmatrix} - \begin{bmatrix} C_{1,n+1} & C_{1,n+2} & \cdots & C_{1,n} \\ C_{2,n+1} & C_{2,n+2} & \cdots & C_{2,n} \\ \vdots & \vdots & \vdots & \vdots \\ C_{n,n+1} & C_{n,n+2} & \cdots & C_{n,m} \end{bmatrix} \begin{bmatrix} H_{n+1} \\ H_{n+2} \\ \vdots \\ H_m \end{bmatrix} \tag{5-88}$$

或
$$[C]_{n\times n}[H(t_{k+1})]_{n\times 1}=[F]_{n\times 1}-[C]_{n\times(m-n)}[H(t_k)]_{(m-n)\times 1} \tag{5-88'}$$

式（5-88）即为迦辽金有限元方程组，共有 n 个方程 n 个未知水头。所以该式可得满足初始条件与边界条件下各结点的水头值。

在本例中，据式（5-88）得

$$\begin{bmatrix} C_{1,1} & C_{1,2} & \cdots & C_{1,22} \\ C_{2,1} & C_{2,2} & \cdots & C_{2,22} \\ \vdots & \vdots & \vdots & \vdots \\ C_{22,1} & C_{22,2} & \cdots & C_{22,22} \end{bmatrix} \begin{bmatrix} H_1 \\ H_2 \\ \vdots \\ H_{22} \end{bmatrix} = \begin{bmatrix} F_1 \\ F_2 \\ \vdots \\ F_{22} \end{bmatrix} - \begin{bmatrix} C_{1,23} & C_{1,24} & \cdots & C_{1,30} \\ C_{2,23} & C_{2,24} & \cdots & C_{2,30} \\ \vdots & \vdots & \vdots & \vdots \\ C_{22,23} & C_{22,24} & \cdots & C_{22,30} \end{bmatrix} \begin{bmatrix} H_{23} \\ H_{24} \\ \vdots \\ H_{30} \end{bmatrix} \tag{5-89}$$

若对水头取隐式（时间）格式时

$$[C]=[A]+\left[\frac{B}{\Delta t}\right]$$

$$[F]=[f]+\left[\frac{B}{\Delta t}\right][H(t_k)]$$

式中：各系数阵 [A]、[B]、[f] 中各元素分别由式（5-68）、式（5-69）和式（5-78）或式（5-79）确定。

导水阵 [A]、储水阵 [B]、水量阵 [f] 具体确定如下。

1. 导水阵 [A] 的确定

$$[A]=\sum_{j=1}^{m}A_{i,j} \quad (i=1,2,\cdots,n)$$

$$A_{i,j}=\sum_{e=1}^{p}\frac{T^e}{4\Delta_e}(b_ib_j+c_ic_j)$$

原问题属均质问题，所以 $T^e=120.0\text{m}^2/\text{d}$，各三角形面积相等，均为 $\Delta_e=0.5\times 100.0\times 100.0=5000.0\text{m}^2$；$b_i$、$b_j$、$c_i$、$c_j$ 由式（5－35）确定。

（1）对于第一个单元，三个结点为 1、23 和 7。其中，$x_i=x_1=0.0$，$y_i=y_1=400.0\text{m}$；$x_k=x_7=100.0\text{m}$，$y_k=y_7=300.0\text{m}$；$x_j=x_{23}=0.0$，$y_j=y_{23}=300.0\text{m}$。所以有

$b_1=y_{23}-y_7=300.0-300.0=0.0$，$c_1=x_7-x_{23}=100.0-0.0=100.0$

$b_7=y_1-y_{23}=400.0-300.0=100.0$，$c_7=x_{23}-x_1=0.0-0.0=0.0$

$b_{23}=y_7-y_1=300.0-400.0=-100.0$，$c_{2,3}=x_1-x_7=0.0-100.0=-100.0$

（2）对于第二个单元，三个结点分别为 1、7 和 2。

其中 $x_i=x_1=0.0$，$y_i=y_1=400.0\text{m}$；$x_j=x_7=100.0\text{m}$；

$y_j=y_7=300.0\text{m}$；$x_k=x_2=100.0\text{m}$；$y_k=y_2=400.0\text{m}$。所以有

$b_1=300.0-400.0=-100.0$，$c_1=100.0-100.0=0.0$

$b_2=400.0-300.0=100.0$，$c_2=100.0-0.0=100.0$

$b_7=400.0-400.0=0.0$，$c_7=0.0-100.0=-100.0$

其余坐标轮减数可类似得出，值得注意的是，结点 i 对某单元是任意选定的。但若 i 已被确定，则 j、k 结点就需按逆时针方向依次确定。

（3）当 $i=1$ 时，若 $j=1$，则 $A_{1,1}$ 仅与结点 1 有关，从图 5－16 可知，与结点 1 有关的单元仅有①和②单元，其他单元均与之无关，则

$$\begin{aligned}A_{1,1}&=\frac{1}{4}\times\left[\frac{T_1}{\Delta_1}(b_1b_1+c_1c_1)+\frac{T_2}{\Delta_2}(b_1b_1+c_1c_1)\right]\\&=\frac{1}{4}\times\left[\frac{120.0}{5000.0}\times 100.0^2+\frac{120.0}{5000.0}\times(100.0)^2\right]\\&=120.0\end{aligned}$$

（4）当 $i=1$，$j=2$ 时，与结点 1 与 2 同时有关的单元仅有②单元，则

$$\begin{aligned}A_{1,2}&=\frac{1}{4}\left[\frac{T_2}{\Delta_2}(b_1b_2+c_1c_2)\right]\\&=\frac{1}{4}\times\frac{120.0}{5000.0}\times(-100.0\times 100.0+0.0\times 100.0)\\&=-60.0\end{aligned}$$

其他 $A_{i,j}$ 值可类似得出。

2. 储水阵 [B] 的确定

$$[B]=\sum_{j=1}^{m}B_{i,j}\quad(i=1,2,\cdots,n)$$

$$B_{i,j}=\begin{cases}\displaystyle\sum_{e=1}^{p}\frac{\Delta_e}{12}\mu^e\ (i\neq j)\\ \displaystyle\sum_{e=1}^{p}\frac{\Delta_e}{6}\mu^e\ (i=j)\end{cases}$$

（1）当 $i=1$，$j=1$ 时，仅与结点 1 有关，涉及①与②单元。所以

$$B_{1,1}=\sum_{e=1}^{p}\frac{\Delta_e}{6}\mu^e=\frac{1}{6}[\Delta_1\mu_1+\Delta_2\mu_2]$$

$$=\frac{1}{6}[5000.0\times0.0003+5000.0\times0.0003]=0.5$$

（2）当 $i=1$、$j=2$ 时，仅与结点 1 与 2 有关，仅涉及②单元。所以

$$B_{1,2}=\sum_{e=1}^{p}\frac{\Delta_e}{12}\mu^e=\frac{1}{12}\Delta_2\mu_2=\frac{1}{12}\times5000.0\times0.0003=0.125$$

其他各 $B_{i,j}$ 值均可类似得出。

3. 水量阵［f］的确定

$$f_i=\varepsilon_i+G_i-Q_i$$

式中：ε_i 为垂直方向补给项；G_i 为边界径流项；Q_i 为井流项。可分别按式（5－70）、式（5－75）和式（5－77）计算。仅当结点上有入渗或位于二类边界和井位上时才有此项，否则该项为零。本例中无 ε_i 项。Q_i 项仅在结点 8 上有 $Q_8=-1080m^3/d$。

（1）对于二类边界结点 $i=1$，有 $\varepsilon_1=0.0$，$Q_1=0.0$，则

$$f_1=G_1=\frac{1}{2}q_{12}l_{12}=\frac{1}{2}\times0.6\times100.0=30.0(m^3/d)$$

（2）对于二类边界结点 $i=2$，有 $\varepsilon_2=0.0$，$Q_2=0.0$，则

$$f_2=G_2=\frac{1}{2}(q_{12}l_{12}+q_{23}l_{23})=\frac{1}{2}(0.6\times100.0+0.6\times100.0)=60.0(m^3/d)$$

其他二类边界结点的 f_i 值也可类似得到。

（3）对于有井结点 $i=8$，其为内结点，所以有 $G_8=0.0$，且 $\varepsilon_8=0.0$，则

$$f_8=Q_8=-1080.0m^3/m$$

其余内结点均无井，所以 $f_i=0.0$。

（4）将计算所得［A］、［B］、［f］代入式（5－89），即形成线性方程组，其系数矩阵为一稀疏矩阵。可用松弛法或改进平方根法进行求解。仍取等间距时间步长，$\Delta t_k=0.2d$，计算所得 $t=0.2d$、$0.4d$、$0.6d$ 和 $2.0d$ 各结点水头值见表 5－5。如将表 5－4 与表 5－5 对比，可知两方法的计算结果还是有差异的，但总体变化趋势是一致的。一般讲，有限元法具有更高的精度。

表 5－5　有限单元法求解地下水水头 $H(i)$ 分布表

j \ i		1	2	3	4	5	6
$k=1$ $\Delta t=0.200$ $t=0.200d$	1	99.662	98.880	97.701	98.590	92.246	99.456
	2	100.000	98.591	96.107	98.201	99.006	99.226
	3	100.000	99.201	98.449	98.876	99.227	99.339
	4	100.000	99.666	99.419	99.487	99.590	99.594
	5	100.000	100.000	100.000	100.000	100.000	99.805

续表

i / j		1	2	3	4	5	6
$k=2$ $\Delta t=0.200$ $t=0.400d$	1	99.468	98.503	97.128	98.012	98.716	98.948
	2	100.000	98.267	95.546	97.650	98.502	98.741
	3	100.000	98.980	98.069	98.470	98.837	98.954
	4	100.000	99.556	99.231	99.275	99.373	99.353
	5	100.000	100.000	100.000	100.000	100.000	99.682
$k=3$ $\Delta t=0.200$ $t=0.600d$	1	99.409	98.396	96.966	97.818	98.509	98.739
	2	100.000	98.181	95.399	97.470	98.309	98.545
	3	100.000	98.918	97.959	98.334	98.687	98.798
	4	100.000	99.524	99.173	99.201	99.288	99.254
	5	100.000	100.000	100.000	100.000	100.000	99.629
$k=4$ $\Delta t=0.200$ $t=2.000d$	1	99.491	98.544	97.192	98.096	98.812	99.046
	2	100.000	98.299	95.603	97.726	98.590	98.834
	3	100.000	99.003	98.111	98.528	98.905	99.027
	4	100.000	99.568	99.253	99.306	99.411	99.399
	5	100.000	100.000	100.000	100.000	100.000	99.706

第6章 集水建筑物的设计与施工

6.1 地下水集水建筑物的分类

根据地下水集水建筑物的延伸方向与地面的关系，地下集水建筑物一般可分为垂直系统、水平系统、联合系统和引泉工程等类型。

6.1.1 垂直系统

垂直系统是指集取地下水的主要建筑物的延伸方向与地表面基本垂直的一种集取地下水的方式。这种形式的集水建筑物适应于多种地质地形条件，因此应用最广泛、最普及。筒井、管井、大口井、轻型井等各种类型的水井都属于垂直系统。以下将介绍几种常见的井型。

1. 管井

管井是一种直径较小、深度较大，由钢管、铸铁管、混凝土管或塑料管等管材加固而成的集水建筑物。随着凿井机具和提水工具的改进，通常采用水井钻机施工，水泵抽水，群众习惯称之为机井、深井。

井管直径与水文地质条件、单井出水量等因素有关，一般多为200～450mm。管井深度可根据取水要求和当地的水文地质条件确定，一般农用管井的深度多为50～100m，也有达200～300m，高温地热井可达3000m以上。随着用水需要和钻井机具性能的提高，管井的深度也在不断增加。

2. 筒井和大口井

筒井是较古老的一种水井形式。习惯上，将人工开挖或半机械化施工、直径较大、形状似一圆筒的各种浅井统称为筒井。筒井与管井在结构方面没有本质的区别，仅是深度和直径有所差异而已，故有些文献中已不再加以区分，统称为管井。大口井因其井径大而得名，多为人工开挖或半机械化施工，是广泛应用于开采浅层地下水的集水建筑物。

筒井直径一般为1～1.5m，而大口井的直径一般超过1.5m，多为3～8m，也有达十余米以上的。筒井一般适用于含水层厚度不大（多在5m左右），水位埋藏深度

较小（一般不超过10m）的地区。水井深度也较小，最浅者仅几米，通常20～30m，黄土区也有超过100m的筒井。

3. 轻型井

轻型井是指直径小，深度不大，用塑料管等轻质材料加固井壁，用人力将带尖的铁管冲砸进地下或轻型小口径钻机施工的一种井型。直径一般为75～150mm，深度多为10～30m，最深不超过50m。适合在地下水埋深小（最好不大于5m）的平原或黄土地区，既可用于小面积灌溉，又可用于人畜供水和乡镇企业生产。

6.1.2 水平系统

集取地下水的主要建筑物的延伸方向，基本与地面相平行，因此称为水平系统。水平系统集水建筑物只有在特定的水文地质条件下适用，其应用较垂直系统范围要小。常见的有截潜流工程、坎儿井等。

1. 坎儿井

坎儿井是干旱地区开发利用山前洪积扇地下潜水，用于农田灌溉和人畜饮用的一种古老的水平集水工程。这种工程在我国主要分布于新疆天山南麓的哈密、吐鲁番和鄯善一带。这一地带气候干旱，蒸发量大，高山融雪地表水流入洪积扇后，几乎全部渗入砂砾石层成为地下潜流，而坎儿井是汇集这一地下水源进行开发利用的理想途径。

坎儿井的供水系统一般由竖井、廊道、明渠、涝坝（地面蓄水池）四大部分组成，如图6-1所示。坎儿井的主要特点是可以自流灌溉，不用动力提水，水量稳定、水质优良，输水损失小，能防风沙，使用寿命长，施工设备和操作技术简单，操作技术易为群众掌握，使用寿命较长。为了能达到自流取水，坎儿井的坑道有时开挖的很长，可达数十公里，工程艰巨。因此它的缺点是施工工期长、易坍塌、渗漏损失大、维修管理困难。目前新开挖的坎儿井不多，发展潜力不大。

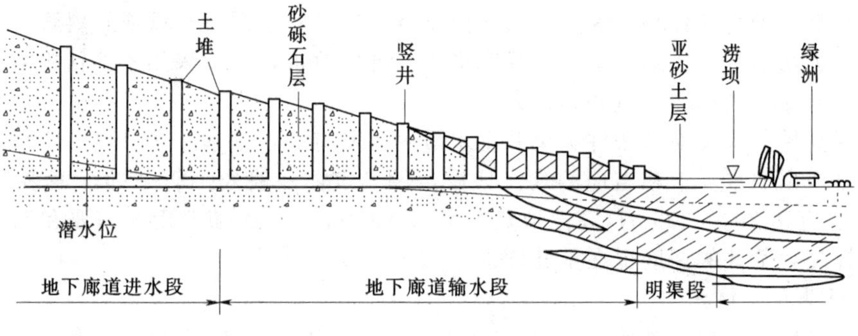

图6-1 坎儿井结构示意图

2. 截潜流工程

截潜流工程是指在河底的砂卵石层内，垂直河道主流方向修建一道截水墙，截住地下水。同时在截水墙上游修筑集水廊道，将地下水汇集并引入集水井后输送给用户。截潜流工程主要适用于含大量卵石、砾石和砂的山区间歇性河流，或经常性断流、却有较为丰富的潜流的河流中上游，以及山前洪积扇溢出带或平原古河床、地下

水位较高、潜流多集中的地方。这些地区往往水井施工难度大或出水量较小，这时可采用截潜流工程取水。

6.1.3 联合系统

联合系统是指把垂直和水平集水系统联合起来，或将同一系统中的几种形式联合，共同完成集水目标的工程。联合系统主要有辐射井、卧管井、筒管井、水柜、联井、虹吸井等。

1. 辐射井

辐射井是指由一口直径较大的竖井和呈辐射状分布的水平集水管（辐射管）组成的集水建筑物。集水管平行于含水层，不受含水层厚度的限制，采集地下水的范围广，单井出水量大，调控能力强。辐射井是开采水位埋深浅、含水层薄而透水性差的黄土类地区地下水的理想井型。它可以明显增大井的出水量，在砾卵石含水层中应用较多，因此辐射井的应用较广。

2. 卧管井

卧管井是指由水平的卧管和垂直的集水井组成的集水形式。卧管井只适用于特定的水文地质条件，如含水层薄而浅的平原地区，或有渠水或其他人工补给地下水源的地区。卧管井多用于沼泽地和盐碱地排水，灌溉上使用较少。水平卧管为直径25～50mm的穿孔管，周围回填滤料，长度可达100～200m。

3. 筒管井

筒管井是指由上部直径较大的筒井和下部直径较小的管井联合而成的井称为筒管井。在筒井的井底加凿管井，不仅可以增加出水量，相比同样深度的筒井和管井，施工容易且经济。如果当地的含水层埋深较大致使开采井的深度很大时，为降低造价节约管材可采取上面是筒井下面是管井的联合工程。

6.1.4 引泉工程

引泉工程是指主要利用各种泉水的建筑物系统。泉水是地下水天然露头的一种特殊形式。要收集利用泉水，只能根据其自身的出露特点，而不能壅回或堵塞。这种工程的结构类型有引泉坑道和引泉蓄水建筑物等。

6.2 管 井 工 程

管井结构设计与施工包括管井结构、井管类型与连接、过滤器设计、井孔钻进、成井工艺等。成井工艺又包括电法测井、井管安装、填砾止水、洗井、抽水试验和成井验收等。

6.2.1 管井的基本结构

因水文地质条件、施工方法、配套水泵和用途等的不同，管井的结构形式也多种多样。管井结构包括井口、井壁管、过滤器和沉淀管，见图6-2。

1. 井口

管井接近地表的部分称为井口，也称井头。为了安全和便于管理，一般多与机电设备设在一个泵房内。

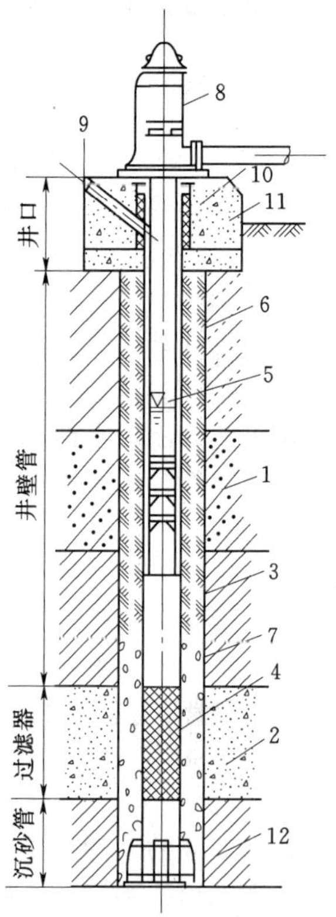

图 6-2 管井示意图

1—非含水层厚度；2—含水层；3—井壁管；4—滤水管；5—泵管；6—封闭物；7—滤料；8—水泵；9—水位观测孔；10—护管；11—泵座；12—不透水层

井口要有足够的坚固性和稳定性，以防因承受水泵和泵管等的重量和抽水震动引起地面沉陷。井管要高出泵房地板约 300～500mm，以便于加套一段直径略大于井管外径的钢管或铸铁护管和安装水泵及密封连接。井口在机具安装完成之后，要加护盖封好，以防杂物落入井中。

2. 井壁管

将井口以下至过滤器之间的一段井柱称为井壁管。井壁管安装在非含水层处，本身不进水，应采用各种密实的井管加固。如果井身所在部位的岩层是坚固稳定的，也可不用井管加固。但如果要求隔离有害的和不开采的含水层时，则仍需下入井管，并在管外用封闭物止水。为防井壁坍塌，还要求井管要有足够强度。

3. 过滤器

过滤器是管井的心脏部分，要具有足够的强度和良好的透水性。过滤器安装在含水层的采水段，与井壁管一起构成管柱，垂直安装在井孔当中。

过滤器的安装位置应根据水文地质条件确定，如含水层集中，可安装一整段；如数层含水层之间相隔较远时，则过滤器要对应含水层分段安装。滤水管的长度应根据含水层厚度来确定。

4. 沉淀管

沉淀管安装在过滤器的下端，为抽水过程随水带进井内的沙粒（未能随水抽出的部分）留出沉淀的空间，以备定期清理。沉淀管长度主要是根据井深和含水层性质确定。松散地区的管井，浅井为 2～4m，深井为 4～8m；基岩中的管井，一般为 2～4m。

6.2.2 井管类型与连接

6.2.2.1 井管类型

井管包括井壁管、滤水管和沉淀管，一般将井壁管和沉淀管通称实管，滤水管称为花管。滤水管一般在同类井壁管基础上设计和加工而成。

井管的种类很多，井管按材料的性质可分为金属井管和非金属井管两大类。金属井管有钢管和铸铁管等，非金属井管主要包括混凝土管、钢筋混凝土管、塑料井管和玻璃钢管。下面仅介绍目前常用的井管类型及其适用条件。

1. 钢管

钢管可分焊接钢管和无缝钢管。焊接钢管又分为直缝对接焊和螺旋缝焊，其中螺旋缝钢管应用较普遍。无缝钢管目前多用于 400m 以下的深井。钢管的极限抗拉强度可达 320～400MPa。质量要求：弯曲偏差不大于±1/1000；外径公差，无缝钢管不大于±1～1.5%，焊接钢管不大于±2%。其规格见表 6-1。

钢管的优点是机械强度高，规格尺寸标准统一，施工安装方便且成井较易，但易

于锈蚀，使用寿命相对较短，而且造价高。

表 6-1 钢制井壁管技术规格表

公称规格(mm)	井壁管							管箍				
	内径(mm)	外径(mm)	壁厚(mm)	管长(mm)	丝扣长(mm)	每英寸长丝扣数	每米质量(kg)	外径(mm)	长度(mm)	搪孔(mm) 直径	搪孔(mm) 长度	质量(kg)
150	153	168	7.5	3000～6000	66.5	8	31.6	186	194	170	12	8.4
200	203	219	8	3000～6000	73	8	41.6	236	203	221	12	10.8
250	255	273	9	3000～6000	79.5	8	58.6	287	216	275	16	12.9
300	305	325	10	3000～6000	86	8	77.7	340	229	327	16	17.3
350	355	377	11	3000～6000	86	8	99.3	391	229	379	16	18.3
400	404	426	11	3000～6000	86	8	112.6	441	229	428	16	22.4

2. 铸铁管

铸铁管多采用 HT15-32 号铸铁铸成，其极限抗拉强度约为 150MPa。对其质量要求是：管内径偏差不超过±3mm，壁厚偏差不超过±2.5mm，长度偏差不超过±2.0mm，弯曲偏差不大于 2/1000。管端螺纹上如有气孔，最大直径不得大于 15mm，深度不得大于 5mm，数量不超过 2 个，间距必须大于 20mm。

铸铁管比钢管耐腐蚀，使用寿命较长，抗拉抗压强度也高，但性脆、抗剪和抗冲击强度低，管壁较钢管厚，自重较大，故适用深度较钢管小，一般适用于井深 200～400m 的水井，而且造价也较高。

3. 混凝土井管和钢筋混凝土井管

混凝土井管适用于井深小于 100m 的浅管井，一般井壁管不加构造钢筋的管长 1m，加构造钢筋的管长 2～3m，井壁管外径一般为 300～500mm，壁厚为 30～50mm。滤水管采用圆孔或条孔，加竹片、镀锌铁丝绑扎固定，采用托盘法下管。钢筋混凝土井管适用于中、深管井，下管深度可达 400m。按应力标准配置钢筋，允许承受压应力、拉应力和弯矩，因此其强度比混凝土井管高，而造价比金属管材便宜。

混凝土管的优点是耐腐蚀，取材容易，成本低，适用于浅管井。缺点是机械强度较低，自重大，单根长度小，接头多且接头质量难保证、下管安装麻烦。钢筋混凝土管的优点是耐腐蚀，具有一定的机械强度，适用于中、深管井。缺点是井壁较铸铁管厚，重量较大，施工安装较复杂。混凝土和钢筋混凝土井管的技术规格参见表 6-2。

表 6-2 钢筋混凝土井管技术规格表

规格	悬吊法下管的井管					托盘法下管的井管[②]				
公称内径 d (mm)	200	250	300 (300)	350 (350)	400 (400)[①]	250	300	350	400	450
外径 D (mm)	260	310	360 (360)	420 (410)	480 (470)	320	370	430	480	540
壁厚 δ (mm)	30	30	30 (30)	35 (30)	40 (35)	35	35	40	40	45

续表

规　　格	悬吊法下管的井管					托盘法下管的井管②				
主筋保护层厚度 $C\geqslant$（mm）	5	5	5	5	5	10	10	10	10	10
管长 L（mm）	≥2000，以500递增					≥2000，以500递增				
钢箍宽度 $L_2\geqslant$（mm）	50					(30)				
钢箍厚度≥（mm）	5					(3)				
穿孔管端壁长度 L_3（mm）	250～300					150				
穿孔管开孔率（%）≥	15					15				

① 括号内值为悬辊法成型的井管规格尺寸。

② 管端头也可用钢箍连接，或采用黏接连接。

4. 塑料井管

塑料井管分为聚氯乙烯井管、聚丙烯井管和改性聚丙烯井管。目前的塑料井管主要是硬质聚氯乙烯管。塑料井管是目前我国用量增长很快的一种新型水井管材，具有下述性能特点。

（1）管材轻，利于运输与安装施工。塑料管的自重比钢管、铸铁管和钢筋混凝土管分别轻76%、85%和82%。

（2）下管时间短，有利于成井。塑料井管一般每节长6m，与其他管材相比，可减少接口次数1/3。

（3）抗腐蚀，延长机井使用寿命，同时也完全避免了管材对井水的二次污染。

（4）塑料井管与其他井管相比，其力学性能差，抗拉强度为45MPa，抗压强度为80MPa。这一特点限制了塑料井管在深井上的使用，目前我国塑料井管一般深度不超过100m，但也有少数地区塑料井管的深度达到了300m。

（5）热稳定性能差，线膨胀系数大。一般温度超过60℃时，强度将大为降低，在低温下又易变脆。因此，塑料井管在储存、运输、使用中应注意其温度适应范围。

5. 玻璃钢管

玻璃钢又称作玻璃纤维增强塑料，玻璃钢管道是由玻璃纤维、不饱和聚酯树脂和石英砂填料组成的新型复合管道。具有以下特点。

（1）质量轻、比强高、运输方便。玻璃钢的密度在1.6～2.0g/cm^3之间，只有普通钢材的1/5～1/4。环向拉伸强度为180～300MPa，轴向拉伸强度为60～150MPa，其机械强度可以达到或超过普通碳钢的水平，比强度为钢材的4倍。

（2）抗老化性能和耐热性能好。一般使用寿命达50年以上，50年后的强度保留率仍高达65%～70%。使用可在－40～70℃温度范围内使用。抗冻性能好，在－20℃时，管内结冰时，管道不会发生冻裂。

（3）耐腐蚀性好。能有效地抵抗酸、碱、盐等介质的腐蚀性和未经处理的生活污水和工业污水、腐蚀性土壤和化工废水及众多化学液体的侵蚀。一般情况下能长期保持管道的安全运行。

（4）水力条件好、内壁光滑不结垢、水阻小，输水能耗大于低于钢筋混凝土管和金属管。

(5) 耐磨性好。在大负荷作用的情况下，仅为0.3mm，如果在正常压力情况下，介质对玻璃钢管道内衬的磨损可忽略不计。

玻璃钢管的缺点是在阳光直接照射下易老化、受力不均匀时容易变形，导致接头漏水，因此安装回填土时应注意两侧受力均匀。

玻璃钢管道在我国的应用较晚，20 世纪 90 年代才开始小规模生产玻璃夹砂钢管。目前我国已制定了玻璃纤维增强塑料夹砂管的行业标准（CJ/T 3079—1997），玻璃钢管已标准化、定型化，在工厂成批量生产。但管道的诸多技术数据及性能参数，仍须在工程实践中总结改进，才能不断提高其性能。

井壁管和滤水管根据井深、水质、技术和经济条件等，选用钢管、铸铁管、钢筋混凝土管、塑料管、混凝土管、无砂混凝土管等管材。各种管材的适宜深度应按表6 - 3的规定取值。

表 6 - 3　　各种管材适宜深度表

管材类型	钢管	铸铁管	钢筋混凝土管	塑料管	混凝土管	无砂混凝土管
适宜深度（m）	＞400	200～400	150～200	≤150	≤100	≤100

6.2.2.2 井管连接

由于制管设备与运输要求，出厂的井管都是短管，因管材不同，长度为 1～4m 不等。在下管安装时，需要将每节管严密牢固地连接在一起，形成一根笔直的整体管柱。井管联结方式多种多样，因管材不同而异，分为管箍丝扣连接、焊接、黏接、螺栓连接、铆接等方法。

1. 管箍丝扣连接

管箍丝扣连接多用于无缝钢管、钢板卷管、铸铁管、塑料管等，特别是铸铁管均采用此种连接方法。塑料管用丝扣连接时，宜用方丝扣、梯形扣连接，可以增加抗拉强度。连接方法：在下管前先在井口处将上下两节井管口对正调直，然后稳住下节井管，旋转上节井管，将丝扣上满拧紧即可。

2. 焊接

焊接多用于钢管的连接，也可用于混凝土管、石棉水泥管、塑料管等非金属管的连接。在焊接管中，又可分为直缝对接焊和螺旋缝焊。

混凝土和钢筋混凝土井管焊接前，先在管端涂抹黏接材料，使其黏结在一起，然后用 4～6 片短节扁钢片或圆钢，对称地焊接在上下管端预埋的铁件上，或将管端两头的钢管箍焊接在一起。金属管焊接时，对口焊接的管口必须平整，使两管口对准吻合，然后在四面点焊。

塑料井管的焊接用特制的塑料焊枪和塑料焊条完成。焊接时先将管口刨成 45°坡口形，使两管口对焊时成 V 形，或两管承插并将其缝焊接牢，焊条要垂直于焊缝，焊条与管口同时熔化，至焊条两侧见到管口熔化的浆状物出现时为合格。

3. 黏接

黏接用于非金属井管的连接。适于井管黏接的材料很多，根据黏接材料可分为沥青黏接、树脂黏接和硫黄黏接，如表 6 - 4 所示。

表 6-4 常用井管连接的黏接材料表

类别		适用条件	参考配方	备注
沥青类	沥青胶泥	混凝土和钢筋混凝土井管，井深在100m以内	沥青：水泥=1：2	重量比
	沥青砂浆		沥青：水泥：细砂=1：1：2	
环氧树脂类	环氧胶泥	石棉水泥井管和井深在100～200m的混凝土井管	环氧树脂：二丁酯：乙二胺：苯酚：水泥=100：3：24：14：400	以环氧树脂为100%，其他成分为占环氧树脂的百分数
	环氧砂浆		环氧树脂：二丁酯：乙二胺：苯酚：水泥：细砂=100：3：24：14：150：300	
硫磺类	硫磺胶泥	混凝土和混凝土井管，井深在100～200m的范围内	硫磺：水泥：聚硫橡胶=60%：38%～39%：1%～2%	重量比，总合为100%
	硫磺水泥砂浆		硫磺：水泥：细砂：聚硫橡胶=50%：17%～18%：30%：2%～3%	
	硫磺水泥砂浆		硫磺：水泥：细砂：矿蜡=30%：23%：46%：1%	

4. 螺栓连接法

适用于没有车丝扣的铸铁井管，可以采用井管与管箍穿螺栓的方法进行连接。在加工厂将井管的两端车成坡口，并根据井管直径的大小，在管箍与井管的两端钻6～8个ϕ19mm螺栓孔，并在井管上套好螺栓的丝扣。先将井管的一端用螺栓接好管箍，然后吊起下入孔内，在管口上端垫以特制的硬胶皮垫。将第二节吊起，对正螺丝孔，穿以螺栓并拧紧丝扣。

5. 铆接法

此法常用于塑料井管。在井管连接时，将一根井管的平头插入另一根井管的凹头，然后在接头处钻8个7.5mm的孔，孔成两行。用$\phi8\times25$mm的螺钉拧入固定。

6.2.3 过滤器设计

6.2.3.1 过滤器的基本要求

过滤器包括滤水管、垫筋、缠丝、包网、滤料，应由耐腐蚀或不易产生沉淀、淤堵、结垢的材料组成，尽可能延长使用年限。在可能条件下，过滤器要具有最大的滤水面积，使进水阻力最小，在入管流速允许范围内，以提高单井出水量。为有效地防止涌砂，滤水管孔隙尺寸应与滤料颗粒直径以及含水层颗粒直径相适应。同时，过滤器必须具有合理的强度，并要求制作容易、造价经济。

6.2.3.2 过滤器结构类型与选择

管井过滤器的结构类型繁多，大致可分为填砾过滤器与非填砾过滤器两大类，见表6-5。填砾过滤器优点很多，适用于各种含水层，防砂滤水效果好。只有在卵石、砾石松散含水层与基岩破碎带、石灰岩溶洞等含水层，才采用非填砾过滤器。根据含水层特征，正确地选择过滤器，可以增大单井出水量，避免涌砂和延长水井寿命。

1. 非填砾过滤器

非填砾过滤器，也就是滤水管或滤水骨架，包括穿孔过滤器和缠丝过滤器。

表 6-5　　过滤器的适用条件及适用管材表

过滤器结构类型		适用的含水层岩性	管用管材
填砾过滤器	穿孔过滤器	各种岩性	钢管、铸铁管、钢筋混凝土管、塑料管、混凝土管、无砂混凝土管
	缠丝过滤器		
	无砂混凝土过滤器		
	竹笼过滤器		
	桥式过滤器		
非填砾过滤器	穿孔过滤器	砾石、卵石	钢管、铸铁管、钢筋混凝土管、塑料管
	缠丝过滤器	粗砂、砾石、卵石	

(1) 穿孔过滤器。穿孔过滤器是在管壁上加工或预制圆孔或条孔而成滤水管，可分为圆孔式和条孔式两种，如图 6-3 和图 6-4 所示。圆孔的优点是简单易行，其缺点是易于被堵塞和阻力较大，同时对管材强度的影响也较大；条孔过滤器基本可以弥补圆孔过滤器的缺点，故得到广泛的应用。条孔在过滤器上的布置形式可分为垂直式和水平式两种，可呈带状或交替带状排列，条孔形状应为外窄内宽，其中以水平式较佳，但形成工艺较复杂。

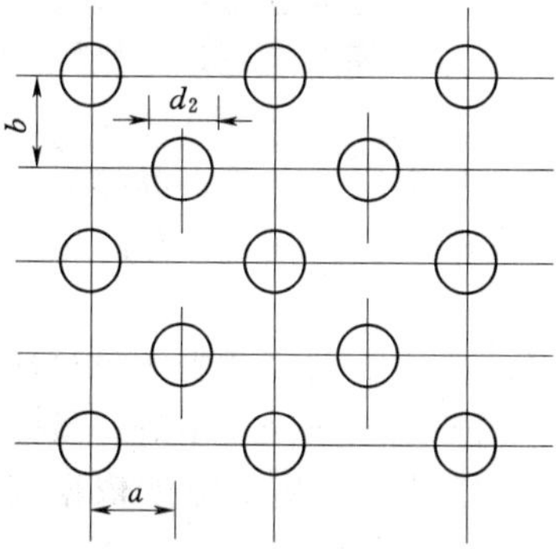

图 6-3　圆孔过滤器

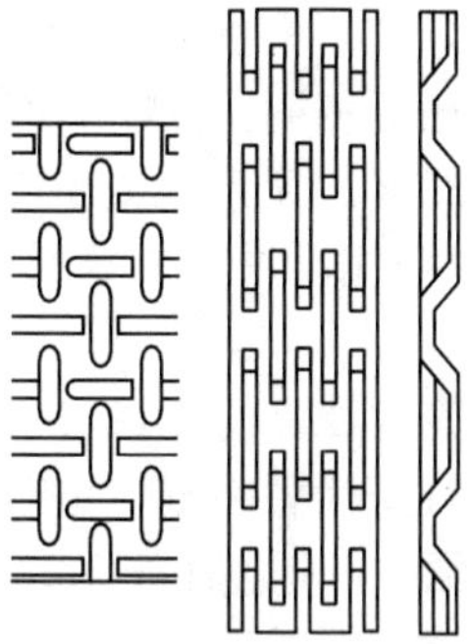
图 6-4　直缝过滤器

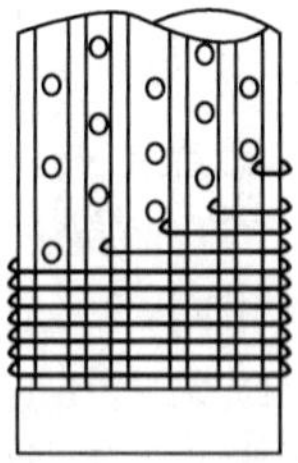
图 6-5　缠丝过滤器

对于穿孔过滤器，其穿孔管直接与含水层接触，圆孔直径或条孔宽度应根据含水层颗粒的大小及其均匀度进行计算。圆孔直径 $d_0 \leqslant (3\sim4)d_{50}$，一般不大于 20mm。条孔宽度 $t_b \leqslant (1.5\sim2.0)d_{50}$，一般不大于 10mm，条孔长度 $L_2=(8\sim10)t_b$，条孔间距 $b_1=(3\sim5)t_b$。其中 d_{50} 是含水层砂样过筛累计重量分别是 50%时的颗粒直径，单位为 mm。

开孔率指井管开孔面积与相应的管井表面的比值，是衡量过滤器性质与质量的重要指标。无砂混凝土管为体积孔隙率，即孔隙体积与相应井管体积的比值。不同管材的开孔率见表 6-6。

表 6-6　　不同管材的开孔率表

管材	钢管	铸铁管	钢筋混凝土管	塑料管	混凝土管	无砂混凝土管
开孔率（%）	25～30	20～25	≥15	≥12	≥12	渗透系数≥400mm/d 孔隙率≥15%

圆孔过滤器的开孔率计算公式如下

$$p = \frac{c\pi d^2}{4ab} \tag{6-1}$$

式中：p 为穿孔管的开孔率，%；d 为圆孔眼直径，mm；a 为孔眼轴向中心间距，mm；b 为孔眼沿管周向中心间距，mm；c 为遮蔽系数，一般可取0.9～0.95。

(2) 缠丝过滤器。缠丝过滤器在钢筋骨架过滤器或穿孔过滤器外缠绕2～3mm的镀锌铁丝构成，分为钢筋骨架缠丝过滤器和穿孔管缠丝过滤器（如图6-5）。钢筋骨架缠丝过滤器由钢筋骨架和缠绕在外周的线材而构成滤水缝隙。缠丝必须点焊在钢筋支架上，于是便可将钢筋与缠丝构成整体，又使强度大增；穿孔管缠丝过滤器与前面所述相似，只是将钢筋内架改为穿孔管。对于穿孔管缠丝过滤器，其穿孔管的圆孔直径一般为15～20mm，条孔宽度为10～30mm，长度100～300mm。

2. 填砾过滤器

由于人工滤料要比天然形成的滤水层均匀，且与含水层配合得当，不仅能有效地防止涌砂，还能增大管井的出水量。因此在生产中多采用填砾类过滤器。

(1) 穿孔过滤器与缠丝过滤器。填砾的穿孔过滤器和缠丝过滤器，其结构与前面非填砾过滤器基本相同。只是穿孔过滤器的圆孔、条孔尺寸和缠丝过滤器的缠丝间隙不是由含水层的粒度确定，而是根据滤料的粒度、进入阻力小等因素确定，极限尺寸与非填砾过滤器的穿孔过滤器相同。

(2) 无砂混凝土管过滤器。无砂混凝土管过滤器为无砂混凝土井管，黏接后外部用4～8根竹片、镀锌铁丝捆扎以增加其整体性，然后填砾。是目前浅管井的主要类型过滤器之一。

(3) 竹笼过滤器。竹笼过滤器骨架的开孔率和外径的确定，与穿孔管缠丝过滤器基本相同，只是在管外编竹笼代替垫筋、缠丝，并在竹笼外包尼龙网、填砾。竹笼规格：纵条15mm×2mm（宽×厚），横条6mm×2mm（宽×厚），垫条宽度依据穿孔管的大小与排列确定，厚度根据竹竿的厚度决定，如图6-6所示。

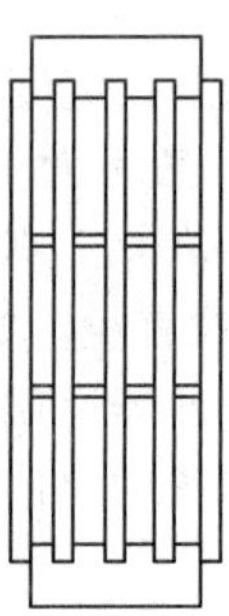

图6-6 竹笼滤水管

图6-7 桥式过滤器

(4) 桥式过滤器。桥式过滤器是由钢管冲压或钢板冲压焊接而成，冲出壁外部分呈“桥状”，立缝为进水孔，如图6-7所示。桥式过滤器的特点是：有较大的径向抗压强度；有效地阻挡含水层（填砾过滤器为滤料）颗粒进入井中；有效阻挡地下水流

方向，增加渗透路径，减少地下水流速。根据含水层颗粒直径大小“桥孔”规格，可不包网，施工方便。立缝宽度应等于或略小于滤料粒径的下限。

6.2.4 井孔钻进

井孔钻进方法很多。根据施工机械，井孔钻进可分为：冲击钻进、回转钻进、冲击回转钻进、反循环钻进和空气钻进等。在农用管井施工中，目前普遍使用的方法为冲击钻进和回转钻进。

6.2.4.1 冲击钻进

冲击钻进是借助于一定重量的钻头，在一定的高度内周期地冲击井底，使岩石破碎而获得进尺。在每次冲击之后，钻头在钢丝绳带动下回转一定角度，从而使钻孔得到规整的圆形断面。破碎的岩屑与水混合形成岩粉浆，当岩粉浆达到一定浓度后即停止冲击。利用掏砂筒将稠浆掏去，同时补充一些新鲜液体。

冲击钻机都是安装在汽车或拖车上，设备轻便、搬运方便，操作与管理简单，钻进成本低。因此它是农用管井施工中最常用这种方法。它适用于土层、砂层、砾石层、卵石漂石等松散地层，尤其在大卵石、漂石地层时，钻进效率优于其他钻机。但在坚硬基岩中钻进效率低，不如回转钻机。

1. 冲击钻机

我国使用的钢丝绳冲击钻机主要有 CZ 系列和 8JC250 型钻机，结构大致相似。常用钻机型号见表 6-7。下面以 CZ—22 型为例进行说明，CZ—22 型钻机如图 6-8 所示。

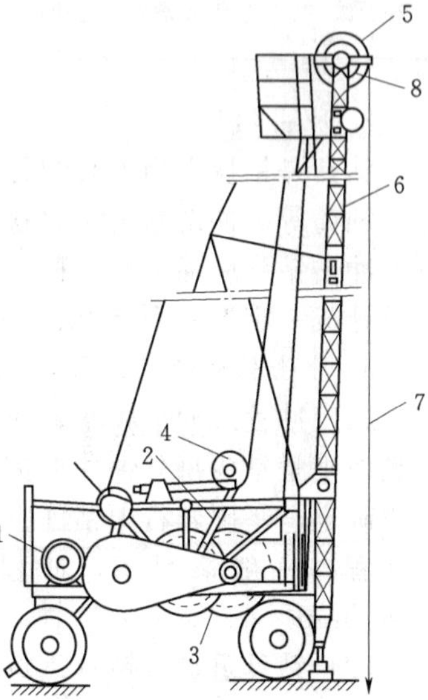

图 6-8 CZ—22 型冲击钻机外貌

1—电动机；2—冲击连杆；3—主轴；4—压轮；5—钻机天轮；6—桅杆；7—钢丝绳；8—抽筒天轮

表 6-7 常用钻机主要性能表

钻机类型	钻机型号	产地	开孔直径（mm）	钻孔深度（m）	适应地层
回旋式正循环	SPJ—300	上海	500	300	松散层和基岩层
	SPC—300H	天津	500	300	
	SPCT—600	天津	500	600	
	红星 S—400	河南	650	400	
	红星 S—600	河南	650	600	
	TSJ—1000	河北	425	1000	
	济宁 150	山东	650～800	150	黏性土和砂土类
	锅锥	河南	1100	50	
回旋式反循环	QZ—200	吉林	400～1500	200	黏土、砂、卵砾石层

续表

钻机类型	钻机型号	产地	开孔直径(mm)	钻孔深度(m)	适应地层
冲击式	CZ－22	山西	750	200	松散层
	CZ－30	山西	1000	250	
	8JC250	河北	300～800	250	黏土、砂、卵砾石层
冲抓式	8JZ 系列	浙江	600～1500	50	黏土、砂、卵砾石层、大漂石

2. 冲击钻具

钻具是钻探专用工具的总称。冲击钻具包括钻头、冲击钻杆、钢丝绳接头、钢丝绳和抽筒等。冲击钻头是直接破碎岩石的钻具。为了使冲击力能更集中的施加于岩石，冲击钻头底部带有各种刃角。钻头的上部与钻杆相连。冲击钻头根据岩性不同可以设计成一字形、十字形、圆形和抽筒钻头。

3. 冲击钻进的施工技术规程

(1) 冲程及冲击频率。冲程即钻头在冲击破碎岩层时，钻头提离孔底的高度。冲击频率则是钻头每分钟冲击孔底的次数。冲程大小与冲击频率高低相反，可根据岩层性质确定。坚硬岩石中钻进应选择低频率大冲程工作模式。松软岩层中则适于高频率小冲程。一般情况下，冲程可选择在 0.6～1.1m，冲击频率可选择为 50～65 次/min。

(2) 钻具重量。钻具重量根据岩石的软硬程度而定，坚硬岩层应选用大重量钻具，松软岩层宜采用小重量钻具。钻具重量指标采用每厘米井孔直径上钻具的重量。一般在黏土、砂层中钻进时，每厘米井孔直径应有 200～300N；在卵石、漂石地层中钻进，每厘米井孔直径应有 500～600N。

(3) 回次时间及回次进尺。每两次提钻倒泥间隔的钻进时间为一回次时间。在每一回次时间内的进尺深度为回次进尺。二者也因岩层的可钻性而异。在黏土、砂层中钻进时回次时间短而回次进尺大，而在卵石、漂石地层中钻进时，则回次时间长而回次进尺小。在黏土、砂土中钻进时，一般回次时间为 10～20min，回次进尺 0.5～1.0m；在卵、漂石中钻进时，每回次时间约为 30min，回次进尺 0.25～0.35m。

4. 各种地层的钻进方法

(1) 黏土地层钻进。黏土、亚黏土地层，遇水浸泡后，又黏又软，可塑性大。钻进中具有自造泥浆的能力，故宜用清水钻进；要求钻头的冲击力不能过大；选用银焊周围的抽筒钻头为宜。发现有嘬钻现象时，在冲击前可向孔内倒入适量的粗砂或炉渣，破坏黏土结构，以利钻进。

(2) 易坍塌地层钻进。在亚砂土、粉细砂、砂砾石层中钻进，因其结构松散，易于塌孔，应选用泥浆钻进。钻头选用有肋筋的抽筒钻头，冲程宜控制在 0.5～0.7m 左右，冲击频率应小于 40 次/min，且回次时间要短。砂层岩屑抽取困难时，可向孔内倒入适量的黏土，以利岩屑的捞取。

(3) 卵石、漂石地层钻进。这类地层较坚硬，宜采用实心的一字形钻头，并配合

抽筒掏取岩屑。在钻进时，一般采用大冲程（控制在 1m 之内）、低频率（控制在 38 次/min）冲击。如遇直径很大的漂石，难以通过，可用爆破方法将其炸碎后，再继续冲击。

卵石地层结构松散，易塌孔，必须采用稠泥浆钻进（一般泥浆相对密度可控制在 1.2 以上）。又因该地层地下水丰富，对泥浆有稀释作用，故应随时测定孔内泥浆指标，调整泥浆指标，确保泥浆质量。若遇严重塌孔时，可向孔内填入适量黏土，用钻头造浆，提高泥浆相对密度，制止继续塌孔。

（4）涌水地层钻进。当揭穿涌水地层时，可向井孔内注入浓泥浆，增加泥浆黏度和相对密度。也可采用接高护筒抬高孔位高程，并向护筒内加注泥浆，增加泥浆柱的压力，制止涌水。

6.2.4.2 回转钻进

回转钻进是在动力机带动下，通过钻机的转盘驱动钻杆和钻头在孔底回转，对地层进行切削和研磨成孔。适用于各种土、砂、砂砾及岩石层，在松散的砂土层及坚硬的基岩中钻进，效率很高，但在卵砾石中钻进效率较差。回转钻进分为正循环钻进和反循环钻进两种。

1. 回转钻机

我国施工农用水井常用的回转钻机有散装钻机、汽车装钻机和拖车装钻机三类。三类钻机只是机动性能不同，但结构没有本质区别。以 SPC－300H 型为例，其主要部件为传动装置、钻塔、转盘、卷扬机、泥浆泵等，如图 6－9 所示。

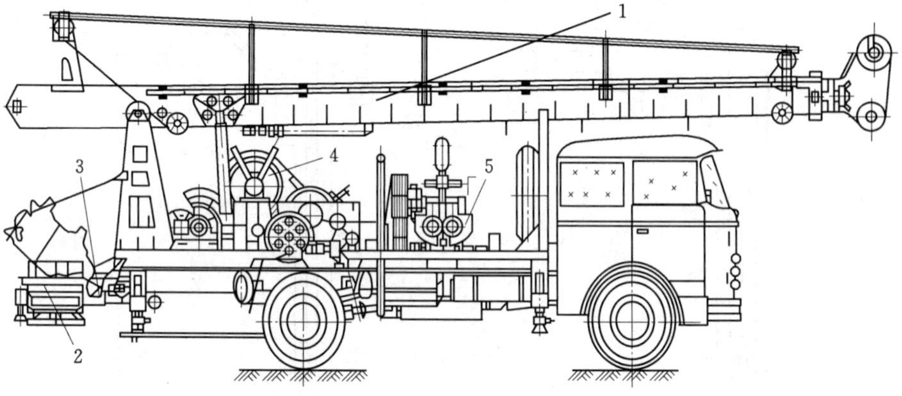

图 6－9　SPC－300H 型钻机

1－钻塔；2－转盘；3－传动轴；4－卷扬机；5－泥浆泵

2. 回转钻具

回转钻具包括钻头、岩心管、异径接头、钻杆、水龙头和附属工具。

（1）钻头。常用的回转钻头有钢粒钻头、刮刀钻头、牙轮钻头。钢粒钻头本身不带切削工具，它是用钻头压着钢粒，用回转力带动钢粒转动来破碎岩石。刮刀钻头是一种带有翼片的钻头。牙轮钻头由牙轮、牙轮轴和钻头体组成，牙轮一面绕牙轮轴自转，一面绕钻头轴线公转，靠牙轮转动破碎岩石。

(2) 钻杆。钻杆是中空的高强度钢管，其作用是将动力和冲洗液输送至孔底。在钻进过程中，钻杆要承受拉、压、弯、扭、冲击等应力和孔壁的摩擦力，因此质量极其重要。每根钻杆两端均有丝扣，可用接头连接成数百米甚至数千余米长的钻杆柱。

3. 回转钻进技术规程

(1) 钻压。是指钻机施加于钻头的轴向压力。加压方式因钻机的类型不同而异，水井钻机多由钻具的自重进行加压，一般应在 8～12kN。钻压的大小视岩层的可钻性大小来确定。松散岩层进尺较快，应通过钻具卷扬机来调节钻压。坚硬岩层则因进尺较慢，应在保证安全的条件下充分加压。

(2) 转速。是指钻头回转的速度。转速对钻进效率影响很大，硬度大的岩石用小转速，硬度小的岩石用大转速。一般水井施工的最优转速在 20～25r/min。

(3) 泵量。是指泥浆泵在单位时间向井孔内的排水量。泵量的大小随岩层的性质和可钻性以及孔径大小而定。一般在松散岩层中钻进时，因进尺较快，岩屑较多，故应采用大泵量冲洗井孔；反之，在坚硬岩层中钻进，因进尺较慢，岩屑较少，应采用小泵量。当钻孔内岩层稳定性较差时，也应减小泵量以防塌孔。通常根据孔径大小，泵量保持在 10～15L/min。

4. 钻进方法

因冲洗液流动方式的不同，井孔钻进可分为正循环钻进和反循环钻进，如图 6-10 所示。

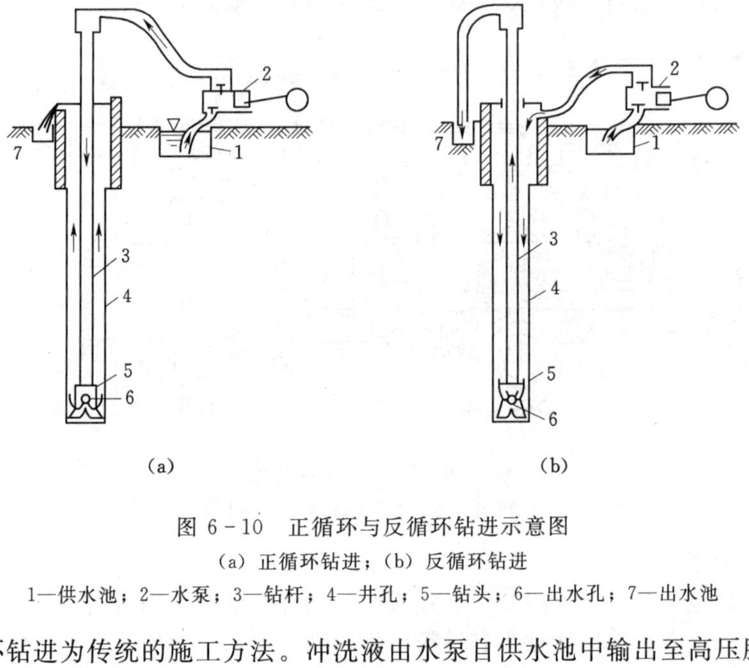

图 6-10 正循环与反循环钻进示意图

(a) 正循环钻进；(b) 反循环钻进

1—供水池；2—水泵；3—钻杆；4—井孔；5—钻头；6—出水孔；7—出水池

正循环钻进为传统的施工方法。冲洗液由水泵自供水池中输出至高压胶管，经水龙头进入钻杆，再经钻头流至孔底，然后经钻具与孔壁的间隙返回地面，经沉淀净化后再流回供水池，完成一次循环。根据岩石可钻性，正循环钻进可分为全面破碎无岩心钻进和环面破碎取心钻进。

反循环钻进的冲洗液的循环路线与正循环钻进刚好相反。反循环钻进同正循环钻进相比，具有成井速度快和钻进成本低的优点，因而已得到广泛采用。反循环钻进包括泵吸反循环钻进、气举（气压）反循环钻进、喷射反循环钻进。

6.2.5 成井工艺

6.2.5.1 电法测井

利用岩石和岩石孔隙中所含流体的导电性确定含水层性质的测井方法，叫电法测井。电法测井可以确定含水层位置及厚度，划分咸、淡水界面，估算井的水量和水质。电法测井方法很多，主要有自然电位测井、视电阻率测井法等。自然电位测井法是测量钻孔中不同地层所产生的自然电位来分析含水层性质，视电阻率测井方法是根据测量钻孔中不同地层的电阻率来研究地层的性质。下面重点介绍视电阻率测井法。

1. 电法测井原理

在充满水的钻孔中，将电极 A 送入钻孔中，留在地表的电极 B 接地，然后给电极系 A、B 电极供电，在电极 A 和钻孔附近的地层中形成电场。再将测量电极 M、N 送入钻孔中，测量其电位差（图 6－11），根据欧姆定律计算 M、N 之间地层的电阻率 ρ_s，有

$$\rho_s = K\frac{\Delta V_{MN}}{I} \tag{6-2}$$

式中：ρ_s 为地层视电阻率，Ωm；K 为装置系数，m；ΔV_{MN} 为电位差，mV；I 为供电电流，mA。

上述方法计算出的电阻率，不是某一岩层的真实电阻，而是将电场有效作用范围内的非均匀介质，看作某种等效均匀介质时的电阻率。它反映了电极系周围介质综合影响的结果，包括邻近岩层影响、井孔及孔中泥浆影响等，故称为视电阻率，该测井方法称为视电阻率法测井法。

2. 测井电极系

将供电电极和测量电极按一定距离和要求固定组合在一起就构成了测井电极系。电极系的类型很多，按照用途的不同及电极排列形式不同，电极系可分为梯度电极系和电位电极系。成对电极（A、B 或 M、N 叫成对电极）的距离大于不成对电极的距离的电极系叫电位电极系；成对电极的距离小于不成对电极的距离的电极系叫梯度电极系。电极系的结构与井孔直径、泥浆、含水层厚度等因素有关。

3. 测井方法

视电阻率测井法的电极系由三个电极组成，在井口附近的地面上还需一个电极。测量时在 A、B 和 M、N 电极中，按选择好的电极系连接井下三个电极后，其余一个连接地面电极。然后把电极系放入井孔，由上而下或由下而上进行测量。

电测井按其测量方式可分为连续测井和点测井。

点测井是沿井孔提升或下降电缆，用电位仪逐点测量 ΔV_{MN} 和 I，利用式（6－2）计算视电阻率。以纵轴为井孔深度，以横轴为视电阻率，点绘出电测井曲线。点测井所用设备配套容易、操作简便，是农用机井施工中的主要测井方法。常用仪器有电子补偿仪、UJ—4 型、UJ—18 型电位差计、晶体管的 DDC—2B 型、JDC—1 型、JD—

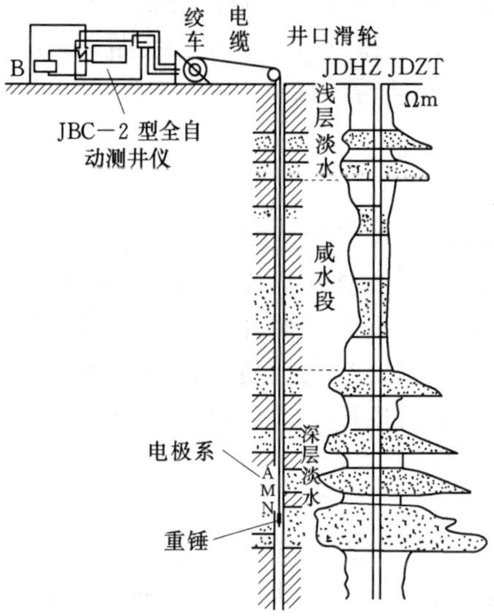

图 6－11 电测井示意图

3 型等。

连续测量法是在提升或下降电极系过程，用全自动测井仪记录出井孔连续变化的视电阻率曲线。连续测井工作效率高，适用于较深井孔。常用仪器有 JBC—2 型全自动测井仪、JDC—1 型自动测井仪、JBT—2 型半自动测井仪等。

4. 电测井曲线分析

图 6－11 表示电法测井结果，JDZT 表示视电阻率测井中的梯度电极系法测井曲线；JDHZ 表示自然电位法测井曲线。由图 6－11 可以看出，在含水层位置测得的视电阻率 ρ_s 值较高。含水层颗粒越粗、富水性越好、厚度越大，则 ρ_s 值越大；相反，含水层颗粒越细、富水性越差，ρ_s 值越小。在黏性土一类的隔水层，测得的视电阻率 ρ_s 值较低。据此，可以判断含水层富水性的好坏，含水层厚度及位置。

实际中，由于地质条件复杂多变，仅仅凭测井曲线来确定含水层是不够的，还应该参考附近已有钻孔的地层资料和井孔钻进过程中的进度和冲洗液漏失情况，综合分析确定。

6.2.5.2 井管安装

井管安装简称下管。是成井工艺中的最重要最关键的一道工序，直接影响到成井的质量。下管前，要进行井管质量检查，编号排列，并选择合适的下管方法。

下管方法应根据井深、管材类型、管材强度与重量以及起吊设备条件等来进行选择。井管在井孔中的重量（指重力）小于管材允许抗拉强度和钻机安全负荷时，可用悬吊法下管；当井管重量大于钻机安全负荷时，可采用提吊浮板法或多次下管法；井管在井孔中的重量超过管材允许抗拉强度时，可采用钢丝绳托盘法下管；当小于钻机安全负荷时，可用钻杆托盘法下管。

1. 悬吊下管法

悬吊下管法适用于金属管材，金属管材的抗拉力要大于管材总重量。同时，管材总重量还要小于钻机起重能力或卷扬机的起重能力，以及钻塔的负荷。上述条件都是下管深度的主要控制条件。

悬吊下管法的下管步骤较为简单，首先用管卡子将第一根井管（沉淀管）在上部夹紧，并将钢丝绳套套在管卡子的两侧，通过滑车将井管提吊起来下入孔内，使管卡子轻轻落在井口垫木上，随后摘下第一根井管的钢丝绳套，用同样的方法吊起第二根井管，并将第二根井管下端与井口处的第一根井管上端对正接好（用管箍或焊接的方法），然后将井管稍稍吊起，卸开第一根井管上端的管卡子，向井孔下入第二根井管，如图 6－12 所示。按此方法直至将井管全部安装完毕。

2. 浮板悬吊下管法

在安装井管中，常遇到井管总重超过钻机设备起重负荷，或超过井管本身所能承受的拉力，因此必须减轻负荷。浮板下管是减轻负荷的有效措施。常用的浮板类型有木制浮板、钢制浮板、水泥浮板（塞）等。

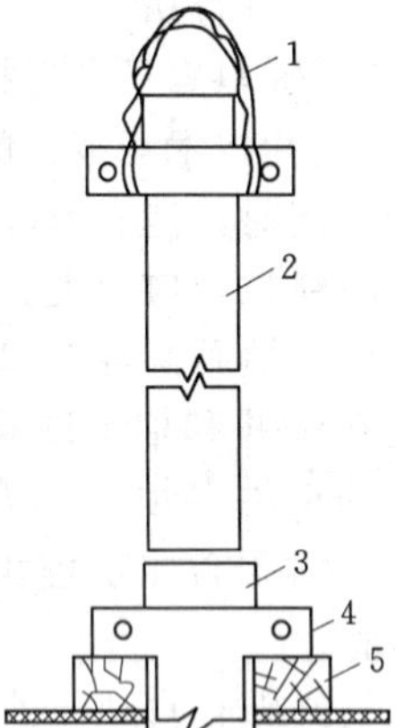

图 6-12 悬吊下管法示意图
1—钢丝绳套；2—井管；3—管箍；4—管卡子；5—方木

3. 托盘下管法

托盘下管法主要用于混凝土井管的安装。

（1）钢丝绳托盘下管法。是由钢丝绳通过销钉和托盘连接在一起，销钉上装有心绳。下管时，将井管置于托盘上，随着托盘的不断下放，井管一根接一根的下入井孔中。井管下完后，放松吊重钢丝绳，起拔心绳将销钉拔出，钢丝绳与托盘分解，抽出钢丝绳，将井管顶部固定于井孔中心。

（2）钻杆托盘下管法。钻杆托盘下管法是用顺转钻杆以反丝扣接头与托盘相连，用托盘承托全部井管下入井孔中，如图 6-13 所示。此法的下管深度受钻杆的抗拉强度、钻塔承重能力和钻机卷扬安全负荷的限制。同时，还要有一定的安全系数。

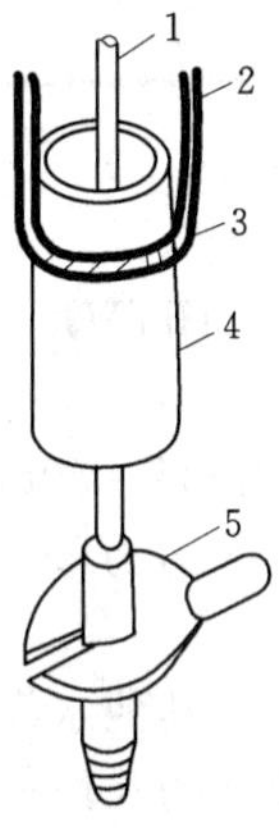

图 6-13 钻杆托盘下管法示意图
1—钻杆；2—大绳；3—大绳套；4—井管；5—圆形垫叉

4. 二次下管法

二次下管法，即把全部井管分为两次下到孔内。第一次下井管数量应比第二次下管数量长 20m。值得注意的是钻杆必须在第一次下入的井管内，至少应保持 20m 长的钻杆，以便导正居中，便于第二次下管连接。因此，第二次下管时，由于井管自重所受的压力和钻杆、钢丝绳所承受的拉力以及所需起吊设备能力都较第一次下管法少得多。二次下管时，多采用钻杆托盘法，与第一次下管不同之处，主要是两根管的接头处理。

6.2.5.3 填砾与封闭

填砾指在井孔含水层与滤水管之间的环状间隙填入砾石或粗砂。填砾的主要作用是固定井管，保证管井安全运行。滤料可起到拦砂滤水作用，保证成井质量，延长管井使用寿命。封闭则是在孔与井壁管之间填入具有隔水性的黏土或水泥，防止地表污水沿井管入渗，污染水质，隔离不良含水层或封闭非计划开采的含水层。

1. 填砾

（1）砾料的选择。

1）砾料质量。作为滤料的砾石，必须质地坚硬，磨圆度好，具有较好的渗透力和阻挡砂粒的能力，不易因化学作用而遭到腐蚀破坏。尽可能选用石英砂砾石，长石次之。如必须采用石灰石时，则应采用硅质含量高者。

2）砾料均匀度。从透水性角度考虑，均匀砾料大于混合砾料。检查粒径大小是

否均匀，不合格的颗粒含量不得超过15%。

3）砾料直径。选择砾料的直径应根据含水层颗粒分析的结果来确定，必须符合《农用机井技术规范》的设计要求。当砾料直径是含水层砂粒标准直径（d_{50}）的（8～10）倍时，能有效起到挡砂且不影响水井出水量的作用。含水层颗粒均匀系数越大，滤料粒径应越大。

（2）填砾高度与厚度。填砾过滤器多由人工回填规格滤料，往往很难填实。为补充在洗井和抽水试验过程中滤料沉实下移，要求适当增加填砾高度，一般要求滤水管的上端多填8m以上，为了防止滤水管下端涌砂，底部宜低于滤水管下端2m以上。对于含水层埋深仅数米者，则应视具体情况而定，井口处需留1.5～2m不填滤料。

只要砾石直径与砂样直径选择合适，填砾最小厚度相当于砂样标准粒径的2～3倍厚度时，就足够阻挡砂粒。中、粗砂含水层，填砾厚度大于100mm；粉、细砂含水层，填砾层厚度大于150mm。

（3）填砾方法。一般采用循环水填砾或静水填砾，以循环水填入滤料为好。无论采用哪种方法回填滤料，均应沿井管周围连续的均匀缓慢的填入，速度不宜太快。若滤料中途受阻，不许摇动或强力提动井管，可用小掏筒或活塞下入井管内慢慢上下提动，直至滤料下沉为止。回填滤料要用已备的计量容器，便于及时的与计划数量校对。

2. 封闭

（1）常用的封闭材料。

1）黏土块。宜采用天然杂质少的优质黏土，其含砂量不应大于5%，含水量约18%～20%左右，黏土块最大直径不应大于50mm。它适用于要求封闭程度不高的孔段使用。

2）黏土球。采用上述的优质黏土，经人工浸泡拌和，制成直径25～30mm黏土球。黏土球必须揉实风干，风干后表面无裂纹，内部湿润，含水量约为20%左右。它适用于要求封闭程度较高的孔段使用。

3）水泥砂浆和水泥浆。一般采用325～425号普通硅酸盐水泥或其他水泥。它适用于水井的永久性封闭，如严格封闭不良含水层段或有特殊要求处理的孔段使用。

（2）封闭方法。封闭材料的填入方法与填砾方法相同。为了保证将黏土球填至计划位置，必须弄清黏土球在泥浆中的崩解时间。投入前，先取孔内泥浆进行崩解时间试验，一般要求黏土球的崩解时间等于黏土球下沉至预定位置所需时间再加0.5h。

水泥砂浆或水泥浆封闭的一般方法是将钻杆下至拟封闭的位置，然后用泥浆泵将水泥浆泵入，待水泥凝固后就达到了永久封闭的目的。

6.2.5.4 洗井

洗井的目的是为了清除井内沉淀的泥砂岩屑、泥浆和井孔壁上的泥浆皮，冲洗渗入到含水层中的泥浆，抽出含水砂层中的细小颗粒，以便在滤水管的周围形成由粗到细的良好的拦砂天然滤水层，以增大滤水管周围的渗透能力和进水能力，从而使井能够得到最大的出水量。

常用的洗井方法有活塞洗井、空压机洗井、二氧化碳洗井、化学药剂洗井等。

1. 活塞洗井

活塞洗井过程中，当活塞借助钻杆的压力下降时，将井水从滤水管处压出，对孔壁上的泥皮和含水层产生冲击。当活塞上提时，又在活塞下部形成负压，含水层中的地下水急速涌向井内，冲破井壁上的泥皮并将含水层中的细小砂粒带入井内。如此反复升降活塞，就会在短时间内将孔壁泥皮全部破坏，并将渗入到含水层中的泥浆抽出。

活塞洗井主要适用于钢管井和铸铁管井。其他管井，应视井管内壁光滑程度和连接质量，有条件的应尽量采用。

洗井活塞可用钢板或木板制成，外包胶皮或内夹数层胶皮垫，其直径一般小于井管内径 8～12mm，如图 6-14、图 6-15 所示。木制活塞在入井之前，应先在水中浸泡 8h 以上再用。活塞的提拉速度在钢管或合格的铸铁管井中为 0.6～1.2m/s 之间；在其他井管中一般为 0.3～0.5m/s。活塞洗井时，井管外滤料将大量下沉，因此，含水层以上的井孔部分需要补充滤料，否则易造成涌砂。

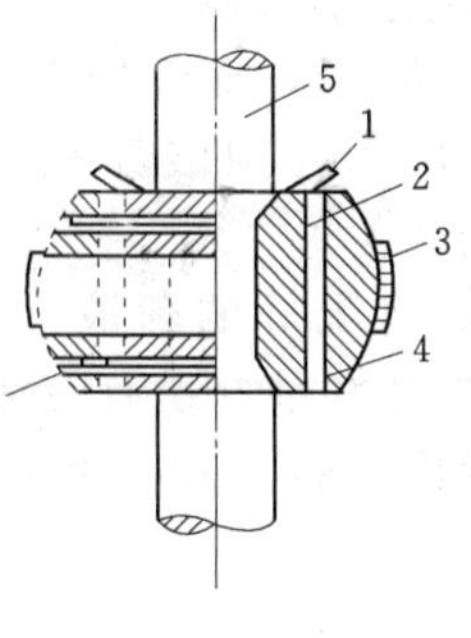

图 6-14 木制活塞示意图

1—活门；2—排气孔；3—橡胶带；4—木制活塞；5—钻杆；6—铁丝

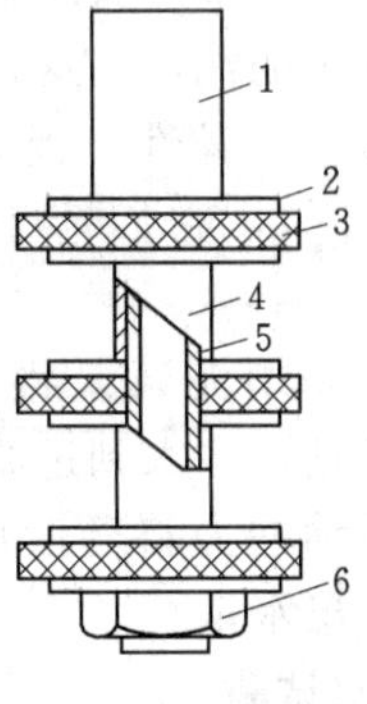

图 6-15 铁制活塞示意图

1—带孔眼钻杆；2—法兰盘；3—橡胶板；4—套管；5—钻杆；6—紧固螺母

2. 空压机洗井

空压机洗井是指利用空气压缩机和专门设备进行洗井的一种方法，具有洗井速度快、效果好的优点，一般适用于深井，以便清洗较深孔段的泥浆和含水层中的细砂。但由于设备价格较高、安装复杂，该法洗井成本较高。

利用空气压缩机进行洗井，是在钻杆下部连接一个风管，利用钻杆将风管下到滤水管部位，将由空压机产生的压缩空气通入钻杆，则由喷嘴喷出的压缩空气与井水混合后形成汽水混合物，汽水混合物冲出滤水管，在管外呈涡旋流动，使砾料产生扰动，从而破坏井壁上的泥皮。洗井过程中，可上下移动钻杆，直到将整个含水层都冲刷到为止。

冲洗应自上而下或自下而上分段进行。洗井可用正冲洗和反冲洗两种作业方法：①正冲洗：风、水管必须同时下入，并使水管底端超出风管底端 2m 左右。②反冲洗：不下水管只下风管。如风、水管同时下入，则应先使风管底端超过水管底端 1～2m，以便反吹。清除泥浆时，风管必须上提，使其底端高于水管底端 2m 左右。也可采用井口封闭反冲洗法。

3. 二氧化碳洗井

二氧化碳洗井是利用液态二氧化碳汽化时体积大量膨胀而产生巨大气压的原理，类似于爆炸所产生的冲击波。其具体方法是将高压液态的二氧化碳通过钻杆送入井底，则从钻杆底端喷出的液态二氧化碳遇水吸热后汽化，形成气水混合物。因其体积迅速膨胀，可形成井喷。在高速水流带动下，地下水携带含水层中的细小泥沙物质快速涌入井内，并随水喷出井外。当喷出的水变清，含砂量较小时，即可认为二氧化碳洗井已达到要求。使用此方法洗井速度快、效果佳，适且于基岩中的管井、第四纪松散层管井及含水层或滤水管堵塞的早期管井。

输送二氧化碳所用的钻杆下入井孔内的深度，在基岩地层洗井应根据含水层埋深决定；在松散地层中洗井，输送钻杆的下口一般放到过滤器以下部位。

4. 化学药品洗井

化学药品洗井能减少机械洗井的工作量，缩短洗井时间。一般多采用焦磷酸钠（$NaP_7O_7 \cdot H_2O$）作为洗井药剂，其原理是将一定数量的焦磷酸钠与钻孔中的泥浆混合，破坏孔壁上的泥皮。这是因为配制泥浆多用高岭土或蒙脱石等，其中高岭土为酸性，与焦磷酸钠（碱性）混合后将生成硅酸钠（$NaSiO_3$），而蒙脱石将生成铝酸钠（$Na[Al(OH)_4]$），它们溶于水，而使泥皮分散，从而起到破坏孔壁上的泥皮的作用。

洗井时，先用泥浆泵将孔内稠泥浆排除，然后将配好的药液（一般为5%～10%）用泵经钻杆注入到过滤器附近。最下端的一根钻杆最好设有带活塞的橡皮垫，借钻杆上下活动冲力将药液压入过滤器外面的孔壁内，静止8h，再用空压机洗井，即可达到正常出水量。

6.2.5.5 抽水试验

为了确定井的实际出水量，应在洗井结束后，进行试验抽水。试验抽水时的出水量一般应达到或超过设计出水量。如限于抽水设备条件不能达到上述要求时，亦不能小于设计出水量的75%。机井出水量用单位降深的出水量来表示。

6.2.5.6 成井验收

管井竣工后，应由设计、施工及使用单位的代表，在现场根据设计和有关规范的要求对水井的各项质量指标进行验收。

1. 水井验收的主要质量指标

(1) 井位、井深和井径符合规划设计要求。

(2) 管井的单井出水量应与设计出水量基本相符。如水文地质条件与原设计不符时，可按修改后的设计验收。

(3) 管井抽水稳定后，井水含砂量符合设计要求，水质符合用水标准。

(4) 井斜。井深为100m以内时，井身顶角倾斜，不能超过1°；井深100m以下的井段，每100m顶角倾斜不得超过1.5°。

(5) 滤水管位置。滤水管安装位置的深度偏差，不超过0.5～1.0m。

(6) 井底沉淀物厚度，应小于井深的5/1000。

2. 管井验收时，施工单位应提交竣工报告，其内容如下：

(1) 管井结构和地层柱状图。包括岩层名称、岩性描述、厚度和埋藏深度；钻孔

及下钻深度；井壁管和过滤器的规格及组合；填砾及封闭位置；地下水静水位和动水位；电测井资料。

（2）含水层砂样及砾料的颗粒分析成果表。

（3）抽水试验成果。

（4）井水含砂量与水质分析成果。

（5）管井配套与使用注意事项的建议。

6.3 大口井与辐射井

6.3.1 大口井

大口井其因口径较大而得名。又因其深度不大，多集取浅层地下水，故又称浅井。

大口井的直径按设计出水量、施工条件、施工方法和造价等因素确定，一般直径多在3～8m。井深主要根据含水层岩性、厚度、地下水埋深、水位变幅和施工条件等因素确定，深度一般不超过20m。

大口井具有出水量大，施工简单，就地取材，检修简易，使用年限较长等优点。但由于浅水水位变化幅度较大，对一些井深较浅的大口井来说常会因此而影响其单井出水量，另外由于大口井的井径较大，因而造井所用的材料和劳力也较多。

大口井适用于地下水埋藏浅、含水层渗透性强、有丰富补给水源的山前洪积扇、河漫滩及一级阶地、干枯河床和古河道地段，以及浅层地下水铁、锰和侵蚀性二氧化碳含量较高对井管腐蚀大的地区。

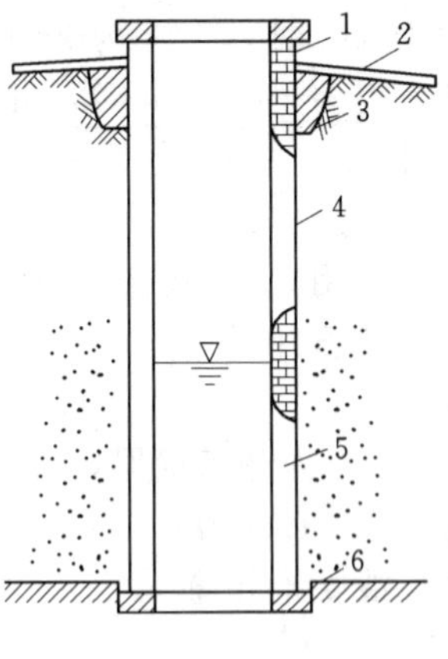

图6-16 大口井示意图
1—井台；2—地面护砌；3—黏土截墙；4—井筒；5—进水部分；6—井盘

6.3.1.1 大口井结构

大口井可根据水文地质条件、施工方法和当地建材等因素选定圆筒形、阶梯形和缩径形。大口井由三部分组成，如图6-16所示。

（1）井台。井的地上部分，主要保护井，防止洪水、污水以及杂物进入井内，同时还要考虑安装提水机具等。井台高度一般高出地面0.5m以上。

（2）井筒。进水部分以上的一段，又称旱筒。

（3）进水部分。相应含水层的部分，常因造井材料不同，其结构也不一样。

除上述三部分以外，当大口井为完整井时，进水部分以下还应设沉砂部分，沉砂部分高度一般依地层颗粒大小级配情况而定，一般为1～3m。

根据成井材料不同，大口井可分为石井、砖井、混凝土井、钢筋混凝土井等多种类型。但在目前农田灌溉中最常用的是砖石或加筋砖石以及混凝土或钢筋混凝土大口井。

1. 底盘结构

大口井的底盘，一般为钢筋混凝土预制构件，或用钢筋混凝土在现场浇注，高度约为 30～40cm，为了减少下盘时的阻力，底盘外径要比井筒外径大 10～20cm，并在下部做成刃脚型。刃脚高度一般为 1.0～1.5m，刃脚上部宽度为井管厚度加 100～200mm，下部宽度比井管厚度小 50～100mm。刀刃与水平面的夹角约为 50°～65°，见图 6-17。在含有大量卵石的地层中为了防止刀刃破坏，应在刃脚处加一环形的角钢。

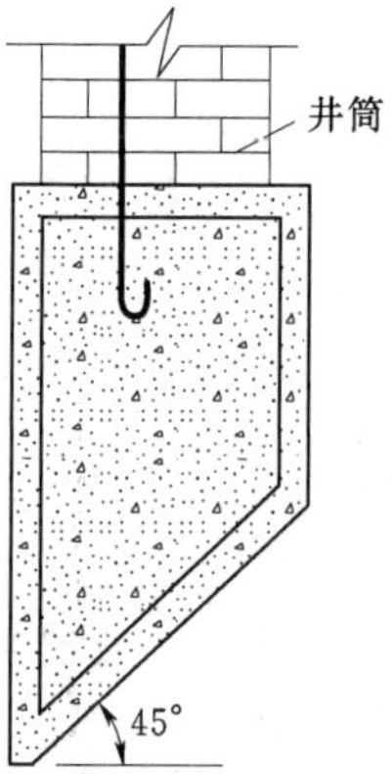

图 6-17 底盘结构示意图

2. 井筒结构

大口井的井筒一般多为空心圆柱体，为了便于沉降，也可做成上小下大的圆锥体。井筒的厚度常根据造井材料的不同而异，对砖石井筒多为 24～50cm，对混凝土或钢筋混凝土井筒多为 24～40cm，一般水面以上部分的井筒厚度较水下部分为小。

采用沉井法施工时，井筒壁厚可按经验数值选用。钢筋混凝土井筒，井径小于 4m 时，其壁厚上部为 250mm，下部为 350～400mm；井径大于 4m 时，上部为 250～300mm，下部为 400～500mm。砖石加钢筋砌筑的井筒，井径小于 5m 时，井筒壁厚上部为 240～370mm，下部为 470～500mm。钢制井筒，井径为 2～3m 时，可用厚度为 10～15mm 钢板卷焊，开孔率应为 30%。

采用大开槽法施工时，井筒壁厚可按下列公式计算：

砖石井筒

$$\delta = 0.1D + C_1 \tag{6-3}$$

式中：δ 为井筒壁厚，mm；D 为进水部分的井筒外径，mm；C_1 为经验系数，砖砌为 0.1，石砌为 0.18。

混凝土井筒

$$\delta = 0.06D + C_2 \tag{6-4}$$

式中：C_2 为经验系数，一般为 0.08～0.10。

对直径较大的井筒，因其天然拱的作用很小，故在设计时不仅要考虑其轴向压力，同时应考虑周围土壤的侧压力。当遇到承压水时，还应考虑在井水抽降前后井筒内外所承受的静水压力。井壁外侧压力作用下可产生径向应力和切向（环向）应力，当应力超出井筒的允许抗压强度时，便需增加井筒的厚度或增设必要的应力钢筋。

3. 进水结构

大口井进水结构类型包括井底进水、井壁进水和井底井壁同时进水。

（1）井底进水。井底滤水结构也称反滤层，是防止井底涌砂的安全措施。一般可设 2～5 层，每层厚度一般为 20～30cm，总厚度约为 0.6～1.5m。当含水层为粉细砂时，则可设 4～5 层，总厚度可达 1.0～1.5m；当含水层为粗砂时、砾石时，可只设 2 层，总厚度可不超过 0.6m。

与含水层相邻的第一层滤料粒径一般可按下式计算，即

$$D \leqslant (7 \sim 8)d_i \tag{6-5}$$

式中：D 为与含水层相邻的第一层滤料粒径，mm；d_i 为含水层颗粒的计算粒径，mm；细砂、粉砂，$d_i = d_{40}$；中砂，$d_i = d_{30}$；粗砂，$d_i = d_{20}$；砾石、卵石，$d_i = d_{10}$；d_{40}、d_{30}、d_{20}、d_{10} 为指含水层中颗粒粒径小于该粒径的颗粒占总重的 40%、30%、20%、10%的颗粒直径，mm。

相邻滤料之间的粒径比值，一般是上一层为下一层的 3～5 倍。设计渗透流速应满足上层滤料允许的渗透流速。

(2) 井壁进水。井壁进水主要包括浆砌砖石井筒利用插入的短管进水，以及钢筋混凝土井筒利用预留的进水孔进水。

井壁进水的滤水结构有多孔混凝土滤水结构和重力滤水结构两种类型。多孔混凝土滤水结构可制成块状，与混凝土块相间砌筑，也可在现场浇注成带状或预制成井筒（图 6-18）。

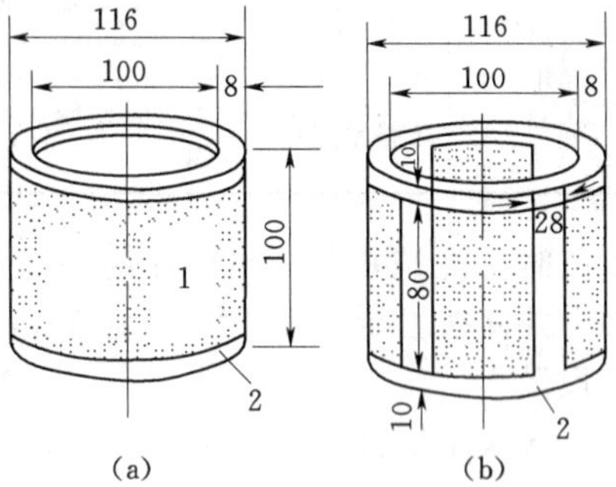

图 6-18 预制多孔混凝土与井筒示意图（单位：cm）
(a) 整体式；(b) 穿孔式
1—多孔混凝土部分；2—密实混凝土部分

重力滤水结构可按其进水孔形式和位置的不同而分为垂直式、倾斜式和复合式（即 V 字式）等（图 6-19）。含水层为中、粗砂且厚度较大时，可采用水平孔或斜孔。含水层为卵砾石层时，可采用 25～50mm 的不填滤料的水平圆形或圆锥形（里大外小）的进水孔。

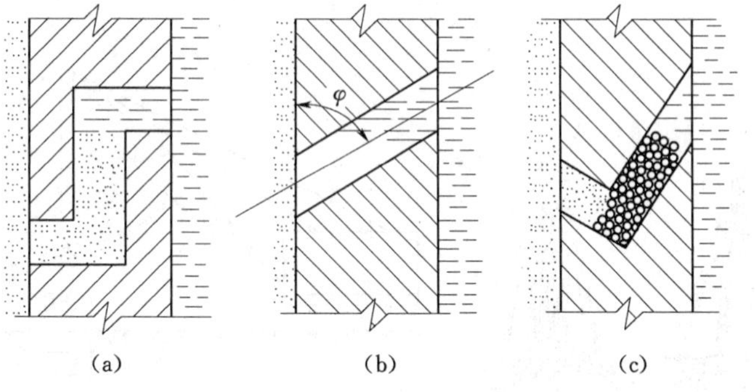

图 6-19 大口井井壁进水的重力滤水结构进水孔形式
(a) 垂直式；(b) 倾斜式；(c) 复合式

6.3.1.2 大口井的施工方法

大口井的施工方法主要有大开槽法和沉井法。各自的施工机具与适用条件见表 6-8。下面主要介绍沉井法施工技术。

1. 沉井法施工

沉井法施工属于人工及半机械化施工。首先开挖井筒土方至地下水位面，或接近

表 6-8　　大口井施工机具与方法对照表

施工方法		施工机具	适宜地层
大开槽法	人工开挖	起吊、牵引、运输机械、排水设备、混凝土搅拌、振捣机具	第四系松散层：含水层较薄、埋藏浅
	爆破施工	爆破器材、运输机械、排水设备、护砌工具	基岩风化层
沉井法	排水施工	取土、运输机械、排水机具、加压防斜设备	第四系松散层：涌水量不大、流砂层较薄
	不排水施工	水冲排砂施工机械、冲抓锥、加压防斜设备	第四系松散层：涌水量较大、有厚流砂层

水位时，浇筑井盘，预砌井筒一部分，使井筒慢慢下沉，井内排水，掏挖进筒内土方，井筒按预定深度下沉，逐渐加高井筒，下沉至设计位置。这种方法的优点是开挖工程量小、施工安全。特别是在有覆盖层较厚、水位较深时，先挖旱井筒，然后采用地下水含水层部沉井施工，施工方便，省工、省时、省料，是农用大口井常采用的施工方法。

2. 大口井的机械施工

机械施工大口井的方法具有节省劳力、提高工效、施工安全并容易解决水下施工问题等优点。常用的机械施工方法可分为挖掘机械开挖法、水力机械开挖法等。

(1) 机械挖土下沉。该法适用于松散岩层。对于直径6m以上的大口井，可以使用机械开挖铲除井内土方，使沉井下沉。采用合瓣式挖掘机开挖大口井，见图6-20，仅适用于井径较大、井深较浅的大口井。但是挖土及铲土的机器设备较为笨重，需要在施工前清除场地障碍物和修筑简易的道路，其单车道不小于3m，用碎石铺面，以免陷车。

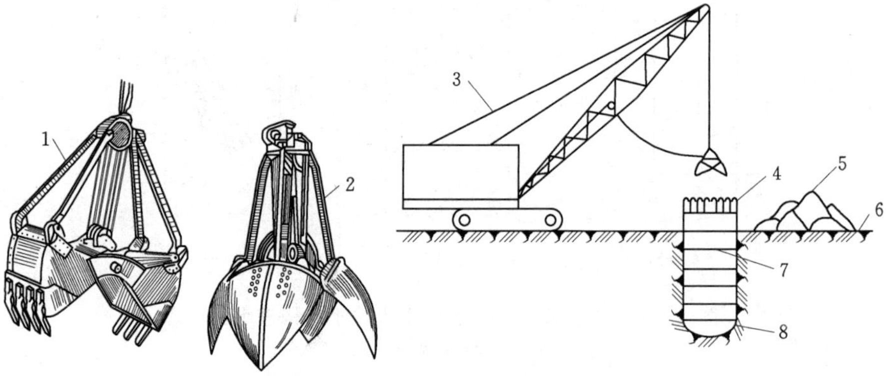

图 6-20 合瓣式挖土机开挖大口井示意图

1—合瓣式挖土机；2—多瓣式挖土机；3—索式挖土机；4—钢筋；5—弃土堆；6—地面；7—钢筋图；8—井筒

(2) 水力机械下沉。该法适用于细粒松散和黏性不大的岩层。在沉井下沉施工

中，实现水力机械化即用高压水流冲碎土层后，用水力吸泥机将泥浆及土的碎块排到井外，使沉井下沉，如图 6－21 所示。这种施工方法，设备简单，效果显著，适用于细粒松散层和黏性土层，但需要有充足水源和相应设备。

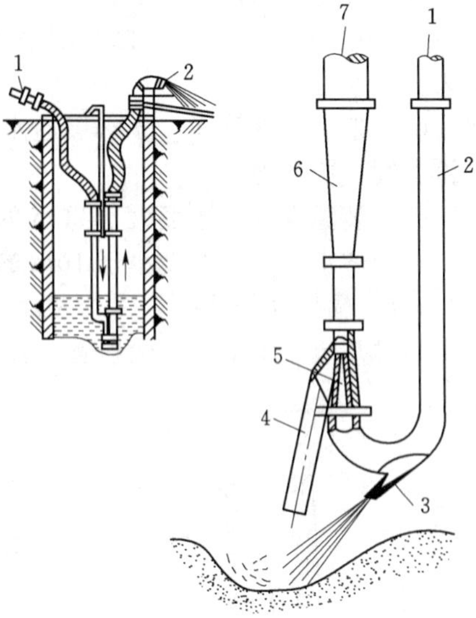

图 6－21　水力机械开挖大口井示意图
1—进水；2—压力管；3—喷嘴；4—进水管；5—吸嘴；6—扩散管；7—出泥

3. 大口井滤层施工

（1）井壁进水层滤层施工。井壁进水孔有不同形式，有直孔、斜孔、V 形孔和圆孔。在施工时可按设计分层填入滤料，并在孔口安装栅风，随施工井筒一同下沉，然后成井，也可以加木塞或其他堵塞物随井筒下沉，在沉井完成后，打开堵塞物，重新按设计填砾规格进行施工。其斜孔施工方便，填砾容易做到分层填入规格滤料。V 形孔主要是由外壁进水，由于施工比较困难，一般都事先按设计填入不同规格滤料，随井筒一同下沉。

（2）井底反滤层施工。非完整式大口井，从井底取水，为了防止涌砂和保证出水水质，一般均做反滤层。并按设计填砾规格、层次顺序填入。因填入后要使刃脚处最厚，在剖面上呈锅底形，为了减少填砾层数，可以依次加厚 400mm。

6.3.1.3　大口井成井验收

大口井成井验收内容如下：

（1）井位、井深、井径、出水量、含砂量符合规划设计要求，水质符合用水标准。

（2）井底反滤层、井壁滤水结构、刃脚坐落地层等隐蔽部位应进行验收（中间验收）。

（3）井径允许误差，直径小于 4m 者，允差不大于 2%；井径大于 4m 者，允差不大于 3%。

（4）井深小于 10m 时，井斜度不得大于 1°；井深大于 10m 时，井斜度不得大于 2°。

（5）大口井出水量应符合设计要求，若地层情况变化，可以修订设计出水量。试验抽水作一次大降深，出水量不得小于设计出水量的 75%。

（6）提供大口井原始设计资料、施工成井结构图以及地质剖面、试验抽水、沉井验收、事故处理的记录和图表，并附竣工报告，验收合格证书。

6.3.2　辐射井

辐射井是由大口径的集水竖井和若干水平集水管联合构成的一种井型。其水平集水管在大口竖井的下部穿过井壁深入含水层中，由于水平集水管成辐射状分布，故称为辐射井。

辐射井主要适用于以下条件：

（1）地下水埋藏浅、含水层透水性强，有丰富补给水源的粗砂、砾石和卵石地区。

（2）地下水埋藏浅、含水层透水性良好，有补给水源，含水层埋深在30m以内的粉、细、中砂地区。

（3）裂隙发育，厚度大于20m的黄土裂隙含水层。

（4）透水较弱，厚度小于10m的黏土裂隙含水层。

6.3.2.1 辐射井的结构

辐射井包括集水井和辐射管（孔）两部分，如图6－22所示。

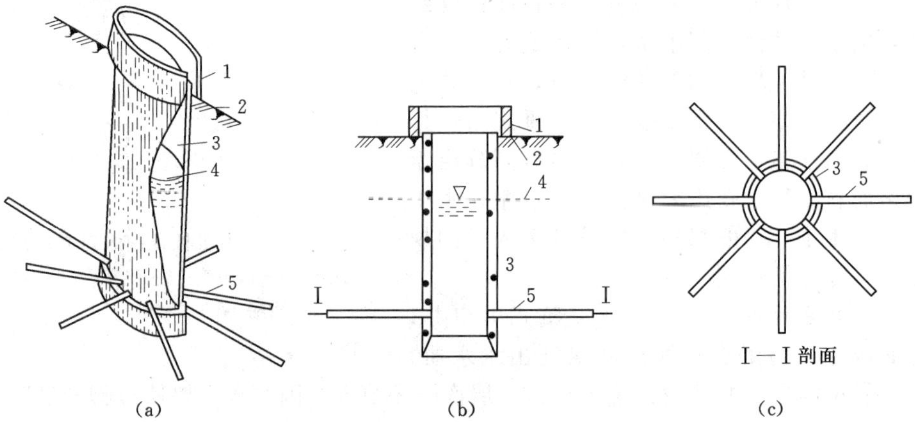

图6－22 辐射井示意图

（a）外形图；（b）纵剖面图；（c）围墙的横剖面图

1—围墙；2—地面线；3—集水井；4—静水面；5—辐射管

1. 集水井

集水井（竖井）外形相似于大口井，但它一般不直接从含水层进水。因此，除少数井底进水外，绝大多数集水井的井底、井壁是封死的，以利于施工和管理。集水井的用途是汇集由辐射管进来的地下水，便于安装提水机具，创造方便的提水条件，同时还可以作为辐射孔（管）施工的场所。

集水井井径应根据水平钻机尺寸、施工与安装等因素确定，一般要求不小于2.5m，但工程上多采用3m，也有直径高达6m。集水井井深应根据水文地质条件和设计出水量等因素确定。井底应比最低一层辐射管位置低1～2m。根据黄土区辐射井的经验，黄土塬下的河谷阶地应保持水下深度10～15m。黄土塬区应保持水下深度15～20m。集水井多数深度在10～20m之间，也有深达30m。集水井壁厚可参照大口井设计。集水井多采用混凝土和钢筋混凝土井管。

2. 辐射孔（管）

辐射管均匀分布在井筒周围，适用于地下水埋深较浅的非承压水或埋深不大、水头不高的浅层承压水。松散含水层中的辐射孔中一般均穿入滤水管，而对坚固的裂隙岩层，可只打辐射孔而不加设辐射管。

辐射孔材质根据含水层地质条件确定，粗砂、卵砾石含水层辐射管为预打孔眼的滤水钢管，粉、细、中砂含水层，辐射管为双螺纹无毒塑料滤水管。

管材直径大小与施工方法有密切关系。采用顶进法施工，滤水钢管外径一般为无缝管滤水孔，外径一般为 85～190mm，滤水孔直径一般为 6～8mm，开孔率一般为 3%～8%。采用套管法施工，滤水管外径一般为 60～70mm，开孔率一般为 1.4%～3.0%。

辐射管的长度，视含水层的富水性和施工条件而定。当含水层富水性差、施工容易时，辐射管宜长一些；反之，则短一些。目前生产中，在粗砾、卵砾石层中的辐射管长一般为 10～15m；粉、细、中砂含水层中的辐射管长一般为 15～30m；黄土裂隙含水层中辐射管长一般为 80～120m。

辐射管布置的形式和数量多少，直接关系到辐射井出水量的多少与工程造价的高低，应密切结合当地水文地质条件与地面水体的分布以及它们之间的联系，因地制宜地加以确定。

在平面布置上，如在地形平坦的平原区和黄土源区，常均匀对称布设 6～8 根；如地下水力坡度较陡、流速较大时，辐射管较多布置在上游半圆周范围内，下游半圆周范围内布设较少；在汇水洼地、河流变道和河湖库塘岸边，辐射管应布设在靠近地表水体一边，以充分集取地下水，如图 6-23 所示。

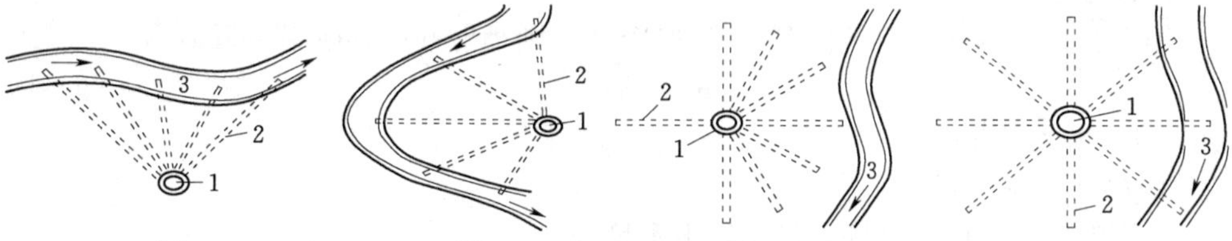

图 6-23 辐射管平面布置示意图

(a) 河底型；(b) 河间型；(c) 河岸型 (d) 河岸河底型

在垂直方向上，在砂、砾类等富水性好的含水层中，含水层厚度小于 10m，辐射滤水管布设一层；含水层厚度大于 10m，布设 2～3 层。黄土裂隙含水层中的辐射管一般布设一层；含水层厚度大的可布设 2～3 层。浅层黏土裂隙含水层辐射管，一般布设一层。辐射管位置应上下错开，最底层辐射管的水平位置应高出含水层底板 0.5m，最顶层辐射管应淹没在动水位以下，至少应保持在 3m 以上水头。

辐射管应有一定的上倾角度（顺坡），以增加管内流速，减少淤积堵塞。在黄土类含水层中，坡度一般为 1/200～1/100。

6.3.2.2 辐射井出水量计算

由于辐射井的结构特殊，抽水时水力条件与管井、大口井不同。辐射井抽水时，辐射管以外地下水呈水平渗流，辐射管范围内以垂直渗流为主；辐射管顶上水位较低，两辐射管之间的水位较高，呈波状起伏。目前，辐射井出水量的确定尚无较准的理论计算方法，多按抽水试验的资料确定。如缺乏资料，在初步规划时，可按下列方法估算。

1. *等效大井法*

根据等效原则，将辐射井简化为一虚拟大口井，出水量与它相等。可按与潜水完整井相类似的公式计算辐射井的出水量，即

$$Q = 1.364K\frac{s_0(2H - s_0)}{\lg R/r_f} \tag{6-6}$$

式中：Q 为辐射井的出水量，m^3/d；K 为含水层的渗透系数，m/d；s_0 为井壁外侧水位降落，m；R 为辐射井的影响半径，m；H 为含水层的厚度，m；r_f 为虚拟等效大井的半径，m。

r_f 可用下列经验公式确定，即

$$r_{f_1} = 0.25^{\frac{1}{n}}L \tag{6-7}$$

$$r_{f_2} = \frac{2\sum L}{3n} \tag{6-8}$$

式中：r_{f_1} 为辐射管等长时的等效半径，m；r_{f_2} 为辐射管不等长时的等效半径，m；L 为单根辐射管的长度，m；$\sum L$ 为辐射管的总长度，m；n 为辐射管根数。

辐射井的影响半径可按下列经验公式估算，即

$$R = 10s_0\sqrt{K} + L \tag{6-9}$$

式中：符号意义同前。

如有当地大口井影响半径 R_0 的试验资料，则辐射井的影响半径近似为

$$R = R_0 + L \tag{6-10}$$

式中：R_0 为大口井的影响半径，m。

2. *渗水管法*

将辐射管按一般渗水管看待。其出水量为

$$Q = 2\alpha Krs_0\sum L \tag{6-11}$$

式中：α 为干扰系数，变化较大，通常 $\alpha = \frac{1.27}{n^{0.418}}$；$r$ 为辐射管的半径，m；其余符号同前。

6.3.2.3 辐射井的施工

辐射井的集水井和辐射管的结构不同，施工方法和施工机械也完全不同。辐射井的施工方法、施工机具以及适用条件见表 6－9。集水井的施工方法与前面所述大口井的施工方法基本相同。下面仅介绍辐射管的施工方法。

表 6－9 施工机具与方法选择表

结构部位	施工方法		施工机具	适用条件
集水井	成孔	沉井法	人工、卷扬机	稳定土层或薄层夹砂，井深小于 15m
		冲抓锥钻进	冲抓锥	土层、中砂、粗砂、卵砾石
		反循环回转式钻进	反循环回转钻机	土层、粉砂、细砂、中砂、粗砂、卵砾石
	下管	分节下管	模板、钢丝绳	黄土、黏土，井深小于 30m
		托盘下管	托盘下管器	井深小于 20m、井筒直径小于 2.5m
		漂浮下管	吊车、水泵	适宜不同井深

续表

结构部位	施工方法	施工机具	适用条件
辐射管	水平钻进	电动水平钻机	黄土、黏土、不下滤水管
	水平钻套管钻进	液压式水平钻机	粉、细、中砂，下入包网的滤水管
	顶进法、锤击法	液压式水平钻机、千斤顶、油锤	粗砂、卵砾石，下入不包网的滤水钢管

辐射管的施工方法基本上可分为顶进法和钻进法两种。前者适用于松散含水层，而后者适用于黄土类含水层。

1. 顶进法

顶进法施工，将滤水钢管用液压式水平钻机边旋转边推进，一根滤水钢管接一根滤水钢管直接顶进含水层。顶进过程中含水层中的粉粒进入滤水钢管内，随水流入集水井排走，同时使粗粒挤到滤水钢管周围，形成天然滤层，见图 6-24。

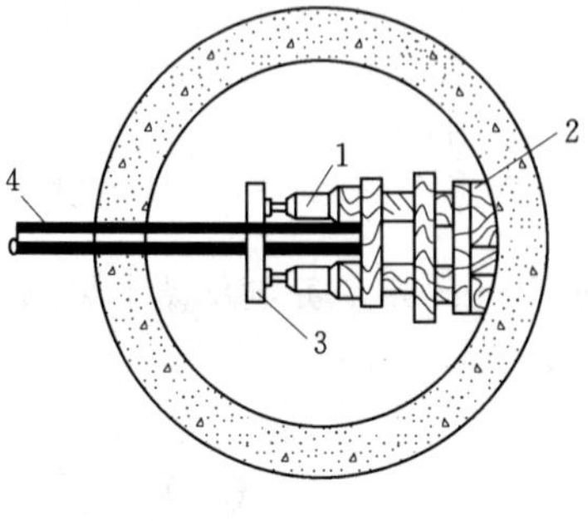

图 6-24 顶进法示意图
1—千斤顶；2—支架；3—顶进夹板；4—穿孔钢管

套管法施工，液压式水平钻机将套管顶进含水层，再从套管中插进滤水管，然后脱掉钻头，拔出套管，把滤水管留在含水层中。滤水管在开始排水时，能带出含水层中的粉粒，使粗粒挤到滤水管尼龙网套外部形成天然滤层。

近年来，多采用的水冲套管顶进法，利用水枪式钻头，冲动含水砂层，使辐射管直接进入含水层成辐射井的施工方法。根据排砂方式分为管内排砂法与管外排砂法。管内排砂层是水冲后辐射管直接顶进，孔内砂由辐射管内引出至井内排砂浆管排出地面。管外排砂法是水冲管顶进，辐射管在套管内，钻屑砂浆在套管内辐射管外引出，由井内施工的泥浆循环系统排砂浆管排出。

2. 钻进法

钻进法就是采用水平钻机，先在含水层内钻成辐射孔，然后装入辐射管的一种方法。近年也有采用套管钻进法的，在钻进过程中，同时跟进辐射管，成孔后拔出，辐射管留在辐射孔内。

施工中，在集水井井壁的辐射孔口处，应打入 1.0～1.5m 长的护口管，防止孔口坍塌和井壁外围的流泥进入集水井中辐射孔。施工完毕后，应在孔口段埋设长度不小于 5m 的固定护口管。

钻进法用的水平钻机的结构和工作原理，与一般循环回转钻进相似，只是钻机较轻便且钻进方向不同而已。采用电动水平钻机钻进，一般配 5～7kW 电动机，工作转速 80～100r/min，钻头直径 100～200mm，一般泵压应大于 0.5MPa。目前推广应用的水平钻机有 T_Y 型、SPZ—110 型和 YX—40 型。T_Y 型水平钻机的结构如图 6-25 所示。

6.3.2.4 辐射井成井验收

辐射井竣工后应及时进行试验抽水，一般只做一次大降深抽水，水位稳定延续时

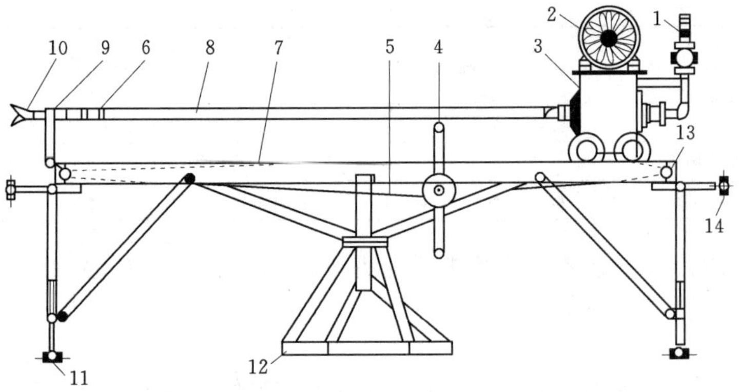

图 6-25 T_Y 型水平钻机总装配图

1—胶管接头；2—电动机；3—动力头；4—手摇绞车；5—钢丝绳；6—钻杆接头；7—机架；8—钻杆；9—钻杆中心架；10—钻头；11—机架支撑；12—机座；13—滑轮；14—水平支撑

间不少于 8h，黄土及黏土裂隙含水层中集水井内的降深水位，应控制在辐射孔位置以上 0.2～0.5m。

6.4 其他类型的地下水集水建筑物

地下取水工程形式是多种多样的，其结构形式主要取决于当地水文地质条件。本节介绍应用较为普遍的截潜流工程。截潜流工程多应用于含水层埋藏较浅的河谷地段开采地下水。

6.4.1 截潜流工程的结构

截潜流工程一般由截水墙、进水部分、集水井、输水部分等组成，如图 6-26 所示。

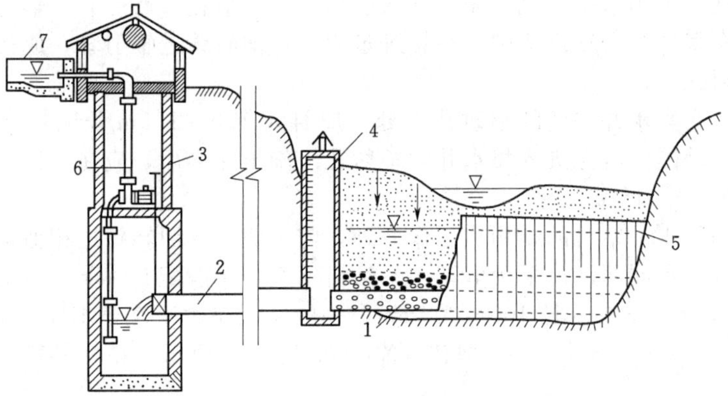

图 6-26 截潜流工程结构示意图

1—进水部分；2—输水部分；3—集水井；4—检查井；5—截水墙；6—水泵；7—出水池

(1) 截水墙。是截潜流工程的主体部分，为拦河修筑的不透水墙，也称地下坝或暗坝。多用当地材料（黏土、砌石等）修建或用混凝土浇铸而成。

(2) 进水部分。主要作用是集取地下潜流，多适用当地材料（砖、石等）砌筑的廊道或管道构成。进水部分留有进水孔眼，周围填充滤料。

(3) 输水部分。将进水部分汇集的水输送往明渠或集水井，以便自流引水或集中抽水。输水管道一般不进水，铺设有一定的坡度。

(4) 集水井。用于储存输送来的地下水，通过提水机具，将地下水提到地面上来。若地形条件允许自流时可不设集水井，直接与引水渠道相连。

为了通风、疏通、清淤、修理及观察管理工作状况等，在输水建筑的首部、转角和断面变换处应设置检查井。

6.4.2 截潜流工程的类型

按截潜流的完整程度，截潜流工程可分为完整式和非完整式两种。

(1) 完整式。截水墙穿透含水层，与不透水层相连，将河床中的地下径流完全拦截，如图 6-27 所示。这种形式适用于砾卵石含水层厚度不大的河床中。

(2) 非完整式。截水墙没有穿透含水层，只拦截了部分地下水径流，如图 6-28 所示，适用于河床中含水层厚度较大或水量较充足的情况。非完整式截潜流工程按集水方式分为明沟式、暗管式和盲沟式三种类型。明沟式适用于流量较大的地区。暗管式适用流量较小的地区。盲沟式指用卵、碎石回填的集水沟，适用于流量较小的地区。

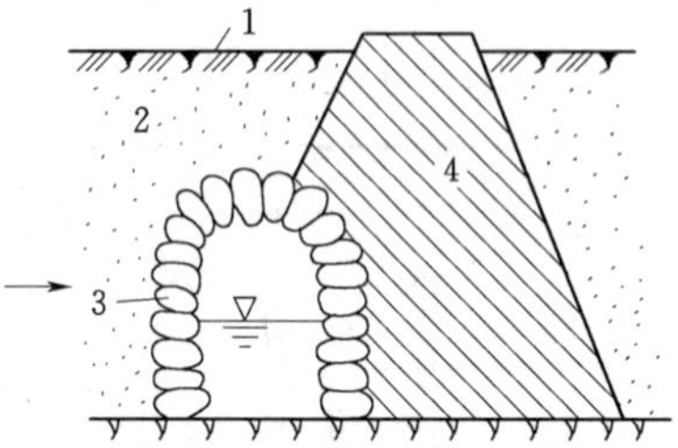

图 6-27 完整式截潜流工程示意图

1—干河床；2—砂层；3—截水墙；4—集水廊道

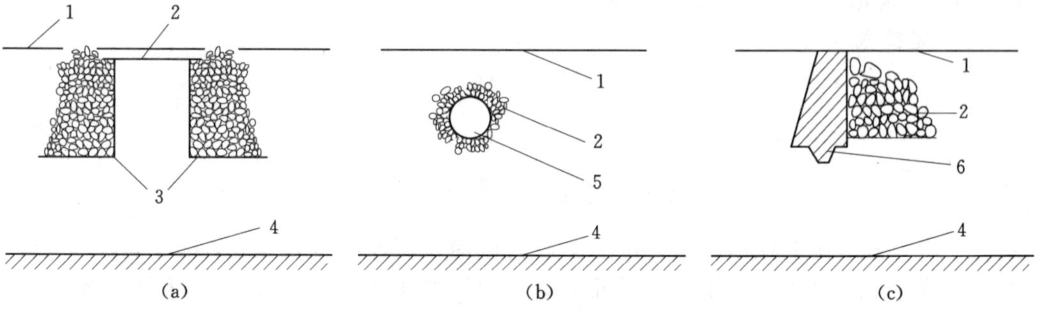

图 6-28 非完整式截潜流工程示意图

(a) 明沟式；(b) 暗管式；(c) 盲沟式

1—河床；2—盖板；3—滤料；4—隔水层；5—集水管；6—挡水墙

6.4.3 截潜流工程出水量的计算

6.4.3.1 河床无水时出水量的计算

1. 完整式

完整式截潜流工程（图 6-29）的集水量按下式计算，即

$$Q=LK\frac{H^2-h_0^2}{2R} \tag{6-12}$$

$$h_0=(0.15\sim0.3)H$$

$$R=2s\sqrt{KH}$$

式中：Q 为集水流量，m^3/d；K 为含水层渗透系数，m/d；L 为集水段长度，m；H 为含水层厚度，m；h_0 为集水廊道外侧水层厚度，m；R 为影响半径，m；s 为潜水位与集水廊道内水位差值，m。

2. 非完整式

非完整式截潜流工程（图 6-30）的集水量采用下式计算，即

$$Q=KL\frac{H^2-h_0^2}{2R}\beta \tag{6-13}$$

$$\beta=\sqrt{\frac{h'+0.5C}{h_0}}\cdot\sqrt{\frac{2h_0-h'}{h_0}} \tag{6-14}$$

式中：β 为修正系数；h_0 为廊道内水面到隔水层的距离，m；h' 为廊道内水深，m；C 为廊道宽度之半，m；H 为廊道底部到潜水位的距离，m。

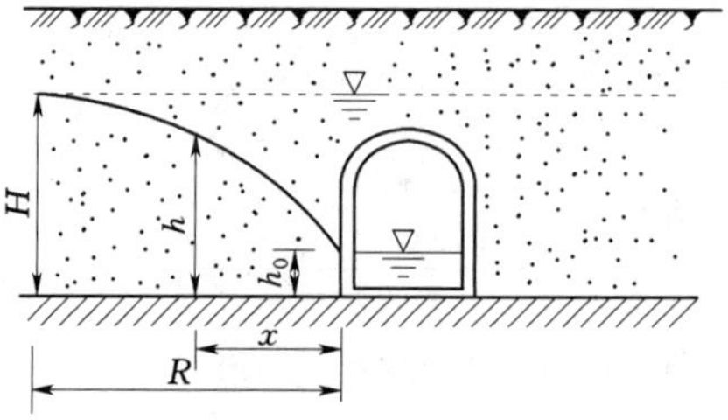

图 6-29 完整式集水工程示意图

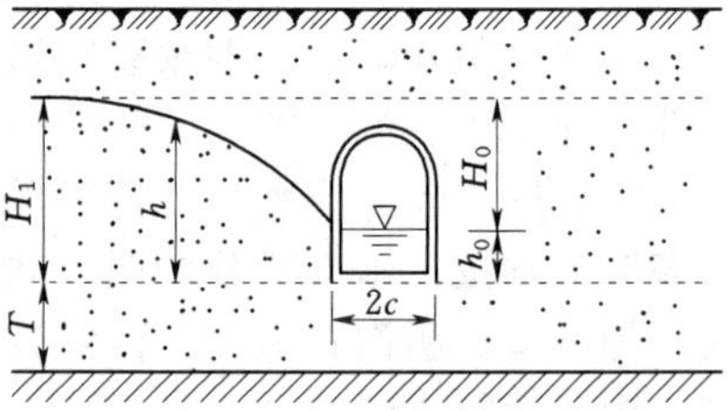

图 6-30 非完整式集水工程示意图

6.4.3.2 河床有水时出水量的计算

1. 完整式（图 6-31）

$$Q=\alpha LKq_r \tag{6-15}$$

$$q_r=\frac{H-H_0}{A} \tag{6-16}$$

$$A=0.37\lg\cot\left(\frac{\pi}{8}\times\frac{d}{T}\right) \tag{6-17}$$

式中：Q 为截潜流工程出水量，m^3/d；L 为截潜流集水管长度，m；K 为渗透系数，m/d；α 为与河流水浑浊度有关的校正系数。当较大浑浊时，可采用 $\alpha\approx0.3$；中等浑浊时，可采用 $\alpha\approx0.6$；较小浑浊时，可采用 $\alpha\approx0.8$。H 为集水管顶上的水头高度，m；

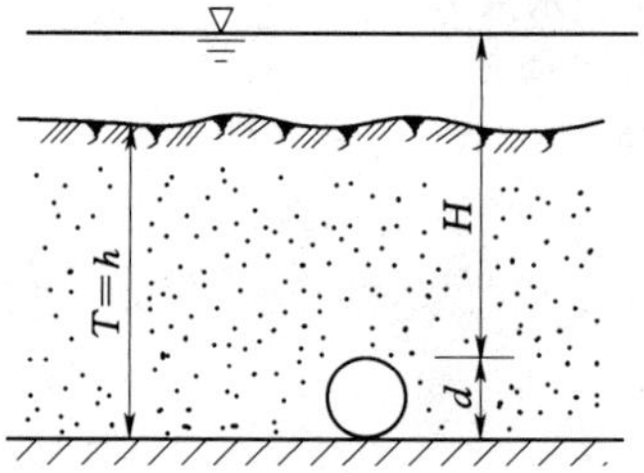

图 6-31 河床下完整式集水管

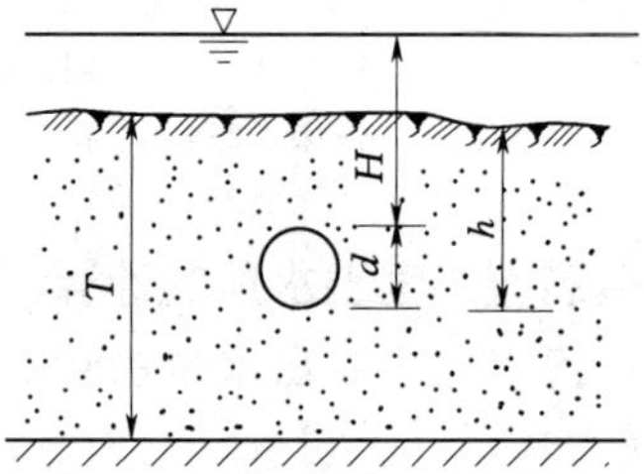

图 6-32 河床下非完整式集水管

H_o 为集水管外对应管内剩余压力的水头高度（当管中为一个大气压时 $H_o=0$），m；d 为集水管的直径，m；T 为河床透水层的厚度，m。

2. 非完整式（图 6-32）

与完整式计算公式基本一致，只是 A 的计算不同。即

$$A=0.37\lg\left[\tan\left(\frac{\pi}{8}\times\frac{4h-d}{T}\right)\cot\left(\frac{\pi}{8}\times\frac{d}{T}\right)\right] \tag{6-18}$$

式中：h 为集水管的埋深，即由河床到管底的深度，m；其余符号意义同前。

当 T 值较大时，即 $T=\infty$ 时，上式可简化为

$$A=0.37\lg\left(4\frac{h}{d}-1\right) \tag{6-19}$$

式中：符号意义同前。

6.4.4 截潜流工程规划

截潜流工程地点的选择，关键是确定截水墙的位置。它关系到工程造价和取水工程的正常运行。工程地点的选择应考虑以下几方面。

（1）水量、水质要求。截潜流河段应有满足需要的地下径流量，且水质符合要求。

（2）地形要求。为节约成本，最好是选择在相对狭窄的河段，但也要考虑输水和用水的方便。

（3）含水层条件为控制土方量、降低造价，含水层厚度不宜过大，以 3～5m 为宜。

（4）建筑材料。应有就地取材的条件，如石料、黏性土等。

图 6-33 是常见截潜流工程的平面布置图。出于节约建筑材料和降低造价的目的，截水墙一般与河道的主流线方向垂直。为便于管理和检修，多将集水井、泵站和输水管线设置在河道的一侧，而另一侧一般不设任何工程建筑。

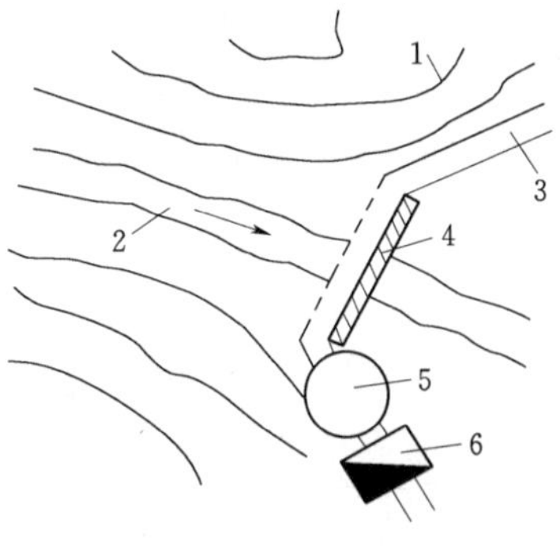

图 6-33 截潜流工程布置示意图

1—地形等高线；2—河槽；3—引水渠；4—截水墙；5—集水井；6—泵站

6.4.5 截潜流工程施工

1. 进（输）水管道施工

进（输）水管道施工应注意以下几点。

（1）管沟的开挖断面要考虑截渗墙和管道的尺寸，并要便于施工安装。

（2）管沟开挖要注意河床堆积物的稳定性，必要时应进行支护加固，以防坑壁坍塌。

（3）防洪。如工程量大，短期内难以完成，则要考虑防洪措施，确保安全施工。

（4）施工排水。开挖前要进行排水量校核计算，排水设备的能力必须满足排水要求，且要有备用排水设备。

2. 进（输）水廊道施工

廊道式截潜工程的施工方法大致可分两种。如潜水位较高时，多采用开挖明沟法；如潜水位埋深较大，开挖深度较深时，宜采用开挖地道法。施工中应特别注意开挖地层的稳定性，除特殊情况外，一般应护衬加固，防止坍塌，同时也要考虑施工排水问题。

第7章 地下水开发利用规划设计

干旱区半干旱地区缺水，水资源在时空上分布不均，水利工程建设特别是控制性工程建设滞后，经济社会发展受其很大制约。地下水资源是水资源的主要组成部分，合理开采利用地下水，对缓解地区水资源总量不足、时空分布不均和防止与治理土壤盐渍化具有积极的作用。

地下水资源规划，应查清地表水资源量、地下水资源量，尤其是地下水可开采资源量，同时查清水资源开发利用现状及其所存在的问题。在此基础上提出地区可持续开发利用的水资源量，合理地进行水资源配置，结合地区国民经济发展对水的需求，从地表水、地下水开发利用和生态环境实际条件出发，制定出切实可行的地下水开发利用规划。

科学的地下水开发利用规划，必将对提高水资源利用率和效益，促进经济社会可持续发展及促进生态良性循环具有很重要的指导意义。

7.1 规划的原则与分区

7.1.1 规划的原则

在资源型缺水的地区，许多城市供水和农业灌溉用水都依靠地下水。由于对地下水资源的认识不足，许多人认为它是“取之不尽，用之不竭”的。其结果是缺少规划，盲目布井，过量开采，造成地下水位持续下降、水质恶化和地面沉降等诸多环境地质问题。为避免上述问题的发生，在编制地下水开发利用规划时，必须坚持贯彻全面规划、协调发展、可持续利用、因地制宜、依法治水、科学治水的规划原则。具体列入以下几项基本原则。

（1）地下水开发利用规划应以各地水利总体规划及国土整治规划为基础，并兼顾流域与行政区域之间的关系，统筹规划区内国民经济近期和远景发展的需要，对水资源的开发、利用、保护和管理做出总体安排。

（2）规划应本着统筹协调生活、生产和生态环境用水，充分利用当地地表水、合理开采地下水，兼顾区内旱、涝、碱的综合治理，并合理地进行井、渠、路、林、电的规划布置。

（3）根据规划区的水资源状况和经济社会发展条件，确定适合本地区的水资源开发利用与保护模式及对策，提出各类水的优先顺序。在确定开发利用地下水时，应优先开采浅层地下水，严格控制开采深层地下水，尤其是在长期超采引起地下水位持续下降的地区，应限量开采；对已造成严重不良后果的地区，应停止开采。在滨海地区、湖滨地区、绿洲与沙漠过渡带地区，应严格禁止开采，以防海水入侵、湖泊干涸及植被枯死导致沙漠化等。

（4）应坚持水量与水质并重，开采与补给平衡，按照国家颁布的有关水资源管理的法律、法规和政策，以及相应的技术规范、规程进行规划编制。

（5）要运用水资源系统的理论与方法，合理配置地表水和地下水资源，缓解面临的水资源紧缺问题；采用先进的技术方法与手段，编制出有高水平的地下水开发利用规划。

（6）重视水质、保护供水安全。地下水质评价标准应按其功能确定，一般可以参照《生活饮用水卫生标准》（GB5749—2006）、《地下水质量标准》（GB/T14848—93）和《农田灌溉水质标准》（GB5084—92）执行。

（7）规划中应制定地下水动态监测规划，借以指导地下水的合理开发利用。地下水监测站网的布设，可参照《地下水监测规范》（SL/T183—96）进行。

从上述规划基本原则看，地下水开发利用规划涉及面广，涉及学科比较多，是一个综合性很强的规划。也就是说，对某些问题考虑不周或疏漏就会造成顾此失彼，成为一个不完善且难以实现的规划。为此，地下水开发利用规划可参照《全国水资源综合规划技术大纲》和《全国水资源综合规划技术细则》（试行）（水利部水利水电规划设计总院，2002年8月）进行，应符合《机井技术规范》（SL256—2000）的有关要求。

7.1.2 规划分区

7.1.2.1 规划分区

为便于规划，结合自然环境条件和基本资料，根据上述规划原则和规划任务，特做以下规划分区。

（1）根据流域地形地貌单元，将地下水规划划分为一级类型区，即山丘区、平原区、沙漠荒漠区或湖滨、滨海区。

山丘区是水资源的产流区或形成区；平原区是水资源的利用区，也称用水区；沙漠荒漠区或湖滨、滨海区为水资源的容泄区。

（2）水资源评价与开发利用应按河流水系的地域分布进行的，故将流域平原划分为二级类型区。

（3）根据流域平原区的水文地质单元，又划分出三级类型区，或便于规划使用，结合行政区划可划分为三级类型区。

（4）根据地下水赋存条件，地质环境和生态环境。从地下水资源保护角度出发，可将地下水开发利用区划分为控制开采区、适宜开采区、调控开采区、禁止开采区四种类型区。①控制开采区指地表水散失区、地下水形成区；②适宜开采区是指地下水溢出带附近及补给条件好的平原区；③调控开采区是指冲积—冲洪积平原中下部，地下水位较高，土壤盐渍化比较严重的地区；④禁止开采区是指绿洲与沙漠间的生态环境脆弱带或绿洲与湖滨、滨海间的地质环境脆弱带。

规划分区图视其规划面积大小，使用不同比例尺的地形图。当规划面积超过 30km² 时，在 1∶5 万的地形图上编绘；当规划面积在 10km² 左右时，在 1∶1 万的地形图上编绘。究竟采用多大比例尺的地形图，可视规划实际需要而定。

7.1.2.2 分区的水资源配置

水资源配置是指特定流域或地域内，遵循有效、公平和可持续利用原则，对有限的、不同形成的水资源，通过工程和非工程措施，在生活、生产和生态用水之间进行合理分配。

在配置时必须坚持保障生活用水，合理安排工业和农业用水；优先利用地表水，尽量少用地下水；遵循地方政府制定的水分比；坚持多种水源的联合调配；保证最小

图 7-1 某县平原区地下水资源规划分区图

生态用水，保护生态环境等原则。在充分考虑未来开源和节水潜力的基础上，提出分区开发利用水资源的配置方案，结合社会经济发展规划分解到各个行政区。最后提出各个行政区不同水平年的水资源配置规划。在配置规划中，重视研究连续干旱年和特殊干旱年的配置方案及应急对策。

为此，对规划分区中水资源分配采用水资源优化配置模型。模型依据事先制定的一系列水资源调度分配方案、运行规则进行，从中选取最优者，以得出最佳的水资源分配成果，详见表 7-1 所示的某县地下水资源开发利用规划分区和图 7-1 所示的某县平原区地下水资源规划分区图。

表 7-1　某县地下水资源开发利用规划分区表

一级区			二级区			三级区					
代号	名称	面积（km²）	代号	名称	面积（km²）	代号	名称	面积（km²）		水资源配置（$10^4m^3/a$）	
								平原区	规划区	地表水可供水量	地下水可供水量
Ⅰ	山丘区	7773.85	$Ⅱ_1$	奎屯河冲洪积平原区	1240.75	$Ⅱ_{1-1}$	乌苏镇	61.44	61.44	439.60	1447
						$Ⅱ_{1-2}$	皇宫镇	143.38	143.38	5087.40	2100
						$Ⅱ_{1-3}$	九间楼乡	103.67	103.67	3586.00	2340
						$Ⅱ_{1-4}$	西湖乡	203.00	203.00	2869.50	1827
						$Ⅱ_{1-5}$	八十四户乡	91.96	91.96	2329.00	1124
						$Ⅱ_{1-6}$	头台乡	150.87	150.87	1671.20	1590
						$Ⅱ_{1-7}$	夹河子	45.51	45.51	872.00	1154
						$Ⅱ_{1-8}$	县辖区	265.60	265.60	0	1494
						$Ⅱ_{1-9}$	西大沟乡(东)	175.32	175.32	4169.80	3579
Ⅱ	平原区	7914.15	$Ⅱ_2$	四棵树古尔图冲洪积平原区	3451.99	$Ⅱ_{2-1}$	西大沟乡(西)	143.44	143.44	621.10	2754
						$Ⅱ_{2-2}$	吉尔格勒特乡	140.01	140.01	1820.60	1411
						$Ⅱ_{2-3}$	四棵树乡	114.58	114.58	2037.40	2895
						$Ⅱ_{2-4}$	哈图布呼镇	138.10	138.10	3035.30	2459
						$Ⅱ_{2-5}$	甘河子	311.74	311.74	2492.80	1566
						$Ⅱ_{2-6}$	干雄布拉农场	37.18	37.18	621.10	553
						$Ⅱ_{2-7}$	葫麻梁乡	194.60	194.60	2705.10	1786
Ⅲ	沙漠区	756				$Ⅱ_{2-8}$	吉尔图牧场	1401.68	1401.68	2987.30	4838
						$Ⅱ_{2-9}$	塔布勒合特	142.51	142.51	0	1057
						$Ⅱ_{2-10}$	124 团农场	356.70	356.70	6227.00	4228
						$Ⅱ_{2-11}$	125 团农场	471.45	471.45	7174.00	3828
			$Ⅱ_3$	奎屯河冲积、湖积细土平原区	2221.41	$Ⅱ_{3-1}$	甘家湖林场	1621.03	997.50	0	716
						$Ⅱ_{3-2}$	甘家湖牧场	22.68	22.68	321.00	152
					(规划区)1287.00	$Ⅱ_{3-3}$	车排子乡	114.32	114.32	2406.00	684
						$Ⅱ_{3-4}$	石桥乡	152.50	152.50	2126.90	552
							其他地区	1310.88			

7.2 基 本 资 料

国民经济与社会发展规划均制定着不同规划水平年的发展目标。不同规划水平年发展目标对水资源就有相应的需求。规划就应在综合分析与归纳区内各种基本资料的基础上，依据规划原则，结合发展目标的需水要求而得出来的成果。由此可见，足够数量和精度的基本资料在规划时是必不可缺少的。

7.2.1 基本资料的收集

规划需要的基本资料包括以下几个方面。

1. 自然地理概况

（1）地理位置：地形、地貌及地表水体分布与特征等。

（2）气象、水文条件：气象主要包括气温、降水、蒸发、霜期和冰冻层情况等，水文主要指河流、湖泊和水库等的水文变化特征及水源状况等。

（3）土地状况：主要包括土地总面积，耕地、荒地、沼泽地及水面面积；土壤类别、性质和分布状况等。

2. 水文地质条件

（1）地质特征。主要包括：地质构造（褶皱、断层）的分布及对地下水的控制作用；合水层和隔水的埋藏分布、组合关系以及含水层岩性、渗透性、富水性及与地表水体的联系关系等。

（2）地下水的补给、径流、排泄特征及其地下水化学特征、主要水文地质试验、地下水动态变化特征、地下水资源量和可开采量等。

3. 生态环境状况

（1）植被。植被类型、分布面积及覆盖度；草原退化和土壤荒漠化的原因、演变、面积及分布。

（2）土壤盐渍化。土壤盐渍化的原因、类型及其盐渍化的面积与分布；水土流失：水土流失的原因、类型、演变面积及分布。

（3）污染状况。水循环污染与土地污染的原因与类型；河流断流、湖泊萎缩与干涸的原因及其后果等。

4. 农业生产及农业用水现状

（1）农业生产特点及发展规划（包括农业区划）；农作物的种类、种植面积、复播指数和面积；林果业的种类、种植面积；农作物、林果业的产量。

（2）规划区引水量、灌溉面积、灌溉制度、灌溉水量及排水情况等。

5. 水资源利用状况及水利工程现状

（1）地表水、地下水的利用率及利用量。主要包括农田灌溉、林果灌溉、草地灌溉和鱼塘补水情况等；生活用水和工业用水情况等。

（2）地表水工程措施。水库、池塘的数量容积、现状和利用情况；各级渠道的长度和过水流量以及提水工程的规模和利用情况等；排水工程包括排水沟渠长度和排水量等。

（3）地下水工程措施。井的数量、开采深度和井的利用率、机泵配套情况，以及

坎儿井、截潜流工程的条数、利用情况和出水量变化情况等。

6. 社会经济状况和技术条件

(1) 区内的人口，自然增长率。其中包括农业人口和非农业人口、劳动力状况；区内国民经济总产值，主要包括农业产值、工业产值及第三产业产值。

(2) 施工队伍的装备、技术资质等级，人员技术职称结构及技术水平等；电力、建材、交通、环保投入能力和投资方式等。

上述基本资料，部分或大部分可以通过气象、水文、农林、科研、国土资源和水利部门等有关单位收集。但缺少部分必须进行野外调查、勘察和试验工作获得。

7.2.2 基本资料的分析整理

收集资料固然重要，但对收集来的资料，还得有一个去粗取精和弃伪存真的分析整理过程，然后编绘成各种实用的图件和表格，即上升为符合当地实际情况的规律性资料。

7.2.2.1 基本资料分析整理的主要内容

在基本资料中，水文地质资料是最重要的组成部分。其他资料可按当地情况，编制能反映其特征的实用图表。而水文地质资料必须编制下列图表。

(1) 第四纪地质地貌图。

(2) 水文地质分区图或综合水文地质图，应附有主要水文地质剖面图及各区典型钻孔柱状图。

(3) 潜水等水位线图，有条件时应做不同典型年的潜水等水位线图或埋深等值线图。

(4) 承压水等水压线图，有条件时可做不同承压含水岩层或含水岩组的承压水等水压线图。

(5) 各分区典型观测孔潜水动态曲线图，并配合编制同时段的降水量、蒸发量、地下水开采量等要素的历时变化图。

(6) 各抽水试验井孔的抽水试验曲线图和水文地质参数汇总表。参数包括井孔单位出水量，渗透系数，释水系数，导水系数，导压系数、干扰系数和影响半径等。

7.2.2.2 综合水文地质图的内容

1. 地下水基本类型划分

综合水文地质图首先要表示本地区含水岩系和非含水岩系。根据地下水的赋存条件，水理性质及水力特征，将含水岩系划分为松散岩类孔隙水、碎屑岩类裂隙孔隙水、碳酸盐岩类裂隙溶洞水（或称喀斯特水）、基岩裂隙水（包括断层脉状水）、冻结层水5种基本类型，作为编图基础。

2. 各类地下水突出表示的内容

各类地下水应根据不同情况划分为若干亚类，如松散岩类孔隙水可划分为潜水和承压水两个亚类，特殊情况下还可将黄土地下水分为一个亚类。各类地下水都应突出表示其富水性、埋藏条件和水质三方面的内容。

(1) 富水性。对松散岩类孔隙水和碎屑岩类裂隙孔隙水多用单井涌水量大小划分其富水性，如松散岩类孔隙水，一般划分为5个富水等级：

1）水量极丰富（单井涌水量大于 5000 m^3/d）。

2）水量丰富（单井涌水量 1000～5000 m^3/d）。

3）水量中等（单井涌水量 100～1000 m^3/d）。

4）水量贫乏（单井涌水量 10～100 m^3/d）。

5）水量极贫乏（单井涌水量小于 10 m^3/d）。

（2）埋藏条件。按潜水位或承压水位埋深及下部承压含水岩组顶板埋深，将每类地下水可划分为二至三级；用不同图例表示。如松散岩类裂隙孔隙水划分为 3 个埋深等级：

1）浅埋。含水层顶板埋深小于 50 m。

2）中埋。含水层顶板埋深 50～100 m。

3）深埋。含水层顶板埋深大于 100 m。

（3）水质。水质一般按矿化度分为 4 级。

1）淡水。矿化度小于 1 g/L。

2）微咸水。矿化度 1～3 g/L。

3）半咸水。矿化度 3～10 g/L。

4）咸水。矿化度大于 10 g/L。

3. 其他表示内容

（1）控制性水点。指对阐明含水层的分布、水量、水质有意义的水文地质点，如井、泉、钻孔等，一律按规定的数量和不同颜色的符号表示。

（2）各种界线：图上应按规定用不同颜色、不同形式的线条表示地层界线、水文地质界线、剖面线，以及自流盆地边界线、大泉补给范围，古河道的界线、洪积扇前缘界线等与地下水形成、分布有关的各种界线。

4. 水文地质剖面图

综合水文地质图必须附 1～2 个剖面图，以充分反映本地区各类含水岩组及水文地质结构。水文地质剖面应适当反映地貌特征和必须的水文地质内容，如水位、压力水头、井孔涌水量、充水断层或储水构造、咸淡水界面等。

7.3 供需水平衡分析

供需水平衡分析的目的：一是为了分析和解决规划区内，国民经济发展和生态保护对水的需求量和水资源可能的供给量之间矛盾；二是根据供需平衡关系，确定地下水开发利用最大的开采规模，以便制定地下水开发利用工程规划。

7.3.1 供需平衡的原则

（1）供需平衡时要充分考虑调配当地全部水资源，在充分利用地表水资源的情况下，提出合理利用的地下水资源量。

（2）绝大部分分区以供定需，在部分分区即当地水资源非常丰富，且供水工程易于实施，可以考虑以需定供。在做供需平衡分析时，对供与需须做多方面认真反复分析比较，选择其中一个比较好的基本平衡方案。

（3）针对不同地区水资源开发利用条件，分析制定不同的供需平衡策略。在水资

源比较贫乏、水资源利用程度较高的地区，在充分挖掘当地水资源潜力的同时，一定要强调节水，采用先进节水技术与设备，制定节水措施。

(4) 在作供需平衡时，优先满足生活供水和重点工业用水，在维护与改善生态环境的基础上，合理安排农业灌溉用水、林业供水、畜牧业供水等。

7.3.2 需水量预测

需水量预测应充分考虑不同规划水平年可能实现的节水措施，及科技进步对实现合理用水和高效用水的影响。预测的内容应包括：生活用水、农业需水、工业需水及生态环境需水预测等，用水定额参照《机井技术规范》(SL256－2000) 等有关规范执行。

1. 生活用水量预测

包括城镇生活和农村生活需水量预测。城镇生活需水量主要是城镇居民用水、公共用水；农村生活用水量包括农村居民用水。生活用水量预测主要是根据人口增长预测，在考虑社会经济发展状况、节水技术的应用推广情况、水资源管理水平、水价的调整和暂住人口的变化等因素情况下进行预测。生活需水量采用人均日用量预测的方法。城市用水量指标按《城市给水工程规划规范》(GB50282—98) 执行，乡镇居民生活用水量及乡镇公共设施用水量定额，可参照表7－2和表7－3。

表7－2 乡镇居民生活用水量定额

气候分区	给水卫生设备类型及日生活用水量 [L/(人·d)]		
	集中给水栓	给水龙头安装到户	
		无洗涤池	有洗涤池或有洗涤池及淋浴设备
Ⅰ	20～35	30～40	—
Ⅱ	20～35	30～40	40～70
Ⅲ	30～50	40～60	60～100
Ⅳ	30～50	40～60	70～120
Ⅴ	25～45	35～55	60～90

表7－3 乡镇公共设施日用水量定额

公共建筑名称	日用水量定额
乡镇医院：住院部（仅有水龙头）	20～40L/(床·d)
门诊部	9～10L/(人·次)
乡镇饮食店	7～23L/(客·次)
乡镇机关食堂	44～136L/(人·d)
乡镇办公机关：仅有水龙头	8L/(人·班)
有水龙头和食堂	30～43L/(人·班)
乡镇招待所（有水龙头、食堂）	86L/(床·d)
幼儿园（无住宿）	6L/(床·d)
综合商店（有水龙头）	22L/(人·班)

2. 农业需水量预测

农业需水量预测主要指农林业灌溉。因此，必须密切结合当地水文气象、土壤、作物、水文地质条件及其农业生产情况，坚持科学种田和节水灌溉，正确制定农林业灌溉用水量。

（1）合理地制定作物种植结构比例。在优化作物结构的基础上，确定各种作物的种植比例和灌溉面积。

（2）先进的灌溉制度的确定。在规划区开展各种节水灌溉实验，结合现状的灌溉情况，探讨作物需水规律，分析制定出当地最适宜的灌溉制度，以满足作物的需水要求。

（3）根据当地自然条件，采用适宜的灌水技术与方法。对喷滴灌系统、地面灌溉（沟畦灌）系统，提高设计标准，加强管理，以此来提高水利用率。

3. 农村牲畜用水预测

农村牲畜的用水量，主要根据现状水平年，每个农村人口平均饲养的牲畜头数估算确定，即农村饲养量乘牲畜饮水量定额可得出农村牲畜用水量，可参照表 7－4。

表 7－4　牲畜家禽用水量标准

序号	种类	用水量标准 [L/(d·头)]	序号	种类	用水量标准 [L/(d·头)]
1	乳牛	70～120	6	母猪	60～90
2	育成牛	50～60	7	育肥猪	20～30
3	马	40～50	8	羊	5～10
4	驴	40～50	9	鸡	0.5
5	骡	40～50	10	鸭	1

4. 工业、副业需水预测

主要是城镇企业和农村工副业等需水量的预测。由于市场经济体制的建立，促进了乡（镇）农村经济的发展，政府鼓励乡（镇）村办企业，加快集体经济和个体经济的发展，无疑对乡（镇）村供水提出了更多和更高的要求，需要有比较充足的水源。故在选用用水定额（万元产值需水量）和重复利用率两个关键性综合指标时，要充分考虑产业结构、设备水平和节水措施等因素的影响，详见乡镇村办工业生产用水定额，可参考表 7－5。

表 7－5　乡镇村办工业生产用水定额

乡镇工业种类	平均用水量定额	乡镇工业种类	平均用水量定额
水泥	1～3m^3/t	酿酒	20～50m^3/t
豆制品加工	5～15m^3/t	制糖	15～30m^3/t
造纸	500～800m^3/t	化肥	2～5.5m^3/t
棉布印染	200～300m^3/10^4m	制植物油	7～10m^3/t
塑料制品	100～220m^3/t	屠宰	1～2m^3/头
制砖	0.7～1.2m^3/10^3 块	酱油	4～5m^3/t

5. 生态用水预测

水资源不仅是社会经济发展的重要战略性基础资源，同时也是生态环境的重要物质，对生态环境保护具有不可或缺的重要作用。保护和改善生态环境，是保障社会经济可持续发展所必须坚持的基本方针，而保证生态环境需水是实现这一基本方针的重要基础。因此，要求在需水预测中充分合理地考虑生态系统对水的需求。

对上述分项预测结果进行汇总，列出不同规划水平年的水资源需求量。

7.3.3 供水预测

供水预测包括地表水（包括地表径流和水库水）、地下水（包括泉水等）。

7.3.3.1 地表水可供水量

首先根据规划区可引用的地表河流上控制水文站的长系列资料，通过频率计算分析，求得不同保证率的年径流量及其年内分配，然后按照流域管理机构与地方政府协议制定的分水比例，即得到规划区不同水平年、不同保证率的地表水可供水量。

泉水可根据系列监测资料，与水文分析方法一样，以求得不同保证率的利用量。而水库水按分水比例获得不同规划水平年的引用量。

7.3.3.2 地下水可供水量

根据地下水资源开发利用情况，制定出地下水可供水量。对未超采地区，一般以多年地下水平均可开采量控制地下水可供水量，在枯水年可充分利用地下水的调节作用；对已超采地区，需要采取补救替代措施或压缩开采量，使地下水位稳定在一个合理水平上。通常是以评价成果的地下水资源量和地下水可开采量为依据，制定出不同水平年地下水的可供水量。

7.3.3.3 以开采地下水灌溉为主的规划区供需平衡分析

这类规划区供需平衡计算的主要内容包括以下两个方面。

（1）年内调节平衡计算。求出全规划区或各分区的多年平均可开采量与多年平均需水量之间的平衡关系和用水保证程度。如果系列资料较长，可进行逐年年内调节计算，并计算用水保证率。当保证率较高时，可视为年内调节能满足需水要求。

（2）多年调节平衡计算。若年内调节计算保证程度较低时，则需进行多年调节计算。求出多年调节情况下的最大地下水位降深值，并计算所开采的水量能否得到回补。若不能完全得到回补时其差额多少？用水保证率可提高多少？根据当地具体情况，对差额部分提出解决办法。

【例7-1】 某地下水规划区，水文地质条件相对比较简单，总土地面积为22.043km^2，其中79.96%为耕地面积，即17.626km^2（26439亩），全部耕地都需要灌溉。该区种植小麦、玉米、棉花、杂粮和其他林草，其中以小麦为主，约占70%，复种指数为157%。工业用水量和人畜用水量占需水总量的百分比很小，可略去不计。该区从1964～1977年，利用14年的观测资料，进行供需水量平衡计算如下。

解： 1. 确定灌溉需水量

灌溉需水量参考当地与附近井灌经验，不同水文年，灌溉需水量列于表7-6。

表 7-6　不同水文年灌溉需水量表

水文年	亩均灌溉需水量	
	m^3	mm
湿润年（相当灌溉用水保证率为 20%）	98	147
中等干旱年（相当灌溉用水保证率为 50%）	130	195
干旱年（相当灌溉用水保证率为 75%）	165	248
特大干旱年（相当灌溉用水保证率 95%）	190	285

2. 确定地下水可开采量

鉴于该规划区潜水较为丰富，故以开采潜水作为主要灌溉水源。根据水均衡法计算求得各年度可开采量列入表 7-7。

表 7-7　不同年度潜水可开采量表

年份	潜水可开采量 (10^4m^3)	年份	潜水可开采量 (10^4m^3)	年份	潜水可开采量 (10^4m^3)	年份	潜水可开采量 (10^4m^3)	年份	潜水可开采量 (10^4m^3)
1964	585.89	1967	262.96	1970	283.65	1973	729.69	1976	389.51
1965	172.84	1968	223.88	1971	397.84	1974	373.51	1977	398.17
1966	370.73	1969	383.17	1972	152.47	1975	292.32		

3. 供需水量平衡计算

（1）年内调节水量平衡计算。为计算在年内调节条件下的灌溉用水保证率，把 14 年的潜水可开采量，从大到小依次排列于表 7-8 中；用经验频率公式计算灌溉用水保证率，把不同水文年的需水量与用水保证率相对应，然后进行平衡计算。由表 7-8 可以看出，灌溉用水保证率较低，仅为 53.3%，难以满足井灌区的灌溉要求，因此

表 7-8　年内调节水量平衡和灌溉用水保证率计算表

序号	水文年度	潜水可开采量		灌溉需水量		平衡差				灌溉用水保证率② (%)
		10^4m^3	mm①	10^4m^3	mm	10^4m^3		mm		
						+	−	+	−	
1	1973	729.69	413.99	259.10	147	470.59		266.99		6.7
2	1964	585.89	332.40	259.10	147	326.79		185.40		13.3
3	1977	398.17	225.90	259.10	147	139.07		78.90		20.0
4	1971	397.84	225.71	343.71	195	54.13		30.71		26.7
5	1976	389.51	220.99	343.71	195	45.80		25.99		33.3
6	1969	383.17	217.39	343.71	195	39.46		22.39		40.0
7	1974	373.51	211.91	343.71	195	29.80		16.91		46.7
8	1966	370.73	210.33	343.71	195	27.02		15.33		53.3
9	1975	292.32	165.85	437.12	248		144.80		82.15	60.0
10	1970	283.65	160.93	437.12	248		153.47		87.07	66.7

续表

序号	水文年度	潜水可开采量		灌溉需水量		平衡差				灌溉用水保证率[②] (%)
		10^4m^3	mm[①]	10^4m^3	mm	10^4m^3		mm		
						+	−	+	−	
11	1967	262.96	149.19	437.12	248		174.16		98.81	73.3
12	1968	223.88	127.02	502.34	285		278.46		157.98	80.0
13	1965	172.84	98.06	502.34	285		329.50		186.94	86.7
14	1972	152.47	86.50	502.34	285		349.87		198.50	93.3

① 将以 10^4m^3 表示的可开采量折合为在 $17.626km^2$ 耕地面积上的水层厚度值。

② 灌溉用水保证率 $P=\frac{m}{n+1}\times100$，m 为序号，n 为资料累积的年数，在本例中 $n=14$。

要进行多年调节计算。

（2）多年调节水量平衡计算。

1）多年调节计算。对历年的潜水可开采量按实际水文年度的顺序排列，并把全部资料积累年份作为一个水文周期看待，按表 7-9 的格式进行计算。表中第 1 栏系按实际水文年度排列的年序。第 2、3 栏是将表 7-9 中以水层厚度表示的平衡差直接移来的。第 4、5 两栏是当年开采引起的水位变化值，是将 2、3 栏的平衡差除以含水层平均给水度（本例 $\mu=0.13$）而得出的。潜水位上升用"+"表示，下降用"−"表示。第 6 栏为多年调节的潜水埋深，即以开采前的多年平均埋深为起调埋深，开采

表 7-9　多年调节水量平衡计算表

水文年度	以水层表示的平衡 (mm)		潜水位变化值 (m)		多年调节的潜水埋深 (m)	当年调节最大水位变幅 (m)	年调节和多年调节的潜水埋深 (m)
	+	−	+	−			
1	2	3	4	5	6	7	8
					10.00		
1964	185.40		1.43		8.57	1.13	11.13
1965		186.94		1.44	10.01	2.19	10.76
1966	15.33		0.12		9.89	1.50	11.51
1967		98.81		0.76	10.65	1.91	11.80
1968		157.98		1.22	11.87	2.19	12.84
1969	22.39		0.17		11.70	1.50	13.37
1970		87.07		0.67	12.37	1.908	13.608
1971	30.71		0.24		12.13	1.50	13.87
1972		198.50		1.53	13.66	2.19	14.32
1973	266.99		2.05		11.61	1.13	14.79
1974	16.91		0.13		11.48	1.50	13.11
1975		82.15		0.63	12.11	1.91	13.39
1976	25.99		0.20		11.91	1.50	13.61
1977	78.90		0.61		11.30	1.13	13.04

注　起调埋深采用未开采条件下的多年平均潜水埋深 10.00 m。

后的潜水面在多年调节时，相应的升降位置，水面上升埋深累减，水面下降埋深累加。其最后累积计算结果，如与起调埋深闭合或小于起调埋深，就表明潜水在多年调节下能满足用水需要或尚有富裕；反之，如不闭合且远大于起调埋深，则表示无法满足用水需要。本例计算结果不闭合，说明不能完全满足用水要求。

2）年内和多年调节计算。我国北方农业灌溉用水量较多的时期是在每年的上半年，而地下水补给较多的时期则在每年下半年，开采和补给在时间上的差异，使得当年开采用水不能使用当年的补给量，需动用上一年的地下水储存量，而使地下水开采降深加大，影响水泵扬程的配置。为解决此问题，须进行年内和多年调节计算。本例按开采量全部集中在上半年，而补给量全部集中在下半年的最不利情况进行调节计算。表 7-9 中第 7 栏“当年调节最大水位变幅”是将用“水层厚度”表示的当年全部用水量除以含水层给水度（μ=0.13），换算成潜水位变幅。第 8 栏是在上一年埋深基础上调节计算，得到的当年年中最大水位埋深。到当年年底，地下水得到补给，则埋深回升到第 6 栏中表示的数值，下一年用水则在此埋深基础上调节计算。以此类推。本例潜水面区域最大可能埋深 14.79m，出现在 1973 年度。为直观，利用表 7-9 中第 6 栏和第 8 栏的埋深值，绘制潜水位埋深变化过程线，见图 7-2。

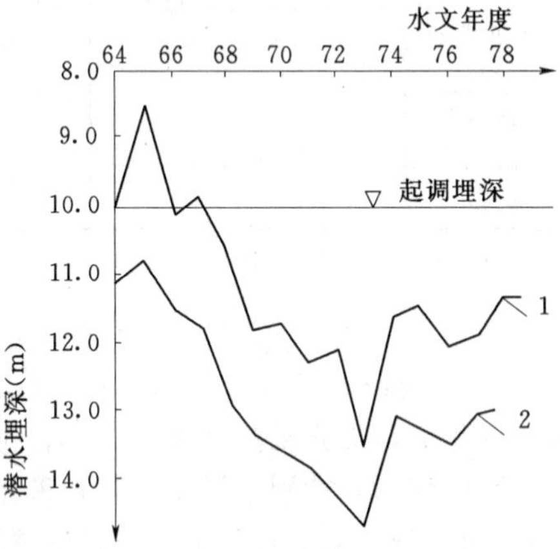

图 7-2 潜水位变化过程线
多年调节潜水埋深（用年初埋深绘制）

3）用水保证率分析。将表 7-9 中第 6 栏和第 8 栏埋深值由小到大排列，并计算经验频率，见表 7-10。利用此表可绘制出开采深度与用水保证率关系曲线，见图7-3。

本例在多年调节条件下的平衡差为 1.3 m（表 7-9 中的第 6 栏上下差值），从多年调节的最大开采深度 13.66 m 减去该差值 1.3 m 后，就得到保持供需水量平衡的最大开采深度 12.36 m。从图 7-3 中则可查得相应的灌溉用水保证率为 86.4%，比年内调节的灌溉用水保证率 53.3%提高了 33.1%。因此，可以说本例的以开采地下水为主的规划区是高标准的灌区。对于个别特大干旱年，只需作部分调整即可。

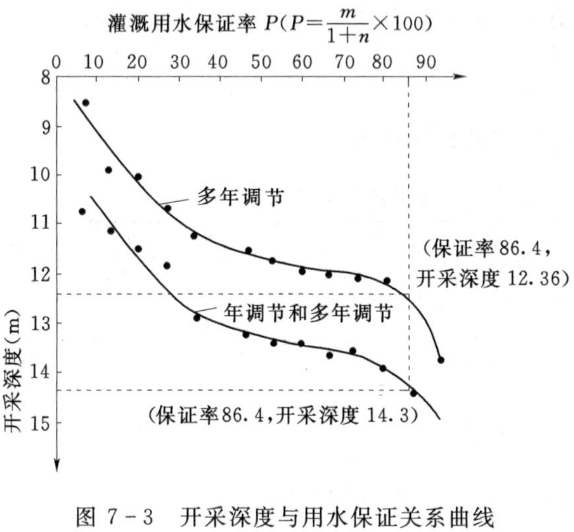

图 7-3 开采深度与用水保证关系曲线
年调节和多年调节潜水埋深（用旱季末埋深绘制）

表 7-10　　不同开采深度的灌溉用水保证率

序号	1	2	3	4	5	6	7	8	9	10	11	12	13	14
多年调节的开采深度(m)	8.57	9.89	10.01	10.65	11.3	11.48	11.61	11.7	11.87	11.91	12.11	12.13	12.37	13.66
年调节和多年调节的开采深度(m)	10.76	11.13	11.51	11.8	12.84	13.04	13.11	13.37	13.39	13.61	13.61	13.87	14.32	14.79
灌溉用水保证率(%)	6.7	13.3	20.0	26.7	33.3	40.0	46.7	53.3	60.0	66.7	73.3	80.0	86.7	93.3

注　多年调节开采深度为年末埋深；年调节和多年调节的开采深度为旱季末埋深。

从表7-8中还可知，本规划区如遇75%的干旱年时需水量为437.12×10⁴m³，如遇95%的特大干旱年时需水量为502.34×10⁴m³。从图7-3知，与86.4%的用水保证率相应最大开采深度为14.3m，最大限制年开采量为474.30×10⁴m³，即说明灌区今后即使遇到特别干旱年，其开采量也不能超过此值，否则将产生超采现象。

7.3.3.4　地表水、地下水联合运用灌区的供需水平衡分析

这类规划区供需水平衡计算的目的在于：一是积极开采利用地下水，缓解地表水季节分布不均，增加春、秋季抗旱水源；二是开采利用地下水，可降低地下水位，预防与改良土壤次生盐渍化，使生态趋于良性循环；三是开采利用地下水，减少规划区的地表水引水量，即能置换出地表水量，支援邻区经济社会发展和生态环境建设。

【例7-2】 某县老大河灌区，地处某河流域冲洪积平原的中上部地区，水资源条件良好，可作为地表水、地下水联合开发利用灌区。灌区总土地面积为364.5km²，其中灌溉面积39.68万亩，其余为戈壁荒漠和天然草场。试作该灌区两水联合运用的供需水平衡分析。

解： 1. 地表水引水量

老大河水文站不同保证率年径流量及年内分配见表7-11。

表 7-11　　老大河 $P=50\%$ 和 $P=75\%$ 设计年径流年内分配表

项目	1月	2月	3月	4月	5月	6月	7月	8月	9月	10月	11月	12月	全年平均
典型年月流量(1962年)(m^3/s)	32.9	38.5	42.4	38.6	63.1	135	155	154	108	79.2	77.6	67	82.9
$P=50\%$ 设计年月流量(m^3/s)	33.6	39.3	43.2	39.4	64.4	137.7	158.1	157.1	110.1	80.8	79.1	68.3	84.57

续表

项目	1月	2月	3月	4月	5月	6月	7月	8月	9月	10月	11月	12月	全年平均
$P=50\%$ 设计年月径流量（10^4m^3）	8987	9499	11582	10204	17237	35688	42341	42068	28550	21635	20514	18302	266607
典型年月流量（1974年）（m^3/s）	44	38.1	42.7	38.8	45.3	132	159	140	99.5	72.1	72.8	58.8	78.8
$P=75\%$ 设计年月流量（m^3/s）	43.2	37.4	41.9	38.1	44.5	129.6	156.1	137.4	97.7	70.8	71.5	57.7	77.34
$P=75\%$ 设计年月径流量（10^4m^3）	11567	9047	11225	9871	11909	33581	41798	36803	25313	18954	18520	15457	244045

按河流引水比和流域管理单位对限额引水的要求，$P=50\%$和$P=75\%$设计代表年灌区的引水量为：现状水平年 36993m^3，规划水平年 32532 m^3。

2. 地下水可开采量

根据在灌区上游 170km^2 范围内的勘探资料，在 120m 深度内，含水层岩性为中砂、粗砂和砂砾层，渗透系数平均值约 60m/d，单位涌水量平均 12L/(s·m)。通过计算地下水多年平均补给量 $14300\times10^4m^3$，地下水可开采量 $6435\times10^4m^3$。

3. 不同水平年渠系水利用系数（表 7-12）

表 7-12　老大河灌区不同水平年渠系水利用系数估算表

项目	条数	总长度（km）	现状水平年		规划水平年	
			防渗率	渠道水利用系数	防渗率（%）	渠道水利用系数
总干渠	1	32.7	0	0.795	100	0.966
干渠	10	92.1	0	0.846	100	0.971
支渠	33	153.8	0	0.906	100	0.983
斗渠农渠	28+59	444.2	0	0.704	0	0.704
渠系				0.429		0.649

4. 不同规划水平年的灌溉制度

根据灌溉实验，结合灌溉实践，制定出老大河灌区灌溉制度如表 7-13、表 7-14 所示。

表 7-13　　老大河灌区现状水平年灌溉制度　　单位：m^3/亩

作　物	灌区面积	3月	4月	5月	6月	7月	8月	9月	10月	11月	合计
小麦	8.65		100	80	50			70	53	17	370
水稻	2.94		65	185	280	140	230	100			1000
正播玉米	2.78	70	30	15	85	100	40				340
复播玉米	2.74				80		124	36			240
棉花	17.42	70			60	80	80	40		40	370
油料	0.71	30	30	95	75	50					280
果园	0.71	70		70			90	45	45	100	420
林地	1.94		80					80		70	230
甜菜	0.71	55	25		60	65	40	40	40		325
牧草	1.86		70	20	50		70	70		70	350
其他经济作物	1.94	60	20	60	60	60	60				320

表 7-14　　老大河灌区规划水平年灌溉制度　　单位：m^3/亩

作　物	灌区面积	3月	4月	5月	6月	7月	8月	9月	10月	11月	合计
小麦	8.25		100	80	50			70	53	17	370
水稻	2.94		65	185	280	140	230	100			1000
正播玉米	2.22	70	30	15	85	100	40				340
复播玉米	3.17				80		124	36			240
棉花	16.55	90			60	80	80	40			350
油料	1.67	30	30	95	75	50					280
果园	1.60	70		70			90	45	45	100	420
林地	2.82		80					80		70	230
甜菜	0.71	55	25		60	65	40	40	40		325
牧草	2.17		70	20	50		70	70		70	350
其他经济作物	0.75	60	20	60	60	60	60				320

5. 人畜及工业规模与用水标准（表7-15、表7-16）

表 7-15　　各水平年各业需水定额及利用系数一览表

类　别	工　业		生　活		牲　畜	
	定额（$m^3/10^4$元）	利用系数	定额[L/(人·d)]	利用系数	定额[L/(人·头)]	利用系数
现状水平年	300	0.85	70	0.85	30	0.85
规划水平年	260	0.9	100	0.9	30	0.9

表 7-16 各规划水平年人、畜工业用水预测一览表

分项 水平年	居民生活		牲畜生产		工业	
	人口（人）	用水量（10^4m^3）	牲畜（10^4 头）	用水量（10^4m^3）	工业产值（10^4 元）	用水量（10^4m^3）
现状水平年	66045	199	15.7	203	1140	10
规划水平年	86301	350	25.7	313	3600	40

6. 供需水平衡计算

（1）计算方法。

1）根据灌溉面积、作物结构及灌溉制度，计算出各个规划水平年（仅列出75%保证率）农业净需水过程，见表 7-17 和表 7-18 的农业需水量。

2）依据灌区水平年人口、牲畜及工业发展预测和用水指标和水利用系数，计算出各水平年各行业毛需水过程，见表 7-17 和表 7-18 中工业需水量、生活用水量、牲畜用水量。

3）农业需水量乘以灌溉水利用系数再与工业需水量、生活用水量、牲畜用水量相应月用水叠加得到灌区综合毛用水过程，见表 7-17 和表 7-18 的综合毛需水量。

4）表中的灌区"地表水分水量"是由老大河设计来水过程乘以各阶段分水比得到的，把它作为灌区各月地表水分水量的上限值。

5）各月地表水"可供水量"由当月地表水分水量与综合毛需水量中较小者确定，并且年引水量不得超过当地管理部门规定的额定引水量。

6）灌区地表水余水量，可以发生在无缺水月份，但是月余水量不得大于当月地表水分水量与当月毛需水量的差，年余水总量不得大于灌溉年额定引水量减去毛需水总量的差。

7）表中最后一行是灌区各月的缺水情况。

（2）平衡分析。

1）现状年（2000 年）。75%枯水年时，年需水量大于年定额供水量，全年缺水 $9111\times10^4m^3$，最大月缺水 $2127\times10^4m^3$。

2）规划水平年（2005 年）。75%枯水年时，年定额供水量大于年需水量，全年余水 $5537\times10^4m^3$，3～5 月份共缺水 $1779\times10^4m^3$，最大月缺水 $889\times10^4m^3$。

由供需水平衡计算可知，在采取节水措施后，规划水平年 75%保证率时，年需水量小于年定额供水的情况下，缺水量比现状年（75%保证率）缺水量还小，且全年还有余水。

从灌区地下水、地表水资源来看，开采地下水解决春旱缺水 $1779\times10^4m^3$ 是有地下水资源保证的。若能多开采一些地下水，就可多置换出地表水量，加上地表余水，尚能多调出一些地表水量。除改善本灌区的生态环境外，还能支援邻区的经济建设和生态环境建设。

表 7-17　　某县老大河灌区现状水平年供需水平衡计算表(75%)　　单位：$10^4 m^3$

项　目	1月	2月	3月	4月	5月	6月	7月	8月	9月	10月	11月	12月	全年
小麦			0	865.1	692.06	432.53	0	0	605.55	461.1	144.47		3201
水稻			0	190.9	543.25	822.21	411.11	675.39	293.65	0	0		2936
正播玉米			194.44	83.33	41.666	236.11	277.77	111.11	0	0	0		944
复播玉米			0	0	0	219.05	0	339.52	98.57	0	0		657
棉花			1219.4	0	0	1045.2	1393.6	1393.6	696.82	0	696.82		6446
油料			21.428	21.43	42.857	78.571	35.714	0	0	0	0		200
果园			49.999	0	49.999	0	0	64.285	32.143	32.14	71.428		300
林地			0	154.3	0	0	0	0	154.28	0	134.99		444
甜菜			38.245	17.38	0	41.722	45.199	27.815	27.815	27.81	0		226
牧草			0	130.6	37.301	93.253	0	130.55	130.55	0	130.55		653
其他经作			118.33	39.44	118.33	118.33	118.33	118.33	0	0	0		631
农业需水量			1642	1502	1525	3087	2282	2861	2039	521	1178		16638
工业需水量	0.8	0.8	0.8	0.8	0.8	0.8	0.8	0.8	0.8	0.8	0.8	0.8	10
生活用水量	16.6	16.6	16.6	16.6	16.6	16.6	16.6	16.6	16.6	16.6	16.6	16.6	199
牲畜用水量	16.9	16.9	16.9	16.9	16.9	16.9	16.9	16.9	16.9	16.9	16.9	16.9	203
综合毛需水量	34	34	4537	4154	4218	8500	6292	7879	5627	1463	3266	34	46038
地表水分水量	2481	1940	2408	2117	2485	7008	8723	7681	5283	4066	3973	3316	51481
地表水引水量	34	34	2408	2117	2485	8500	6292	6147	4212	1463	3266	34	36992
余水量	0	0	0	0	0	0	0	0	0	0	0	0	0
亏水量	0	0	2127	2040	1796	0	0	1732	1415	0	0	0	9111

注　1. 表中“地表水分水量”指项目区每月按老大河灌溉季节分水文件可分得的地表水上限水量。

2. 表中“地表水引水量”是在满足年额定水量前提下，取“综合毛需水”与“地表水分水量”中较小者。

表 7-18　　某县老大河灌区规划水平年供需水平衡计算表(75%)　　单位:$10^4 m^3$

项　目	1月	2月	3月	4月	5月	6月	7月	8月	9月	10月	11月	12月	全年
小麦			0	825	660	413	0	0	578	440	138		3054
水稻			0	191	543	822	411	675	294	0	0		2936
正播玉米			156	67	33	189	222	89	0	0	0		756
复播玉米			0	0	0	254	0	394	114	0	0		762
棉花			1489	0	0	993	1324	1324	662	0	0		5791
油料			50	50	158	125	83	0	0	0	0		467
果园			112	0	112	0	0	144	72	72	160		672
林地			0	225	0	0	0	0	225	0	197		648
甜菜			39	18	0	43	46	29	29	29	0		232
牧草			0	152	43	109	0	152	152	0	152		760
其他经作			45	15	45	45	45	45	0	0	0		241
农业需水量			1891	1543	1596	2992	2132	2851	2125	540	647		16318
工业需水量	3.3	3.3	3.3	3.3	3.3	3.3	3.3	3.3	3.3	3.3	3.3	3.3	40
城市生活用水	29.2	29.2	29.2	29.2	29.2	29.2	29.2	29.2	29.2	29.2	29.2	29.2	350
牲畜用水	26.1	26.1	26.1	26.1	26.1	26.1	26.1	26.1	26.1	26.1	26.1	26.1	313
综合毛需水	59	59	3296	2700	2791	5181	3709	4940	3697	984	1166	59	28640
地表水分水量	2481	1940	2408	2117	2485	7008	8723	7681	5283	4066	3973	3316	51481
地表水引水量	59	59	2408	2117	2485	5181	3709	4940	3697	3714	3973	59	32400
毛亏水量	0	0	889	583	307	0	0	0	0	0	0	0	1779
田间缺水量	0	0	577	378	199	0	0	0	0	0	0	0	1154
地下水供水量	0	0	577	378	199	0	0	0	0	0	0	0	1154
余水量	0	0	0	0	0	0	0	0	0	2730	2807	0	5537
亏水量	0	0	0	0	0	0	0	0	0	0	0	0	0

注　1. 表中“地表水分水量”指项目区每月按老大河灌溉季节分水文件可分得的地表水上限水量。
　　2. 表中“地表水引水量”是在满足年额定水量前提下,取“综合毛需水”与“地表水分水量”中较小者。

7.4 工程规划及设计

7.4.1 工程规划

在规划分区、水资源评价及供需水平衡分析的基础上，结合水利工程现状，首先确定地下水的开采规模和工程规模，然后对机井和各配套工程进行合理规划布局。

7.4.1.1 开采工程规模

1. 开采规模

按例7-1供需水平衡计算，灌区通过多种调节计算，要使地下水采补达到平衡，其用水保证率为86.4%，最大开采深度为14.3m，特殊干旱年的限制开采量为474.3$\times10^4m^3$。

按例7-2规划水平年供需水平衡分析，在75%保证率时，全年毛缺水量水1779$\times10^4m^3$，主要缺水是3～5月，最大缺水月份是3月，毛缺水量为889$\times10^4m^3$（毛缺水指龙口水量），净缺水为577$\times10^4m^3$，则地下水的实际开采规模为577$\times10^4m^3$。

2. 工程规模

（1）例7-1的工程规模。按限制开采量，结合规划区的单井出水量，即可确定规划区的井数。

（2）两水联合运用地区工程规模的确定。一般是根据75%枯水年最大缺水月份的需水量而制定的地下水开采量除以单井出水量，即开采井数。

比如按例7-2的资料，按表7-18，机井工程数目（N）应为

$$机井数 = \frac{Q_{需开}}{qTt\eta} \tag{7-1}$$

式中：$Q_{需开}$为最大缺水月份需求的地下水开采量，10^4m^3；q为单井平均出水量，m^3/h；t为每天开机时间，h；T为月抽水天数；η为机井开采率。

1）地下水需要开采量$Q_{需}$。根据机井水灌溉要求，一般将机井布置在斗渠上，既方便灌溉，又便于井群汇流调度。则规划水平年的地下水需要开采量为最大月份（3月）毛缺水水量乘上渠系利用系数（表7-12），即

$$889\times10^4\times(0.966\times0.971\times0.983)=819.69\times10^4(m^3/a)$$

2）根据该灌区水文地质勘探资料，单井出水量平均230m^3/h，按灌区用水情况，则机井每天抽水时间考虑18h，则3月的最大出水量应为

$$230\times31\times18=12.83\times10^4\ (m^3)$$

3）机井开采率取0.9。

4）机井数：$N=819.69\times10^4\div12.83\times10^4\div0.9=70.98\approx71$（眼）

7.4.1.2 机井布置

1. 机井布置原则

（1）机井应布置在规划区开采条件最优的地段，即地下水埋藏较浅，含水层水质好水量丰富、易开采的地方，既能夺取最多的低效和无效消耗量，又有利于保护和改

善生态环境。

（2）要紧密结合灌区的总体水利规划，机井应尽可能布置在渠道、道路边，且有利于井渠汇流与调水配水，又便利施工。

（3）在满足经济提水的条件下，井距、井排距离尽量小些，可大大减少输配水渠道长度，降低输水损失。同时又可缩短输电线路，方便管理，以达到节省工程投资和管理费用。

（4）机井位置应沿等水位线布置，以便最大限度的截取地下水径流量；布置在地形较高的地方，使其控制灌溉面积最大，可充分发挥地下水资源的利用效益。

2. 井间距离的确定

（1）单井控制灌溉面积的确定。单井灌溉面积，在地下水开发利用工程规划中是一个最基本且又是十分重要的技术指标。确定偏小时会加大工程规模，增加工程投资；相反，若单井控制确定偏大，会造成在干旱季难以满足作物需水要求。因此，必须慎重分析研究制定。影响单井控制灌溉面积的因素很多，即单井出水量、灌水技术与方法，作物的种植结构比例、土地平整程度、土壤性质及管理措施等。

根据《机井技术规范》（SL256—2000），单井控制灌溉面积常用的计算公式为

$$F=\frac{QtT\eta(1-a)}{m} \qquad (7-2)$$

式中：F 为单井灌溉面积，亩；Q 为单井不受干扰的单井出水量，m^3/h；t 为灌溉期每天的开机时间，h/d，通常 $t=16\sim20h/d$；T 为每次输灌期天数，d，如以伏天抗旱标准可采用 7～10d；η 为灌溉水有效利用系数，一般 $\eta\geqslant0.9$。

当地下水补给充足，资源丰富，单井出水量较大，机井之间无干扰或干扰很小，可忽略不计，则式（7－2）可改写为

$$F=\frac{QtT\eta}{Q_m}$$

式中：Q_m 为每亩每次综合灌水定额，m^3/亩。

（2）井距的初步拟定。井距的确定应考虑：在满足开采规模的情况下，井距应尽量的短些，相应工程投资要少，主要渠道、输电线路投资少，且便于管理等。

通常在布置井群时，常结合渠道布置，多布置为梅花状或正方形状的井网。

1）梅花状的等边三角形布置时：单井控制灌溉面积按矩形计算，则

$$F=ab=\frac{\sqrt{3}}{2}a^2$$

当面积按亩计算时，上式变为

$$F=\frac{\sqrt{3}}{2\times667}a^2$$

于是

$$a=27.8\sqrt{F},b=\frac{\sqrt{3}}{2}a=0.866a \qquad (7-3)$$

式中：a 为井距，m；b 为排距，m；F 为单井灌溉面积，亩。

2）井网按正方形布置时 $a=b$；则

$$F=\frac{a^2}{667},故\ a=25.8\sqrt{F} \qquad (7-4)$$

(3) 最佳井距的确定。在灌溉、供水和排水工程中，在同一规划区需要布置井群开采地下水。在井群工作条件下，直接限制了各井的取水范围，必将导致井与井之间相互干扰。若要保持水井出水量不变，则水位降深必将增加；反之，若要保持水位降深不变，而水井出水量定要减少。可以说井群干扰是绝对的，不干扰是相对的。工程设计的目的在于满足所需求的地下水开采水量，只要当所选井距，确保干扰水位降深在设计的允许范围之内，就可认为此时的井距是合理的。具体确定最佳井距的方法为：

1) 在保证开采工程规模不变的情况下，按单井控制灌溉面积计算出来的初选井距，先在1/10000的地形图为底图所绘制的地下水等值线图上布置一个井群，查得各井点的地理坐标值、地面高程值和地下水位埋深值。

2) 依据规划工程区含水层类型，选用相应干扰井群非稳定流出水量公式。利用水文地质试验所求得的含水层参数值代入公式，可求得任意点的水位降深值，即

$$S_p = S_1 + S_2 + S_3 + \cdots + S_n = \sum_{i=1}^{n} S_i \tag{7-5}$$

式中：S_p 为任意一点的水位降深值，m；S_1、S_2、S_3、…、S_n 为各井分别抽水时对 p 点的水位削减值，m。

利用该式就可以计算求得规划水平年各井点的水位降深值。

3) 各井点的地下水位值＝地面高程－地下水埋深－地下水位降深。

4) 绘制出实施规划水平年的地下水位等值线图，观察流场的变化情况下，看哪个地方地下水位最低。将该地方的地面高程减去相应地下水位值，即该地的地下水位埋深值。

5) 该地下水位埋深值是否在水泵经济扬程（实际扬程＋损失扬程）的允许范围内。若在该范围以内说明此井距是合理的；若不在该范围内须重新调整井距，重复上述计算，以致于满足水泵经济扬程要求为止。

7.4.2 工程设计

7.4.2.1 井型选择及设计

在地下水开发利用工程规划设计，如果对井型选择不当，可能造成工程效率不高，影响出水量，增大供水成本，严重地影响着地下水开发利用。

井型的选择主要是依据含水层类型、埋藏条件及技术经济条件而定。通常按下列条件进行选择。

(1) 当含水层埋藏深度在30～50m时，主要以开采潜水含水层为主，则多采用0.8～1.5m的筒井。当含水层厚度较大且富水性较强时，宜采用直径2～3m大口井。有时为了增大井的出水量，则采用辐射井。

(2) 当含水层埋藏深度大于50m以上时，多采用管井开采潜水和承压水含水层。

(3) 若上层潜水含水层较薄且富水性较差，而下部埋藏有水头较低，水质、水量良好的承压水或半承压水，多采用筒管井实行混合开采。若当下部承压含水层水头较高时，可将上部建成不透水的大口井，借以蓄积承压水，以增加机井的出水量。

(4) 在黄土高原地区，由于黄土透水性较薄且垂向节理相对比较发育，蓄积一定量的地下水，可采用辐射井的形式。

（5）依据不同地区具有不同的水文地质条件，集水建筑物亦可采用截潜流、渗渠和坎儿井工程等。

为此必须根据井型、管材所需出水量、施工机具和施工方法等确定典型井。典型井确定之后，既可以通过抽水试验准确地确定单井流量，并利用典型井的抽水试验资料推算建成同类井所需要的材料、机电设备及投资等。具体工程设计见第 6 章。

7.4.2.2 渠道布置与设计

在地下水灌区，渠道系统的布置所涉及的因素比较多，在某种程度上也较复杂。在纯井灌区，由于机井的出水量较小，单井控制的灌溉面积不尽相同，故渠道系统布置与断面设计，既有与渠灌区有相似的地方，也有不完全一致的地方。因此在布置与设计时，必须要考虑与农田基本建设田园化相结合，还要与农业机械化、农业耕作密切相关。

据北方地区经验，如当单井控制面积在 200 亩以下时，渠系多采用两级渠道。即相当于渠灌区的农、毛渠；当单井控制的灌溉面积在 200～500 亩时，宜采用三级渠道，即相当于渠灌区的斗、农、毛渠。渠道供水系统大致是：

当灌区地形坡度比较平坦时，约在 1/1000～1/300 时，多采用纵向布置，为减少输水损失，宜采取双向输水和灌水；若地形坡度较大时，甚至达 1/300 以上时，多采取横向布置。具体设计时，视其输水时的流量大小，经水力计算，决定其纵横断面的尺寸。

7.4.2.3 道路与林网的布置与设计

地下水灌区的道路网，主要是为了便于农业生产和管理而布置的。道路的宽度应视当地使用的农机具和运动车辆等的规格而定，一般为 3～5m。为了节约土地便于生产和减少桥涵，通常将道路布置在条田的下端。具体设计参照着新农村建设制定的规程。

林网设置主要用于农田防护，保护道路和渠道，调节灌区小气候，兼顾绿化和用材等。在通常情况下，林带多布置在道路两旁、渠道两边及条田周围，其规格和树种必须适合当地气候条件、造林计划，并与当地林业和农业部门密切结合，共同做好林网规划。

7.4.2.4 电网工程规划与设计

电网主要指 10kV 的高压干、支线和 400V 的低压线。电网布设应与井群、道路、林带等相互配合，务必使线路短、变压器位置适中，损耗小而经济效益高。如果规划区内无变电站，且地下水开采规模又比较大的地区，须对架设 3.5 万 kV 的高压线和变电站进行设计。

在电网工程设计时，必须搞清当地的电力供应，接入电力系统方式，变电站规模及形式、输电线路及低压变电与机井的组合方案等。电力设备选型及控制方式力求简单、可靠、适用。

7.4.2.5 机井自动化管理工程

由于机井较多，尤其大型地下水水源地，为加强管理，在有条件的地区，应加强机井自动化管理，这在新疆很多大型农用地下水水源地已经实施。

自动化系统主要作用是对机井实施遥控、遥测和遥信。系统的主要设置：设有一

个中心控制室和每眼井设置一个控制终端。中心控制室主要设备包括工控机、无线主控调度机、微机及组态软件、全向天线、低损耗电缆、直流电源等。

机井控制终端包括，无线智能测控终端、方向天线、终端机箱、中间继电器等。

中心控制室的主要功能是对机井智能测控终端实行管理和控制，即实时遥测、遥控和遥信。

机井测控终端主要功能实施信息数据采集通信功能、监控水泵的开停、电机短路、过负荷保护、有人闯入泵房等数字信号，播放报警声音等。

7.5　地表水地下水联合调度方法

我国地表水地下水同出一源，即来自大气降水的补给。尤其是北方地区的降水量在时间上分布是极不均匀的。丰水年份和汛期，河川出现径流猛增，很大一部分地表水作为弃水而得不到利用。而在干枯年份和枯水季节，河川径流锐减。实施地表水和地下水联合调度运用，就是充分利用含水层作为调节库容，把地表水和地下水结合起来作为一个水资源系统来考虑，运用系统分析方法和模拟技术进行规划设计和运行管理，从而提高水资源的利用率，使水资源的开发利用获得最佳的经济效益、环境效益和社会效益。地表水和地下水联合运用是当前水资源开发利用的有效形式。主要有以下几点优势。

(1) 可提高水资源的有效利用率，保证最大的供水量，有助于缓解水资源的供需矛盾。

(2) 可以有效地调控地下水位。一则可控制某些地区地下水位的持续上升，减少土壤次生盐渍化的发生；二则可防止地下水位的大面积持续下降而形成降落漏斗，减少由此引起的一系列生态与地质环境问题的发生。

(3) 利用含水层作为地下水库进行调蓄，在汛期可增加降雨、地表水的入渗补给，从而减轻洪涝灾害的压力。

(4) 可以优化地表水和地下水的开采比例，取得最大的经济效益、生态环境效益。

7.5.1　地表水地下水联合运用系统的类型

地表水和地下水联合运用系统主要由三个子系统组成：即地表供水子系统、地下供水子系统和用水子系统。但对于一个完善的地表水和地下水联合运用系统来说，还应有一个人工回灌子系统。

地表水子系统包括水源工程和输配水系统。水源工程可以是蓄水枢纽（如水库），也可以是无调节的引水工程。地下供水子系统也包括水源工程（取水建筑物）和输水系统。按照地表水源的存在形式及其复杂程度，可把地表水和地下水联合运用系统分为三种类型。

1. 地表水库与地下含水层（或称地下水库）的联合运用

这种联合运用形式的主要特点是：地表供水系统是有调蓄能力的地表水库，一般情况下一个流域或地区可能包括有若干个并联或串联的地表水库，而地下含水层可根据水文地质条件、自然地理条件分为若干个特征不同的单元。

2. 河流引水工程与地下含水层的联合运用

这种联合运用系统的特点是：地表供水子系统没有调蓄能力，供水量依据天然径流供水，丰枯变化较大。地下供水子系统可发挥地下含水层（地下水库）的调蓄功能，供水量稳定且可弥补地表供水量不稳定的不足。因此在这种联合运用系统中，发展人工回灌子系统，增加地下水的补给量，提高地下水库的调蓄能力就显得更为重要。

3. 多种地表水资源与地下水的联合运用

对于一个地区或一个流域来讲，地表供水水源常常是水库和河流兼而有之，有时还有跨流域的调水，这种多种地表水源与地下水的联合运用形式，常常是地区或流域水资源开发要研究的问题。

7.5.2 地表水地下水联合运用方法

随着国民经济的发展、人民生活水平的提高，对水资源的需求不断增长，供需矛盾日益突出。进入21世纪后，水资源的合理开发和利用显得十分重要。由于降水到达地面以后，形成地表水、土壤水和地下水，三者处在一个水文循环之中，构成了一个密切联系双双相互转化的水资源系统。既然水资源是一个系统，故必须利用系统分析的方法，去研究解决水资源规划、设计、运行和管理等问题，提出合理有效方案，以达到合理开发、治理、配置、节约和保护水资源的目的。

系统分析方法主要包括系统的模型化和最优化两部分内容。所谓模型化是用一定的数学模型去有可能真实地刻画系统中各个要素之间的关系，具有较高的仿真程度；最优化是按照一定的数学方法对建立的数学模型求解，寻找最优的答案作为系统的定量成果。

水资源系统分析方法，大致可分为以下5个工作步骤。

(1) 确定系统分析的目标，明确建立该系统的目的和要达到的目标。

(2) 收集、分析和研究各种信息和资料，拟定各种可行方案及有关的控制条件。

(3) 建立数学模型，对各可行方案进行定量的分析，尽可能逼真地反映拟定的方案。

(4) 求解数学模型，对各可行方案进行定量分析，确定可行方案。

(5) 确定最优方案，在分析比较的基础上，经过优化选择，确定出最优方案。

7.5.3 地表水地下水联合运用的数学模型与求解

1. 联合系统的组成

水资源规划简化为一个地表水库、一个地下水库（地下含水层）和一个灌溉工程，三者构成了单一地表水库和单一地下水库的联合运用系统，见图7-4。整个系统可以

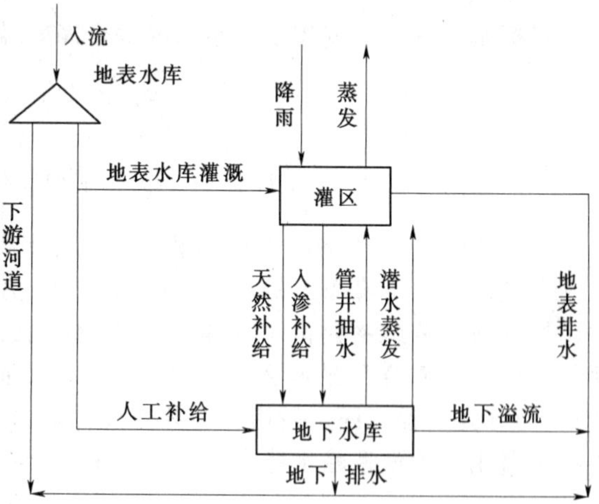

图7-4 单一地表水库和单一地下水库联合运用系统结构示意图

分为三个子系统：地表供水子系统、地下供水子系统和用水子系统（此处指灌区），系统组成包括以下七个部分。

（1）地表水库。地表水库的功能主要是调节径流，满足用水部门的需水要求，削减洪峰流量，保护下游的安全；利用多余的水对地下水库进行人工回灌，即人工补给，减少地表水的废弃，提高水资源的利用程度。对地表水库，其主要任务是确定库容的大小和制定各时期的供水量。

（2）地下水库。地下水库主要作用是协同地表水向灌区供水，满足农业生产的要求。对于地下水库，主要任务不是确定库容大小而是推求地下水位的变化过程，可提供的水量的多少以及最优控制水位。

（3）输配水系统。输配水系统指各级灌溉渠道，其作用是把水库的水输送到灌区或人工回灌设施进口。渠道输水损失大部分渗漏到地下含水层，成为可利用的地下水。

（4）排水系统。排水系统指地表各级排水渠道。其作用是汇集灌溉退水、降雨径流和地下排水，并将其排入外河。

（5）管井系统。管井系统主要作用是抽取地下水，还兼起排水作用，以防止土地次生盐渍化。

（6）人工回灌措施。人工回灌措施是指把地表水库不能储蓄的水引渗到含水层。即将水通过田间、沟渠、坑塘积蓄起来，形成一定的水层，使水直接经过土壤包气带垂直渗透到地下含水层。

（7）用水系统。用水系统包括所有的用水部门。一般的综合利用水库，其用水部门包括农业灌溉用水、工业用水及城镇生活用水等。

联合运用系统的主要任务是，解决一个地区的灌溉用水问题，同时兼顾防洪、排涝和控制盐渍的要求。以规划年限内工程综合净效益最大为优化准则，确定系统内各项工程的最优规模和系统的最优运行策略。

2. 目标函数

目标函数选取规划年度内系统的综合净效益最大（NB）。

$$NB = \max\Big[\sum_{i=1}^{N}\varepsilon_i P_i F_i (Y_i - Y_{oi}) + B_p - C(V) - C(R) - C(q) - C(Q) - C(F) - C(W) - d\sum_{t=1}^{T} H_t q_t\Big] \tag{7-6}$$

式中：F_i 为第 i 种作物的种植面积，万亩；Y_i 为第 i 种作物灌溉下的单产，kg/亩；Y_{oi} 为第 i 种作物无灌溉下的单产，kg/亩；P_i 为第 i 种作物的价格，元/kg；ε_i 为第 i 种作物的效益分摊系数；N 为灌溉区作物种类；B_p 为年防洪效益；$C(V)$ 为地表水库年费用，为库容 V 的函数；$C(R)$ 为人工回灌工程年费用，为回灌能力 R 的函数；$C(q)$ 为管井工程年固定费用，为井群设计能力 q 的函数；$C(Q)$ 为配水渠系及渠系建筑物年费用，为渠系输水能力 Q 的函数；$C(F)$ 为田间工程年费用，为灌溉面积 F 的函数；$C(W)$ 为排涝工程年费用，为排涝流量 W 的函数；$d\sum_{t=1}^{T} H_t q_t$ 为管井工程运行动力费用，为 t 时段提水扬程 H_t、抽水量 q_t 以及单位水量的提水费用 d 和一年中的时

段数 T 的函数。

3. 约束条件

（1）地表水库约束。主要包括：地表水库水量平衡约束、调节周期约束、地表水库死库容约束、地表水库调节库容约束、防洪约束（水量平衡约束、库容约束、汛期兴利库容约束、水库下游最大安全泄量约束）。

（2）地下水库约束。主要包括：地下水位最大、最小埋深限制，地下水库水量平衡约束，地下水位调节周期约束，管井系统供水能力约束，人工回灌能力约束。

（3）灌区约束。主要包括：作物需水量约束，地下水地表水供水比例约束，最大、最小灌溉面积约束，灌溉面积约束，各种作物种植面积约束，渠系输水能力约束。

（4）非负约束。一切变量不能取负数。

目标函数和约束条件构成了一个非线性规划数学模型。模型的规模与时间 T 的取值有关，T 的选取应在精度、经济及可解性之间权衡。在灌溉季节以月旬为时段，非灌溉季节以两个月或几个月为一个时段。总之，这是一个规模比较大的非线性规划问题。

4. 模型的求解

非线性模型的求解方法，并不像线性模型用单纯形求解方法那样方便。当然，若目标函数和约束条件中所有非线性函数都是可微的，则这些函数可通过近似线性化方法化为线性关系，仍可以运用线性规划方法去求解。否则求解非线性规划模型必须采用迭代法逐步求解。目前，多采用通用的程序 GAMS 软件包进行模型求解。

7.6 工程效益及规划设计成果

7.6.1 工程效益

地下水开发利用工程的效益，总体上可分为经济效益、社会效益与生态环境效益。经济效益是开发利用工程实施完成后所产生的经济增量，是一个可以量化的指标。社会效益和生态环境效益主要是指项目完成后，对于人、社会和生态系统所产生的影响。有些指标是可以定量的，有些指标难以量化，只能定性描述。经济效益的大小可以表明此项工程在经济上的合理性和可行性，社会效益和生态环境效益则表明此项工程的重要性和必要性。实际上，三者是相互联系而且是不能割裂的。如果开采地下水用于工业生产，其经济效益非常高，而社会效益也难以估量，但生态环境效益却不一定好。开采利用地下水，灌区可以节约地表水，将省出来的地表水用于生态需水，其生态环境效益就非常大。比如中央支持新疆塔里木河近期综合治理工程，就是解决向塔里木河下游输送生态水，以确保新疆塔里木盆地人们生存生产的良好环境。

由此可知，地下水开发利用的经济效益，主要是为工业提供可靠的水源保证，为农业生产增加灌溉水源；地下水开发利用工程的社会效益，主要为人民生活提供可靠清洁水源，并体现在促进农业结构调整增加农业产量，提高农民收入；地下水开发利用工程的生态环境效益，主要反映在降低地下水位，减轻土壤盐渍化，改善区内生态

环境及增加生态环境用水量等。因此，不同流域、不同地区地下水开发利用工程所产生的经济效益、社会效益和生产效益不尽相同，尤其是要用科学的方法，分析预测工程实施后在经济社会和生态环境等方面出现的变化，通过前后对比分析，求得该地地下水开发利用工程的综合效益。

7.6.1.1 经济效益

1. *农业灌溉效益*

灌溉效益一般是以在该地区兴建该地下水开发利用工程前后农业生产增产的价值来计算。灌溉效益主要体现在作物的稳产、高产方面，农业灌溉效益计算采用扣除农业生产成本来推求灌溉增产效益，即从农业产值中扣除农业生产成本，求得灌溉效益。计算公式为

$$B = \varepsilon\left[\sum_{i=1}^{n} A_i(y_i - y_{ai})V_i + \sum_{i=1}^{n} A_i(y'_i - y'_{ai})V'_i\right] \tag{7-7}$$

式中：B 为灌区水利工程措施分摊的多年平均灌溉效益，元；A_i 为第 i 种作物的种植面积，亩；y_i 为采取灌溉措施后第 i 种作物单位面积的多年平均年产量，kg/亩；y_{ai} 为无采取灌溉措施时第 i 种作物单位面积的多年平均年产量，kg/亩；V_i 为相应于第 i 种作物产品的价格，元/kg；y'_i、y'_{ai} 为有无灌溉的第 i 种作物副产品单位面积多年平均年产量，kg/亩；i 为表示作物种类的序号；n 为农作物种类的总数目；ε 为 i 灌溉效益分摊系数。

【例 7-3】 某灌区设计年开采 $3700\times10^4 m^3$，控制灌溉面积 9×10^4 亩，采用有无项目增量费用和增量效益方法分析，效益计算采用水利分摊系数法，取分摊系数为0.4，试求其农业灌溉效益。

解： 根据式（7-7）计算，灌溉效益为716.67万元，见表7-19。

表 7-19　　灌溉效益计算表

序号	种植物	面积（亩）	亩产量（kg/亩）		单价（元/kg）	分摊系数	灌溉效益（10^4 元）
			改善前	改善后			
一	种植业						
	棉花	49090	85	105	8.00	0.4	314.18
	小麦	6370	340	400	1.20	0.4	18.35
	其他粮作	710	300	400	1.50	0.4	4.26
	复播玉米	4560	370	400	0.80	0.4	4.38
	油料作物	260	100	150	2.40	0.4	1.25
	瓜	60	2000	3000	0.80	0.4	1.92
	蔬菜	150	1500	2000	1.20	0.4	3.60
	复播蔬菜	150	1550	2000	1.20	0.4	3.24
	复播绿肥	1120	400	600	2.00	0.4	17.92
	其他经济作物	280	500	600	1.20	0.4	1.34
	苜蓿	2900	800	1000	0.20	0.4	4.64
	小计	65650					375.07

续表

序号	种植物	面积（亩）	亩产量（kg/亩）		单价（元/kg）	分摊系数	灌溉效益（10^4 元）
			改善前	改善后			
二	果园						
	苹果	8320	900	1200	2.50	0.4	249.60
	小计	8320					249.60
三	林带						
	防护林	2300		20 棵	50 元/棵	0.4	92.00
	小计	2300					92.00
四	人工草场	13730					
	合计	90000					716.67

2. 排水治理土壤盐碱化效益

机井抽水实质上是一种竖井排水形式。通过开采利用地下水，从而降低了地下水位，同时带来了治理土壤盐碱化的效益。当地下水位埋深适宜时，作物的产量和质量都可以提高，从而达到增产效益，其估算方法如下：

（1）首先把治理土壤盐碱化划分成几个区，调查地下水开采前各区的地下水位埋深情况，作物种植情况和产量收入情况等，然后分类计算各种作物的收入，农作物的总收入和单位面积的平均收入。

（2）拟定几个治理土壤盐碱化的方案，分区控制地下水位埋深，计算不同地下水位埋深方案下的各种农作物收入，农作物的总收入。

（3）土壤盐碱化治理前后总收入的差值，即为排水效益。

3. 工业经济效益

这部分效益主要是指因工业供水条件的改善而增加的产品与产值。

7.6.1.2 社会效益

开发利用地下水不仅能取得良好的经济效益，更主要的具有难以估算的社会效益。也就是说经济发展和人民生活水平的提高，社会达到和谐安定，反过来又能极大地促进经济发展。

随着国民经济的迅速发展，人口的大量增加，城镇、农村生活供水呈现出十分紧张的局面，除大力采取各种节水措施，加大力度开发利用地下水用作生活用水，是当前解决供水不足的重要途径。通过开采地下水使居民生活供水条件的改善而提高的社会效益会更加突出。

7.6.1.3 生态环境效益

近几十年以来，为满足经济发展的需求，大规模实施水土开发，尤其北方地区。由于不重视生态环境保护，缺乏统一规划和合理布局，使河流断流、湖泊干涸、湿地缩小，天然植被严重遭到破坏、枯萎，加之大量引水灌溉，地下水位急速上升，土壤次生盐碱化严重，从而导致生态环境严重恶化。进入 80～90 年代，随着人们对生态环境认识的提高，从各个层面去研究生态环境现状、存在的问题，提出保护和改善生态环境的措施。从地下水开发利用角度出发，可能在兴利除害的同时出现一些不利的

生态环境，如对地下水可能出现超采，导致部分地区海水入侵、水质恶化、地面沉陷、建筑物倒塌等。若在地下水开采时能实现采补平衡，其生态环境效益会十分显著。近30年来地下水开采实践证明：

(1) 开发利用地下水，可增加灌溉水源缓解春秋干旱，改善灌区生态，也有某些地区通过开采地下水置换出地表水，调到另一地区去增补生态需水，也可调去增补湖水、沼泽地水，以改善不良的生态环境。

(2) 通过开采地下水，可使地下水位降低，从而改善土壤水气条件，促进农业生产，若将地下水位控制在临界水位，既能减少水分蒸发，防止土壤返盐，又能防止与改良土壤次生盐渍化，实现灌区生态的良性循环。

(3) 合理开采地下水，可防止海水入侵、水质恶化，确保供水的水质安全。

7.6.2 工程经济效益分析

对于大中型地下水开发工程时，应按《水利建设项目经济评价规范》(SL72—94) 进行建设项目评价。通常要进行国民经济评价和财务评价。

兴建小型井灌区，可按《机井技术规范》(SL256—2000) 所列下述方法进行，在做工程效益分析时，宜采用动态分析法；简单估算时，可采用静态分析法。

7.6.2.1 动态分析法

采用动态法分析时，机井工程经济效益以动态还本年限、效益费用比和内部收益率指标表示。

1. 动态还本年限 T

可按式 (7-8) 计算，即

$$T=\frac{\lg(\overline{B}-\overline{C})-\lg(\overline{B}-\overline{C}-iK_0)}{\lg(1+i)} \tag{7-8}$$

式中：K_0 为机井工程总投资现值或折算到基准年（点）的总投资，元；$\overline{C}$为机井工程多年平均管理运行费，元/年；i 为年利率。

当动态还本年限小于或等于5年时，认为可行。

2. 效益费用比 R

指折算到基准年（点）的总效益与总费用的比值，或折算年效益与折算年费用的比值，可按式 (7-9) 计算，即

$$R=\frac{B_0}{K_0+C_0} \text{ 或 } R=\frac{B}{K+C} \tag{7-9}$$

式中：B_0、K_0、C_0 为折算到基准年（点）的总效益、总投资、总年运行费，元；B、K、C 为机井工程效益、投资、年管理运行费的折算年值（即多年平均值），元。

当效益费用比不小于1.0时，认为可行。

3. 内部收益率 I

指效益费用比 $R=1.0$ 或各年净效益现值等于零时的折现率，可按式 (7-10) 计算，即

$$\sum_{i=1}^{n}(B-C)_t(1+I)^{-t}=0 \tag{7-10}$$

式中：t 为计算期各年的序号，基准点的序号为0；n 为计算期。

当内部收益率等于或大于社会折现率时，认为可行。

7.6.2.2 静态分析法

采用静态分析法时，机井工程经济效益以还本年限或投资效益系数表示，可按式（7－11）计算，即

$$T_b=\frac{K_1}{B_0}=\frac{K_1}{B-C_2}\text{或}\ e_1=\frac{1}{T_b}=\frac{B_0}{K_1} \tag{7-11}$$

式中：T_b 为还本年限，a、e_1 为投资效益系数；K_1 为机井工程投资，元；B 为多年平均年收益，包括增产值及其他收取的收益，或称毛效益，元；C_2 为多年平均的年管理运行费，元；B_0 为多年平均的年净效益（包括折旧费），元。

当还本年限小于或等于 5 年时，认为可行。

7.6.3 成本分析

7.6.3.1 地下水开发利用工程投资

即工程建成的一次或分次投资的全部凿井、配套设备、输配电工程、自动化控制、附属建筑物等以及其他费用。

供水成本是校订水费的依据，故供水成本的分析计算均按国民［1985］94 号文《水利工程水费核定、计收和管理办法》和《水利工程供水部分固定资产折旧率和大修理费率》的通知（水利部 1985 年 12 月颁发）为依据进行的。

7.6.3.2 年费用应包括年管理运行费和折旧费

1. 年管理运行费

年管理运行费应包括机井工程在正常运行中的能源消耗费、维修费和管理费。

（1）能源消耗费可根据动力情况，分别选用以下各式计算，即

电动机配套新机泵的装置效率不低于 45％和 35％时，分别按式（7－12）计算，即

$$C_1=6.04V_nH_jf_1;C_1=7.07V_nH_jf_1 \tag{7-12}$$

柴油机配套新机泵的装置效率不低于 40％和 30％时，可按式（7－13）计算，即

$$C_1=1.85V_nH_jf_2;C_1=2.47V_nH_jf_2 \tag{7-13}$$

式中：C_1 为年能源消耗费，元；V_n 为年提水量，t；H_j 为提水净扬程，m；f_1 为机井用电综合单价，元/（kW・h）；f_2 为机井用油综合单价，元/kg。

（2）维修费应包括日常养护和定期大修费用，可根据机井工程实际使用情况分析确定。如缺乏实际资料，可按表 7－20 的规定取值。

表 7－20　机井工程年维修费率表

工程类别	年维修费率（占投资％）	工程类别	年维修费率（占投资％）
机房、井口工程	1.5～2	电动机、输变电设备	2～4
机井、渠系（或管道）	2～3	柴油机、水泵	4～6

（3）管理费应包括人员工资、行政管理费以及观测、试验等费用，可根据机井工程规模大小确定。

2. 折旧费

折旧费的计算可采用静态折旧法或动态折旧法。

（1）采用静态折旧法时，可按式（7－14）计算，即

$$d_1 = \frac{K_1}{n} \quad (7-14)$$

（2）采用动态折旧法时，可根据投资类别分别按式（7－15）、式（7－16）计算：

偿还基金法（投资不计利息） $$d_1 - K_1\left[\frac{i}{(1+i)^n - 1}\right] \quad (7-15)$$

资金回收法（投资需计利息） $$d_1 = K_1\left[\frac{i(1+i)^n}{(1+i)^n - 1}\right] \quad (7-16)$$

式中：K_1 为机井工程投资，元；n 为机井工程固定资产折旧年限，a；d_1 为年折旧费，元；i 为年利率，%。

3. 折旧年限

机井工程固定资产折旧年限，可按表7－21的规定取值。

表7－21 机井工程固定资产折旧年限表

固定资产分类		折旧年限（年）
机井	无砂混凝土井管，混凝土井管	15
	钢筋混凝土井管	20
	钢管	20
	铸铁管	20
渠道（或管道）、井口工程及井房		15
机电设备	电动机	10
	柴油机	8
水泵	长轴深井泵	6
	潜水电泵	8
	离心泵	10
喷灌设备		6
输变电设备		20

7.6.3.3 供水成本计算

年供水成本＝年运行管理费＋大修理费＋折旧费

$$每方水费 = \frac{年供水成本}{地下水年开采量}$$

7.6.4 规划设计成果

规划成果包括规划报告和规划图件。

7.6.4.1 规划报告

规划报告主要内容应包括以下几个方面。

（1）规划的目的与任务。

（2）规划区的自然地理及社会经济概况，即地理位置、行政区划、土地面积（土地总面积、耕地和灌溉面积）、园林、天然林、天然草场、水域、沼泽和荒漠等面积，水文气象、农业生产和社会经济等。

（3）区域生态和环境状况：生态和环境现状及发展趋势，以及生态和环境保护措施。

（4）区域水文地质条件、地质构造及其对地下水的控制作用。水文地质条件是指各类含水层埋藏分布、岩性特征、富水程度、渗透性能、导水性能及储水性能；地下水的补给、径流和排泄条件；地下水的矿化度、水化学类型及分布特征与变化规律；地下水动态特征及开采条件下地下水循环变化规律。

（5）地下水资源开发利用现状及其存在的主要问题。

（6）地下水资源计算与评价：地下水资源量和可开采量计算与评价，水质评价等。

（7）地下水资源开发利用规划。社会经济发展目标与需水预测，可供水量确定，供需水平衡计算及工程规划设计，投资概预算及经济效益分析。

（8）地下水资源保护和管理要求及措施。保护与管理机构建设，健全法规、条例，水质水量监测体系及其保护措施、管理模式和运行机制等。

7.6.4.2 规划图件

（1）基础图件。包括地下水埋深及等水位线图，矿化度及水化学类型图，水文地质纵横剖面图，水文地质分区图、地下水开采条件图及综合水文地质图。

（2）地下水开发利用规划图。该图是在水利工程现状图和地下水开采条件图的基础上，按规划任务而编制的。内容主要包括规划分区、机井位置、水利设施、渠道、道路、林带、变电站及其输电线路位置、乡镇居民点、地下水位监测网及水资源保护带等。

（3）典型机井结构设计图。主要内容包括：地层年代、含水层岩性、埋深、井深、井孔直径、井管直径、滤层厚度、粒径规格、止水位置、地下水位静水位动水位埋深等。

（4）输配电工程图。主要内容包括变电站位置、容量、10kV 输电线路截面、路径长度、0.4kV 低压线路长度、配电变压器设置位置等。

第8章 地下水资源管理与保护

地下水以其分布广、蒸发消耗少、储存量大、调节能力强、不易被污染、供水相对稳定等优点备受世人重视。20世纪80年代中期，全球地下水开采量约5500×10^{8} m^{3}/a，其中美国、日本和澳大利亚分别为1135×10^{8} m^{3}/a、138×10^{8} m^{3}/a和27×10^{8} m^{3}/a，各国的开采量相差很大。20世纪末期，全球地下水开采量已经超过7500×10^{8} m^{3}/a，近十几年中，全球地下水开采量以印度和中国增长量最大。同时，各国开采地下水的主要用途也不相同，如中国、印度、巴基斯坦、澳大利亚用于灌溉的地下水量约占地下水总开采量的一半以上；而美国、日本、独联体、欧共体各国地下水主要用于城市居民供水。

随着社会经济的发展、生活水平的提高，人们对地下水资源的要求亦越来越高，不仅在数量上的增加，对水质亦有更高的要求。因此，要长期有效地开发利用地下水资源，就必须对地下水资源精心管理和保护。

8.1 地下水资源管理与保护的目的和内容

地下水资源的管理与保护，从广义上应该涉及到地下水资源的水量与水质的保护与管理两个方面。通过行政的、法律的、经济的手段，合理开发、科学管理和有效利用地下水资源，保证地下水资源质和量的供应，防止水污染、水源枯竭、过量开采，以满足社会实现经济可持续发展对淡水资源的需求。同时，也要顾及环境保护要求和改善生态环境的需要。发挥地下水资源的功能，维持地下水资源的水质和水量，从而实现地下水资源可持续利用的目的，减少和消除有害物质进入水环境，加强对水污染防治的监督和管理，具体内容表现在以下几个方面。

1. 实现统一管理，有效合理的利用和分配地下水资源

通过对地下水资源水质和水量的正确评价与计算，对地下水合理开发、利用、规划与设计，对地下水取水建筑物科学的设计、施工与管理，实现地下水资源的合理利用和高效分配。

2. 加强地下水资源的水质、水量和水生态环境的保护

建立完善配套和切实可行的地下水调查和监测系统，重点通过对水源地的保护，

加强污染控制和水生态环境的保护，实现地下水资源质量的有效保护。

3. 实现地下水资源的可持续利用，预防不良的环境地质问题

通过详细分析地下水资源的补给和消耗途径，从流域的角度对地下水资源进行合理开发和利用，一方面不因地下水位的持续下降而对原始生态产生影响，另一方面也不因地下水位的上升带来次生土壤盐渍化问题，实现地下水资源的可持续利用。

4. 保障城市生活、工农业生产以及生态环境的可持续用水

水是人类社会经济发展中的重要资源，它关系到人类生存、社会问题和生态环境可持续发展等重大问题，因此，要合理规划生活、生产和生态的“三生”用水。

5. 提高水污染控制能力，提高污水资源化的利用水平

通过法律、行政、科技和宣传教育等环节，从各方面加强对造成水污染的途径进行控制。同时，加强对污水再利用的研究，提高污水资源化的水平。

6. 改革水资源管理体制并有效提高水资源科学管理水平

通过设立行政管理机构，加强水资源管理的有关法规建设等，对现有不适应社会经济发展的管理体制和模式进行改革，以提高水资源管理水平。

7. 加大地下水资源管理执法力度，实现依法治水和管水

严格执行用水过程中的奖励和惩罚制度，使节约用水的理念深入到每个公民的自觉行动中，提高水的利用率，节约有限水资源。

8.2 地下水资源利用中的主要问题

合理开发利用地下水资源对于经济发展、社会进步和改善环境都是有益无害的。但是，如果违反科学规律，长期过量开采地下水，或只发展渠灌过量灌溉而不开发利用地下水，必然引发生态环境问题。我国近20多年来对地下水的开发利用，一方面，为国民经济发展和人民生活水平的提高，提供了水源保证，发挥了积极作用，作出了巨大贡献；另一方面，某些地区过量开采，引发了地下水位持续下降、海水入侵、咸水入侵、地面沉降、地面塌陷、荒漠化、水质污染等问题，造成了灾害和经济损失。

8.2.1 我国地下水资源超采现象严重

地下水超采是指一定地域内多年平均地下水实际开采量超过了该地域的多年平均地下水可开采量，并造成了地下水水位持续下降的现象。发生了地下水超采现象的地域称为地下水超采区，在超采区内，实际开采量中超过可开采量的部分称为该超采区的超采量。

在超采范围内，具有下列情况之一者，划定为严重超采区：

(1) 实际开采系数大于1.2。

(2) 年平均地下水位下降速率大于1.5m。

(3) 引起地面沉降，且沉降速率大于10mm/a。

(4) 发生了海（咸）水入侵或荒漠化现象。

我国地下淡水资源量多年平均为$8837\times10^8m^3$，可开采资源量达$1991\times10^8m^3/a$，目前已开采的地下水量为$530\times10^8m^3/a$，占地下水资源总量的6.0%，占可开采量的26.6%左右。

由于地下水水质好，分布较广，现已成为我国许多城镇及工业企业主要采用的供水水源。据统计，我国80座大中城市中以开采地下水作为供水水源者占60%。全国约有7亿人口饮用地下水，其中，黄河以北及东北三省饮用地下水的人口约占当地人口的83.5%～99.9%；黄河以南、长江以北地区约占44.2%～95.7%；长江以南、东南部地区约占26.3%～75.0%。

合理开发利用地下水资源对于经济发展、社会进步和改善环境都是有益的，但是，如果违反科学规律，长期过量开采地下水，必然引发生态环境问题。调查结果表明，全国240个大型、特大型地下水水源地中，有53个处于超采状态，年均超采地下水$6.42\times10^8m^3$。全国共有地下水超采区164片，面积最小的几十公里，最大的近1万km^2，全国地下水超采区总面积$181291km^2$，其中，浅层孔隙潜水超采区面积$99999km^2$，浅层地下水地区形成了大面积的地下水漏斗，造成出水量减少、大批机井报废，有的地区地下水资源已濒临枯竭。据统计，全国有24个省（自治区、直辖市）存在地下水超采问题，河北省超采面积最大，达$66973km^2$，占该省平原区面积的91.6%；超采区面积超过$10000km^2$的还有甘肃、河南、山西、山东等四省。

持续超采地下水，特别是深层地下水，使地下水位持续下降，形成巨大降落漏斗。调查表明，我国降落漏斗中心最大水位埋深超过100m的有太原、西安等市区和山东半岛潍坊等地区；地区地下水位降落漏斗总面积占本地区面积超过10%的有：江苏的苏州、无锡、常州地区达28%，河北平原、京津唐地区、石家庄市等达42%。河北平原累计超采量最大，累计超采地下水约$200\times10^8m^3$，形成深层水降落漏斗14个，浅层水降落漏斗11个（又有资料认为不同大小漏斗达36个），降落漏斗总面积$26100km^2$。河北沧州地区深层水降落漏斗中心水位埋深已达78m，大部分漏斗范围仍在不断扩大，形成大面积的下降漏斗和地面沉降。太行山山前平原形成了一条漏斗带，从北京开始，沿京广铁路线两侧，经保定、石家庄、邢台、邯郸、安阳等地带，大部分地区地下水埋深已从开采前的2～3m，降至20～30m，范围超过$15000km^2$。另一漏斗带分布在华北东部平原区，如北京东部、天津、沧州、衡水、德州等地区，范围面积约$23000km^2$。此外有些山间盆地的局部地区，也形成了下降漏斗，如大同市和张家口盆地。

8.2.2 地下水资源超采引发的生态地质问题

由于过度开采地下水和不合理使用地下水，还引发了各种生态环境和地质问题。从表面上看，引起了地下水位的持续下降，造成了开采井出水量锐减甚至报废，局部饱水层或含水层被疏干甚至地下水枯竭、生物群落减少、萎缩甚至消亡、泉水流量衰减甚至断流等；从本质上分析，则是破坏了地下水及其赋存介质天然状态下固有的生成—赋存—运动之间的平衡关系，亦即殃及了地下水原有的补排平衡关系，地下水必然要在新的条件（即开采条件）下寻求新的平衡。在寻求新的平衡过程中，对原有的生态环境产生了一系列影响，包括地面沉陷、地面塌陷、海水入侵和土壤次生盐碱化等。

8.2.2.1 地面沉陷

地面沉陷是一种地面变形现象。地面沉陷是由于开采深层承压地下水，降低了开采含水层的水头压力，从而导致粘土质隔水层及含水层中黏土质透镜体被压缩，引起

地面区域性下沉的现象。

大约从20世纪初起，世界工业迅速发展，造成在大量开发利用地下水的工业城市和一些石油开采区陆续发生地面沉陷问题，如日本的东京、大阪，美国的加州、内华达州、亚利桑那州、得克萨斯州，墨西哥的墨西哥城等。

由于开采深层承压地下水，我国不少地区或城市也先后发生了地面沉陷，有些地区相当严重。截至1995年，河北省境内累积地面下沉超过100mm的面积已达36000km^2，天津市在7300km^2的面积上发生了地面沉降，最严重的地段多年累计最大沉降量达2.6m，导致海潮上岸，地面积水，建筑物开裂，发生倾斜等问题。山西太原地区地面最大沉降量达1.8m，江苏的苏州、无锡、常州地区，地下水位下降2～3m/a，地面最大累计沉降量达1.1m，沉降大于300mm的面积达1413km^2。据不完全统计资料，一些城市引发的地面沉降面积及多年累计沉降量见表8-1。

表8-1　地下水引起的地面沉降面积及沉降量

城市	沉陷面积（km^2）	多年累计沉降量（mm）	城市	沉陷面积（km^2）	多年累计沉降量（mm）
北京	1000	521	天津	36	2190
西安	200	1069	阜阳	90	1002
青岛	100	3000	上海	120	79

注　引自《中国江河湖海防污减灾对策》，中国水利水电出版社，2002。

地面沉陷所引发的灾害有：降雨时积水难泄，排水困难；地下工程破坏，诸如自来水管道破裂、下水道断裂、煤气管道受损、建筑物裂缝、不均匀下沉等。如位于西安市的唐代大雁塔，因地面沉降已向北倾斜。

8.2.2.2　地面塌陷

地面塌陷也是一种地面变形现象，多发生在隐伏岩溶地下水开采区，因此，又称为岩溶塌陷。由于过量开采岩溶地下水，疏干或部分疏干了溶洞，受重力作用，溶洞之上的松散覆盖物塌陷，地面形成坑、槽、沟等塌陷现象，即为地面塌陷。

在我国北方、云贵高原和两广等开采岩溶地下水的地区，岩溶塌陷现象比较普遍。由于岩溶塌陷具有突发性，所以破坏性很大，往往造成人身伤亡和重大经济损失，尤其是在人群密集区及交通枢纽地点，危害特别大。

地面塌陷主要发生在覆盖型岩溶水源地和矿区。如北方有河北唐山、秦皇岛石门寨，辽宁省瓦房店，山东省泰安、枣庄、莱芜和陕西省的西安等地；南方有安徽省的淮南、淮北，浙江省的开化、江山，湖北的咸宁，云南省的昆明，贵州省的水城等20多个城市和地区。山东泰安市是北方地区典型的岩溶塌陷灾害城市，1977～1986年间共发生110处塌陷，其中，泰城铁路三角区就有40余处，铁路部门不得不采用铺设旱桥、水泥注浆等措施控制地面塌陷，以保证火车限速行驶，耗资3000多万元。南方地区的岩溶塌陷以西南部最为强烈，例如贵州省的水城，由于钢厂抽水，塌陷不断发生，截至1979年春，塌陷点已达307个，破坏了附近大片农田，毁坏了水城监狱等建筑物89座，曾因电线杆倒塌造成全城停电，地表污水沿塌陷坑灌入地下，导致多口饮用水井报废。

8.2.2.3 泉水断流和景观破坏

这方面最突出的是往昔名为泉城的济南，过去是家家垂柳、户户泉水，由于地下水过量开采，造成著名的趵突泉、黑虎泉、珍珠泉等一度断流，景观顿然失色。后来通过回灌地下水才有所起色。北京的万泉河，如今无泉水补给了，变成了无泉河。玉泉山的泉水也已断流，变成了无泉山。河北保定的一些名泉也已断流，昔日令人陶醉的泉水景观变成了枯泉，景观失色。结果是既失去了水资源，也失去了旅游资源。

8.2.2.4 海水入侵和咸水入侵

海水入侵是海岸地区淡水超采而造成的海水向陆地流动的地下径流。由于过度开采地下水，地下蓄水层被抽空，沿海一带遭到海水入侵，情况日趋严重，使地下水水质恶化，严重影响工农业的发展、人民身体健康及生活质量。海水侵入地下淡水蓄水层，使之盐化，使地下水中氯含量增高。当地下水中氯含量超过海水中总离子量的50%时，即地下水中氯化物达250mg/L时，被定为表征海水入侵的标准。当海水入侵后，地下水中含氯量及总溶解性固体（*TDS*）浓度大大增高。一般海水中 *TDS* 为30～50g/L，氯化物不大于15g/L，而淡水中 *TDS* 小于1g/L，氯化物小于200mg/L。当地下淡水受到海水入侵后，*TDS* 增至大于1g/L，最高可达2g/L，氯化物则大于250mg/L，最高达12000mg/L。我国北方地区，评判地下水是否受到海水入侵时是以 *TDS* 为2g/L作为标志的。

20世纪70年代以来，我国辽宁、河北、天津、山东、江苏等沿海地区，地下水蓄水层遭到海水入侵危害。1991～1992年国家有关部门对辽宁、河北、山东三省进行了调研，包括黄海、渤海沿岸 $2.39\times10^4km^2$ 范围的16座城市、65个县、475个镇，海岸线总长4460km。该地区地表水资源 $35\times10^8m^3/a$，地下水资源 $25\times10^8m^3/a$，人均可用水资源量仅为全国平均值的1/5，故水资源的供需关系极为紧张。调研表明，上述三省的地下水位低于海水水位的地区已超过 $2000km^2$，而且，该范围还在不断地扩大。如大连市及烟台市尤为严重。大连市海水已向内陆平均入侵了3300m，最大入侵面积达 $130km^2$。海水入侵沿海地区的深度平均达5～8km，最深达11.5km。地下水中氯化物浓度达到500～2000mg/L。山东省莱州湾海水入侵总面积已达 $400km^2$，有的资料认为，山东半岛海水入侵总面积已达 $863km^2$。从全国范围看，大连、营口、天津、秦皇岛、烟台、青岛、上海、福州、杭州、温州、北海、海口等城市在不同程度上都发生了海水入侵。以秦皇岛为例，从1964年，在汤河口已形成宽3.5km、长5km（面积 $17.5km^2$）的地下水蓄水层海水入侵区，使淡水变成咸水。

海水入侵的直接后果是使得地下淡水的矿化度和氯离子浓度增高、水质变差，从而失去了原有的利用价值，给当地的工农业生产、人民生活及生态环境造成了极大的危害。在工业方面，水质变差使产品质量下降，并因氯离子的锈蚀作用缩短了金属设备的使用寿命；因水质处理或远距离调水增加了生产成本，甚至迫使工厂停产、搬迁或关闭。据不完全统计，仅辽宁省大连市因海水入侵，在1993年造成的直接工业损失就超过1亿元。在农业方面，海水入侵造成粮食减产或绝收。例如，山东省莱州市的海水入侵区内2631眼机井变咸报废，$1200hm^2$ 高产田变成低产田，其中 $400hm^2$ 良田变成荒地，全市年平均减产粮食5000多万kg。

在我国滨海平原，地下咸水（矿化度大于2g/L）分布区约有 $5\times10^4km^2$ 左右，

在咸水含水层的上、下，往往发育浅层淡水和深层淡水。当对咸水分布区内的浅层淡水、深层淡水或对咸水分布区的前沿地下淡水区进行过量开采时，会造成地下咸水向淡水含水层渗透补给，使原有的地下淡水变咸，亦即扩大了地下咸水区分布面积和增加了咸水含水层的分布厚度。这种现象称为咸水入侵。

根据河北省沧州市和山东省潍坊市的有关调查分析资料，咸水入侵现象相当严重。在沧州市沧县，地下水为咸—淡二元结构，由于过量开采深层承压淡水，该县范围内咸水体的底界面，在1976～1985年10年间普遍下移了20m左右，也就是说，深层承压淡水的上部有20m左右咸化；在沧州市河间县中部，由于过量开采浅层淡水，造成分布该县东部的地下咸水入侵，不到10年间，咸水入侵的水平距离达6～10km，使得大片地下淡水变咸；在潍坊市的数个县，也都发生了与河间县类似的咸水入侵。与海水入侵一样，咸水入侵的直接结果也是使地下淡水变咸和地下淡水资源量减少，也造成了与海水入侵类似的灾害。

8.2.2.5 土壤次生盐碱化

由于大量引用地表水，进行大定额粗放型灌溉，造成浅层地下水水位长期处于高水位状态，强烈的潜水蒸发，导致地下水中的盐分在土壤中积累而使土壤盐碱化，这种现象称为土壤次生盐碱化。土壤中水分过分饱和或含盐量过高，都会严重影响作物的生长发育，使作物单产大幅度减少。目前我国尚有土壤次生盐渍化面积$100\times10^4hm^2$以上，其中内陆盆地次生盐渍化面积占91%，部分地区的次生盐渍化面积见表8-2。在这些地区，减少引灌水量并适当开发利用地下水，使地下水位控制在合理的深度，降低潜水蒸发强度，既可以起到节约地表水、充分利用地下水的作用，又可以收到改良土壤、减轻或消除土壤次生盐渍化（盐碱化）和增加作物单产的效果。

但是，如果没有按照地下水的补给规律而不合理的使用地下水，就会打破已有的地下水水质和水量的动态平衡，造成生态环境的恶化。甘肃民勤盆地是石羊河流域的水盐聚集区，盐分在土壤中向上扩散，单向运动，在时间和空间上经历着不可逆过程。自20世纪70年代以来，在该盆地内到处打井，使高矿化度的地下水穿层运动，破坏了上层淡水体的分布规律，利用高矿化度的地下水反复提灌，反复消耗浓缩，使该区的地下水矿化度不断升高。据地质部门资料，民勤灌区地下水矿化度普遍在4～10g/L，最高达75.9～109.0g/L，且每年以0.3～1.48g/L的幅度递增，用此水长期灌溉使土壤盐碱化面积迅速增加。20世纪50年代盐碱化面积约1.05万hm^2，70年代为1.27万hm^2，到80年代初猛增到2.56万hm^2，仅80年代中后期的几年中净增了0.81万hm^2，达3.37万hm^2。每年因盐碱化直接少产粮食近1000万kg，并使绿洲北部7.6万人，12.47万头牲畜无淡水可饮。

表8-2　我国内陆盆地部分地区耕地土壤次生盐渍化现状

地区	次生盐渍化面积（10^4hm^2）	占总耕地面积的比例（%）	重度盐渍化面积（10^4hm^2）	中度盐渍化面积（10^4hm^2）	轻度盐渍化面积（10^4hm^2）
新疆全区	82.9	21.9	14.92	27.36	40.62
河西走廊	7.09		3.7	2.02	1.32
柴达木盆地	1.93	53	0.37	0.75	0.81

注　引自《21世纪初期中国地下水资源开发利用》，中国水利水电出版社．2004。

8.2.2.6 荒漠化

我国西北地区气候干燥、降雨稀少，是世界上受荒漠化危害最严重的国家之一，生态环境非常脆弱。据统计，全国有 332 万 km^2 的面积受到不同程度荒漠化影响，西北地区占到 80%，并且每年以 2640km^2 的面积在扩大。我国的楼兰、尼雅、锁阳、居延、统万等 20 多座有文字记载的历史名城都消失在沙漠之中。考古证明，它们多数是汉、唐时代的农垦区，几乎都毁于人类活动引起的生态环境恶化。由于水资源严重不足，且水土资源不平衡，下游过量开采地下水，造成地下水位急剧下降，天然绿洲退缩，树木草场严重退化，植物群落因脱墒而枯萎、死亡，导致土地沙化面积不断扩大。如甘肃民勤县，原本是一个富饶的绿洲，由于石羊河径流被上游充分地利用，不得不靠开采地下水维持民生，地下水的连年超采，地下水位大幅下降，林木立地条件变差，使成片的沙枣、红柳枯梢、死亡达 8790hm^2，白刺柴湾总面积为 6.9 万 hm^2，其中退化 3.64 万 hm^2，沙化 1.33 万 hm^2；农民过渡采樵，年采伐量达 0.9 万 t，毁坏林区植被 1800hm^2，全县森林、植被覆盖率仅有 4.8%，造成了严重的沙漠化，在 20 世纪 80 年代，几乎面临几十万人大迁徙的尴尬局面。

新疆的塔里木河也面临着同样的问题，随着塔里木河流域国民经济发展和人口的增长，用水量逐年增加，塔里木河干流的流量逐渐减少，加之塔里木河中游用水浪费严重，致使塔里木河下游 320km 河道断流，塔里木河绿洲走廊正在消失。塔里木河干流缩短造成塔里木河干流以下的地下水位下降，由 20 世纪 50 年代的 3～5 m 下降至现在 8～12 m 。近年来，由于连续向塔河下游实施应急输水，才有效遏制了荒漠化的进一步扩大。

8.2.3 我国地下水资源污染概况

随着经济的发展，各种污染源，如农业污染源、工业污染源和生活污染源的影响，对地下水造成不同程度的污染，有些地区或城市地下水污染相当严重。

据对全国 118 个城市连续 2～7 年的监测资料表明：约有 64%的城市的地下水遭受较严重的污染，33%的城市地下水污染较轻，仅 3%的城市地下水基本清洁，污染较轻。地下水污染的主要特征为：

(1) 总硬度增高。118 座城市中，85%的城市地下水的硬度超过国家饮用水标准，超标率达 12%～100%，其中以天津、乌鲁木齐、北京、上海等 22 座城市为严重，以天津最为严重。

(2) 氨氮（NH^+—N）超标。118 座城市中，69%的城市地下水中的氨氮含量已超过国家饮用水标准，超标率达 20%～60%。以北京、沈阳、乌鲁木齐、上海、哈尔滨等城市为严重，尤以哈尔滨最为严重。

(3) 硝酸盐（NO_3^-—N）增多。118 座城市中，72%的城市地下水中的硝酸盐含量超过国家饮用水标准，超标率达 20%～60%，以成都、南京等 17 座城市为严重，以吉林最为严重。

(4) 亚硝酸盐（NO_2^-—N）超标。118 座城市中，64%的城市的地下水中的亚硝酸盐浓度超过国家饮用水标准，超标率达 15%～40%，大连、包头等 22 座城市较严重，而以银川最为严重。

(5) 酚及酚类化合物日益增加。118 座城市中，79%的城市地下水中酚含量日益

升高，超标率分别为2%～100%不等，以乌鲁木齐、沈阳等33座城市较为严重，以秦皇岛最为严重。

(6) 铬污染。以郑州、徐州、焦作等35座城市较为严重，而以青岛最为严重。

(7) 砷污染。25座城市的地下水遭到砷污染，以广州最为严重。

(8) 汞污染。22座城市的地下水遭受汞污染，如哈尔滨、上海等，以广州、哈尔滨的某些地下水水源地最为严重。

(9) 氰化物污染。9座城市的地下水遭到氰化物污染。

(10) 细菌污染。有些城市的地下水中细菌数达2×10^4～12.8×10^4个/L，说明地下水遭到微生物污染。

我国也曾对85座重要城市包括各省省会、自治区首府、沿海经济开发区、主要工业城市等的地下水水质进行调查分析，初步结果可归结如下：

(1) 地下水水质较差，局部地区非常差。由于地下水长期受城市生活污染（如生活废水、垃圾堆置及填埋场淋滤液的污染）、工业废水与废物污染，以及由于地下水过度开采引起的污染，致使地下水水质变差，局部地区地下水水质非常差。属于此类城市的主要是一些北方城市，有西安、太原、包头、乌鲁木齐、哈尔滨等。

(2) 有些城市地下水中铁、锰含量高，属于天然的水质不良的地下水。如东北的哈尔滨、齐齐哈尔、佳木斯、牡丹江、长春等；南方的上海、苏州、无锡、常州、杭州、宁波等。有的城市的地下水含砷量很高，如武汉、上海。也有的城市地下水中含氟量高，如福州等。

(3) 基岩水受污染。有些城市主要采用基岩地下水。一些生活污染（废水及淋滤液）及工业污染（如酚、氰等化合物）与生物污染物（致病菌）等穿透基岩孔隙而污染地下水，如贵阳、遵义、柳州、南宁等。

(4) 地下水遭受酸雨的污染。在一些酸雨污染严重的南方及西南方城市，由于酸雨及酸沉降的污染，使地下水亦遭到污染，如重庆、长沙、贵阳、宜宾、遵义、南宁、柳州等。

(5) 东部沿海城市，由于地下水严重超采，地下蓄水层水位剧降，引起海水入侵，使地下水矿化、咸化。如青岛、大连、烟台、秦皇岛、天津、宁波、上海等。

8.3 地下水资源管理

为了确保地下水资源的合理开发利用，实现国民经济的可持续发展及人民生活水平的不断提高，必须加强水资源的统一管理，包括建立完备的法制体系、建立简政高效的水资源管理体制和相应的制度建设，同时还应有相应的经济手段。

1. 加强法制建设，依法保护和管理地下水资源

我国地下水资源方面问题的出现，固然有经济发展和社会生活方面的诸多原因，但管理、法制不健全也是其中的一个因素。

因此，一方面要不断补充、完善现有地下水资源的法律、法规，加快制定《超采区水资源管理办法》等相关法规体系；另一方面要广泛深入的宣传《中华人民共和国水法》、《中华人民共和国水污染防治法》和《取水许可证制度实施办法》等法律、法

规，不断提高全民的法制观念，严格执法，强化法律监督，依法惩罚各种违法违章行为。

2. 完善水资源管理体制，实现水资源的统一管理

水资源管理体制是关于水资源管理中的组织机构，职责划分和管理制度的总称。随着人们对水资源客观性认识的深入，世界各国的管理体制在逐步演变，但总的趋势是主要由人为控制逐步转向更加重视水的客观性，由水资源的分割管理转向水资源的统一管理，集中表现在由行政区域管理为主转向以自然流域为单元，实现跨行政区的管理为主的体制和在城市实行取水、用水、排水全过程管理的城市水务局体制。这些管理机制无一例外都必须在法律上得到保证。同时，在管理手段上强调多样性，除广泛进行制度建设外，在市场机制下采用经济手段保护公共的水资源也是各国的普遍做法。

如法国在全国设立了 6 个流域管理局，并以此为基础建立了全国水质委员会。流域管理局既是法国水质管理的中心，又是财政独立的公共行政管理机构，负责流域内水污染控制，以及负责从经济上和技术上协助实行防止水污染和保护水资源的规划；英国把一个流域作为一个整体，从水资源的开发、城市和工农业供水到污水的回收利用，进行水资源的综合平衡；从污染源治理、城市污水处理厂到河道净化工程，进行系统分析，统筹安排，英国这种管理体制是流域管理的典型。以色列是世界上众所周知的贫水国家，但其通过在国家范围内实行水资源的统一管理与调配，依据以色列水法赋予的权力实施用水配额制度，并制定了针对不同配额的水费制度。实践证明，以色列实行的用水配额管理制度和水价政策是切实可行的。它不仅保证了以色列各行业的用水要求，而且鼓励或迫使各行业进行技术开发和革新，以有效节约用水，使以色列成为国际上在农业节水技术方面最先进的国家之一。

3. 地下水规划的实施，要统一纳入国家和地方的水利发展规划和年度计划

地下水开采从一眼井看是一项小型水源工程，从一个区域或者地区来看，成千上万眼井集中开采，这是一项大型或特大型水源工程。因此，要把地下水开发利用和保护作为水利基础设施的重要组成部分，要把对地下水资源的开发、利用和保护与水污染的防治进行统一规划管理，逐步变“多龙治水”为将流域水系统作为一个整体来考虑，实行按流域的统一规划、监督和管理。

在全国地下水资源开发利用规划的指导下，各级水行政主管部门应切实落实本地区地下水资源开发利用规划，将其纳入地方水利发展规划和年度计划，逐年实施，定期检查，并向社会公布。

实施地下水资源开发利用规划是功在当代、荫及子孙的长远战略目标，要提高认识，树立全局观念，尊重科学。坚决杜绝盲目开采，坚决制止只顾眼前利益、部门利益的短期行为。

4. 加强水资源统一管理，实施水权登记和取水许可证制度

第二次世界大战后，为了缓解日益尖锐的用水矛盾，合理使用有限的水资源，实现政府对水资源的有效管理，许多国家和地区全部或部分废除了传统的河岸权或优先权，通过水立法实行以水权登记制为核心的水权管理制度，加强了政府对水资源的统一规划。此外“水权”不是泛指国家、单位或个人对地表水、地下水的所有权、收益

权和处分权，而是特指水的使用权和收益权。将水权限定于使用权和收益权，这正反映了现代水法在水权方面的发展趋势。

与水权登记制相配套的是取水许可证制度，取水许可证制度是国家对开发取用天然水资源实施统一管理的一项重要的法律制度。它是指水行政主管部门依据法律赋予的职权，对取用天然水一方当事人的申请，经审查符合条件的发给取水许可证，赋予其开发取用天然水资源的权利和资格。取水许可证制度是水资源规划、开发、利用、保护和监督等水资源管理活动的核心。

实施取水许可制度是我国为加强水资源统一管理采取的重要措施，是《中华人民共和国水法》规定的基本制度。水资源紧缺、开采分散、自备井多、用水矛盾突出的地下水开采区，能否有效进行地下水资源的合理分配，实施这一制度尤为重要。因此，要加大取水许可管理力度，整顿取水市场，严把取水登记、审批、发证及年审等各个环节，杜绝随意凿井，无证开采，超许可量取水的违法行为。

5. 强化管理和保护，科学合理的利用地下水资源

在实施地下水资源开发利用规划中，在重视保护、强化管理的同时，必须全面节流、积极开源。

当前要把节约用水作为一项紧迫的首要任务抓紧抓好。农田灌溉是地下水的最大用户，全国地下水开采量的一半以上用于农田灌溉，其中98%集中在北方地区。可见要有效压缩超采区开采量，就必须大力发展北方地区的节水农业，改善田间管理，改进灌溉和种植技术，采用低压管灌、微灌、喷灌等节水技术，建设井灌农业节水示范区。工业节水重点是在水资源紧缺、工业耗水大的大中城市，狠抓电力、化工、冶金等耗水量大的行业的节水，提高工业用水重复利用率，降低单耗和万元产值取水量。城乡人民生活方面的节水潜力也不可低估，要树立人人珍惜每滴水的良好风范。

目前，我国总供水量中地下水只占18.34%，而城乡居民生活用水中这个比例却高达37.9%，北方地区更高达62.4%，反映地下水在生活用水中的重要地位。要调整城市供水结构，严格限制把符合饮用水标准的优质地下水用于其他目的。大力开展找水改水工作，重点解决内蒙古、新疆、青海等省（自治区）广大牧区、西南岩溶山区、川东红土层分布区、黄土高原区及苦咸水和地方病分布区等缺水地区的人畜饮用水问题。

合理调控地下水位，大力推广井灌井排、旱涝盐碱综合治理，改造中低产田。在河北黑龙港地区、辽宁下辽河平原、黑龙江松嫩低平原、内蒙古河套平原、宁夏银卫平原、陕西关中盆地、甘肃河西走廊、新疆天山南北盆地平原等地区，因地制宜，实行井灌井排，充分利用浅层地下水，合理利用微咸水，实现地表水和地下水联合灌溉工程措施与生物措施相结合的旱涝盐碱综合治理。逐步改造中低产田，扩大旱涝保收稳产高产田，提高农业生产水平。

6. 积极采取措施，建立投入保障机制和超采区的特殊水价政策

采取各项措施压缩超采区地下水开采，增加有开发利用潜力区地下水开采，必须建立完善的投入保障机制，才能保证所需的资金投入。坚持国家、地方、部门、供（用）水户多渠道、多层次、多方位筹集资金。

利用本地区地表水替代工程，特别是跨流域调水工程，压缩地下水开采，其供水

成本将大于当地地下水源供水成本。这一客观现实使得拥有地下水自备水源的用户和农村分散取水户不愿意压缩地下水开采而改用外引水。解决这一问题的出路是必须把水作为商品建立一个能够反映引水区供水的平均成本，形成商业化运行机制和再生产能力的统一的水价格体系，实施超采区的特殊水价政策，并建立一套开采井计量和地下水位动态监测的监控系统和预警系统。

7. 采用现代先进技术，提高地下水资源管理水平

随着遥感技术（RS）、全球定位系统（GPS）、因特网（Internet）和地理信息系统（GIS）等现代信息技术之间的相互渗透，逐渐形成了以地理信息系统为核心的集成化的技术系统。地理信息系统（GIS）是处理地理数据的输入、输出、存储、管理、查询、分析、显示和辅助决策的计算机系统，它可以与电子数据处理系统（EDPS）、决策支持系统（DSS）和专家系统（ES）等进行有机结合而发挥更大的作用。

对地下水资源的科学管理在于更加了解水资源量的分布、水资源开发利用状况、水污染状况等，以达到调控人类自身活动，高效用水，防止地下水资源破坏，从而保护人类生存和经济社会的稳定发展。随着计算机发展和 GIS 技术的进步，带来了水资源科学管理与决策的新方法，改进了以往水资源管理的工作方法，因而基于 GIS 的信息管理技术是当前最先进的科学管理方法。

在地下水资源规划管理方面，很强的图形显示功能和带有时间的三维 GIS，有利于研究与地下水活动有关的时间和空间上的变化情况，应用 GIS 技术，可以管理、分析、处理大容量的空间属性数据，解决地下水利用中，长期以来存在的数据量不足和信息量不丰富的问题。

目前，应用现代技术加强对地下水资源的管理是一个研究热点，极具有应用和推广价值。如针对徐州市地下水开发利用过程中出现的问题，以 MapInfo 为平台，用 Visual Basic 和 MapBasic 开发的徐州市地下水资源管理信息系统（GWRMIS）对合理规划和利用有限水资源发挥了较大的效益。该系统分为降水、地表水、地下水和地质灾害等四个子系统，其中地下水子系统采用有限元方法对地下水资源进行数值模拟和评价，在此基础上引入热力学理论中“熵”的概念，运用熵谱分析法对地下水进行研究，分区域建立起水资源各要素之间的关系，根据降水量和开采量的大小来预报地下水位的变化动态；根据地下水开采量的大小确定产生环境地质灾害发生的可能地点及危害程度；根据水环境质量的监测结果，提出保护水资源和水环境有效措施。

8.4 地下水资源保护

8.4.1 保护的原则

1. 开发利用与保护并重的原则

人类如果不需要对水资源进行开发利用，也就不需要保护水资源。正因为水资源是一切生命不可缺少的物质，是人类赖以生存的必要条件，人类也才需要对水资源进行保护。保护的目的是为了更好地开发利用。从地下水资源保护的目的出发，应对相

关开发活动提出要求，其他资源的开发利用一定要考虑到水资源保护的需要，否则将造成严重的后果。

2. 维护水资源多功能性的原则

从经济学的角度来分析，应发挥水资源的最大使用价值。利用水的一种功能，并不必然也无必要损害水的其他功能。因此，应从理论和实践上对开发利用地下水的一种功能的同时，分析对其他功能的影响和保护措施，用于指导地下水资源开发利用顺序和功能优先保护对象。

3. 流域管理与行政区域管理相结合的原则

一方面水的流动性决定了水是以流域为单元进行汇集、排泄。整个流域水资源是一个完整的系统，这就从客观上需要对水资源实行流域层次上统一管理和保护，不仅在水量上面应从流域内统筹安排和合理分配，同时在水质方面，上游排污应考虑对下游的影响。另一方面，我国目前实行的是以行政区域为主的管理体制，这样不可避免地造成地方过分地强调本地区的需要，忽略了流域整体上的需要及流域其他地方的需要，造成水资源的分割利用。

水资源保护理论和实践都需要流域管理，但流域管理也需要地方部门来组织实施。流域管理与区域管理相结合既有理论上的客观性，同时又有现实中的必然性。这是构建水资源保护管理体制的根本原则，同时又将指导水资源保护的具体制度建设。

4. 地下水资源保护的经济原则

在国际上通行的原则是“谁开发，谁保护”，“谁利用，谁补偿”，以及“污染者付费”。这是公平原则的体现，分清了水资源保护中不同主体承担的不同责任，可指导国家在水资源保护上的税费政策。

5. 取水、用水、排水全过程管理原则

一个完整的用水过程包括取水、用水、排水，取水对水量水质会产生影响，用水过程中是否考虑了污水处理、节约用水措施，与排水量、排水水质也有很大的关系，排水水量多少、水质好坏对水体功能形成影响，从而又影响到取水。不论取水、用水、排水都与水体有关，都应服从水体保护目标。从水资源保护的需要出发，应考虑对取水、用水、排水实施全过程管理，并最好是由一个部门进行管理。

8.4.2 建立地下水资源动态与观测体系

为了合理有效地开发利用地下水资源，必须对地下水的动态进行全面的研究，只有在掌握了地下水动态变化规律的基础上，才能提出合理实用的保护措施，达到安全可靠和兴利除害的目的。

目前，我国在地下水超采区观测等方面，不能满足新形势发展的需要。因此，根据加强地下水超采区管理等方面的要求，必须加强地下水超采区观测，分级分类管理，加强地表水和地下水联合调度观测，为地下水管理、水资源的统一调度和管理提供技术支撑。

8.4.2.1 地下水动态长期观测的目的

地下水动态长期观测工作系指根据当地的水文地质条件和对地下水动态分析研究的要求，建立地下水长期观测站网，定期观测地下水运动要素。为此，地下水长期观测工作的任务，应根据不同水文地质单元区的地下水埋藏、分布和运动特征，以及不

同开发利用的目的予以确定。归纳起来大致有以下几个方面的工作。

（1）系统而准确地对灌区长期观测网中各观测井孔进行水位、水量、水温和水质的观测，记录与取样化验等工作。并对这些资料进行整编分析研究，以便掌握地下水动态变化规律，及时进行预测预报。

（2）通过多年观测分析，查明影响灌区地下水补给项（如降水入渗、地表水入渗、灌溉回归入渗及地下水侧向补给等）和消耗项（如地下水的侧向排出，泉水溢出，蒸发及开采等），以便对地下水实行调整和控制措施。

（3）根据地下水动态资料，选择合理的参数计算方法，地下水资源计算与评价方法，并对井灌区规划前地下水资源评价予以验证，为合理开发地下水资源提供准确可靠的基础资料。

（4）根据地下水水情，研究井灌区建设的合理布局及水泵安装、运行管理的合理方案。并要研究在水情条件恶化的情况下，地下水人工回补的适宜方式和工程措施。

（5）加强水质监督，了解地下水污染和盐化情况，以便制定适宜的防治方案，防止其继续恶化和蔓延。

8.4.2.2 地下水长期观测站（网）的建设

地下水观测站（网）是地下水观测的基本单元，是地下水科学管理的基础，地下水监测站（网）布局是否合理直接关系到地下水管理的水平。因此地下水监测站（网）规划是一项重要的基础工作。

地下水观测站（网）规划包括以下几个方面。

1. 观测站（网）规划原则

（1）地下水观测站（网）规划应在开采强度分区和井网分类的基础上进行，应能控制不同的水文地质单元，能反映所在区域地下水系分布和质量空间变化。

（2）地下水观测站（网）应做到平面上点、线、面结合，垂向上层次分明，以浅层地下水监测站规划为重点。

（3）山前倾斜平原区、冲洪积平原区、山间盆地（河谷）平原区是井网规划的重点；黄土台塬区、沙漠平原区根据需要选择典型代表区布设站（网）。

（4）地下水观测站（网）布设尽可能做到一井多用。

（5）优先选用符合条件的已有观测井。

（6）兼顾与地表水站（网）的统一规划和配套观测。

（7）大型特大型水源地、降落漏斗区和发生环境地质灾害的区域（海水入侵区、地面沉降区等）应适当加密。

2. 监测点布设要求

（1）在布设监测点网前，应收集当地有关水文、地质资料，包括：

1）地质图、剖面图、现有水井的有关参数（井位、钻井日期、井深、成井方法、含水层位置、抽水试验数据、钻探单位、使用价值、水质资料等）。

2）作为当地地下水补给水源的江、河、湖、海的地理分布及其水文特征（水位、水深、流速、流量），水利工程设施，地表水的利用情况及其水质状况。

3）含水层分布，地下水补给、径流和排泄方向，地下水质类型和地下水资源开发利用情况。

4）对泉水出露位置，了解泉的成因类型、补给来源、流量、水温、水质和利用情况。

（2）在下列地区应布设监测点（监测井）

1）以地下水为主要供水水源的地区。

2）饮水型地方病（如高氟病）高发地区。

3）对区域地下水构成影响较大的地区，如污水灌溉区、垃圾堆积处理厂地区、地下水回灌区及大型矿山排水地区等。

按观测网的用途可将地下水观测网分为基本观测网（站）和专用观测网（站）。前者是为掌握区域性地下水，在开发利用前后及其开采过程中，年内年际的地下水动态变化规律和发展趋势，为区域水资源统一规划，地下水资源评价，合理开发利用及地下水资源管理等提供依据。后者主要是为农牧业生产重点地区，国民经济的其他部门开发利用地下水的水源地和为其他专门问题布设的。

3. 基本观测网（站）布设要求

区域内或流域内面上的观测井有分层观测井，控制边界条件的观测井，均衡观测井，灌溉回渗观测井，地下水补给与排泄观测井等均列入基本观测井。

在平原地区和一些大中型盆地内的冲洪积平原，土地广阔且地面坡度较平缓的地区，面上观测井应大体均匀分布。在黄土高原的塬区，可平行地下水流向，布设一些测线观测井，而在黄土残塬（梁、峁）区，可选择有代表性地段布设少量的观测井。

观测井布设密度要求：①水文地质条件复杂，开发利用程度较高的地区，密度可大些；反之密度可小些；②满足省（直辖市、自治区）地两级水利部门掌握地下水动态编图的需要；③满足分区估算水账的要求；④土地辽阔、人烟稀少的地区，可适当减少。对面上布设的重点观测井，以能够掌握区域地下水运动变化为原则，但每个水文地质单元至少应有一眼观测井。

分层观测井布设的要求是，能控制主要含水层和重要开采层；边界观测井主要是为了查明地下水侧向补给量或排泄量，可依据边界性质及其地下水位的影响范围确定。

4. 专用观测网（站）布设要求

专用观测井网，包括试验研究站、均衡试验，盐碱地改良、抽咸补淡、人工回灌等井网的布设，应尽量与基本观测井网相结合，视具体要求而布设。

对每个监测井建立基本情况表，见表 8－3，监测井的撤销、变更情况应记入原监测井的基本情况表内，新换监测井应重新建立基本情况表。

表 8－3　　地下水监测井基本情况表

监测井编号		位　置	____市（县）____区（乡、镇）____ 街（村）____号____方向距离____m		
监测井名称					
监测井类型			东经　北纬		
成井单位		成井日期		建立资料日期	
井深（m）		井径（mm）		井口标高/m	
静水位标高（m）		流域（水系）		地面高程/m	

续表

地下水类型			地层结构				监测井地理位置图	监测井撤销、变更说明
埋藏条件	含水介质类型	使用功能	深度（m）	厚度（m）	地层结构	岩性描述		

根据我国地下水观测规划成果，2007 年，全国地下水观测站（井）共 36037 处（眼）。按规划类型分类：地下水基本观测站 17155 处（眼），统测井 17724 眼，试验站（井）1158 处（眼）；按观测井性质分：专用井 13245 处（眼），生产井 22792 处（眼）；按地下水类型分：观测潜水的 24665 处（眼），观测承压水的 6275 处（眼），观测混合水的 4629 处（眼），观测岩溶水的 468 处（眼）；按观测项目分，水位观测井 36037 处（眼），同时观测水量的观测井 3170 处（眼），水温观测井 3094 处（眼）。与 2000 年现状相比，基本观测站（井）新增 4476 眼，统测井新增 7918 处，试验站（井）新增 1157 处，全国共新增各类观测站（井）13541 处。据统计基本观测井占全部检测站数的 48%，试验井占 3%，其余为统测井。

8.4.2.3 观测内容

1. 水位观测

水位基本监测井（站）应分别沿着平行和垂直于地下水流向的监测线布设。各基本类型区、开采强度分区的水位基本监测井（站）布设密度可参照表 8 - 4。

表 8 - 4　　水位基本监测站布设密度表　　单位：眼/$10^3 km^2$

基本类型区名称		监测站布设形式	开采强度分区			
			超采区	强开采区	中等开采区	弱开采区
平原区	冲洪积平原区	全面布设	8～14	6～12	4～10	2～6
	内陆盆地平原区		10～16	8～14	6～12	4～8
	山间平原区		12～16	10～14	8～12	6～10
	黄土台塬区	选择典型代表区布设	宜参照冲洪积平原区内弱开采区水位基本监测站布设密度布设			
	荒漠区					
山丘区	一般基岩山丘区					
	岩溶山区					
	黄土丘陵区					

地下水位是自然因素与人为因素综合作用的结果，反映的最为直接和明显。所以它是掌握井灌区地下水动态变化趋势、进行人工控制地下水运动的最基本资料。因此，地下水位观测时间、测量次数，重点井与一般井，灌溉季节与非灌溉季节，汛期与非汛期等均应有所不同。

国家级水位基本监测站实行自动监测，每日定时采集 6 次监测数据。每日的 4 时、8 时、12 时、16 时、20 时、24 时应有监测记录，并记录日内最高水位、最低水位及其发生时、分。

省级行政区重点水位基本监测站每日监测一次。监测时间为每日 8 时。

普通水位基本监测站汛期宜每日监测一次，非汛期宜每 5 日监测一次，监测时间为每月 1 日、6 日、11 日、16 日、21 日、26 日的 8 时。

水位统测站每年监测 3 次，监测时间为每年汛前、汛后和年末，监测日从每 5 日监测一次的监测日中选定，统测时间为相应选定监测日的 8 时。

地下水位监测数值以米为单位，精确到小数后第二位。人工监测水位，应测量两次，间隔时间不应少于 1min，取两次水位的平均值，两次测量允许偏差为±0.02m。水位自动监测仪允许精度误差为±0.01m。

2. 水量监测

(1) 对机井流量进行测量时，应在出水量较为稳定时进行。抽水历时较短时，测量流量一次即可；若抽水历时较长时，需测量 2～3 次。

(2) 抽水前要测量静水位，抽水停泵后要观测稳定水位。与此同时，应记载每次抽水的开机、停机时间，浇地亩数，灌溉何种作物，灌水定额和耗电量（或耗油量）等。

(3) 单井开采流量以 m^3/h 为单位，观测时应取不少于两次量测的平均值。

水量监测包括开采量和泉流量两项监测。山丘区流量大于 $1.0m^3/s$，平原区流量大于 $0.5m^3/s$ 的泉，应布设泉流量基本监测站，对流量不满足上述要求的，可选择少数具有较大供水意义者，对其进行监测。另外，具有特殊观赏价值的名泉，也应监测。监测方法包括水表法、水泵出水量统计法、用水定额调查统计法和堰槽法或流速流量仪法等，各测试方法的表格样式详见《地下水监测规范》(SL183－2005)。

3. 水质监测

加强水质监测工作，首先要解决水质站网存在的问题，通过规划使水质站网满足掌握地下水资源质量状况分析和评价目的，为水资源保护管理、供水水质安全、功能区管理，贯彻《中华人民共和国水法》等提供适时、准确的水质信息。因此，水质站网规划要围绕水功能区管理的要求以及水量水质相结合的原则，按功能区布设站网，并进行分级分类管理。

地下水水质站点规划以地下水超采区、水质污染严重区、海水入侵严重区为重点。并与地下水观测井相结合布设。布设原则如下：

(1) 根据地下水类型与地下水开采强度进行分区，不同分区应分别设置水质监测站点，并以主要开采区为主布设。

(2) 不同水质特征的地下水区域应布设采样井，以地下水为主要供水水源的地区、污水灌溉区、垃圾堆积填埋场地区、地下水回灌区、污染严重的河湖沿岸、海水入侵区、地下咸水区、高氟区等。

(3) 采样井布设密度为：主要供水区密一些，一般地区稀一些；城区密一些，农村稀一些；污染严重区密一些，非污染区稀一些。

目前，我国对地下水水质站点规模控制尚未做出统一规定，参考国内外地下水水质监测站网数量与地下水位站的比例，我国在 2020 年前地下水水质站点规模控制在 3000 个左右为宜。

地下水水质监测的频率，通常情况下，在每年的最高水位期和最低水位期均应进

行观测，采取水样进行分析。水质污染情况监测，要求采样密度应每月化验1次。

地下水的水质化验如与地表水一致的部分，其分析项目、分析程序、允许误差等，均按《水文测验试行规范》及《水文测验手册》中有关规定进行。规定如下：

（1）地下水在天然条件下，水化学成分的测验，主要提供天然状态下的地下水水质的基本资料。

（2）在统一规划的井网中进行取样分析，在积累10年资料以后，除保留少数观测井长期连续测验外，其余可以考虑停测或间测。

（3）在咸苦水分布区、盐渍化地区、海滨地区、除统一规划的观测井并进行水化学成分测验外，还应辅以面上调查。

（4）在已发生地下水污染的地方或可能发生污染的地区，要进行调查。这项工作应按当地政府统一部署，与环保、卫生防疫等部门密切合作进行。

4. 水温观测

水温观测应当同水位观测同时进行。通常应将水温计放置在井中水面以下1～2m处，如井下有热异常的含水层（组），这时应将水温计放置在含水层（组）所在的深度。在测量时，水温计的放置时间不得少于5min。读数精度到±0.2℃，并需重复观测2次，取其平均值。当与其他地表水体有联系时，也应同时观测其地表水的水温变化。

8.4.2.4　长期观测资料的整理与分析

长期观测资料必须经过整理分析，才能应用。故必须坚持资料整理分析工作，方能查明地下水动态规律，进行地下水资源计算以及地下水位的预测预报，并在不断总结的基础上，进一步提高地下水动态研究的科学水平。

1. 长期观测资料的整理内容

（1）对地下水动态及其各种影响因素的经常性资料，以及室内外的试验成果，均必须按照《地下水监测规范》（SL183—2005）进行整理。其中包括日常整理、月整理及年终整理。编写年终报告时，应进行系统的分析，写好报告并附上各种图表。

（2）在资料整理中，最重要的是地下水位、开采量、水质和水温等确切数字的记载。每年每月均应统计记录最大值、最小值、变化幅度及其平均值，并编汇出综合图表。各种资料数据应用表格形式反映，其中有：①地下水观测井一览表；②逐日地下水位表；③地下水位月表；④地下水位特征值表；⑤地下水单井开采量成果表；⑥农用机井地下水开采量统计表；⑦地下水温表；⑧地下水化学分析成果表。

综合图表的内容应根据观测资料来确定，一般应包括观测井的水位、水质、水温及单井流量等的变化曲线图。按照有关规定，还应编绘出丰水期、平水期和枯水期的地下水位等值线及埋深图，丰、枯水期的地下水矿化度图和水化学类型图等。

（3）对区域内的水文气象、水文地质以及人为因素等资料也要进行处理，并以图表形式表示。也可将与其密切相关的观测点结合起来，绘制出各种图件。例如，基线井地下水位纵剖面图。如果地质资料较完善还可绘制成水文地质立体图，以便更好的说明地下水动态与其各影响因素的关系。

2. 长期观测资料的分析计算

地下水观测资料的分析，是一项重要的工作，应给予重视，及时分析。要满足生

产上的需要，提高对地下水运动规律的认识，积累有价值的分析成果；并为以后改进观测工作、分析方法、改善资料提供依据。

在整理分析好的长观资料的基础上，具体用它来解决含水层的参数计算，及地下水资源评价问题。

(1) 利用地下水均衡方程反求含水层参数。根据某些时段内实际观测资料中各种因素的数值，可建立一组线性代数方程组，列出计算框图，编制出计算程序，即可求得各参数值。

(2) 选择模型分析资料，进行地下水动态分析和预测。地下水动态的预测是与水资源统一管理紧密相关的，地下水资源的统一管理是地下水开发的必经之路，地下水动态的预测预报又是为水资源管理机构发布技术性措施的科学依据。由于地下水动态过程包含了影响其变化的各种确定性因素和随机因素的信息。

1) 地下水动态预测的确定性模型。确定性模型是由地下水运动微分方程、控制方程、初始条件和边界条件构成的数学模型，一般情况下确定性模型的解能用解析式表示出或者用数值和物理法进行模拟。用于地下水动态预测的确定性模型的求解方法主要有解析法、数值法和物理模拟法等。

2) 地下水动态预测的随机模型。地下水动态受多种因素（如大气、降雨、蒸发、地表水、太阳黑子活动、人为因素等）的影响，这就决定了地下水动态具有周期性、趋势性和随机性。因此，借助概率统计理论找出这些不确定性质的规律，就可建立相应的随机模型。目前，用于地下水动态预测的随机模型主要包括回归模型、灰色模型GM（1，1)、时间序列分析、神经网络模型及组合模型等几种形式。

(3) 运用地下水动态分析法，计算一些常用的系数。利用地下水长观资料，分析研究由于降雨入渗补给而引起的地下水位的抬高，或由于地下水的开采引起的地下水位下降，依据这些资料就可求得降雨入渗补给量 α、给水度 μ、弹性释水系数 μ^* 和压力传导系数 α 等一些常用的与地下水资源分析有关的系数，有关内容详见前面章节。

8.4.3 突出重点，积极推动地下水超采区的生态治理和保护

为合理开发和有效保护地下水资源，遏制超采区扩展，改善和保护生态环境，促进地下水资源的可持续利用，控制和治理地下水超采区，加强地下水超采区水资源管理刻不容缓。在地下水超采区的生态治理时，应全面贯彻国家新时期的治水方针，从可持续发展的战略高度推进地下水超采区的控制和治理，坚持因地制宜，突出重点，采取建立机制、强化管理、合理配置、有效保护和涵养水源等综合治理措施，遏制地下水超采和水质恶化，逐步实现地下水采补平衡，改善生态环境，实现地下水资源的可持续利用，促进经济社会的可持续发展。地下水超采区的生态治理和保护的措施包括以下几个方面。

1. 科学规划，综合治理

从地下水超采区水资源条件和实际状况出发，结合当地经济社会发展和生态建设需要，科学规划地下水资源开发利用总体布局，明确不同阶段地下水超采区控制和治理的目标和任务，提出具体治理实施方案。建立相应的管理体制、法制和机制，采取合理的综合保障措施。为实现地下水可持续利用，对目前水资源利用现状和未来地下水开发规划，要对地下水系统综合分析，科学规划地下水资源以降低人类对自然破坏

的累积效应。从可持续发展理念出发，构建人与自然协调的、良性循环的地下水系统、水文系统、地质的地下水工程，是当代水文地质学发展的关键。

2. 突出重点，全面推进

以地下水严重超采区为控制和治理的重点，加大投入，加快治理，工程措施和非工程措施并举，使地下水严重超采区的超采形势得到明显改善。以点带面，推进一般超采区的控制和治理。加强地下水动态监测，采取有效措施，防止出现新的地下水超采区。

以西部地区为例，为保证生态环境不再继续恶化，荒漠化面积不再继续扩大，西北地区开发利用地下水必须考虑控制一定的地下水埋深，尤其在绿洲边缘、沙漠边缘地带更要注意这点。根据以往对西北地区野生生态系统的调查研究，要维持野生生态系统平衡，乔木、灌木分布区，潜水埋深不能大于7～8m，而草甸分布区潜水埋深不能大于2～3m。只有通过对地下水的有效监控，根据天然植被的地下水环境指标（见表8-5），采取有效治理措施，才能保证生态环境的可持续改善。

表8-5　天然植被条件下的地下水环境临界指标

类型	草本植物和树种	地下水环境指标				
		适宜埋深(m)	适宜矿化度(g/L)	临界埋深(m)		临界矿化度(g/L)
				盐质	沙质	
草甸植被	沼生、水生植物芦苇	<2.0	<7.0		2.0	7.0
	芦苇、赖草和沙枣、胡杨等	2.0～3.5	<6.0	2.0	3.0	6.0
	甘草、罗布麻、沙枣和胡杨等	2.0～4.0	<5.5	2.0	4.0	5.5
荒漠植被	骆驼刺、黑果苟、胡杨成熟林	2.0～5.0	<6.0	2.0	5.0	6.0
	柽柳	2.0～10.0	<20.0	2.0	10.0	20.0
	胡杨	2.0～6.0	<6.0	2.0	6.0	6.0
天然植被	草本植物、乔灌木等	2.0(2.5)～4.0(4.5)	3.0(3.5)～6.0(7.0)	2.0～2.5	4.0～4.5	6.0～7.0

3. 合理配置，加强调控

联合调控与合理配置超采区地表水与地下水。优先利用地表水，严格限制开采地下水，充分利用其他水源（拦蓄雨水、污水处理回用、海咸水利用等），同时采取调整用水结构、调整水价等多种宏观调控手段，促进水资源配置结构趋于合理，逐步控制地下水超采。

4. 总量控制，计划开采

加强超采区水资源的统一管理，以实现地下水采补平衡为目标，根据各地实际，实行超采区地下水年度取用水总量控制和定额管理，采取综合措施，实行计划用水，强化节约用水。

5. 实施地下水保护行动计划

根据地下水超采区治理规划的目标，以地下水严重超采区为重点，逐步启动地下水保护行动计划，开展地下水超采区专项治理，使主要地下水超采区的生态环境状况

得到改善。为确保地下水保护行动的有效实施，应先选择部分地下水严重超采区或地下水超采严重的城市，开展地下水保护行动试点。通过节水、治污，增加污水处理回用量，合理开发利用地表水，充分利用雨洪资源，适当采取跨流域调水等措施，实行地表水、地下水统一调度，逐年压缩和调整地下水开采量，从而使地下水超采区的生态治理以及地下水资源的保护推向一个新阶段。

8.4.4 加强对城市地下水资源的保护力度

我国许多城市用水以地下水为主。随着我国城市化进程的加快，城市人口将迅速增加，生活污水和垃圾也越来越多，工业发展和农业生产大量施用化肥、农药以及不合理的污水灌溉等，都将直接或间接地污染了地下水。因此，城市地下水资源的保护与防治已刻不容缓。

1. 加强防治管理措施

加快制定城市地下水资源和环境保护对策，建立地下水资源管理机构，加强地下水取水许可审批制度，把好成井质量关；建立病废井的维修回填制度。

2. 提出切实可行的防治技术措施

加大污染源的控制力度，针对城市主要污染源，如固体废弃物、城市污水排放、工业废水的泄漏和排放、农业活动等污染特点，提出防治技术措施，进行重点防控；同时采取不同技术方法科学有效地维修或处理废旧井。

3. 加强地下水资源的监测，建立预测预警系统

建立地下水污染自动监测系统网络，使区域地下水水位开采量、水质动态及时传递反馈到模拟系统；建立预测预警模型，利用 GIS 的空间数据管理功能和模型分析能力，实现对地下水的空间信息管理，便于实施决策。

4. 建立水源地卫生防护带

为确保水源地水质的安全，水源地卫生防护带的设置一般按三级考虑，第Ⅰ级保护区位于水源地开采井周围，Ⅱ级、Ⅲ级保护区分别位于其外侧。

一般水源地Ⅰ级保护区位于开采井周围，保护带宽度为以开采井中心半径 300m 范围的地区，是水源地最重要的保护区，主要防治病原菌的污染。在该保护区内严格禁止建设与取水设施无关的建筑物，禁止从事农牧业活动，禁止倾倒、堆放一切垃圾、粪便和其他有害物质。

水源地Ⅱ级保护区内，一般严格禁止建设化工、冶炼及其他有严重污染的企业，禁止设置垃圾、粪便、易溶有害废弃物堆放或中转场所。要经常巡回检查，发现问题及时处理。

水源地Ⅲ级保护区内，禁止对水资源可能造成污染的工程活动，总之，要建立健全水源地卫生防护带，目的在于强化水源地的安全保护工作，确保水质不受污染。在此同时，还应提高全民的环保意识，强化大众的水资源保护意识，确保水资源不受污染。

附　　录

附表 1

$W(u)$ 数 值 表

（根据费里斯、诺尔斯、布郎和斯托尔曼，1962）

N \ u	$N\times10^{-15}$	$N\times10^{-14}$	$N\times10^{-13}$	$N\times10^{-12}$	$N\times10^{-11}$	$N\times10^{-10}$	$N\times10^{-9}$	$N\times10^{-8}$	$N\times10^{-7}$	$N\times10^{-6}$	$N\times10^{-5}$	$N\times10^{-4}$	$N\times10^{-3}$	$N\times10^{-2}$	$N\times10^{-1}$	N
1	33.9616	31.659	29.3564	27.0538	24.7512	22.4486	20.146	17.8435	15.5409	13.2383	10.9357	8.6332	6.3315	4.0379	1.8229	0.2194
1.1	33.8662	31.5637	29.2611	26.9585	24.6559	22.3533	20.0507	17.7482	15.4456	13.143	10.8404	8.5379	6.2363	3.9436	1.7371	0.168
1.2	33.7792	31.4767	29.1741	26.8715	24.5689	22.2663	19.9637	17.6611	15.3586	13.056	10.7534	8.4509	6.0494	3.8576	1.6595	0.1584
1.3	33.6992	31.3966	29.094	26.7914	24.4889	22.1863	19.8837	17.5811	15.2785	12.9759	10.6734	8.3709	6.0695	3.7785	1.5889	0.1355
1.4	33.6251	31.3225	29.0199	26.7173	24.4147	22.1122	19.8096	17.507	15.2044	12.9018	10.5993	8.2968	5.9955	3.7054	1.5241	0.1162
1.5	33.5561	31.2535	28.9509	26.6483	24.3458	22.0432	19.7406	17.438	15.1354	12.8328	10.5303	8.2278	5.9266	3.6374	1.4645	0.1
1.6	33.4916	31.189	28.8864	26.5838	24.2812	21.9786	19.676	17.3735	15.0709	12.7683	10.4657	8.1634	5.8621	3.5739	1.4092	0.08631
1.7	33.4309	31.1283	28.8258	26.5232	24.2206	21.918	19.6154	17.3128	15.0103	12.7077	10.4051	8.1027	5.8016	3.5143	1.3578	0.07465
1.8	33.3738	31.0712	28.7686	26.466	24.1634	21.8608	19.5583	17.2557	14.9531	12.6505	10.3479	8.0445	5.7446	3.4581	1.3089	0.06471
1.9	33.3197	31.0171	28.7145	26.4119	24.1094	21.8068	19.5042	17.2016	14.899	12.5964	10.2939	7.9915	5.6906	3.405	1.2649	0.0562
2	33.2684	30.9658	28.6632	26.3607	24.0581	21.7555	19.4529	17.1503	14.8477	12.5451	10.2426	7.9402	5.6394	3.3547	1.2227	0.0489
2.1	33.2196	30.917	28.6145	26.3119	24.0093	21.7067	19.4041	17.1015	14.7989	12.4964	10.1938	7.8914	5.5907	3.3069	1.1829	0.04261
2.2	33.1731	30.8705	28.5679	26.2653	23.9628	21.6602	19.3576	17.055	14.7524	12.4498	10.1473	7.8449	5.5443	3.2614	1.1454	0.03719
2.3	33.1286	30.8261	28.5235	26.2209	23.9183	21.6157	19.3131	17.0106	14.708	12.4054	10.1028	7.8004	5.4999	3.2179	1.1099	0.0325
2.4	33.0861	30.7835	28.4809	26.1783	23.8758	21.5732	19.2706	16.968	14.6654	12.3628	10.0603	7.7579	5.4575	3.1763	1.0762	0.02844
2.5	33.0453	30.7427	28.4401	26.1375	23.8349	21.5323	19.2298	16.9272	14.6246	12.322	10.0194	7.7172	5.4147	3.1365	1.0443	0.02491
2.6	33.006	30.7035	28.4009	26.0983	23.7957	21.4931	19.1905	16.888	14.5854	12.2828	9.9802	7.6779	5.3776	3.0983	1.0139	0.02185
2.7	32.9683	30.6657	28.3631	26.0606	23.758	21.4554	19.1528	16.8502	14.5476	12.245	9.9435	7.6401	5.34	3.0615	0.9849	0.01918

续表

u / N	$N\times10^{-15}$	$N\times10^{-14}$	$N\times10^{-13}$	$N\times10^{-12}$	$N\times10^{-11}$	$N\times10^{-10}$	$N\times10^{-9}$	$N\times10^{-8}$	$N\times10^{-7}$	$N\times10^{-6}$	$N\times10^{-5}$	$N\times10^{-4}$	$N\times10^{-3}$	$N\times10^{-2}$	$N\times10^{-1}$	N
2.8	32.9319	30.6294	28.3268	26.0242	23.7216	21.419	19.1164	16.8138	14.5113	12.2087	9.9061	7.6038	5.3037	3.0261	0.9573	0.01686
2.9	32.8968	30.5943	28.2917	25.9891	23.6865	21.3839	19.0813	16.7788	14.4762	12.1736	9.871	7.5687	5.2687	2.992	0.9309	0.01482
3	32.8629	30.5604	28.2578	25.9552	23.6526	21.35	19.0474	16.7449	14.4423	12.1397	9.8371	7.5348	5.2349	2.9591	0.9057	0.01305
3.1	32.8302	30.5276	28.225	25.9224	23.6198	21.3172	19.0146	16.7121	14.4095	12.1069	9.8043	7.502	5.2022	2.9273	0.8815	0.01149
3.2	32.7984	30.4958	28.1932	25.8907	23.588	21.2855	18.9829	16.6803	14.3777	12.0751	9.7726	7.4703	5.1706	2.8965	0.8583	0.01013
3.3	32.7676	30.4651	28.1625	25.8599	23.5573	21.2547	18.9521	16.6495	14.347	12.0444	9.7418	7.4395	5.1399	2.8668	0.8361	0.008939
3.4	32.7378	30.4352	28.1326	25.83	23.5274	21.2249	18.9223	16.6197	14.3171	12.0145	9.712	7.4097	5.1102	2.8379	0.8147	0.007891
3.5	32.7088	30.4062	28.1036	25.801	23.4985	21.1959	18.8933	16.5907	14.2881	11.9855	9.683	7.3807	5.0813	2.8099	0.7942	0.00697
3.6	32.6806	30.378	28.0755	25.7729	23.4703	21.1677	18.8651	16.5625	14.2599	11.9574	9.6548	7.3526	5.0532	2.7827	0.7745	0.00616
3.7	32.6532	30.3506	28.0481	25.7455	23.4429	21.1403	18.8377	16.5351	14.2325	11.93	9.6274	7.3252	5.0259	2.7563	0.7554	0.005448
3.8	32.6266	30.324	28.0214	25.7188	23.4162	21.1136	18.811	16.5085	14.2059	11.9033	9.6007	7.2985	4.9993	2.7306	0.7371	0.00482
3.9	32.6006	30.298	27.9954	25.6928	23.3902	21.0877	18.7851	16.4825	14.1799	11.8773	9.5748	7.2725	4.9735	2.7056	0.7194	0.004267
4	32.5753	30.2727	27.9701	25.6675	23.3649	21.0623	18.7598	16.4572	14.1546	11.852	9.5495	7.2472	4.9482	2.6813	0.7024	0.003779
4.1	32.5506	30.248	27.9454	25.6428	23.3402	21.076	18.7351	16.4325	14.1299	11.8273	9.5248	7.2225	4.9236	2.6576	0.6859	0.003349
4.2	32.5265	30.2239	27.9213	25.6187	23.3161	21.0136	18.711	16.4084	14.1058	11.8032	9.5007	7.1985	4.8997	2.6344	0.67	0.002969
4.3	32.5029	30.2004	27.8978	25.5952	23.2926	20.99	18.6874	16.3884	14.0823	11.7797	9.4771	7.1749	4.8792	2.6119	0.6546	0.002633
4.4	32.48	30.1774	27.8748	25.5722	23.2696	20.967	18.6644	16.3619	14.0593	11.7567	9.4541	7.152	4.8533	2.5899	0.6397	0.002336
4.5	32.4575	30.1549	27.8523	25.5497	23.2471	20.9446	18.642	16.3394	14.0368	11.7342	9.4317	7.1295	4.831	2.5684	0.5263	0.002073
4.6	32.4355	30.1329	27.8303	25.5277	23.2252	20.9226	18.62	16.3174	14.0148	11.7122	9.4097	7.1075	4.8091	2.5474	0.6114	0.001841
4.7	32.414	30.1114	27.8088	25.5062	23.2037	20.9011	18.5985	16.2959	13.9933	11.6907	9.3882	7.086	4.7877	2.5268	0.5979	0.001635
4.8	32.3929	30.0904	27.7878	25.4852	23.1826	20.88	18.5774	16.2748	13.9723	11.6697	9.3671	7.065	4.7667	2.5068	0.5848	0.001453
4.9	32.3723	30.0697	27.7672	25.4646	23.162	20.8594	18.5568	16.2542	13.9516	11.6491	9.3465	7.0444	4.7462	2.4871	0.5721	0.001291
5	32.3531	30.0495	27.747	25.444	23.1418	20.8392	18.5365	16.234	13.9314	11.6289	9.3263	7.0242	4.7261	2.4679	0.5598	0.001148
5.1	32.3323	30.0297	27.7271	25.4246	23.122	20.8194	18.5168	16.2142	13.9116	11.6091	9.3065	7.0044	4.7064	2.4491	0.5478	0.001021
5.2	32.3129	30.0103	27.7077	25.4051	23.1026	20.8	18.4974	16.1948	13.8922	11.5896	9.2871	6.985	4.6871	2.4306	0.5362	0.000909

续表

N \ u	$N\times10^{-15}$	$N\times10^{-14}$	$N\times10^{-13}$	$N\times10^{-12}$	$N\times10^{-11}$	$N\times10^{-10}$	$N\times10^{-9}$	$N\times10^{-8}$	$N\times10^{-7}$	$N\times10^{-6}$	$N\times10^{-5}$	$N\times10^{-4}$	$N\times10^{-3}$	$N\times10^{-2}$	$N\times10^{-1}$	N
5.3	32.2939	29.9913	27.6887	25.3861	23.0835	20.7809	18.4783	16.1758	13.8732	11.5706	9.2687	6.9659	4.6681	2.4126	0.525	0.0008086
5.4	32.2752	29.9726	27.67	25.3674	23.0648	20.7622	18.4596	16.1571	13.8535	11.5519	9.2494	6.9473	4.6495	2.3948	0.514	0.0007198
5.5	32.2568	29.9512	27.6516	25.3491	23.0465	20.7439	18.4413	16.1387	13.8361	11.5336	9.231	6.9289	4.6313	2.3775	0.5034	0.0006409
5.6	32.2388	29.9362	27.6336	25.331	23.0285	20.7259	18.4233	16.1207	13.8181	11.5155	9.213	6.9109	4.6134	2.3604	0.493	0.0005708
5.7	32.2211	29.9185	27.6159	25.3133	23.0108	20.7082	18.4056	16.103	13.8004	11.4978	9.1953	6.8932	4.5958	2.3437	0.483	0.0005085
5.8	32.2037	29.9011	27.5985	25.2959	22.9934	20.6908	18.3882	16.0856	13.783	11.4804	9.1779	6.8758	4.5785	2.3272	0.4732	0.0004532
5.9	32.1866	29.884	27.5814	25.2789	22.9763	20.6737	18.3882	16.0685	13.7659	11.4633	9.1606	6.8588	4.5615	2.3111	0.4637	0.0004039
6	32.1698	29.8672	27.5646	25.262	22.9595	20.6569	18.3543	16.0517	13.7491	11.4465	9.144	6.842	4.5448	2.2953	0.4544	0.0003601
6.1	32.1533	29.8507	27.5481	25.2455	22.9429	20.6403	18.3378	16.0352	13.7326	11.43	9.1275	6.8254	4.5283	2.2797	0.4454	0.0003211
6.2	32.137	29.8344	27.5318	25.2293	22.9267	20.6241	18.3215	16.0189	13.7163	11.4138	9.1112	6.8092	4.5122	2.2645	0.4366	0.0002864
6.3	32.121	29.8184	27.5158	25.2133	22.9107	20.6081	18.3055	16.0029	13.7003	11.3978	9.0952	6.7932	4.4963	2.2494	0.428	0.0002555
6.4	32.1053	29.8027	27.5001	25.1975	22.8949	20.5923	18.2898	15.9872	13.6846	11.382	9.0795	6.7775	4.4906	2.2346	0.4197	0.0002279
6.5	32.0898	29.7872	27.4846	25.182	22.8794	20.5768	18.2742	15.9717	13.6691	11.3665	9.064	6.762	4.4652	2.2201	0.4115	0.0002034
6.6	32.0745	29.7719	27.4693	25.1667	22.2641	20.5616	18.259	15.9564	13.6538	11.3512	9.0487	6.7467	4.4501	2.2058	0.4036	0.0001816
6.7	32.0595	29.7569	27.4543	25.1517	22.8491	20.5465	18.2439	15.9414	13.6388	11.3362	9.0337	6.7317	4.4351	2.1917	0.3959	0.0001621
6.8	32.0446	29.7421	27.4395	25.1369	22.8343	20.5317	18.2291	15.9265	13.624	11.3214	9.0189	6.7169	4.4204	2.1779	0.3883	0.0001448
6.9	32.03	29.7275	27.4249	25.1223	22.8197	20.5171	18.2145	15.9119	13.6094	11.3068	9.0043	6.7023	4.4059	2.1643	0.381	0.0001293
7	32.0156	29.7131	27.4105	25.1079	22.8053	20.5027	18.2001	15.8976	13.595	11.2924	8.9899	6.6879	4.3916	2.1508	0.3738	0.0001155
7.1	32.0015	29.6989	27.3963	25.0937	22.7911	20.4885	18.186	15.8834	13.5808	11.2782	8.9757	6.6737	4.3775	2.1376	0.3668	0.0001032
7.2	31.9875	29.6849	27.3823	25.0797	22.7771	20.4746	18.172	15.8694	13.5668	11.2642	8.9617	6.6598	4.3636	2.1246	0.3599	0.00009219
7.3	31.9737	29.6711	27.3685	25.0659	22.7633	20.4608	18.1582	15.8556	13.553	11.2504	8.9479	6.646	4.35	2.1118	0.3532	0.00008239
7.4	31.9601	29.6575	27.3549	25.0523	22.7497	20.4472	18.1446	15.842	13.5394	11.2368	8.9343	6.6324	4.3364	2.0991	0.3467	0.00007364
7.5	31.9467	29.6441	27.3415	25.0389	22.7363	20.4337	18.1311	15.8286	13.526	11.2234	8.9209	6.619	4.3231	2.0867	0.3403	0.00006583
7.6	31.9334	29.6308	27.3282	25.0257	22.7231	20.4205	18.1179	15.8153	13.5127	11.2102	8.9076	6.6057	4.31	2.0744	0.3341	0.00005886
7.7	31.9203	29.6178	27.3152	25.0126	22.71	20.4074	18.1048	15.8022	13.4997	11.1971	8.8946	6.5927	4.297	2.0623	0.328	0.00005263

续表

u / N	$N\times10^{-15}$	$N\times10^{-14}$	$N\times10^{-13}$	$N\times10^{-12}$	$N\times10^{-11}$	$N\times10^{-10}$	$N\times10^{-9}$	$N\times10^{-8}$	$N\times10^{-7}$	$N\times10^{-6}$	$N\times10^{-5}$	$N\times10^{-4}$	$N\times10^{-3}$	$N\times10^{-2}$	$N\times10^{-1}$	N
7.8	314.9074	29.6048	27.3023	24.9997	22.6971	20.3935	18.0919	15.7893	13.4868	11.1842	8.8817	6.5798	4.2842	2.0503	0.3221	0.00004707
7.9	31.8974	29.5921	27.2895	24.9869	22.6844	20.3818	18.0792	15.7766	13.474	11.1714	8.8689	6.5671	4.2716	2.0386	0.3163	0.0000421
8	31.8821	29.5795	27.2769	24.9744	22.6718	20.3698	18.0666	15.764	13.4614	11.1589	8.8563	6.5545	4.2591	2.0269	0.3106	0.00003767
8.1	31.8697	29.5671	27.2645	24.9619	22.6594	20.3568	18.0542	15.7516	13.449	11.1464	8.8439	6.5421	4.2468	2.0155	0.305	0.0000337
8.2	31.8574	29.5548	27.2523	24.9497	22.6471	20.3445	18.0419	15.7393	13.4367	11.1342	8.8317	6.5298	4.2346	2.0042	0.2996	0.00003015
8.3	31.8453	29.5427	27.2401	24.9375	22.635	20.3324	18.0298	15.7272	13.4246	11.122	8.8195	6.5177	4.2226	1.993	0.2943	0.00002669
8.4	31.8333	29.5307	27.2282	24.9256	22.623	20.3204	18.0178	15.37152	13.4126	11.1101	8.8076	6.5057	4.2107	1.982	0.2891	0.00002415
8.5	31.8215	29.5189	27.2163	24.9137	22.6112	20.3086	18.006	15.7034	13.4008	11.0982	8.7957	6.4939	4.199	1.9711	0.284	0.00002162
8.6	31.8098	29.5072	27.2046	24.902	22.5995	20.2969	17.9943	15.6917	13.3891	11.0865	8.784	6.4822	4.1874	1.9604	0.279	0.00001936
8.7	31.7982	29.4957	27.1931	24.8605	22.5879	20.2853	17.9827	15.6801	13.3776	11.075	8.7725	6.4707	4.1759	1.9498	0.2742	0.00001733
8.8	31.7868	29.4842	27.1816	24.879	22.5765	20.2739	17.9713	15.6687	13.3661	11.0635	8.761	6.4592	4.1646	1.9393	0.2694	0.00001552
8.9	31.7755	29.4729	27.1703	24.8678	22.5652	20.2626	17.96	15.6574	13.3548	11.0523	8.7497	6.448	4.1534	1.929	0.2647	0.0000139
9	31.7643	29.4618	27.1592	24.8566	22.554	20.2514	17.9488	15.6462	13.3437	11.0411	8.7386	6.4368	4.1423	1.9187	0.2602	0.00001245
9.1	31.7533	29.4507	27.1481	24.8455	22.5429	20.2404	17.9378	15.6352	13.3326	11.03	8.7275	6.4258	4.1313	1.9087	0.2557	0.00001115
9.2	31.7424	29.4398	27.1372	24.8346	22.532	20.2294	17.9268	15.6243	13.3217	11.0191	8.7166	6.4148	4.1205	1.8987	0.2513	0.00009988
9.3	31.7315	29.429	27.1264	24.8238	22.5212	20.2186	17.916	15.6135	13.3109	11.0083	8.7058	6.404	4.1098	1.8888	0.247	0.000008948
9.4	31.7208	29.4133	27.1157	24.8131	22.5105	20.2076	17.9053	15.6028	13.3002	10.9976	8.6951	6.3934	4.0992	1.8791	0.2429	0.000008081
9.5	31.7103	29.4077	27.1051	24.8025	22.4999	20.1973	17.8948	15.5922	13.2896	10.987	8.6845	6.3828	4.0887	1.8695	0.2387	0.000007185
9.6	31.6998	29.3972	27.0846	24.792	22.4895	20.1869	17.8843	15.5817	13.2791	10.9765	8.674	6.3723	4.0784	1.8599	0.2347	0.000006439
9.7	31.6894	29.3868	27.0843	24.7817	22.4791	20.1765	17.8739	15.5713	13.2688	10.9662	8.6637	6.362	4.0681	1.8505	0.2308	0.000005771
9.8	31.6792	29.3766	27.074	24.7714	22.4688	20.1663	17.8637	15.5611	13.2585	10.9559	8.6534	6.3517	4.0579	1.8412	0.2269	0.000005173
9.9	31.669	29.3664	27.0639	24.7613	22.4587	20.1561	17.8535	15.5509	13.2483	10.9458	8.6433	6.3416	4.0479	1.832	0.2231	0.000004637

附表 2

$F(u,r/B)$或$F(u',a)$数值表

r/B或a / u或u'	0.01	0.015	0.03	0.05	0.075	0.1	0.15	0.2	0.3	0.4	0.5	0.6	0.7	0.8	0.9	1	1.5	2	2.5
0.000001																			
0.000005	9.4413																		
0.00001	9.4176	8.6313																	
0.00005	8.8827	8.4533	7.245																
0.0001	8.3983	8.1414	7.2122	6.2882	5.4288														
0.0005	6.975	6.9152	6.6219	6.0821	5.4062	4.853													
0.001	6.3069	6.2765	6.1202	5.7965	5.3078	4.8292	4.0595	3.5054											
0.005	4.7212	4.7152	4.6829	4.6084	4.4713	4.296	3.8821	3.4567	2.7428	2.229									
0.01	4.0356	4.0326	4.0167	3.9795	3.9091	3.815	3.5725	3.2875	2.7104	2.2253	1.8486	1.555	1.321	1.1307					
0.05	2.2675	2.467	2.4642	2.4576	2.4448	2.4271	2.3776	2.311	2.1371	1.9283	1.7075	1.4927	1.2955	1.121	0.97	0.8409			
0.1	1.8227	1.8225	1.8213	1.8184	1.8128	1.805	1.7829	1.7527	1.6704	1.5644	1.4422	1.3115	1.1791	1.0505	0.9297	0.819	0.4217	0.2278	
0.5	0.5598	0.5597	0.5596	0.5594	0.5588	0.5581	0.5561	0.5532	0.5453	0.5344	0.5206	0.544	0.486	0.4658	0.444	0.421	0.3007	0.1944	0.1174
1	0.2194	0.2194	0.2193	0.2193	0.2191	0.219	0.2186	0.2179	0.2161	0.2135	0.2103	0.2065	0.202	0.197	0.1914	0.1855	0.1509	0.1139	0.0803
5	0.0011	0.0011	0.0011	0.0011	0.0011	0.0011	0.0011	0.0011	0.0011	0.0011	0.0011	0.0011	0.0011	0.0011	0.0011	0.0011	0.001	0.001	0.0009

附表 3

$K_0(r/B)$数值表

N	$r/B=N\times10^{-2}$	$N\times10^{-2}$	$N\times10^{-1}$	$N\times1$	N	$r/B=N\times10^{-2}$	$N\times10^{-2}$	$N\times10^{-1}$	$N\times1$
1	7.0237	4.7212	2.4271	0.421	5.5	5.319	3.0195	0.8466	
1.5	6.6182	4.3159	2.03	0.2138	6	5.232	2.9329	0.7775	0.0012
2	6.3305	4.0285	1.7527	0.1139	6.5	5.152	2.8534	0.7159	
2.5	6.1074	3.8056	1.5415	0.0623	7	5.0779	2.7798	0.6605	0.0004
3	5.9251	3.6235	1.3725	0.0347	7.5	5.0089	2.7114	0.6106	
3.5	5.7709	3.4697	1.2327	0.0196	8	4.9443	2.6475	0.5653	
4	5.6374	3365	1.1145	0.0112	8.5	4.3837	2.5875	0.5242	
4.5	5.5196	3.2192	1.0129	0.0061	9	4.8266	2.531	0.4867	
5	5.4143	3.1142	0.9244	0.0037	9.5	4.7725	2.4776	0.4524	

参 考 文 献

[1] 西北农学院、华北水利水电学院．地下水利用（第一版）[M]．北京：水利出版社，1981.

[2] 张席儒，赵尔慧，霍崇仁，等．地下水利用（第二版） [M]．北京：水利电力出版社，1988.

[3] 全达人．地下水利用（第三版）[M]．北京：中国水利水电出版社，1996.

[4] 麻效祯．山西省水利学校．地下水开发利用 [M]．北京：中国水利水电出版社，1999.

[5] 周维博，施桐林，杨路华．地下水利用 [M]．北京：中国水利水电出版社，1996.

[6] 张立中．水资源管理 [M]．北京：中央广播电视大学出版社，2000.

[7] 张元禧，施鑫源．地下水文学 [M]．北京：中国水利水电出版社，1998.

[8] 张蔚榛．地下水非稳定流计算和地下水资源评价 [M]．北京：科学出版社，1983.

[9] 张蔚榛．地下水与土壤水动力学 [M]．北京：中国水利水电出版社，1996.

[10] 张蔚榛，沈荣开．地下水文与地下水调控 [M]．北京：中国水利水电出版社，1998.

[11] 张蔚榛论文集编写组．张蔚榛论文集 [M]．武汉大学出版社，2002.

[12] 薛禹群．地下水动力学原理 [M]．北京：地质出版社，1986.

[13] 陈崇希，林敏合．地下水动力学 [M]．武汉：中国地质大学出版社，1999.

[14] 陈崇希，唐仲华．地下水流动问题数值方法 [M]．武汉：中国地质大学出版社，2002.

[15] 李俊亭．地下水流数值模拟 [M]．北京：地质出版社，1992.

[16] 汪大纯，张人劝，史毅虹等．水文地质学基础 [M]．北京：地质出版社，1995.

[17] 陈崇希．地下水不稳定井流计算方法 [M]．北京：地质出版社，1983.

[18] 郭元裕．农田水利学 [M]．北京：水利电力出版社，1988.

[19] 施嘉炀．水资源综合利用 [M]．北京：中国水利水电出版社，1995.

[20] 叶水庭，等．地下水文学 [M]．南京：河海大学出版社，1991.

[21] 关治，陈景良．数值计算方法 [M]．北京：清华大学出版社，1990.

[22] 杨忠耀．环境水文地质学 [M]．北京：原子能出版社，1990.

[23] 水利部水资源司，南京水利科学研究院．21 世纪初期中国地下水资源开发利用 [M]．北京：中国水利水电出版社，2004.

[24] 中华人民共和国水利部．机井技术规范（SL256—2000） [S]．北京：中国水利水电出版社，2000.

[25] 供水水文地质手册编写组．供水水文地质手册 [M]．北京：地质出版社，1986.

[26] 中华人民共和国环保总局．地下水环境监测规范（HJ/T164－2004）[S]．北京：中国环境科学出版社，2004.

[27] 刘俊民，余新晓．水文与水资源学 [M]．北京：中国林业出版社，1999.

[28] 水利部农村水利司．机井技术手册 [M]．北京：水利电力出版社，1990.

[29] 钱易，刘昌明．中国江河湖海防污减灾对策．北京：中国水利水电出版社，2002.

[30] 林鸿孝，关恩宏，王国新，等．水资源管理理论与实践 [M]．北京：中国水利水电出版社，2003.

[31] 彭文启，张祥伟，等．现代水环境质量评价理论与方法 [M]．北京：化学工业出版社．2005.

[32] 任树梅，杨培岭．水资源保护［M］．北京：中国水利水电出版社，2003.

[33] 陈震等．水环境科学［M］．北京：科学出版社，2006.

[34] 袁弘任，吴国平，等．水资源保护及其立法［M］．北京：中国水利水电出版社，2002.

[35] 中华人民共和国水利部．地下水监测规范（SL183—2005）［S］．北京：中国水利水电出版社，2005.

[36] 李广贺，刘兆昌，张旭．水资源利用工程与管理［M］．北京：清华大学出版社，1998.

[37] 张永波，时红，王玉和．地下水环境保护与污染控制［M］．北京：中国环境科学出版社，2003.

[38] 郭占荣，刘花台，朱延华．论西北地区地下水的开发利用与保护［J］．水利学报，2001（6）.

[39] 王金生，王长申，腾彦国．地下水可持续开采量评价方法综述［J］．水利学报，2006（5）.

[40] 周念清．基于GIS的徐州市地下水资源管理研究［J］．岩土力学与工程力学，2002（11）.

[41] 王凯军，曹剑锋，徐蕾，等．地下水资源管理预警系统的建立及应用研究——以长春城区为例［J］．水科学进展，2005（3）.

[42] 张人权．地下水资源特性及其合理开发利用［J］．水文地质工程地质，2003（6）.

[43] 马振民，武强，付守会．地下水资源可持续利用管理模型研究［J］．水利学报，2004（9）.

[44] 武强，朱斌，徐华．基于数字信号处理技术的地下水资源管理模型研究——以西北某水源地规划管理模型的建立为例［J］．中国矿业大学学报，2005（2）.

[45] 魏加华，王光谦，李慈君，等．地下水地理信息系统设计与实现［J］．水利学报，2003（11）.

[46] 郭洪宇．区域水资源评价模型技术及其应用研究［D］．北京：中国农业大学，2001.

[47] 李平．地下水环境指标体系研究——以中国西北和华北地区为例［D］．北京：中国地质大学，2006.

[48] 孙承志．干旱地区地下水资源开发应用研究［D］．北京：中国地质大学，2007.

[49] 张蕾．城市地下水水质水位预警研究［D］．天津：天津大学，2006.

[50] 李宏卿．长春城区地下水资源可持续利用研究［D］．长春：吉林大学，2007.

[51] 林祚顶．水资源实时监测分析研究［D］．南京：河海大学，2007.

[52] 孙惠兰．玻璃钢管的性能分析［J］．水利水电技术，2007，38（5）.

[53] R. Allan，Freese，John A. Cherry，Ground Water，Printed in U. S. A.，1979.
G. P. Kruseman，N. A. de Ridder，Analysis and Evaluation of Pumping Test Data，Wageningen，The Netherlands，1994.

[54] Larry W. Canter，Robert C. Knox，Deborah M. Fairchild. Ground Water Quality Protection，Lewis Publishers，INC.，U. S. A，1987.

[55] Calvin W. Rose，An introduction to the Environmental Physics of Soil，Water and Watersheds，Cammbridge University Press，2004.

[56] B. C. ОВОДВ，Селлъскохозяиственное водоснабжение и обводиенце，Государственое чзлательство сельскохозяиственной литературы，Москва，1960.

[57] William A. Jury，Wilford R. Gardener，Walter H. Gardener，Soil Physics（Fifth Edition）. Printed in U. S. A.，1991.

U0792039